Naturforschender Verein in Brünn, Adolf Oborny

Verhandlungen des Naturforschenden Vereines in Brünn

XIV. Band 1875

Naturforschender Verein in Brünn, Adolf Oborny

Verhandlungen des Naturforschenden Vereines in Brünn
XIV. Band 1875

ISBN/EAN: 9783337258931

Hergestellt in Europa, USA, Kanada, Australien, Japan

Cover: Foto ©berggeist007 / pixelio.de

Weitere Bücher finden Sie auf **www.hansebooks.com**

Vorläufige entomologische Notiz.

In der Versammlung des naturforschenden Vereines in Brünn am 12. Juli 1876 hat Herr Wilhelm Ungelter Mittheilungen über eine sehr interessante Hybride zweier Lepidopteren gemacht. Ein an einem Baumstamme im Garten befestigtes Weibchen von *Saturnia Pyri* wurde von dem Männchen der *Sat. Spini* begattet. Es gelang Herrn Ungelter aus den erhaltenen Eiern die Raupen, von welchen er zahlreiche lebende Exemplare mit einem ausführlichen Berichte in der erwähnten Sitzung vorlegte, gross zu ziehen und zur Verpuppung zu bringen.

Da es einerseits nicht mehr möglich war diese Mittheilung vollständig in den vorliegenden Band aufzunehmen, andererseits die Hoffnung vorhanden ist, dass sich im kommenden Frühlinge auch die Falter entwickeln, wird hinsichtlich der Details des Gegenstandes auf den XV. Band verwiesen.

Verhandlungen

des

naturforschenden Vereines

in Brünn.

XIV. Band.

1875.

(Mit vier Tafeln.)

Brünn, 1876.

Druck von W. Burkart. — Im Verlage des Vereines.

Inhalts-Verzeichniss des XIV. Bandes (1875).

*) Die mit einem * bezeichneten Vorträge sind ohne Auszug.

Anstalten und Vereine

mit welchen bis zum Schlusse des Jahres 1875 wissenschaftlicher
Verkehr stattfand *).

Agram: Kroatische Ackerbau-Gesellschaft.
      Gospodarski List. 1875. Nr. 1—26.
Amiens: Société Linnéenne du Nord de la France.
      Bulletin mensuel. 1875. Nr. 31—38.
Amsterdam: Königliche Akademie der Wissenschaften.
      Processen-Verbaal. 1873—1874.
      Jaarboek. 1873.
      Verslagen. 2. Reihe, 8. Theil. 1874.
   „ Zoologische Gesellschaft „Natura artis magistra.“
      Nederlandsch Tijdschrift voor de dierkunde. 1.—4. Theil.
      1864—1874.
Angers: Société académique de Maine et Loire.
   „ Société Linnéenne du departement de Maine et Loire.
Annaberg-Buchholz: Verein für Naturkunde.
Augsburg: Naturhistorischer Verein.
Auxerre: Société des sciences historiques et naturelles de l'Yonne.
      Bulletin. 29. Band. 1875. 1. Sem.
Bamberg: Naturforschende Gesellschaft.
   „ Gewerbe-Verein.
      Wochenschrift. 1871. Nr. 31—36.
      „ 1875. Nr. 1—26.
Basel: Naturforschende Gesellschaft.
      Verhandlungen. 6. Theil, 2. Heft. 1875.

---

*) In diesem Verzeichnisse sind zugleich die im Tausche erworbenen Druckschriften
angeführt.

1

Berlin: Königlich preussische Akademie der Wissenschaften.
Monatsberichte. 1874. September—Dezember.
„ 1875. Jänner—Oktober.

„ Botanischer Verein der Provinz Brandenburg.
Verhandlungen. 16. Jahrgang. 1874.

„ Deutsche geologische Gesellschaft.
Zeitschrift. 25. Band. 1874. 3. und 4. Heft.
„ 26. Band. 1875. 1.—4. Heft.
„ 27. Band. 1875. 1.—3. Heft.

„ Gesellschaft für allgemeine Erdkunde.
Zeitschrift. 9. Band, 6. Heft.
„ 10. Band. 1.—5. Heft.
Verhandlungen. 1875. 1.—8. Heft.

„ Afrikanische Gesellschaft.
Gesellschaft naturforschender Freunde.

„ Entomologischer Verein.
Deutsche entomologische Zeitschrift. 19. Jahrgang. 1875.
1. Heft.

Bern: Naturforschende Gesellschaft.
Mittheilungen. 1874. Nr. 828—873.

„ Schweizerische naturforschende Gesellschaft.
Verhandlungen der 55. Versammlung in Freiburg (1872)
und der 57. Versammlung in Chur (1874).

Bona: Académie d'Hippone.

Bonn: Naturhistorischer Verein der preussischen Rheinlande und
Westphalens.
Verhandlungen. 30. Jahrgang, 2. Hälfte.
„ 31. Jahrgang.
„ 32. Jahrgang, 1. Hälfte.

Bordeaux: Société des sciences physiques et naturelles.
Mémoires 10. Band, 2. Heft. 1875.
„ 2. Serie, 1. Band, 1. Heft. 1875.

„ Société Linnéenne.

Boston: Society of natural history.
Memoirs. 2. Band, 3. Theil, Nr. 1—5. 1873—1875.
„ 2. Band, 4. Theil, Nr. 1. 1875.
Proceedings. 16. Band, 3. und 4. Theil. 1874.
„ 17. Band, 1. und 2. Theil. 1874—1875.

9

Boston: American Academy of arts and sciences.
  Proceedings. 9. Band. 1873—1874.
Bremen: Naturwissenschaftlicher Verein.
Breslau: Schlesische Gesellschaft für vaterländische Cultur.
  51. Jahresbericht 1874.
  „ Gewerbe-Verein.
    Breslauer Gewerbe-Blatt. 20. Band. 1874. Nr. 23—26.
      „   „   „ 21. Band. 1875. Nr. 2—26.
  „ Verein für schlesische Insektenkunde.
    Zeitschrift. 1.—6. und 8.—15. Jahrgang. 1871—1861.
      „ Neue Folge. 1—4. Heft. 1870—1874.
    Entomologische Miscellen. Breslau. 1874.
Brünn: K. k. m.-schl. Gesellschaft zur Beförderung des Ackerbaues,
  der Natur- und Landeskunde.
    Mittheilungen. Jahrgang 1874.
  „ Verein für Bienenzucht.
    Die Honigbiene von Brünn. Jahrgang 1874. Nr. 8—12.
      „   „   „ Jahrgang 1875. Nr. 1—12.
    Vcela brnĕnska. Jahrgang 1874. Nr. 8—12.
      „   „ Jahrgang 1875. Nr. 1—12.
Brüssel: Académie royale des sciences.
    Bulletin. 42. Jahrgang. 1873. (35. und 36. Band.)
      „ 43. Jahrgang. 1874. (37. Band.)
    Annuaire. 40. Jahrgang. 1874.
  „ Société malacologique de Belgique.
    Société entomologique de Belgique.
    Annales. 17. Band. 1874.
    Compte rendu. 2. Reihe. Nr. 15—20.
  „ Observatoire royal.
  „ Société royale de botanique.
    Bulletin. 1.—13. Band. (1862—1874.)
Caen: Société Linnéenne de Normandie.
  „ Académie des sciences, arts et belles lettres.
    Mémoires. 1875.
Cambridge: Museum of comparative zoology.
    Annual Report. 1873.
  „ American association for the advancement of sciences.
    Proceedings. 22. und 23. Band. 1873—1874.
Carlsruhe: Naturwissenschaftlicher Verein.

1*

Cassel: Verein für Naturkunde.

Catania: Accademia Gioenia.

Chemnitz: Naturwissenschaftliche Gesellschaft.

Cherbourg: Société des sciences naturelles.

Chicago: Academy of sciences.

Christiania: Königliche Universität.

Chur: Naturforschende Gesellschaft Graubündens.
               18. Jahresbericht. 1873—1874.

Danzig: Naturforschende Gesellschaft.
               Schriften. 3. Band, 3. Heft. 1874.

Darmstadt: Verein für Erdkunde und verwandte Wissenschaften.
               Notizblatt. 3. Folge. 13. Heft. 1874.

Dessau: Naturhistorischer Verein.

Dijon: Académie des sciences.

Donaueschingen: Verein für Geschichte und Naturgeschichte der Baar
               und der angrenzenden Landestheile.

Dorpat: Naturforscher Gesellschaft.

Dresden: Naturwissenschaftliche Gesellschaft „Isis".
               Sitzungsberichte. 1874. April—Dezember.
                     "   1875. Jänner—Juni.

    "   Verein für Natur- und Heilkunde.
               Jahresberichte. Oktober 1874—Mai 1875.

    "   Kaiserliche Leopoldino-Carolinische Akademie.
               Leopoldina. 10. Heft. Nr. 7- 15. 1874.
                     "   11. Heft. Nr. 1—21. 1875.

Dublin: Royal geological Society of Ireland.
               Journal. Vol. 3, Part 1. 1873—1874.

    "   University biological association.
               Proceedings. 1. Band Nr. 1. 1875.

Dürckheim: Naturwissenschaftlicher Verein „Pollichia".
               Jahresberichte. Nr. 3 (1845), Nr. 4 (1846), Nr. 12.
               (1854), Nr. 13. (1855) und Nr. 30—32 (1874).

Edinburgh: Royal geological society.

Emden: Naturforschende Gesellschaft.
               60. Jahresbericht. 1871.
               Kleine Schriften. Nr. 17. 1875.

Erfurt: Königliche Akademie gemeinnütziger Wissenschaften.

Erlangen: Königliche Universität.
               Fünfundvierzig akademische Schriften.

Erlangen: Physikalisch-medicinische Societät.

> Sitzungsberichte. 6. Heft. (November 1873—August 1874).

Florenz: Società entomologica italiana.

> Bulletino. 6. Jahrgang. 1874.
>> „ 7. Jahrgang. 1875. Nr. 1—2.

Frankfurt a. M.: Physikalischer Verein.

> Jahresbericht für 1873—1874.

„ Seckenberg'sche naturforschende Gesellschaft.

> Bericht für 1873—1874.

Freiburg i. B.: Naturforschende Gesellschaft.

„ Grossherzogliche Universität.

Fulda: Verein für Naturkunde.

> 2. und 3. Bericht. 1869—1875.

Genua: Società di lettura scientifiche.

> Effemeridi. 4. Jahrgang. Nr. 10—12.
>> „ 5. Jahrgang. Nr. 1—5.

„ Società crittogamologica italiana.

Gera: Gesellschaft von Freunden der Naturwissenschaften.

Giessen: Oberhessische Gesellschaft für Natur- und Heilkunde.

Görlitz: Naturforschende Gesellschaft.

> Abhandlungen. 15. Band. 1875.

„ Oberlausitzische Gesellschaft der Wissenschaften.

> Neues Lausitzisches Magazin. 51. Band. 1874.

Göttingen: Königliche Universität.

„ Königliche Gesellschaft der Wissenschaften.

> Nachrichten. Jahrgang. 1874.

Graz: Naturwissenschaftlicher Verein für Steiermark.

> Mittheilungen. Jahrgang 1874.

„ Verein der Aerzte in Steiermark.

„ Akademischer naturwissenschaftlicher Verein.

> Jahresbericht. 1. Jahrgang. 1875.

Greenwich: Royal Observatory.

> Results of the magnetical and meteorological observations. 1872.
>
> Results of the astronomical observations. 1875.
>
> Stone, E. J., The Cape Catalogue of 1159 stars, deduced from observations at the Royal Observatory, Cape of Good Hope, 1856 to 1861, reduced to the epoch 1860. Cape Town. 1873.

Greifswald: Naturwissenschaftlicher Verein für Neuvorpommern und
    Rügen.
        . Mittheilungen. 5. und 6. Jahrgang 1873—1874.

Gröningen: Natuurkundig Genootschap.
        Verslag. 1874.

Halle: Naturforschende Gesellschaft.
        Abhandlungen. 13. Band. 2. Heft. 1874.

Hamburg: Naturwissenschaftlicher Verein.
        Abhandlungen. 6. Band. 1. Abtheilung. 1873.
   „   Verein für naturwissenschaftliche Unterhaltung.
        Verhandlungen. 1871—1874.

Hanau: Wetterauische Gesellschaft für Naturkunde.

Hannover: Naturhistorische Gesellschaft
        23. und 24. Bericht 1872 —1874.

Harlem: Société hollandaise des sciences.
        Archives. 8. Band (1873), 1. und 2. Heft.
           „   9. Band (1874), 4. und 5. Heft.
           „ 10. Band (1875), 1.—3. Heft.
   „   Musée Teyler.

Heidelberg: Naturhistorisch-medicinischer Verein.
        Verhandlungen. Neue Folge. 1. Band. 2. Heft. 1875.

Helsingfors: Societas scientiarum fennica.
        Bidrag till Kännedom af Finlands natur och folk. 21.— 23.
        Heft. 1873—1874.
        Observations faites à l'observatoire magnétique et météo-
        rologique de Helsingfors. 5. Band. 1873.
   „   Societas pro fauna et flora fennica
        Notiser. 13. Heft. 1871—1874.

Hermannstadt: Verein für siebenbürgische Landeskunde.
        Archiv. 11. Band. 3. Heft. 1874.
           „ 12. Band. 1. Heft. 1874
        Jahresbericht für 1873—1874.

Hermannstadt: Siebenbürgischer Verein für Naturwissenschaften.
        Verhandlungen und Mittheilungen 25 Jahrgang. 1875

Innsbruck: Ferdinandeum.
        Zeitschrift. 19. Heft. 1875.
   „   Naturwissenschaftlich-medicinischer Verein.
        Berichte. 5. Jahrgang. 1874.

Kesmark: Ungarischer Karpathen-Verein.
  Jahrbuch. 2. Jahrgang. 1875.
Kiel: Naturwissenschaftlicher Verein für Schleswig-Holstein.
  Schriften. 3. Heft. 1875.
  „ Königliche Universität.
  Schriften. 21. Band. 1874.
Klagenfurt: Naturhistorisches Landesmuseum.
Kopenhagen: Naturhistorische Gesellschaft.
  Videnskabelige Meddelelser. Jahrgang. 1874.
Königsberg: Physikalisch-ökonomische Gesellschaft.
  Schriften. 14. und 15. Jahrgang. 1873 und 1874.
  „ Königliche Universität.
  Acht akademische Schriften.
Krakau: K. k. Gelehrten-Gesellschaft.
Laibach: Museal-Verein für Krain.
Landshut: Botanischer Verein.
Lausanne: Société vaudoise des sciences naturelles.
  Bulletin. Nr. 72—74. 1874—1875.
Leipzig: Fürstlich Jablonowsky'sche Gesellschaft.
  Preisschriften. XVIII. Wangerin, Albert, Reduction der
    Potentialgleichung für gewisse Rotationskörper auf eine
    gewöhnliche Differentialgleichung. 1875.
Lemberg: K. k. galizische landwirthschaftliche Gesellschaft.
  Rolnik. 15. Band. Nr. 5 und 6.
    „ 16. Band. Nr. 1—6.
    „ 17. Band. Nr. 1—6.
Linz: Museum Francisco-Carolinum.
  „ Verein für Naturkunde.
  6. Jahresbericht. 1875.
London: Royal Society.
  „ Linnean Society.
  Journal. Zoology. 12. Band. Nr. 58—59.
    „ Botany. 14. Band. Nr. 77—80.
  Additions to the library. 1873—1874.
Luxemburg: Institut royal grand-ducal de Luxembourg. Section des
    sciences naturelles et mathématiques.
  Publications. 14. und 15. Band. 1874—1875.
  „ Société de botanique.
Lüneburg: Naturwissenschaftlicher Verein.

Lüttich: Société géologique de Belgique.
>> Annales. 1. Band. 1874.

Lyon: Société d'agriculture.
>> Annales. 4. Reihe, 4. und 5. Band. 1871—1872.

Madison: Wisconsin Academy of sciences, arts and letters.

Magdeburg: Naturwissenschaftlicher Verein.
>> Abhandlungen. 6. Heft. 1874.
>> Sitzungsberichte. 1874.

Mailand: Reale Istituto lombardo di scienze e lettere.
>> Rendiconti. 2. Reihe. 7. Band. Fasc. 5—16.

Mannheim: Verein für Naturkunde.

Marburg: Königliche Universität.
>> Sieben Inaugural-Dissertationen.

    „   Gesellschaft zur Beförderung der gesammten Naturwissenschaften.

Marseille: Société de statistique.

Metz: Société d'histoire naturelle.

Moncalieri: Osservatorio del R. Collegio Carlo Alberto.
>> Bulletino meteorologico. 7. Band. Nr. 7.
>> „   „   9. Band. Nr. 1—10.

Mons: Société des sciences, des arts et des lettres.
>> Mémoires. 9. und 10. Band. 1873—1874.

Moskau: Société impériale des naturalistes.
>> Bulletin. 1874. 3. und 4. Heft.
>> „   1875. 1. und 2. Heft.

München: Königliche Akademie der Wissenschaften.
>> Sitzungsberichte. 4. Band, 3. Heft. 1874.
>> „   5. Band, 1. und 2. Heft. 1875.
>> Beetz, W. Der Antheil der k. bairischen Akademie der Wissenschaften an der Entwicklung der Elektricitätslehre. München. 1873.
>> Erlenmeyer, Dr. E. Ueber den Einfluss des Freiherrn Justus von Liebig auf die Entwicklung der reinen Chemie. Denkschrift. München. 1864.
>> Radelkofer, L. Monographie der Sapindaceen-Gattung Serjania. München. 1875.

Neisse: Verein „Philomathie".
>> 18. Bericht. April 1872—Mai 1874.

Neubrandenburg: Verein der Freunde der Naturgeschichte.
Archiv. 28. Heft. 1874.

Neuchâtel: Société des sciences naturelles.
Bulletin. 10. Band, 1. und 2. Heft. 1874—1875.

Neutitschein: Landwirthschaftlicher Verein.
Mittheilungen. 12. Jahrgang. 1874. Nr. 11 und 12.
„   13. Jahrgang. 1875. Nr. 1—12.

New-Haven: Connecticut Academy of arts and sciences.

Newport: Orleans county society of natural sciences.
Archives of sciences. Vol. I. Nr. 6.

New-York: Lyceum of natural history.

Nürnberg: Naturhistorische Gesellschaft.

Offenbach: Verein für Naturkunde.

Osnabrück: Naturwissenschaftlicher Verein.
2. Jahresbericht. 1872—1873.

Paris: Académie des sciences.
Comptos rendus. 76. und 77. Band. 1873.

Faucon, L. Sur la maladie de la vigne et sur son traitement par le procédé de la submersion. Paris. 1874.

Dumas, Communication relative à la destruction du Phylloxera. Paris. 1874.

Dumas, Mémoire sur les moyens de combattre l'invasion du Phylloxera. Paris. 1874.

Duclaux, Etudes sur la nouvelle maladie de la vigne dans le sud-est de la France. Paris. 1874.

Duclaux, Cornu et Faucon, Rapport sur les études relatives au Phylloxera. Paris. 1873.

Balbiani, Recherches sur l'action du coaltar dans le traitement des vignes phylloxérées. Paris. 1874.

Balbiani, Mémoire sur la reproduction du Phylloxera du chêne. Paris. 1874.

Mouillefort, Nouvelles expériences effectuées avec les sulfocarbonates alcalins pour la destruction du Phylloxera. Paris. 1874.

Cornu, Etudes sur la nouvelle maladie de la vigno. Paris. 1874.

Commission du Phylloxera. Paris. 1875.

Rapport sur les mesures administratives à prendre pour préserver les territoires menacés par le Phylloxera. Paris. 1874.

Passau: Naturhistorischer Verein.

Pest: Königlich ungarische naturwissenschaftliche Gesellschaft.

Termeszettudomanyi Közlöny. Jahrgang 1873.

Stahlberger E. Die Ebbe und Fluth in der Rhede von Fiume. Mit 9 Tafeln. Budapest. 1874.

Krenner, Dr. J. A. Die Eishöhle von Dobschau. Mit 6 Tafeln. Budapest. 1874.

- Geologische Gesellschaft für Ungarn.

Földtani Közlöny. 1875. Nr. 1 –12.

Posepny, F. Geologisch-montanistische Studie der Erzlagerstätten in Rézbánya in SO.-Ungarn. Mit 5 Tafeln. Budapest. 1874.

Petersburg: Kaiserliche Akademie der Wissenschaften.

Bulletin. 19. Band. Nr. 4 und 5. 1874.

„   20. Band. Nr. 1 und 2. 1875.

Kaiserliche geographische Gesellschaft.

Berichte. 8 –10. Band. 1872 –1874.

Arbeiten der wissenschaftlichen Expedition nach Sibirien:
2. Theil. Botanische Abtheilung. Mit 8 Tafeln. 1874.
3. Theil. Geologische Abtheilung. Mit 8 Tafeln. 1873.

Denkschriften:

a) Geographische Abtheilung. 3 Band. 1873.

b) Ethnographische Abtheilung. 3 und 5. Band. 1873.

c) Statistische Abtheilung. 3. u. 4. Band. 1873 –1874.

Arbeiten der ethnographischen Expedition nach Westrussland. 5 Band. 1874.

Ritter, C. Geographie Asiens. 5 Band. Das chinesische und das östliche Turkestan. 1869.

6 Band. Iran 1874.

Severzoff, N. Reisen in Turkestan und Hoch Tian-Schan. 1873.

Borkowsky, J. Die Region Wolga-Newa 1874.

Czaslavsky, B. Der Kernhandel in Südrussland. 1873.

Rajevsky. Die westliche Region. 1874.

Russische entomologische Gesellschaft.

Horae. 10. Band. Nr. 1—4. 1873—1874.

Dybowsky, Dr. B. N. Beiträge zur näheren Kenntniss der in dem Baikal-See vorkommenden niederen Krebse aus der Gruppe der Gammariden. Mit 14 Tafeln. Petersburg. 1874.

Petersburg: Observatoire physique central de Russie.

Annales. Jahrgang 1873.

Repertorium. 3. Band (1874) und 4. Band, 1. Heft (1874).

„ Kaiserlicher botanischer Garten.

Arbeiten. 1.—3. Band 1872—1875.

Philadelphia: Academy of natural sciences.

Proceedings. Jahrgänge 1873 und 1874.

Pisa: Società toscana di scienze naturali.

Atti. 1. und 2. Heft. 1875.

„ Redaktion des Nuovo giornale botanico italiano.

Nuovo giornale botanico. 6. Band. Nr. 4. 1874.

„ „ 7. Band. Nr. 1—4. 1875.

Prag: Königlich böhmische Gesellschaft der Wissenschaften.

Sitzungsberichte. 1874. Nr. 6—8.

„ 1875. Nr. 1 und 2.

Abhandlungen. 6. Folge. 7. Band. 1875.

„ Naturwissenschaftlicher Verein „Lotos".

Lotos. 1874. Nr. 10—12.

„ 1875. Nr. 1—10.

Pressburg: Verein für Naturkunde.

Pulkowa: Nicolai-Hauptsternwarte.

Jahresbericht 1873—1874.

Putbus: Redaktion der „Entomologischen Nachrichten".

Entomologische Nachrichten. 1. Jahrgang. 1875.

Regensburg: Königlich bairische botanische Gesellschaft.

Flora. Jahrgang 1875.

„ Zoologisch-mineralogischer Verein.

Abhandlungen. 10. Heft. 1875.

Correspondenzblatt. 28. Jahrgang. 1874.

Reichenbach: Voigtländischer Verein für allgemeine und specielle Naturkunde.

Reichenberg: Verein der Naturfreunde.

Mittheilungen. 5. und 6. Jahrgang. 1874—1875.

Riga: Naturforschender Verein.

Correspondenz-Blatt. 21. Jahrgang. 1874.

Rom: R. Comitato geologico d'Italia.

Bulletino. 1874. Nr. 7—12.

„ 1875. Nr. 1—8.

Rouen: Académie des sciences.

Salem: Essex Institute.

    Bulletin. 6. Band. 1874.

Salzburg: Gesellschaft für Salzburger Landeskunde.

    Mittheilungen. 14 und 15. Jahrgang. 1874 und 1875.

Sanct Gallen: Naturforschende Gesellschaft.

    Berichte. Jahrgang 1873—1874.

Sanct Louis: Academy of sciences.

    Transactions. 3. Band. Nr. 2. 1875.

Schaffhausen: Schweizerische entomologische Gesellschaft.

Stockholm: Königliche Akademie der Wissenschaften.

    Handlingar. 9. Band, 2. Hälfte. 1870.

    „   10. Band. 1871.

    „   12. Band. 1873.

    Oefversigt. 28.—31. Band. 1871—1874.

    Bihang till kongl. svenska vetenkaps-akademiens Handlingar.

        1. und 2. Band. 1872- 1875.

    Lefnadsteckningar. 1. Band. 3. Heft. 1873.

Stuttgart: Verein für vaterländische Naturkunde.

    Jahreshefte. 31. Jahrgang. 1875.

Toulouse: Académie des sciences.

Triest: Società adriatica di scienze naturali.

    Bulletino. Nr. 1. Dezember 1874.

Upsala: Königliche Akademie der Wissenschaften.

    Nova Acta. 3. Reihe. 9. Band, 1. und 2. Heft. 1874—

        1875.

Utrecht: Königlich niederländisches meteorologisches Institut.

    Jaarboeck. 1870. 2. Theil.

    „   1874.

Venedig: Istituto veneto di scienzi, lettere ed arti.

Washington: Smithsonian Institution.

    Annual Report. 1872 und 1873.

    „   American Academy of sciences.

    „   Department of agriculture.

    Monthly Report. 1873 und 1874.

    Report of the commissioner of agriculture. 1873.

Washingtou: War Department.

A Report on the hygiene of the United States army, with descriptions of military posts. Washington. 1875.

„ United States geological survey of the territories. Report. 6. Band. 1874.

Miscellaneous Publications. Nr. 1 und 3. 1874—1875.

Catalogue of the publications. 1874.

Weidenau: Land- und forstwirthschaftlicher Verein.

Die Sudeten. 1874. Nr. 11 und 12.

„ 1875. Nr. 2 und 4—12.

Wien: Kaiserliche Akademie der Wissenschaften.

Anzeiger. 1871. Nr. 24—29.

„ 1875. Nr. 1—28.

„ K. k. geologische Reichsanstalt.

Jahrbuch. 1874. Nr. 4.

„ 1875. Nr. 1—3.

Verhandlungen. 1874. Nr. 15—18.

„ 1875. Nr. 1—16.

„ K. k. zoologisch-botanische Gesellschaft.

Verhandlungen. 24. Band. 1874.

„ K. k. Centralanstalt für Meteorologie und Erdmagnetismus.

Jahrbücher. 10. Band. 1873.

„ Oesterreichische Gesellschaft für Meteorologie.

Zeitschrift. 9. Band. 1874.

„ K. k. geographische Gesellschaft.

Mittheilungen. Neue Folge. 7. Band. 1874.

„ Verein für Landeskunde in Niederösterreich.

Blätter. 8. Jahrgang. 1874.

Topographie von Niederösterreich. 8. Heft

„ Verein zur Verbreitung naturwissenschaftlicher Kenntnisse.

Schriften. 14. und 15. Band. 1873—1875.

„ K. k. Hof-Mineralienkabinet.

Mineralogische Mittheilungen. Gesammelt von G. Tschermak.

Jahrgang 1874.

Wiesbaden: Nassauischer Verein für Naturkunde.

Jahrbücher. 27. und 28. Jahrgang. 1873—1874.

Würzburg: Physikalisch-medicinische Gesellschaft.
Verhandlungen. 7. Band. 1874.
„   8. Band. 1874—1875.
Zürich: Naturforschende Gesellschaft.
Vierteljahrsschrift 18. Jahrgang. 1873.
„   Universität.
Achtundzwanzig akademische Schriften.
Zwickau: Verein für Naturkunde.
Jahresbericht für 1874.

Veränderungen im Stande der Mitglieder*).

Zuwachs:

Correspondirende Mitglieder:

P. T. Herr: Brusina Spiridion, Vorstand der zoologischen Abtheilung im k. Museum zu Agram.

Ordentliche Mitglieder**):

P. T. Herr: Baratta Norbert, Freiherr v., Oekonom in Budischau [1]).

„ „ Burel Valentin, Schichtmeister in Friedland.

„ „ Cauwel Lucien, Herrschafts-Direktor in Wsetin.

„ „ Chytil Stefan, Oberlehrer in Loschitz.

„ „ Hahn Franz, Direktor der Bürgerschule in Göding.

„ „ Haupt Leopold Eug. von, Hörer der technischen Hochschule in Brünn.

„ „ Hielle Ferdinand, k. k. Ingenieur in Brünn.

„ „ Honsig A., Prof. an der Landes-Oberrealschule in Iglau.

„ „ Jeřzabek Franz, k. k. Ingenieur in Ung.-Hradisch.

„ „ Koenig David, Stations-Vorstand in Friedland.

„ „ Kuwert Adolf, Gutsbesitzer in Wernsdorf (Preussen).

„ „ Leese Ferdinand, Fabrikant in Friedland.

„ „ Meraw Ferdinand, Nordbahnbeamte in Rohatetz.

„ „ Müller Adalbert, Prof. am k. k. Realgymnasium in Brünn.

„ „ Nacke Josef, Dr. Phil., k. k. Landes-Schulinspektor in Brünn.

„ „ Neiss Josef, Handelsmann in Brünn.

„ „ Ollenik Heinrich, Hörer der k. k. technischen Hochschule in Brünn.

„ „ Reich Salomon, Glasfabrikant in Gr.-Karlowitz.

„ „ Schindler Johann, Hörer der k. k. technischen Hochschule in Brünn.

„ „ Slavíček Franz Jos., Lehrer an der Bürgerschule in Littau.

„ „ Strakosch Julius, Dr., Fabrikschemiker in Brünn [2]).

*) Um Raum für wissenschaftliche Mittheilungen zu gewinnen, werden von nun an jährlich nur die Veränderungen im Stande der Mitglieder, dagegen die vollständigen Mitglieder-Listen erst in grösseren Perioden abgedruckt.

**) Als Mitglieder werden nur jene Gewählten betrachtet, welche im Laufe des Jahres Eintrittsgebühr und Jahresbeitrag entrichtet haben.

[1]) u. [2]) Schon im Jahre 1874 aus Versehen in der Mitglieder-Liste weggeblieben.

P. T. Herr: Steiner Rudolf, Hüttenverwalter in Friedland.

   „   „ Taborsky Franz, Revident bei dem k. k. Statthalterei-
Rechnungs-Departement in Brünn.

   „   „ Wallentin Ignaz, Dr. Phil., Prof. am k. k. Realgymnasium
in Brünn.

   „   „ Winter Moritz, praktischer Arzt in Brünn [1]).

   „   „ Wolf Heinrich, k. k. Bergrath und Reichsgeologe in Wien.

   „   „ Womela Josef, Prof. an der k. k. Gewerbeschule in Brünn.

          Zlik Rudolf, k. k. Forstrath und Forst-Inspektor in Brünn.

Abgang:

1. Ausgeschieden nach §. 8 der Statuten:

P. T. Herr: Grüner Julius.   P. T. Herr: Tannabaur Josef.

        Krěmarž Konrad.   Včelička Carl.

   „   „ Kusý Emanuel.   „   „ Weber Ferdinand.

   „   „ Stransky Moritz.   „   „ Wojta Johann.

        Studeny Rudolf.   „   „ Wokurka Anton.

2. Durch Austritt:

P. T. Herr: Löw Adolf.   P. T. Herr: Schandl Johann.

   „   „ Richter Gottfried.   „   „ Siegl Eduard.

3. Durch den Tod:

P. T. Herr: Hlasiwetz Heinr., Dr.   P. T. Herr: Mittrowsky Franz, Graf.

   „   „ Hofmann Conrad.   „   „ Schwarzer Guido von.

   „   „ Leonhardi Herm., Freih. v.   „   „ Sekera W. J.

   „   „ Merliček Eduard.   „   „ Weber Arnold.

        Mittrowsky Ernst, Graf.

[1]) Schon im Jahre 1874. Aus Versehen in der Mitglieder-Liste weggeblieben.

Sitzungs-Berichte.

Sitzung am 13. Jänner 1875.

Vorsitzender: Herr Vice-Präsident Dr. **Carl Schwippel.**

Eingegangene Geschenke:

D r u c k w e r k e:

Von dem Herrn Moritz T r a p p in Brünn:

Heinrich, A. Mährens und k. k. Schlesiens Fische, Reptilien und Vögel. Brünn, 1856.

Scharnaggl, S. Die Forstwirthschaft im österreichischen Küstenlande mit vorzüglicher Rücksicht auf die Karstbewaldung. Wien, 1873.

Stamm, Dr. F. Der Obstgarten. (13 Exemplare.)

Toula, Dr. F. Die Fische. (10 Exemplare.)

Mach, Edmund. Die *Phylloxera vastatrix* in Frankreich. (5 Exemplare.) Heidelberg, 1873.

Bericht über das Auftreten der *Phylloxera vastatrix* in Oesterreich, erstattet im Auftrage des Ackerbauministers. Wien, 1875.

Von dem Herrn H. Frankberger in Brünn:

Petermann, Dr. A. Mittheilungen aus J. Perthes geographischer Anstalt in Gotha. 18. Band. 1872. 1. und 2. Heft.

Schübeler, Dr. F. C. Die Culturpflanzen Norwegens. Christiania, 1862.

N a t u r a l i e n:

Von dem Herrn A. S c h w ö d e r in Bibenschitz: 300 Exemplare Pflanzen.

Herr Vice-Präsident Dr. Theodor Ritter v. Frey nimmt anlässlich seiner bevorstehenden Uebersiedlung nach Wien mit einigen herzlichen Worten Abschied von der Versammlung, welche ihrerseits über Antrag des Herrn Vorsitzenden, dem Danke für das bisherige verdienstliche Wirken des genannten vieljährigen eifrigen Vereins-Mitgliedes mit dem Bedauern über dessen Abgehen von Brünn durch Erheben von den Sitzen Ausdruck gibt.

Herr Schulrath Dr. C. Schwippel theilt einige Bemerkungen über die Bodenverhältnisse Brünn's in Beziehung auf Fundirung und auf Brunnen mit.

Dem Redner stehen nur über einen kleinen Bezirk genauere Daten zu Gebote, zu weiteren Forschungen fehlten demselben die Mittel und die Zeit. Er zieht die Gegend zwischen dem Spielberge und den Anhöhen der schwarzen Felder von West nach Ost, dann zwischen dem grossen Platze und Karthaus von Süd nach Nord in Betrachtung.

Zu Oberst liegt hier im Allgemeinen aufgeschwemmtes oder aufgeschüttetes Land. Dieses hat beispielsweise zwischen dem Gebäude des deutschen Gymnasium's und dem Marowsky'schen Gasthause eine Mächtigkeit von etwa 4 Klaftern. Hierauf folgt in jenen Gegenden, die am Fusse des Spielberges liegen, Lehm (Löss) von verschiedener Mächtigkeit, in der oben bezeichneten Gegend etwa von 2 Klaftern. Unter dem Lehm befindet sich eine aus grobem Sande und Gerölle bestehende wasserführende Schichte von etwa 3 Fuss Mächtigkeit, welcher die Brunnen in diesem Bezirke ihr Wasser verdanken.

Diese wasserführende Schichte liegt nicht überall gleich tief unter dem Strassenpflaster; es steht diese Tiefe in Beziehung zu der aufgelagerten Lehmschichte. Am Jakobsplatze z. B. liegt diese Schichte etwa über 17 Fuss unter dem Strassenpflaster, anderwärts mag sie tiefer, vielleicht auch höher, liegen; ebenso wird ihre Mächtigkeit nicht überall gleich gross sein.

Diese wasserführende Schichte liegt nun über einem an den bezeichneten Orten sehr mächtigen Tegellager, welches sich von den Abhängen des Spielberges im Westen, von jenen bei Karthaus im Norden und endlich von den Lehnen der schwarzen Felder im Osten gegen die Stadt zieht, und zwar nimmt die Mächtigkeit dieses Tegellagers gegen die Stadt so rasch zu, dass es im Hofe der Jesuitenkaserne erst bei etwas mehr als 300 Fuss Tiefe durchteuft und dann erst in 376 Fuss Tiefe der Syenit als anstehendes Gebirge erbohrt wurde.

Es wäre wohl interessant, und praktisch nicht unwichtig, zu constatiren, ob in dem oberen Theile des Tegellagers, etwa bis zu 30 Fuss Tiefe, nicht eine zweite oder vielleicht eine dritte wasserführende Schichte sich befinde, also eine tiefer liegende, als die oben erwähnte an der Oberfläche des Tegellagers unter dem Lehm befindliche.

Der Tegel zeigt ein Verflächen gegen die Stadt, so dass von den Bergabhängen das Wasser in jener obersten wasserführenden Schichte seinen Lauf gegen die Stadt zu nimmt.

Dies vorausgeschickt kömmt der Redner zur Anwendung:

1. Was die Fundirung der Gebäude anbelangt, so ist es bekannt, dass man immer den sogenannten gewachsenen Boden (d. i. natürlich gebildeten festen Boden) zu erreichen sucht. Ein solcher natürlich gebildeter Boden wird aber in der besprochenen Gegend (Ratwitplatz) nicht in jeder Tiefe verlässlich sein; da nämlich, wo die Lössablagerung über der wasserführenden Schichte nur eine geringe Mächtigkeit besitzt, wird ein Monumentalgebäude im Löss selbst nicht zu fundiren sein, sondern man wird bis in den Tegel gehen müssen. Bezüglich kleinerer Gebäude mag es wohl hinreichen, die Gründe in den Löss selbst zu verlegen.

Freilich muss dann, wenn die Gründe eines grossen Bauwerkes bis in den Tegel wirklich gelegt werden, auf eine gehörig entsprechende Ableitung des Wassers aus der wasserführenden Schichte gesorgt werden.

Die Erfahrungen, welche an dem Gebäude des k. k. deutschen Gymnasium's gemacht worden haben hinreichend gezeigt, wie wichtig in dieser Gegend sorgfältige und tiefe Fundirung grösserer Bauwerke sei, insbesondere wenn sie theilweise auf alte Festungsmauern zu stehen kommen.

2. Da in diesem Bezirke die Brunnen, aus welchen wir unser Trinkwasser beziehen jedenfalls aus der oben bezeichneten Schichte gespeist werden, da diese ober dem Tegel liegende Schichte aber verhältnissmässig nicht tief unter dem Strassenpflaster liegt, so kann nicht genug darauf aufmerksam gemacht werden, dass bei Anlage und Erhaltung von Canälen auch bei Legung der Gasleitungsröhren wohl Bedacht genommen werde auf diese naheliegende Schichte, damit unser keinesfalls im Ueberflusse vorhandenes Trinkwasser nicht verdorben werde.

Sehr wichtig ist es auf die Anlage der Aborte in den Häusern und der Dungstätten in den Hofräumen zu sehen; ja selbst die Reinigung der Strassen steht nicht ganz ausser Zusammenhang mit jener für uns so wichtigen wasserführenden Schichte. Den Zusammenhang der Brunnen beim Kaffeehause Spranz am Jakobsplatze, im Hofe des Schindler'schen Hauses und im Hofe des Dianabades durch die sie bespeisende wasserführende Schichte zeigte sich deutlich bei Gelegenheit der durch einen Leck in der Wasserleitung herbeigeführten Inundirung der Kellerräume im Frühjahre 1873; denn als der Brunnen beim Kaffeehause Spranz am Jakobsplatze, in welchen das Wasser der Wasserleitung aus den damit angefüllten Hohlräumen unter dem Jakobsplatze sich Zugang verschaffte, Tag und Nacht längere Zeit hindurch ausgepumpt wurde, verlor sich auch das Wasser im Schindler'schen Hause und im Dianabade; es sammelte sich aber in allen Brunnen wieder zur normalen Höhe, nachdem der Leck an der Wasserleitung wieder gut gemacht und mit dem Pumpen aufgehört wurde.

Dass durch Zunahme der Bevölkerung der Bedarf an trinkbarem Wasser gesteigert werde ist begreiflich, um so wichtiger ist es demnach auf eine keineswegs allzu reichhaltige Bezugsquelle ein wachsames Auge zu haben und dies um so mehr, als durch die in Folge dieser Zunahme nothwendigen Bauten, durch die stärkere Frequenz der Strassen u. s. f. manche Veranlassung geboten wird das nicht sehr tief unter dem Strassenpflaster liegende Wasser zu verderben.

Herr Professor Friedrich Arzberger hält einen Vortrag über eine von ihm construirte Wasserstrahlpumpe für Laboratoriumszwecke.

Herr Professor A. Makowsky bringt folgende Mittheilung des Herrn F. Moraw, Bahnbeamten in Rohatetz zur Kenntniss:

Im Verlaufe des so milden Winters 1872/73 wurden in der Umgebung von Rohatetz bei Göding in Mähren mehrfache Klagen über das Auswintern der Saaten (vornehmlich des Roggens) laut, welches um so unerklärlicher war, als gerade in diesem Winter wenig anhaltende, nur ganz unbedeutende Fröste geherrscht hatten.

Eine Begehung der bezeichneten Grundstücke erwies die Berechtigung dieser Klagen, nachdem in der That der Roggen vielfach gelitten und die Felder bei sehr schütterem Saatenstande ganz kahle Stellen zeigten, welche durch das Absterben der Pflanzen entstanden waren. Die genauere Untersuchung der halb vertrockneten Pflanzen, im Anfange des Monates März 1873 vorgenommen, ergab in den Terminal- und Seitenknospen und zwar zwischen den vertrockneten Herzblättern eine, auch zwei kaum ⅓ Linie lange, lichtbraune Tonnenpuppen einer Fliege, welcher einzig und allein das sogenannte „Auswintern" der Saaten zugeschrieben werden muss. Diese Annahme wurde durch die Erfahrungen in diesem Jahre vollständig bestätiget.

Seit Anfang Oktober 1871 trat die Erscheinung in der Umgebung von Rohatetz am Winterroggen in ganz ungewöhnlich starkem Grade auf. Die Blätter der meisten Roggenpflanzen erschienen mit einer Unzahl gelbrother Tüpfchen besäet, wie rostbrandig, sonst lebhaft grün; nur das innerste Blatt der Knospe war gelb und welk. Von den umhüllenden Blattscheiden befreit, erschien dasselbe seiner ganzen Länge noch gelb bis bräunlich, eingeschrumpft, am Grunde faulig, daher leicht von der Anwachsstelle zu trennen. Nachdem ferner die Spitze der Terminalknospe zerstört war, so war die ganze Pflanze im Absterben begriffen.

Im Grunde des Herzblattes fanden sich meist eine, selten zwei gelblichweisse fuss- und kopflose Insektenlarven (Maden), welche als die Ursache der Krankheit angesehen werden müssen. Eine genauere Bestimmung der 2 bis 3ᵐᵐ langen Maden, welche am stumpfen Hinterrande mit 2 Höckern versehen sind, erwies dieselben als die Larven der im Norden Europa's schon längst bekannten und berüchtigten Fritfliege (*Oscinis Frit L.*) einer glänzend schwarzen, sehr lebhaften, kaum 3ᵐᵐ langen Fliege.

Wiederholte Begehungen der von dem Insekte befallenen Saaten zeigten ein deutliches Fortschreiten sowohl in der Entwickelung der Maden, als in der Zerstörung der angegriffenen Pflanzen. Während im Oktober nur die auffallend rostartige Färbung der Blätter die Aufmerksamkeit des Beobachters auf sich gezogen hatte, genügte im Dezember ein Blick, um das Vorhandensein dieses zerstörenden Feindes zu constatiren. Denn die Mehrzahl der Pflanzen war schon abgestorben, daher die missfarbigen Stellen innerhalb der Saaten, die nur hie und da noch gesunde Pflanzen zeigten. Die Maden waren nun grösstentheils ausgewachsen 3ᵐᵐ lang, zum Theil schon verpuppt. Die Tonnenpuppen sind anfangs gelblich, nehmen allmälig eine bräunliche Färbung an und erwarten die Zeit des Ausschlüpfens im Monate April und Mai.

Was die Ausdehnung der Krankheit betrifft, so ist dieselbe durchaus nicht unbedeutend, denn 41 Joch Wintersaaten sind grösstentheils vernichtet und müssen im Frühjahr umgepflügt und mit einer anderen Pflanze, etwa Kartoffel bebaut werden, jedenfalls aber nicht mit Cerealien, die alle ohne Ausnahme von der Fritfliege angegriffen werden.

Wichtig ist der Umstand, dass aller bis zum 5. September 1874 in der Umgebung von Rohatetz angebauter Winterroggen total zerstört ist, während hingegen die vom 20. September (der zweiten Aussaat) bestellten Felder vollkommen gesund geblieben sind, selbst in dem Falle, wo sie an ein ganz inficirtes Gebiet unmittelbar angrenzen! Dieser Umstand gewährt einen ganz eigenthümlichen Anblick; während nämlich die eine Fläche üppig gedeiht und grünt, gleicht die benachbarte einer von Sonnenbrand verdorrten Weide. Die Thatsache ist aber auch von grossem praktischen Werthe für die Landwirthschaft, denn sie lehrt unzweideutig die Nothwendigkeit eines späteren Anbaues der Cerealien, welcher erst im letzten Drittel des Monates September vollkommen gefahrlos vorgenommen werden kann.

Fragt man nach der Ursache, warum die Fritfliege heuer in so verheerendem Masse aufgetreten ist, so stellt sich folgende Annahme als wahrscheinlich heraus:

Bei einem normal verlaufenden Frühjahre erscheint die Fritfliege Anfangs Mai. In Folge des ungewöhnlich warmen und sonnigen Aprils 1874 wurde das Ausschlüpfen der Fliegen so begünstigt, dass sie schon Anfangs April erschienen.

Die gefährlichsten Feinde der Fritfliegen sind sehr kleine Schlupf-wespen, welche eifrig die kleinen noch auf den Blättern befindlichen Maden der Fritfliege aufsuchen, um in diesen ihre Eier einzustechen. Diese Schlupfwespen erscheinen unter normalen Verhältnissen in der Hälfte des Monats Mai. Nun herrschte bekanntlich in dieser Zeit des verflossenen Jahres eine sehr niedrige Temperatur, viel niedriger als im Monate April, so dass die Schlupfwespen an ihrem rechtzeitigen Er-scheinen sehr gehindert waren; dadurch gewannen aber die Maden der ersten Generation des Jahres hinreichend Zeit sich in das Innere der Getreidehalme zu verkriechen, wo sie vor den Nachstellungen der Schlupf-wespen ganz gesichert sind. Ein sonst günstiger trockener Sommer und Herbst trug zur Entwickelung der zweiten und selbst dritten Generation wesentlich bei, so dass die zu früh bestellten Wintersaaten ihnen zum Opfer fielen. So dürfte es nur von den Witterungs-Verhältnissen des kommenden Frühjahres abhängen, ob der so bedenklichen Verbreitung und Vermehrung der Fritfliege in dieser Gegend durch ihre natürlichen Feinde eine Grenze gesetzt werden wird oder nicht.

Der zweite Vereins-Sekretär Herr Franz Czermak bringt folgenden Antrag des Ausschusses zur Verlesung:

Der Vorstand der entomologischen Gesellschaft in Berlin, Dr. G. Kraatz hat dem naturforschenden Vereine eröffnet, dass diese Ge-sellschaft im Vereine mit anderen gelehrten Gesellschaften unternommen hat eine Zeitschrift herauszugeben, welche nach Möglichkeit alle in deutscher Sprache erscheinenden grösseren entomologischen Abhandlungen enthalten solle. Auf jedem Hefte soll als Herausgeber die betreffende Gesellschaft genannt sein. Er ersucht den Verein sich hieran zu bethei-ligen und zwar entweder diese Separathefte im eigenen Verlage heraus zu geben oder der Berliner entomologischen Gesellschaft in Commission zu geben oder endlich ihr eine bestimmte **Zahl** von Abdrücken **zu festem Preise zu überlassen.**

Dieses **Ansinnen wurde vom** Ausschusse sorgfältig **geprüft und** mit Rücksicht auf **die Vortheile, welche** auch dem **Vereine** durch **eine** grössere Verbreitung der wissenschaftlichen **Arbeiten seiner Mitglieder** erwachsen, beschlossen, **der Versammlung das Eingehen auf dasselbe, jedoch nur** in **folgender Weise zu empfehlen:**

1. **Von den entsprechenden grösseren entomologischen** Abhandlungen, welche **in den Schriften** unseres Vereines **erscheinen,** werden bei Gelegenheit **des Druckes besondere** Abzüge **gemacht, welche in** ein Heft **vereinigt werden können.**

2. **Die nothwendige Anzahl dieser Abzüge** richtet sich nach dem Wunsche **der entomologischen** Gesellschaft **in** Berlin. Für die gewünschte Anzahl **zahlt die** Gesellschaft einen fixen, vom Vereine zu bestimmenden Preis.

3. **Auf dem** Titelblatte erscheint der naturforschende Verein **als Herausgeber und muss die** Bemerkung enthalten sein, **dass diese Abhandlungen in den Schriften des** naturforschenden **Vereines veröffentlicht sind.**

Die Versammlung genehmigt durch ein einstimmiges Votum diesen **Antrag.**

Der zweite Sekretär Herr Franz **C z e r m a k theilt mit, dass** eine von der k. k. geologischen Reichsanstalt **in Wien zur** Feier dieses **25**jährigen **Jubiläums an den naturforschenden Verein** übersendete Einladung **durch** ein Beglückwünschungs-Telegramm beantwortet wurde.

Zu ordentlichen Mitgliedern werden gewählt:

P. T. Herren: vorgeschlagen von den Herren:

Rudolf **Zlik, k. k. Forstrath in** Brünn A. Makowsky **und** *A. Johnen*

Ferdinand **Moraw,** Nordbahnbeamte
in **Rohatetz** . . . *G. v. Niessl* **und** *A. Makowsky.*

Johann **Schindler,** Techniker in **Brünn** *A. Tomaschek* **und** *A. Makowsky.*

Salomon **Reich,** Glasfabrikant **in**
Gr.-Karlowitz . . . . *A. Johnen* **und** *A. Makowsky.*

A. Hausig, Professor an der Landes-Ober-Realschule in Iglau . *G. v. Niessl* und *A. Makowsky.*

P. T. Herren:

vorgeschlagen von den Herren:

Adalbert Müller, Professor am k. k.

Realgymnasium in Brünn . . .

E. Donath und *F. Czermak.*

Dr. Ignaz Wallentin, Professor am

k. k. Realgymnasium in Brünn

Sitzung am 11. Februar 1875.

Vorsitzender: Herr Präsident **Wladimir** Graf **Mittrowsky.**

Excellenz.

Eingegangene Geschenke:

Druckwerke:

Von Sr. Hoheit dem Maharajah von Travancore durch Hrn. All. Brown:
Observations of Magnetic declination made at the Trevandrum and
Augusta observatories by All. Brown. London, 1871.

Naturalien:

5000 Exemplare Coleopteren der europäischen und nordafrikanischen
Fauna von Hrn. Edmund Reitter. 250 Exemplare getrockneter Pflanzen
von Hrn. Prof. G. v. Niessl. 6 Stück neu entdeckter Steinkohlenpetrefakten von Herrn Dr. Ferd. Katholicky.

Ausserdem sind 250 Species Pflanzen durch Tausch mit dem
helvetischen Vereine eingegangen.

Herr Carl Kammel v. Hardegger jun. sendet die Resultate
der von ihm durchgeführten regelmässigen Beobachtungen über Boden-
Temperaturen in Grussbach in 1, 2 und 3 Fuss Tiefe, reichend vom
1. Februar 1858 bis 31. Jänner 1860.

Herr Professor A. Makowsky macht auf die von Herrn Dr.
F. Katholicky eingesendeten Steinkohlenpetrefakten aufmerksam
und bezeichnet insbesondere *Caulopteris mineraliscus Rg.* als einen
neuen Fund für die fossile Flora Mährens.

———

Derselbe berichtet ferner, dass er aus Larven, welche ihm von dem Herrn Stationschef F. Moraw in Rohatetz zugeschickt wurden, vermischt mit solchen der Fritfliege die Hessenfliege *Cecidomyia destructor* gezogen habe, deren Auftreten im Lande bisher noch wenig sicher konstatirt war.

Herr Professor A. Makowsky berichtet über einen Ausflug in die Eifel.

Nachdem der Sprecher die geologischen Verhältnisse des betreffenden Gebietes in Kürze skizzirt und im Allgemeinen auf die vulkanische Thätigkeit hingewiesen, welche während der Miocänzeit begonnen und wie in Mähren und Schlesien mit der Diluvialperiode geschlossen hat, theilt er über seine Studienreise Folgendes mit*):

Mit Rücksicht auf die beschränkte Zeit, die mir und meinem Reisebegleiter zur Verfügung stand, beschlossen wir nur die Hauptpunkte der erloschenen vulkanischen Thätigkeit der Eifel aufzusuchen und die Dislokationsspalte in der Erdkruste zu verfolgen.

Zu diesem Behufe brachte uns von Koblenz aus der kleine Moseldampfer stromanfwärts in das Moselthal, das anfangs breit und flach, bald von hohen Felswänden eingeengt, in ausserordentlichen Windungen in das devonische Schieferterrain eingeschnitten ist. Hier bedecken, wie am Rhein, unabsehbare Rebenpflanzungen die steilen Thalgehänge, die nur an ungünstigen Stellen von niederen Eichengebüschen eingenommen sind; nur vermisst man jene sorgfältige Behandlung des Weinstockes, welche dem Rheingau in so hohem Grade eigenthümlich ist, hier jedoch durch die besondere Wärmecapacität des dunklen Bodens verhindert wird, welche eine Lichtung der Rebenpflanzungen nicht zulässt.

Die vielen Schlossruinen und verfallenen Herrenhäuser, die im Allgemeinen ärmlichen Ansiedlungen an den Ufern hinterliessen in uns den Eindruck einer vergangenen Blüthezeit, eines derzeitigen Verfalles und einer Verarmung der Gegend, welche wohl zum nicht geringen Theile dem fortschreitenden Wassermangel und der daraus theilweise resultirenden Sterilität des Bodens zugeschrieben werden muss.

---

*) Entsprechend dem besonderen Wunsche des Vortragenden wird diese Mittheilung, obgleich sie, bei der ausgezeichneten Durchforschung des Gebietes durch die deutschen Geologen, für Fachmänner nichts Neues bringt, ausführlicher abgedruckt, da Herr Prof. Makowsky damit die Aufmerksamkeit von Freunden der Naturwissenschaften auf analoge Erscheinungen in unserem Lande, welche bei späterer Gelegenheit einer eingehenderen Untersuchung gewürdigt werden sollen, zu lenken beabsichtigt.

Bei dem Orte Alf verliessen wir das Moselthal um in dem lieblichen, schwach bewaldeten Seitenthale des Uesbaches einzudringen. Bald hatten wir Bertrich erreicht, einen reizenden von hohen Bergen kesselartig umschlossenen Badeort mit warmen alkalischen Quellen, welche dem vulkanischen Boden der Umgebung entstammen.

Schon im Bachbette von Bertrich waren mir kleinere und grössere Gerölle von Basalt aufgefallen, der unmittelbar in Bertrich anstehend beobachtet werden kann und zwar in Form senkrechter Säulen mit transversaler sphäroidischer Gliederung.

In weit hervorragendem Masse ist dies der Fall bei den Resten eines Lavastromes, der sich von dem nahen Vulkan Falkenlei in die Thaltiefe ergoss und später durch den Bach theilweise zerstört und fortgeschwemmt worden ist.

So befindet sich etwas oberhalb Bertrich ein vom Wasser gebildeter Gang von etwa 30' Länge, 6—7' Höhe und 5' Breite, dessen Wände aus sphäroidisch gegliederten Basaltsäulen bestehen. Diese Basaltkugeln, je 18" hoch und 24" breit, haben der weitberühmten Grotte durch die Laune der Badegäste den Namen des Käsekellers verschafft, nachdem sie allerdings an die Form des holländischen Käses erinnern. Die absonderliche Sphäroidform ist nur der Erstarrung und nachträglichen Verwitterung des Basaltes und der Erosion durch Wasser zuzuschreiben.

In den nahen Anlagen dient als Tischplatte ein römischer Mühlstein, schüsselartig vertieft von 4' Durchmesser, welcher nach einer Inschrift in 14 Fuss Tiefe hier im Jahre 1836 aufgefunden wurde.

Nun stiegen wir die steilen bewaldeten Berglehnen hinan und erreichten in 1132' Seehöhe das Plateau der Eifel bei dem Orte Hontheim, dem ersten aus wenigen elenden Hütten bestehenden Eifeldorfe.

Kartoffel und Hafer waren die einzigen Kulturen der kahlen Haide, die man derzeit durch Anpflanzung von Kiefern zu beleben gesucht hat. Die Strasse führte uns an einem etwa 20' hoch aufgeworfenen Hügel vorbei, welcher die Spuren eines römischen Grabes aufwies. Dasselbe war blossgelegt und durchwühlt und zeigte eine auffällige Verwandtschaft mit den Dehnen, den Hünengräbern Jüttland's und Schleswig's.

Unweit dieses Grabhügels bildete das Terrain eine Einsenkung, innerhalb welcher der kleine Ort Strotzbüsch lag. Im Gegensatze zu dem ärmlichen Hontheim überraschte uns derselbe durch die Nettigkeit seiner Hütten durch seine Obst und Gemüsegärten. Die Ursache dieser angenehmen Erscheinung wurde uns bald klar durch eingehende Betrachtung des Bodens. Er bestand aus 3—4' mächtigen Schichten eines blauweissen vulkanischen Sandes oder besser gesagt Tuffes, welcher durch

den Reichthum seiner Bestandtheile und leichte Verwitterbarkeit die
Fruchtbarkeit des dortigen Bodens bedingt. An mehreren Stellen durch
Abgrabungen blosgelegt zeigte sich Diluviallehm (Löss) von diesen vulkanischen Produkten bedeckt, woraus man unzweifelhaft auf das post-
tertiäre Alter dieser Schichten schliessen kann.

Wir verfolgten diese Tuffschichten und gelangten bald zum Vulkan
von Strohn dem 1198' hohen Wartesberg. Derselbe bildet einen gegen
das Alfthal steil und schroff abfallenden Schlackenkegel, dessen Krater
mit grösseren und kleineren bombenförmigen Schlackenstücken (Rapillen)
ganz erfüllt ist und derzeit als Steinbruch für Strassenschotter benützt
wird. Von diesem Krater aus hat ein Lavaerguss in das schon vorhandene Alfthal stattgefunden, wodurch der Bach zu einem ausgedehnten
See gestaut wurde, bis er wieder einen Durchbruch in das tief liegende
Unterthal gewann. Daher finden sich heute noch oberhalb Strehn ausgedehnte mitunter kesselartige Wiesenthäler, von Torfmooren erfüllt, eine
Erscheinung die sehr häufig in der Eifel angetroffen wird und nur durch
derartige Ereignisse hervorgerufen werden konnte.

Auf dem Plateau zwischen dem Ues- und Alfbache, unweit von
Gillenfeld erhob sich das Terrain zu einem grossen ringförmigen Walle,
der aus vulkanischem Sande und Devonschiefer-Fragmenten gebildet und
innen noch mehr als aussen vom üppigsten Buchenwalde bekleidet ist.

Dieser fast kreisrunde Wall von 6500' Umfang (nach Dechen)
umschliesst eine trichterförmige Einsenkung des Bodens, welche einem
riesigen Krater vergleichbar, einen See ohne sichtbaren Abfluss enthält.
Der See von nahe einer Stunde Umfang soll in der Mitte eine Tiefe von
über 300' besitzen. während von der Oberfläche bis zum Wallrande noch
230' Höhe gezählt wird. Die Klarheit des See's, die erhabene Stille und
Grossartigkeit seiner Umgebung dürfte wohl in jedem Beschauer einen un-
vergesslichen, ja unbeschreiblichen melancholischen Eindruck hervorrufen.
Derselbe, unter dem Namen Pulvermaar weit berühmt, ist der zweitgrösste
und schönste See der Eifel, welche solche trichterartige Vertiefungen —
Maare genannt — als hervorragende Eigenthümlichkeit in grosser Anzahl
aufweisst. Bald wasserlos, bald wasserhaltig, und oft sehr fischreich, liegen
sie fast alle längs einer von SW. nach NO. streichenden Linie, der
zweiten Dislocationsspalte der Eifel von nahe 7 Meilen Länge.

Die allgemeine Ansicht der Geologen geht bekanntlich dahin, dass
sie durch heftige Gas- und Dampfexplosionen gebildet wurden, daher in
der That als Explosionskrater anzusehen sind, durch welche vulkanische
Kräfte ihren Ausweg fanden und den Effekt einer Pulvermine ausübten.

Nachträglich hat sich in diesen Vertiefungen Wasser angesammelt, das seinen Ueberfluss bei der Mehrzahl in einen Bach entsendet.

Nach Ueberschreitung mehrerer solcher trockengelegter Maare, in welchen derzeitig Torfstiche vorgenommen werden, gelangten wir nach 2stündiger Wanderung unweit des Städtchens Daun zu 3 anderen nahe aneinander liegenden kleineren, den sogenannten Daunen-Maaren. Sie sind von mächtigen Tuffablagerungen umgeben, enthalten alle Wasser, dessen Niveau in sehr ungleichen Höhen liegt. So liegt der Wasserspiegel des Weinfelder Maares bei einer Meereshöhe von 1300' um 174' höher als der des zweiten und 228' höher als der des dritten. Ersterer soll bei einem Umfange von kaum 1000 Schritten eine Tiefe von 314' in der Mitte, ohne allen Abfluss, besitzen und gewährt mit seinem einsamen Kirchlein am ganz kahlen Walle einen eigenthümlichen Anblick — die Volkssage spricht auch hier von einem versunkenen Dorfe, von dem nur mehr das Kirchlein übrig blieb.

Höchst überraschend ist das kleinste von diesen Maaren — das Gmündner Maar — sowohl durch seine tiefe Lage als die Schroffheit seiner hohen bewaldeten Felswände. Der Devonschiefer innerhalb, die Lapilli und vulkanischen Sande ausserhalb des Randes unterstützen auch hier ausserordentlich den angenommenen Entstehungsgrund.

Von dem Städtchen Daun, das in ausgezeichnet vulkanischer Gegend, zum Theil auf Lava gebaut ist, benützten wir zur Fahrt über die eintönige Hochebene die Post. Mühsam windet sich die Strasse zwischen mächtigen Lavablöcken, den Resten eines riesigen stundenlangen Lavastromes, welcher vom Hohenernst herstammt, einem 2126' hohen Vulkane, dem höchst gelegenen in der Mitte der Vulkanreihe der Vordereifel. Die scharfkantigen dunkeln Schlackentrümmer, welche durch Jahrtausende den Atmosphärilien Widerstand geleistet haben, machen von der Ferne den Eindruck eines Dorfes, und in der That dienten sie zum Schutz und Halt den armseligen Hütten eines solchen, Namens Dockweiler, durch welches uns der Weg führte. Bald nimmt auch die Strasse denselben Weg, den einst Lavaströme eingenommen und senkt sich zwischen steilen Schlacken- und Tuffwänden, von Wasser durchrissen und blossgelegt, in ein tief eingesenktes Thal, das vom Kyllflusse durchströmt wird und in reizender Lage das Städtchen Gerolstein enthält.

Dieses lieblicheKyllthal in der neuesten Zeit durch eine Bahn, die Trier mit Aachen verbindet, zugänglicher gemacht, gewinnt einen neuen Reiz durch den auffälligen Kontrast zwischen den schwarzen schlackigen Vulkankegeln und dem blendend weissen devonischen Kalkfelsen, die in kolossalen senkrechten Wänden, Ruinengeschmückt, zu beiden Seiten des Thales in die Höhe starren.

Auf der Höhe des Kalkgebirges, fast unmittelbar über Gerolstein und nördlich von demselben, befindet sich ein kleiner aber sehr ausgezeichneter Vulkan, Papenkani, mit kleinem ganz geschlossenem Krater gefüllt mit schwarzem vulkanischen Sand und Schlacken. An seinem äusseren Walle erfolgte der Ausbruch der Lava, verbrannte die Kalkfelsen in weitem Umkreise und ergoss sich über die steilen Felswände des Kalkes in die Tiefe des Thales. Dass die vulkanische Thätigkeit in dieser Gegend noch heute nicht gänzlich zum Abschluss gelangt ist, beweist unzweifelhaft eine weit berühmte Mineralquelle — Birresborn bei Gerolstein — der stärkste Säuerling der Eifel, beweist ferner eine tief im Walde gelegene Mofette, ein 2' tiefes Loch, aus welchem reichlich Kohlensäure ausströmt und in die Nähe gekommene Thiere sogleich tödtet. Dieselbe soll sich in der feuchten Jahreszeit durch ein weit hörbares Brausen verrathen, daher der Name Brudeldreis.

Gerolstein ist ein wohl jedem Geologen bekannter Punkt durch seinen ausserordentlichen Reichthum an Fossilien der Devonformation, die hier in ihren obersten Gliedern eine besondere Entwickelung erfahren hat.

Mit Gerolstein hatten wir den westlichsten Punkt unserer Exkursien erreicht und eilten in 9 stündiger nächtlicher Fahrt zurück auf die Hochebene nach der östlich liegenden Hoheneifel. Bei dem freundlichen Städtchen Mayen, 3 Meilen direkt vom Rheinufer entfernt, setzten wir unsere Wanderung fort. Von Mayen aus betraten wir nur vulkanischen Boden, schon gekennzeichnet durch die üppige Vegetation, sowie die ungeheuren Lavaströme, welche in chaotischer Ueberstürzung das ganze Terrain durchkreuzen und seit langen Zeiten her die Grundlage einer ausgedehnten Steinindustrie bilden. Nicht nur in der ganzen Rheinprovinz, sondern längs des Rheines bis Holland, ja bis England werden die gewonnenen Lavastücke als Bau- und Mühlsteine sowie zu den verschiedensten Werkstücken verwendet und geschätzt.

Selbstverständlich waren auch hier die Häuser aller Ortschaften, die wir passirten, wie Cottenheim, Thür, Ober- und Niedermendig aus solchen sorgfältig gefügten und nicht mit Mörtel beworfenen Lavastücken erbaut und gewährten einen zwar soliden aber auch sehr düsteren Eindruck. Dieses triste Aussehen stimmte vortrefflich mit dem Boden, der fast nur aus Lava besteht, und in welchem unzählige und ausgedehnte Steinbrüche in ganz eigenthümlicher Weise eröffnet sind.

Brunnenartige Schächte von kreisförmigem Querschnitte, einem Durchmesser von 10 bis 15 Fuss, sorgfältig mit Lavastücken ausgekleidet, führen in eine Tiefe von 50—100' und noch darüber. Massive Göppel sind an den Mündungen postirt und schaffen die Lavastücke aus der Grube.

Wahrhaft grossartig sind die weit und breit bekannten Mühlstein-brüche und besser gesagt Gruben von Niedermendig, indem allein in dieser Gemeinde über 50 derartige Schächte abgesunken sind und von welchen ein Theil schon nicht mehr im Abbau befindlich ist. Selbstverständlich konnte ich dem lebhaften Wunsche nicht widerstehen, eine solche Grube zu befahren.

Ein tonlägiger aus Lavastücken gemauerter Gang führte mich auf 72 Stufen steil in gerader Richtung in die Tiefe hinab bis zur Basis des Schachtes, der plötzlich in eine kuppelförmige Grube mündete. Eine fast saigere Fahrt — eine wahre Jakobsleiter mit mehr als 60 Sprossen frei in der Mitte aufgestellt — brachte mich auf den ziemlich trockenen Boden der Grube. Dieselbe stellte einen kapellenähnlichen Raum von etwa 20' Breite und mindestens doppelter Höhe dar und stand mit grossen Seitenhöhlen rechts und links in bedeutender Erstreckung in Verbindung. Die Wände bestanden aus senkrechten Basaltsäulen, von tief schwarzer Farbe, während die Decke die abgebrochenen Enden von 5-6seitigen Basaltsäulen aufwiess, und dadurch ein ausserordentlich instruktives Bild des Innern eines Lavastromes darbot.

Die Lava von Niedermendig ist ein blauschwarzer, sehr poröser Nephelin-Basalt, reich an himmelblauem Hauyn und eignet sich ganz vortrefflich zu Mühlsteinen, die denn daher auch in ganz Deutschland, Frankreich und den Niederlanden gesucht sind.

Höchst auffällig war die geringe Temperatur der Luft in der Grube, die mit der Tiefe bedeutend sich erniedrigte, so zwar, dass die letzten Sprossen der Leiter vollständig übereist waren; ein Umstand der um so empfindlicher war, als an der Oberfläche, etwas über 100' höher, begünstigt von dem dunkeln vulkanischen Boden, die kaum erträgliche Wärme eines heissen Augusttages herrschte. Diese Erscheinung mag darin begründet sein, dass das Wasser, welches durch das poröse Gestein in die Tiefe drängt, dort auf grosser Oberfläche verdampft und die Luft bedeutend abkühlt.

Von den Mühlsteingruben Niedermendig's weg überschritten wir den zerklüfteten Wall eines mächtigen Lavastromes, der auf seinem breiten Rücken in stundenweiter Erstreckung nur allein zwei Ortschaften trägt, und vom Hochsimmer herabfloss. Letzterer entsendet aus seinem riesigen Krater nach allen Seiten Lavaströme und bildet 1768' hoch den hervorragendsten Berg der Umgebung des Laacher Sees, dabei so dicht bewaldet, dass er keine Rundschau gewährt. Wir erstiegen daher nördlich vom Hochsimmer einen Wall aus vulkanischer Asche bestehend, und vor uns lag zur grossen Ueberraschung in stundenweiter Ausdehnung die ruhige klare Wasserfläche des Laacher Sees, des Mittelpunktes der vulkanischen Thätigkeit der hohen Eifel. Dieser bildet das grösste Maar der Eifel, ebenfalls von fast kreisrunder Form, 2 Stunden im Umfange mit einer Wassertiefe von 157 Fuss in der Mitte.

Im Gegensatze zu dem düsteren Charakter des Pulvermaares bot der See, umgeben von einem Kranze tief bewaldeter Vulkanberge ein liebliches Bild, das noch erhöht wurde durch die üppigen Obstbaumanlagen seiner Ufer und der malerisch gelegenen Abtei Maria Laach mit herrlicher romanischer Kirche, eine der grössten und schönsten Deutschland's.

Der See, reich an Barschen, Hechten und anderen Fischen hat weder einen sichtbaren Zufluss noch natürlichen Abfluss, unterlag jedoch so bedeutenden Niveauschwankungen, dass sich die Mönche von Laach wegen der Ueberschwemmungsgefahr frühzeitig genöthigt sahen einen unterirdischen Abfluss herzustellen. Im Jahre 1842 wurde ein solcher Abfluss durch den südlichen Seewall mit grossen Kosten und Mühen erneuert und hatte eine Senkung des Seespiegels um 20', verbunden mit bedeutender Verringerung seiner Oberfläche zur Folge. Jetzt liegt nach Dechen der Seespiegel 873' hoch über dem Meere und 714' über dem Rheinpegel bei Andernach.

Der Laacher See wird gleich den übrigen Maaren der Eifel als Explosionskrater im grossartigsten Maassstabe gedeutet, welche Ansicht die steilen in Thonschiefer ausgesprengten Absturze seines Nordrandes sehr unterstützen; jedoch ist es nicht unwahrscheinlich, dass die mächtigen Bimsstein- und Tufflager, welche den See einschliessen, den natürlichen Abfluss der angesammelten Wassermengen des Thalkessels nach Süden gehindert und dadurch seine bedeutende Ausdehnung mit veranlasst haben.

Im Osten, gegen den Rhein zu, ist der Laacher See abgeschlossen durch den 1413' hohen Vulkan „Krufter Ofen" aus dessen riesigem Krater ungeheuere Massen von Schlacken und Bimssteinen, nebst Lavaströme bis in das Rheinbett sich ergossen. Er ist vollständig bewaldet und zeigt in lichten Beständen die kolossalsten Rothbuchen, die ich je in Deutschland gesehen.

Ueber den hohen bewaldeten Nordrand des Sees führte uns der Weg in raschem Gefälle längs des Vulkans Krunkopf mit seiner feuerrothen Lava in das Brohlthal hinab. Dieses tief eingerissene Thal, eines der interessantesten der ganzen Eifel, ist durchströmt von einem Bache, welcher nach etwa 2 Meilen langem Laufe bei Brohl sich in den Rhein ergiesst. Es ist, wie seine Seitenthäler fast ganz erfüllt von einem vulkanischen Produkte, einem weissgrauen bald lockeren bald festen Tuff, in welchem unzählige Bimssteine, Schlacken und Augitlaven, aber auch verkohlte Pflanzenreste eingebettet liegen. Dieser vulkanische Tuff, als lockere Masse wilder Trass, im festen Zustande Backofenstein genannt, bildet den Gegenstand einer ausgedehnten Industrie. Er wird gesiebt oder gemahlen in ungeheuren Quantitäten als vorzüglicher hydraulischer Mörtel verwendet und zu diesem Behufe weit über Deutschland's Grenzen versendet.

Aeltere Geologen haben den Tuff des Brohlthales als das Produkt eines Schlammstromes betrachtet, welcher als solcher aus den nördlichen Randbergen des Laacher Sees seinen Ursprung genommen, am Wege alle Baumstämme eingeschlossen und verkohlt und sich schliesslich in den Rhein ergossen habe. Die neuere Ansicht, welche schon Humboldt vertrat, geht dahin, dass diese deutlich geschichteten Tuffmassen durch Anhäufung von trocken ausgeworfenen Bimssteinen und vulkanischer Asche gebildet wurden, die von vulkanische Eruptionen stets begleitenden Regenfluthen in die Tiefe geführt und schliesslich in Reibungs-Konglomerate metamorphisirt wurden. Dabei ist es wohl einleuchtend, dass die Vegetation durch derartige Katastrophen vernichtet werden musste.

Im Laufe der Zeiten hat der Bach neuerdings sein Bett vertieft und in diese Tuffmassen eingeschnitten, so dass heute zu beiden Seiten des Thales 60 bis 100 Fuss hohe Tuffwände in weissen Terrassen ansteigen, durchwühlt und tunellartig durchbrochen von rastlos thätigen Arbeitern.

Dieses reizende Thal mit seinen klappernden Mühlen wird vom Rhein aus viel besucht. Es bietet ausser seinen Naturschönheiten der leidenden Menschheit Heilung durch seine vielen Mineralquellen, auf welche der kleine Badeort Tönnisstein gegründet ist. Die unzähligen Sauerquellen und Kohlensäure-Exhalationen, die alle Klüfte erfüllen, die Kellerräume mancher Ortschaften unbenützbar machen und sich beim Niederbücken schon durch den stechenden Geruch der Kohlensäure zu erkennen geben, sind auch hier ein Beweis der fortgesetzten Thätigkeit abyssodynamischer Kräfte.

Voll der grossartigsten Eindrücke brachte uns das Dampfboot stromaufwärts von Brohl nach Koblenz. Der ungewöhnlich niedere Wasserstand hatte auch in dem weiten Thalkessel zwischen Andernach, Neuwied und Koblenz die Ufer tief entblösst, so dass man zu beiden

Seiten des Stromes unter einer schwachen Alluvialdecke bis 15 Fuss mächtige Schichten von Bimssteingeröllen wahrnehmen konnte, in meilenweiter Erstreckung. Auch diese bilden einen Gegenstand der musterhaften Industrie der Rheinbewohner zur Herstellung ebenso leichter als dauerhafter Luftziegel.

Bei der Betrachtung dieses Bimssteintuffes, des jüngsten vulkanischen Produktes der Eifel, welcher nach genauen Untersuchungen im Rheinthale und in den Seitenthälern der Nette und Lahn einen Gesammtflächenraum von nahe 40 □ Meilen bedeckt, wird wohl Jedermann klar, dass die vulkanische Thätigkeit in der Eifel eine Grossartigkeit entfaltet hat, welche die heutige der appeninischen Halbinsel im Vesuv, Aetna und Stromboli ganz bedeutend übertrifft und den vollen Beweis von der Wahrheit der Worte Leopold von Buch's „dass die Eifel ihres Gleichen in der Welt nicht habe", liefert.

Herr Prof. Fr. A r z b e r g e r lenkt die Aufmerksamkeit der Versammlung auf den Helmholtz'schen Rotationsapparat für konstante Geschwindigkeiten, welcher aufgestellt und in Gang gesetzt wurde.

Herr Fr. Ritter v. A r b t e r verliest im Namen des zur Kassenrevision bestimmten Comité's folgenden

B e r i c h t

über die Untersuchung der Kassagebahrung des naturforschenden
Vereines in Brünn im Jahre 1874.

Gemäss §. 19 der Geschäfts-Ordnung hat der Vereins-Ausschuss aus seiner Mitte die drei Unterzeichneten zur Prüfung des von dem Herrn Vereins-Rechnungsführer Josef K a f k a jun. bei der Jahres-Versammlung vom Dezember 1874 vorgelegten Kassa-Gebahrungs-Nachweises pro 1874 abgeordnet.

Zu diesem Ende haben die gefertigten Ausschuss-Mitglieder am 10. Jänner 1875 sich in die Wohnung des Herrn Rechnungsführers Jos. K a f k a jun. begeben und in dessen Gegenwart die Aufzeichnungen des Journals auf Grund der Dokumente und sonstigen Behelfe einer genauen Prüfung unterzogen, die Daten mit dem Jahresberichte verglichen und dabei gefunden, dass sich die Einnahmen des Vereines im Jahre 1874 mit Einrechnung der aus dem Vorjahre herrührenden Kassa-

Barschaft pr. 1650 fl. 69½ kr. im Ganzen mit . 3827 fl. 61½ kr.

dagegen die Ausgaben mit . . . . 2289 „ 88 „

darstellen, so dass die Bilanz mit Schluss des Ver-
einsjahres 1874 eine Kassa-Barschaft von . . . 1537 fl. 73½ kr.
ausweist, wodurch sich der gelieferte Rechnungs-Abschluss als richtig
bewährt.

Ebenso erscheinen die weiteren Journals-Einstellungen im Laufe
des Jahres 1875 bis zum heutigen Tage ganz ordnungsmässig und
wurden nach Berücksichtigung derselben zu Folge des Total-Abschlusses
vorgefunden:

an Kassa-Barschaft . . . . 1382 fl. 67 kr.

   bestehend aus:

   a) 1 Einlagsbrief der mähr. Escomptebank .   1350 „   „

   b) barem Gelde . . . . 32 „ 67 „

Weiters sind vorgefunden worden die dem Vereine gehörigen Werth-
papiere und zwar:

   1. Ein Stück einheitl. Staatsschuld-Verschreibung vom Jahre 1868
     Nr. 41167 im Nominalbetrage von . . . . 100 fl.

   2. Ein Stück Los-Fünftel des Staatsanlehens vom Jahre 1860
     Nr. 6264, Gew.-Nr. 2 im Betrage pr. . . .   . 100 „

                       Zusammen . . . . 200 fl.

Das gesammte Vermögen, sowie alle Kassabücher und sonstigen
Dokumente wurden hierauf dem Herrn Rechnungsführer Jos. Kafka jun.
in Verwahrung belassen, und wird beantragt, demselben für seine vollständig richtige und ordnungsmässige Gebahrung mit den Vereinsgeldern
im Jahre 1874, beziehungsweise weiter bis zum heutigen Tage, das
Absolutorium zu ertheilen.

   B r ü n n, am 10. Jänner 1875.

    Ernest Steiner.   **Ignaz** Czižek.   **Arbter.**

Gemäss diesem Antrage ertheilt die Versammlung dem Rechnungsführer Herrn Jos. Kafka jun. das Absolutorium für die
erwähnte Periode.

Da der in der Jahres-Versammlung zum Vicepräsidenten ge-
wählte Herr Dr. Theodor Ritter v. Frey Brünn verlassen hat, wird
im Sinne des §. 19 der Statuten ein Stellvertreter gewählt. Die
Wahl fällt auf Herrn Landeskassen-Direktor Eduard Wallauschek,
statt welchem Herr Ingenieur Carl Nowotny in den Ausschuss
gewählt wird.

Der Central-Ausschuss der k. k. Gesellschaft für Ackerbau, Natur- und Landeskunde richtete an den naturforschenden Verein eine Zuschrift, in welcher mitgetheilt wird, dass die Gartenbau-Sektion dieser Gesellschaft den Antrag gestellt habe: es sei bei dem k. k. Ackerbau-Ministerium die Gründung eines Institutes zur Beobachtung und Untersuchung von Krankheiten der Culturpflanzen anzustreben. Der Central-Ausschuss habe jedoch diesen Antrag nicht opportun gefunden, da er annehme, dass sich im Schoosse des naturforschenden Vereines ohnehin die für solche Untersuchungen geeigneten Männer finden, und er ersucht demnach den Verein um seine Unterstützung bei dem Vorkommen von Pflanzenkrankheiten deren Ursachen noch unerforscht sind.

Hierüber wird beschlossen zu antworten, dass der Verein mit Vergnügen der k. k. Ackerbau-Gesellschaft in allen Fällen der berührten Frage mit Rath und That an die Hand gehen wolle, wenn die nothwendigen Substrate vorhanden sind: ferner dem Central-Ausschusse den Bericht einer im naturforschenden Vereine niedergesetzten Commission, welche die Zweckmässigkeit des Antrages der Gartenbau-Sektion zu prüfen hatte, mitzutheilen. Dieser Bericht kommt nach eingehender Prüfung des Gegenstandes zu dem Schlusse, dass sich in Brünn Niemand befinde, dessen Beruf das Studium von Pflanzenkrankheiten, hervorgerufen durch Insekten oder parasitische Pilze, sei, dass die erfolgreiche Behandlung dieser Sache grossen Aufwand an Zeit und auch an Geldmitteln erfordere, und mindestens eine Persönlichkeit vollauf beschäftige, dass somit der Antrag der Gartenbau-Sektion alle Beachtung verdiene, und die Bestellung eines Organes, welches sich berufsmässig mit dem Studium der Pflanzenkrankheiten zu befassen hätte von grossem Nutzen sein könnte.

Zu ordentlichen Mitgliedern werden gewählt:

P. T. Herren:	vorgeschlagen von den Herren:
Heinrich Wolf, k. k. Bergrath und Reichsgeologe in Wien . . .	A. Makowsky und G. v. Niessl.
Rudolf Steiner, Hütten-Verwalter zu Friedland in Mähren . . .	" "
Stefan Chytil, Oberlehrer in Loschitz	"

Sitzung am 10. März 1875.

Vorsitzender: Herr Präsident **Wladimir** Graf **Mittrowsky**,
Excellenz.

Eingegangene Geschenke:

Von dem Herrn Verfasser:

Dove, H. W. Monatliche Mittel des Jahrganges 1873 für Druck,
Temperatur, Feuchtigkeit und Niederschläge. Berlin, 1871.

Dove, H. W. Klimatologie von Deutschland. Nach den Beobachtungen des preussischen meteorologischen Institutes von
1848—1872. Luftwärme. Berlin, 1874.

Herr E. Donath hält einen referirenden Vortrag über die
Hefefrage, in welchem nach einer historischen Darstellung der verschiedenen Studien auf diesem Gebiete in chemischer, physiologischer
und systematischer Richtung, der gegenwärtige Standpunkt und in-
besonders das Resultat der Untersuchungen von Rees geschildert wird.

Herr Prof. A. Makowsky zeigt eine stark entwickelte Fas-
ciation an Zweigen von *Robinia Pseud' Acacia*.

Zu Beginn der Sitzung wurde durch den Herrn Professor
C. Hellmer folgender von 17 Mitgliedern unterzeichneter Antrag
übergeben:

Als die Frage der Errichtung einer neuen Universität in den im
Reichsrathe vertretenen Königreichen und Ländern zum ersten Male auf-
tauchte, hat der naturforschende Verein in der ausserordentlichen Sitzung
vom 16. März 1870 einstimmig beschlossen in einer Eingabe an Seine
Excellenz den Herrn Minister für Cultus und Unterricht die gewichtigen
Gründe, welche für die Errichtung der Universität in Brünn sprechen,
in eingehender Weise darzulegen.

Seitdem sind nun 5 Jahre verflossen. Eine Stadt im Osten des
Reiches wurde mit einer Universität bedacht, zugleich wurde aber auch
von dem Herrn Minister die Erklärung abgegeben, dass die Errichtung

einer Universität in Mähren ebenfalls Gegenstand eingehender Erwägung
sei, wobei die Wahl des Ortes — ob Brünn, ob Olmütz — einen
Cardinalpunkt bildet.

Die unterzeichneten Mitglieder erachten es als eine Pflicht des
Vereines, nach Kräften Alles zu thun, was die für Brünn günstige Ent-
scheidung zu fördern vermag, und insbesonders neuerdings eine Eingabe
an Se. Excellenz den Herrn Minister für Cultus und Unterricht zu leiten,
in welcher die vielen und bedeutenden Gründe, die nach dem gegenwärtigen Stande der Frage für Brünn in die Wagschale fallen, in's
gehörige Licht gestellt werden.

Sie beantragen demnach, es möge der Vereins-Ausschuss beauftragt
werden: 1. in der nächsten Plenar-Versammlung den Entwurf einer
derartigen Eingabe zur Beschlussfassung vorzulegen; 2. in Berathung
zu ziehen, welche Schritte vielleicht sonst noch von Seite des Vereines
in dieser Angelegenheit unternommen werden können, und seinerzeit darüber zu berichten.

B r ü n n , am 10. März 1875. (Folgen die Unterschriften.)

Nachdem Herr Josef K a f k a sen. unter allgemeiner Zustimmung
diesen Gegenstand einer sorgfältigen Beachtung und Würdigung
dringend empfohlen, wird der Antrag dem Ausschusse zur Bericht-
erstattung zugewiesen.

Die Gesuche der Ortsschulräthe in Stefanau bei Gewitsch, von
Kovalovic bei Posořitz, von Karlsdorf-Weisswasser, um Käfersamm-
lungen für die dortigen Volksschulen und von Gaya um naturhistorische Sammlungen überhaupt, werden entsprechend dem Antrage des
Ausschusses nach Massgabe der vorhandenen Vorräthe genehmigt.

Zu ordentlichen Mitgliedern werden gewählt:

P. T. Herren:	vorgeschlagen von den Herren:
Josef Neiss, Handelsmann in Brünn	A. Makowsky und G. v. Niessl.
Franz Jeržabek, k. k. Ingenieur in	
Hradisch	C. Norcoloy und Fr. Kraus.

Sitzung am 14. April 1875.

Vorsitzender: Herr Vice-Präsident **Eduard Wallauschek.**

Eingegangene Gegenstände.

Druckwerke:

Von den Herren Verfassern:

Snellen van Vollenhoven. Pinacographia. 'S Gravenhage, 1875.

Brusina Spiridion. Fossile Binnen-Mollusken aus Dalmatien, Kroatien und Slavonien. Agram, 1874.

Wankel, Dr. H. Skizzen aus Kiev. Wien, 1875.

Von dem Herrn Prof. A. Makowsky in Brünn:

Bericht über das Auftreten der *Phylloxera vastastrix* in Oesterreich; erstattet im Auftrage des Ackerbau-Ministers. Wien, 1875.

Hein, Dr. Th. Beiträge zur Laubmoosflora des Troppauer Kreises. Abdruck aus dem Programm der Troppauer Oberrealschule.

Von dem Herrn M. Trapp in Brünn:

Ku zvelebení vinařstva v císařství Rakouském. V Brně, 1874.

Naturalien:

Von Herrn Th. Kittner in Kunstadt: 1100 Exemplare Coleopteren.

„   „ Ad. Oborny in Znaim: 500 Exemplare Pflanzen.

„   „ Dr. L. Rabenhorst in Dresden: Bryotheca europ. fasc. 26, Nr. 1251—1300.

Von Herrn Ingenieur J. Langhammer in Olmütz: Grauwacke und Kalk der Umgebung von Olmütz.

Von Herrn Dr. F. Kuzička in Sadek: Glimmerschiefer und Gneiss der Umgebung.

Von Herrn Fr. Urbanek in Brünn: Eine Suite mährischer Gebirgsgesteine.

Von der rheinisch-vogesischen Tauschgesellschaft in Mühlhausen: 240 Species Pflanzen.

Der Sekretär theilt mit, dass Herr Prof. Dr. Bratranek dem naturforschenden Vereine einen weiteren Betrag von 100 Thlrn übergeben hat, welcher ihm von den Herren Walter und Wolfgang

Freiherren v. Goethe mit der Widmung für Bibliothekszwecke zur
freien Disposition gestellt worden ist.

Die Versammlung drückt ihren wärmsten Dank für dieses neuerliche bedeutende Geschenk, den Herren v. Goethe und Herrn Prof.
Dr. Bratranek durch Erheben von den Sitzen aus.

Herr Prof. G. v. Niessl berichtet über die von Gronemann
zur Erklärung der Polarlichter vor einiger Zeit aufgestellte und vor
Kurzem (in den „Astronom. Nachrichten") hinsichtlich mehrerer
Punkte genauer begründete Hypothese.

Als Substrat des Polarlichtes werden kosmische metallische oder
metallreiche Partikelchen angenommen, welche sich zu mehr oder weniger
dichten Strömen geordnet in Kegelschnittslinien bewegen. Bei der weiteren Erklärung wird speziell kometarische Geschwindigkeit, also parabolische Bahn zu Grunde gelegt. Beim Eindringen solcher Ströme in
die Erdatmosphäre müssen in Folge des Widerstandes der Letzteren
ähnliche Erscheinungen der Lichtentwickelung, wie bei Sternschnuppen
und Meteoren eintreten, nur dass bei einer sehr grossen Anzahl und
dichten Anordnung der Theilchen, diese nicht einzeln sichtbar sein
werden. Die auf dem dunkeln Segment (dessen grössere Dunkelheit als
Kontrastwirkung aufgefasst wird) aufsteigenden und gegen das magnetische Zenit konvergirenden Polarlichtstrahlen bilden perspektivisch diese
Erscheinung der Konvergenz, wenn sie überall zur Richtung der Inklinations-Nadel parallel sind. Der untere Rand des Lichtbogens, also der
obere des dunkeln Segmentes, entspricht dem Orte der Hemmung und
des Erlöschens des glühenden Meteorstaubes. Herr Gronemann erklärt
die Streifen in der Art, dass sich die metallischen Partikel unter dem
Einflusse des Erdmagnetismus nach Kraftlinien also parallel zur entsprechenden Inklinationsrichtung ordnen. Hinsichtlich des Punktes ob
bei so grosser Geschwindigkeit die Zeit ausreicht, um genügend magnetische Kraft in den Theilchen zu induziren, hat der Genannte weitere
Untersuchungen angestellt, welche diese Möglichkeit ergeben, wenn die
relative Geschwindigkeit, d. h. jene im Vergleiche zur Erde nicht allzu
gross ist. Demnach könnten in dieser Hinsicht zwei Fälle unterschieden
werden: 1. Wenn die Bewegungsrichtung des Stromes dieselbe ist, wie
die der Erde, so trifft er auf die Erde nur mit geringer Geschwindigkeit
und finden die Theilchen genügend Zeit um sich nach Kraftlinien zu
ordnen. Dasselbe gilt, wenn ihre Richtung um einen kleinen Elongationswinkel abweicht. 2. Wenn die Richtung des Stromes der Bewegung

der Erde entgegen ist, so treffen die Partikel mit grosser Geschwindigkeit auf jene, und die Zeit reicht nicht zur Anordnung aus. Dasselbe gilt, wenn überhaupt der Elongationswinkel ein grosser ist. In diesem Falle werden keine eigentlichen Polarlichter, sondern nur theilweise, mehr oder weniger gleichmässige Lichterscheinungen sichtbar sein, welche gewiss oft übersehen worden sind. Der erste Fall wird der Erscheinung im Allgemeinen desto günstiger sein, je mehr die Streifen lothrecht einfallen, ungünstiger, jo mehr sie wagrecht liegen, was einerseits in den magnetisch-polaren, andererseits in den magnetisch-aequatorialen Gegenden der Fall sein wird. Aus den weiteren Consequenzen wird ferner die Variation und Frequenz der Nordlichter abgeleitet, wobei hinsichtlich des letzteren Punktes um den Einklang mit den Beobachtungen herzustellen die Hypothese in manchen Stücken noch zu vervollkommnen sein wird. Zur Erklärung der Lichtbogen oder Brücken werden diamagnetische Substanzen in den Partikeln angenommen. Als unterstützend werden die Angaben des Nordlichtspektrums und Nachrichten über das Niederfallen metallreichen Staubes angeführt.

Der Vortragende bemerkt, dass nach seiner Ansicht diese Annahmen den Beobachtungen besser zu entsprechen scheinen, als irgend andere in dieser Richtung bisher aufgestellte Hypothesen.

Herr Oberlehrer Stefan Chytil in Loschitz hat eine Anzahl alterthümlicher Thongefässe eingesendet, welche daselbst beim Graben eines Kellers aufgefunden wurden. Sie sind zur Ansicht aufgestellt.

Herr Prof. A. Makowsky bringt zur Kenntniss, dass sich in Cannes (Frankreich) eine Tauschgesellschaft für Objekte aller 3 Naturreiche unter dem Namen „société d'échange pour l'avancement des sciences naturelles" gebildet habe. Der jährliche Beitrag ist 10 Francs. Anmeldungen sind an Herrn Prof. A. Heilmann in Cannes zu richten.

Entsprechend dem Antrage des Ausschusses wird beschlossen, die Gesuche der folgenden Volksschulen je nach dem Stande der vorhandenen Doubletten zu berücksichtigen: Hodau, um eine Schmetterlingsammlung; Znaim, Mädchen-Hauptschule zum heil. Kreuz um eine Ergänzung des Herbars und womöglich einige Objekte des Thierreiches und des Mineralreiches; Parfuss, um naturhistorische Sammlungen überhaupt.

Zu ordentlichen Mitgliedern werden gewählt:

P. T. Herren: vorgeschlagen von den Herren:

Franz Hahn, Direktor der Bürger-
    schule in Göding . . . . .   *G. v. Niessl* und *A. Makowsky*.

Ferdinand Loese, Fabrikant in Fried-
    land (Mähren) . . . . . .   *A. Makowsky* und *Rud. Steiner*.

Valentin Burel, Schichtmeister in
    Friedland (Mähren) . . . .   „   „

David König, Stations-Vorstand in
    Friedland (Mähren) . . . .   „   „

Carl Jirusch, Civil-Ingenieur in See-
    lowitz . . . .   *C. Nowotny* und *G. v. Niessl*.

Adolf Kuwert, Gutsbesitzer in Werns-
    dorf (Ostpreussen)   . . .   *A. Viertel* und *J. Otto*.

Zum korrespondirenden Mitgliede wird gewählt:

P. T. Herr: vorgeschlagen von den Herren:

Spiridion Brusina, Vorstand der zoo-
    logischen Abtheilung des königl.
    Museums in Agram . . .   *A. Senoner* und *A. Makowsky*.

Sitzung am 12. Mai 1875.

Vorsitzender: Herr Vice-Präsident **Dr. Carl Schwippel**.

Eingegangene Druckwerke:

Geschenke:

Von den Herren Verfassern:

Sedlaczek Ernst. **Tafel** zur bequemen **Berechnung der 12stelligen**
    gemeinen Logarithmen. Wien, 1874.

Sedlaczek Ernst. Beispiele über die Anwendung **meines erweiterten**
    Divisionsverfahrens.

Reitter Edmund. Microtilodes. **Neues Genus der** Carpophilinae.
    Separatabdruck aus Coleopt. **Heft XIII)** 1875.

Von dem Herrn Valazza in Brünn:

79 Blätter von Kitaibel's *Plantae rariores Hungariae.*

Von dem Herrn Ed. Wallanschek in Brünn:

Rechenschaftsbericht über die Amtswirksamkeit des mährischen Landes-Ausschusses für die Zeit vom 1. Juli bis Ende Dezember 1874. In deutscher und böhmischer Sprache.
Rechenschaftsbericht des mährisch-schlesischen Taubstummen-Institutes, 1873 und 1874.

Von dem Lesevereine deutscher Studenten Wiens:

Kant's kategorischer Imperativ und die Gegenwart. Vortrag von Dr. Joh. Volkert. Wien, 1875.

Naturalien:

Von dem Herrn J. Otto in Brünn: 410 Exemplare Lepidopteren.

Der Vorsitzende gedenkt des betrübenden Verlustes, welcher den Verein vor Kurzem durch den unerwartet raschen Tod des allseitig geehrten Vereins-Mitgliedes und ältesten Sohnes des Herrn Präsidenten, Franz Grafen Mittrowsky getroffen hat und beantragt die Absendung einer Beileids-Adresse an Se. Excellenz den Herrn Grafen Wladimir Mittrowsky.

Die Versammlung gibt ihre Theilnahme und Zustimmung zu dem gestellten Antrage durch Erheben von den Sitzen Ausdruck.

Herr Prof. A. Makowsky schildert in einem kurzen Nachrufe den liebenswürdigen Charakter des Hingeschiedenen, seine warme, werkthätige Theilnahme an wissenschaftlichen Bestrebungen und die schönen Ziele, welche er sich hoffnungsvoll gesetzt hatte, wodurch sein Tod dem Vereine um so schmerzlicher wird, als in diesem Falle Wille, geistige Fähigkeiten und materielle Mittel gleich reichlich vorhanden waren.

Der Vorsitzende theilt mit, dass der Vereins-Ausschuss den in der März-Sitzung von mehreren Mitgliedern eingebrachten Antrag, wegen einer neuerlichen Initiative hinsichtlich der Errichtung der Universität in Brünn, zwar in Berathung gezogen habe, aber im Hinblick auf die auch von anderen Seiten vorbereiteten Petitionen und Resolutionen zur Erreichung des beabsichtigten Zweckes, die Verschiebung bis zu jenem Zeitpunkte entsprechender hielte, da diese Frage mehr in den Vordergrund getreten sein wird. Es möge der

Direktion und dem Ausschuss des Vereines deshalb überlassen werden, im rechten Momente den Entwurf einer Petition vorzulegen.

Die Versammlung erklärt sich damit einverstanden.

Herr Custos H. Frauberger theilt in einem längeren Vortrage Ergebnisse seines einjährigen Aufenthaltes in Tromsoë mit.

Herr Prof. A. Makowsky erwähnt, dass von verschiedenen Seiten die Nachricht verbreitet wurde, es sei bei Bisenz im südlichen Mähren die Reblaus aufgetreten. Da ihm direkt hierüber keine Bestätigung zugekommen, habe er sich an die Versuchsanstalt in Klosterneuburg mit einer diesbezüglichen Anfrage gewendet und zur Antwort erhalten, dass auch dort darüber nichts bekannt sei und die aus Mähren eingesendeten Objekte andere Feinde des Weinstockes aus der Insektenwelt und von geringerer Bedeutung sind.

Von Seite des Vorst ndes der Wiener Universitäts-Bibliothek wird das Ansuchen um Mittheilung der Vereinsschriften an diese Bibliothek gestellt.

Wird nach dem Antrage des Ausschusses genehmigt.

Ueber die Gesuche der Ortsschulräthe in Triesch und Wal. Klobonk um naturhistorische Sammlungsgegenstände für die dortigen Bürgerschulen, wird beschlossen diese Schulen mit Rücksicht auf die Vorräthe nach Möglichkeit zu betheilen.

Sitzung am 9. Juni 1875.

Vorsitzender: Herr Vice-Präsident **Eduard Wallauschek.**

Eingegangene Geschenke:

Druckwerke:

Von der Académie des sciences de l'institut national de France:

Sämmtliche von der Akademie über die *Phylloxera* publizirte Memoiren, u. zwar:

Cornu, Études sur la nouvelle maladie de la vigne. Paris, 1874.

Duchaux, Études su: la nouvelle maladie de la vigne. Paris, 1874.

Faucon, Mémoire sur la maladie de la vigne et sur son traitement par le procédé de la submersion. Paris, 1874.

Balbiani. Mémoire sur la reproduction du Phylloxera du chêne. Paris, 1874.

Dumas, Mémoire sur les moyens de combattre l'invasion du Phylloxera 1874.

Rapport sur les études relatives au Phylloxera. Paris, 1875.

Rapport sur les mesures administratives à prendre pour préserver les territoires menacés par le Phylloxera. Paris, 1874.

Extrait des comptes rendus 1874 ; contenant:

    D u m a s, Communication relative à la destruction du phylloxera.

    M o u i l l e f e r t, Nouvelles expériences effectuées avec les sulfocarbonates alcalins, pour la destruction du Phylloxera ; manière de les employer.

    B a l b i a n i, Recherches sur l'action du coaltar dans le traitement des vignes phylloxérées.

Commission du Phylloxera. Paris, 1875.

Von dem Herrn H. F r a u b e r g e r in Brünn:

Astrand. Bericht über Bergens Observatorium in den Jahren 1868—1870. Bergen, 1871.

Akermann. Ueber den Standpunkt der Eisenfabrikation in Schweden. 1873.

Petterson. Geologiske undersögelser i Tromsoe Omegn. Trondhjem. 1868.

Kjerulf. Om skuringsmaerker glacial formationen og terrasser. Kristiania, 1871.

Reise von Tromsoe nach Spitzbergen, Nowaja Semlja und Russland im Sommer 1872. Pola, 1874.

Von dem Herrn Dr. C. S c h w i p p e l in Brünn:

Schmidt Jul. Neue Höhenbestimmungen am Vesuv. Wien und Olmütz, 1856.

Prosl. Počátkové rostlinoslovi. Prag, 1848 mit Atlas.

Ausserdem eine Anzahl Schulbücher zur Vertheilung an Schulen.

Naturalien:

Von dem Herrn A. Johnen in Gross-Karlowitz: einige Kohlen-
fragmente mit *Neuropteris spec.* aus den neuen Kohlenwerken der Anglo-
Bank bei Kudrub in Mähren.

Herr Prof. Dr. Wallentin hält einen Vortrag, in welchem
er eine übersichtliche Darstellung der Entwicklung jener Hypothesen,
welche von den ältesten Zeiten bis jetzt zur Erklärung der elektrischen und magnetischen Erscheinungen aufgestellt wurden, gibt.

Herr Prof. A. Makowsky theilt einige Beobachtungen über
das Vorkommen des „Ameisenlöwen" bei Brünn mit.

Sitzung am 14. Juli 1875.

Vorsitzender: Herr Vice-Präsident Eduard Wallauschek.

Der Vorstand des Copernikus-Vereines für Wissenschaft und
Kunst in Thorn übersendet ein Exemplar des Festgedichtes und
Festberichtes über die 4. Säkularfeier des Geburtstages von Copernikus
und dankt für die Theilnahme des naturforschenden Vereines an
dieser Feier.

Der österr. Ingenieur- und Architekten-Verein in Wien sendet
den „Bericht des hydrotechnischen Comité's über die Wasserabnahme
in den Quellen, Flüssen und Strömen". Wien, 1875.

Der Sekretär theilt Auszüge aus einem Briefe des korrespondirenden Mitgliedes Herrn H. Leder, gegenwärtig in Mamudly
mit, aus welchem zu ersehen ist, dass sich dessen Bereisung des
Kaukasus bisher günstig gestaltete und bereits reichliche wissenschaftliche Resultate geliefert hat.

4

Herr Oberlehrer St. Chytil in Loschitz berichtet, dass mit seiner Mitwirkung und Anleitung von 1870–1875 beiläufig 1½ Millionen Maikäfer, Raupen und Eier von *Gastropacha neustria, Liparis dispar, Pontia Crataegi* etc. vertilgt wurden, und schliesst hieran folgende Betrachtungen:

Um der Jugend den durch Raupen an Obstbäumen verursachten Schaden recht in erschreckender Weise vor Augen zu führen, unterzog ich mich im Beisein und unter Mitwirkung einiger Schüler der Durchzählung sämmtlicher Blätter eines siebenjährigen, recht üppigen und vollkommen entwickelten Pflaumenbaumes. Es ergab sich hiebei die enorme Summe von 7900 Blättern. Wegen Konstatirung des Quantums dieser Lieblingsnahrung genannter Insekten, wurden sorgfältig dreimal des Tages mit frischem Laube 6 Ringelraupen, welche sich in einem luftigen Glaskasten befanden, gefüttert. Bis zu ihrer Verpuppung, was 17 Tage und zwar vom 16. Mai bis 6. Juni dauerte, verzehrten sie 192 Blätter.

Es kann also angenommen werden, dass durch die Vertilgung von nicht ganz 1½ Millionen diverser Raupen, faktisch über 46 Millionen Blätter (das wären also nahe 6000 junge Pflaumenbäume) vor dem Raupenfrasse verschont geblieben sind.

Natürlicherweise hätten sich diese Raupen im Freien, als sie aus verschiedenen Gärten eingesammelt wurden, auch ungleichmässig auf die Bäume vertheilt, so dass es auch bei der Mitrechnung ihrer zahllosen Vermehrung kaum so weit gekommen wäre, dass die oberwähnten 6000 Bäume blank ihrer Belaubung dagestanden wären. Aber viele Mühe hätte es den Gartenbesitzern gekostet, dem grossen Uebel vorzubeugen.

Indem Herr Chytil dann auf den nothwendigen Schutz der Singvögel übergeht, theilt er die folgende Beobachtung mit:

Ich beobachtete jüngst den ganzen Tag ein altes Paar des grauen Fliegenfängers (*Muscicapa grisola L.*), und machte zur grossen Verwunderung die Wahrnehmung, dass das Männchen mit dem Weibchen abwechselnd in kurzen Intervallen (durchschnittlich immer in 3 Minuten einmal) von 4 Uhr Morgens bis 7 Uhr Abends 279 mal stets mit einem Insekte, meistens aber mit Raupen herbeiflogen und ihre 5 Jungen damit fütterten. Brauchen die Alten nur obensoviel zu ihrer Ernährung, so werden von einer einzigen solchen Vogelfamilie (Dank ihren merkwürdig beschaffenen Verdauungsorganen) ganz sicher 600 grössere Insekten täglich verzehrt. Befinden sich annäherungsweise in den Gärten unseres Ortes nur 500 ähnlicher Vogelfamilien, so erfordern sie täglich zu ihrer

Ernährung 300,000 Stück verschiedener, der Landwirthschaft meist schädlicher Insektenarten.

Herr Prof. Dr. Th. Bratranek spricht im Namen der Herren Walter und Wolfgang von Goethe den Dank aus, für die denselben vom Vereine dargebrachten Adressen.

Herr Prof. A. Tomaschek zeigt frische Exemplare von *Dionea muscipula* und *Mimosa pudica* und knüpft hieran eine Erörterung der gegenwärtigen wissenschaftlichen Anschauungen über Sensibilität der Pflanzen.

Herr k. k. Forstrath Zlik spricht über das verheerende Auftreten von *Tortrix histrionana* (Tannenwickler) in Mähren.

Die so überaus kleinen *Tortriciden* sind als kulturschädliche Insekten im Allgemeinen nicht unbekannt. In hiesigen forstlichen Kreisen wurden die den Fichtenjugenden so nachtheiligen *T. hercyniana* und *piceana* schon seit längerer Zeit namentlich in den Wsetiner Forsten beobachtet. Sie haben in diesem Jahre die Fichtenmaisse schon auf grösserem Terrain arg beschädigt und so das Gedeihen derselben gefährdet. Rücksichtlich der Tanne waren diese *Tortriciden* nur als ganz unbedeutende Mitfresser bekannt. Ausserdem haben wir hier noch den rothköpfigen *T. rufimitra* und den Tannenknospenwickler *T. nigricana* zu verzeichnen.

Eine hervorragende Beachtung verdient aber der grüne Tannenwickler *T. histrionana*, als neu auftretender Waldverderber.

Ein Bericht der Verwaltung des Gutes Neutitschein über das bedrohliche Erscheinen eines dort noch ganz unbekannten Insekts veranlasste mich heuer am 28. Juni die dortige Murker Waldung zu besuchen, welche mit dem höchsten Punkte, dem Hutschieberg 2358', auf der nördlichen Abdachung des von Radhost gegen Altitschein sich verlaufenden und die Wasserscheide der Oder und Donau bildenden Gebirgszugs liegt und mässig steil ist.

Der Karpathensandstein liefert daselbst einen sehr frischen, mineralisch- und humuskräftigen Lehmboden und besteht die Bestockung vorherrschend aus der Tanne, welche entweder ganz reine Bestände bildet, oder mit der Rothbuche mehr oder weniger untermischt ist; Fichten, Föhren und Kiefern kommen nur eingesprengt vor und haben die Bestände ein kräftiges Aussehen.

4*

Der Anblick der Insektenverheerung war höchst betrübend; die Wölbung der Baumkrone die bezüglich der heurigen Triebe blattlos war, liess selbst von der Ferne nur einen braunen Schimmer erkennen. In den reinen Tannenbeständen waren mindestens ⅔ der Kronen entblättert, nur die 5 bis 15jährigen Tannen blieben nahezu ganz verschont, weil der Raupe die Nadel zu saftreich ist, dagegen war der unter dem Altbestand vorkommende Unterwuchs, weil mit saftloseren Nadeln versehen, auch entnadelt. Am meisten wurden 30 bis 60jährige Tannen entnadelt, doch blieben auch die schlagbaren Tannen nicht verschont. Fichte, Kiefer und Lärche sind unbeschädigt geblieben, weil dieser Wickler monophagisch nur auf der Tanne lebt.

Nach Aussage des Murker Försters soll während der Verpuppungszeit am 23. und 24. Juni ein förmlicher Raupenregen stattgefunden haben.

Ich habe diese Insektenverheerung nur in den zu Neutitschein und Altitschein gehörigen Waldungen, in einer Fläche von circa 3000 Joch gesehen, weiter eingezogenen Berichten zufolge ist dieses Insekt theilweise auch in den Vorbergen der Herrschaft Hochwald, im Hintergebirg nicht, dagegen in sämmtlichen Forsten der Bezirke Wall.-Meseritsch und Holleschau, dann theilweise auf den höheren Lagen auch im Weisskirchner Bezirk, sohin auf einer mindestens 50,000 Joch grossen Waldfläche plötzlich bemerkt worden, was übrigens voraussetzen lässt, dass das Insekt auf Kosten des dort vermutheten Borkenkäfers schon in den Vorjahren diese Waldungen bewohnt hat und dermal in dem überaus warmen Sommer zu solch' ausserordentlicher Entwickelung gelangte. Wie wäre es sonst in so zahlreicher Menge plötzlich eingewandert? Diese Erscheinung führt mich zu dem Schlusse, dass ebenso wie der Borkenkäfer unsere Nadelholzwaldungen fortwährend bewohnt und durch ihm günstige Einflüsse oft sehr rasch sich vermehrt, auch der winzige Falter vom Forstpersonal unbemerkt schon lange, vielleicht seit jeher unsere Tannenwaldungen bewohnt hat und nur durch die seiner Entwicklung so günstigen klimatischen Verhältnisse, dann durch die wegen anhaltender Trockenheit geschwächten Tannen zu solch' fabelhafter Entwicklung gelangt ist.

Den Berichten zufolge hat dieses Insekt nur die höher, und zwar 2000 bis 3000' gelegenen Forste vorherrschend in Beschlag genommen, während die noch höher oder tiefer gelegenen Tannenbestände verschont geblieben sind. Auch haben die mit anderen Holzarten gemischten Tannenbestände weit weniger gelitten, und wurde, wie vorauszusehen war, in neuester Zeit die erfreuliche Wahrnehmung gemacht, dass die im Moose und auf der Erde gelegenen Puppen von unseren Forstfreunden.

den verschiedenen Raubkäfern massenhaft vertilgt wurden, wie nicht minder von den für uns so nützlichen *Ichneumonen* zur Vertilgung dieses gefährlichen Insektes wesentlich beigetragen worden ist.

Wirksame Vorbeugungs- und Vertilgungsmittel gegen dieses in den Baumkronen lebende Insekt sind uns nicht bekannt. Ratzeburg empfiehlt zwar während der Frasszeit umfangreiche Rauchentwicklung zur Vertilgung der Raupe. Ist aber diese Massregel bei der so grossen Verbreitung des Insektes auch durchführbar und wären da nicht Waldbrände zu besorgen?

Forstmeister Koch von Karlsbad hat die von anderer Seite behauptete Herbstentwicklung der *T. histrionana* angefochten, und dass er mit der Lebensart derselben gut vertraut ist, lässt sich wohl vermuthen, weil die seiner Verwaltung anvertrauten Waldungen Ende der 50er und Anfang der 60er Jahre von diesem gefährlichen Insekt sehr stark heimgesucht waren.

Er behauptet auf Grund seiner mehrjährigen Erfahrung, dass ein einmaliger Frass die Tanne noch nicht tödtet, da sie zu zähe und reproduktiv ist, (halten sich doch Borkenkäfer oft mehrere Jahre in der Tanne auf, ehe sie abtrocknet) und dass die Tanne demnach unter Umständen nach wiederholtem Frass bestehen kann, ehe sie abstirbt. Uebrigens wird auch hier wie überall die Kraft des Bodens und der Bestände die Prognose stellen. Koch bringt weiters sehr besorgnisserregende Mittheilungen, indem er sagt: Wo der Wickler sich einmal festgesetzt hat, verlässt er seine Station nicht eher, als bis die Bäume durch die wiederholte Abfressen der jüngsten Kronentheile so geschwächt sind, dass sie abtrocknen. Dadurch tödtete er Bestände ohne Unterschied der Standorts-Verhältnisse. Minder kräftige starben schon nach dem 2. Frasse ab, bessere Bestände halten sich länger, gehen aber endlich auch gewiss ein, weil dieser Wickler die einmal bewohnten Stämme nicht eher verlässt, als bis deren Ausschlagsfähigkeit erloschen ist, und weil der Raupe die immer schwächlicher werdenden Nadeln am meisten zusagen; daher wird von ihm auf schleuniges Abtreiben der Bestände gedrungen.

Ein so drastisches Mittel wäre zwar bei kleineren Parzellen, aber keineswegs bei der so umfangreichen Verbreitungsfläche zu empfehlen. Ich baue auf die Natur selbst, auf die klimatischen Einwirkungen und die Vermehrung nützlicher Insekten etc. Wissen wir ja doch, um an ferner liegende Beispiele zu erinnern, dass in Jahren reicher Zapfen-Entwicklung der Nadelwälder, das Eichhörnchen, und bei Uebermass an Buchensamen die Feldmaus sich plötzlich in überraschender Anzahl vermehrt.

Freilich müssen wir uns der Besorgniss hingeben, dass wenn auch die angegebene Gefährlichkeit dieses Insektes übertrieben sein sollte, die Tanne von ihm zwar nicht vernichtet, aber so geschwächt wird, dass sie zum Lieblingsaufenthalt und zur Brutstätte für den bekannten Waldverderber den Borkenkäfer wird, und dieser in secundärer Richtung das Zerstörungswerk vollbringt.

Meine Ansicht ist, dass vorerst hinsichtlich dieses massenhaften Auftretens der *T. histrionana* jedenfalls neue Erscheinungen abzuwarten, und mittlerweile nach Thunlichkeit alle lokal zu Gebote stehenden Vertilgungsmittel gegen dieses Insekt anzuwenden wären, dass übrigens der wirksamste Schutz den Vögeln zugewendet werden sollte.

In den Sudeten und deren Ausläufern ist das Insekt bisher nicht wahrgenommen worden.

———

Herr Prof. A. Makowsky theilt mit, dass *Grapholita reliquana*, deren Vorkommen um Brünn in A. Gartner's Fauna (Verhandl. des naturf. Vereines, Bd. IX) schon konstatirt ist, in diesem Jahre massenhaft auftritt, und insbesonders in Gärten den Ertrag des Weinstockes durch das Umspinnen der jungen Trauben bedeutend vermindert. Vortragender erwähnt, dass in manchen Gärten kaum $\frac{1}{100}$ der Trauben erhalten bleibt. Weit geringer sei der Schaden in den offenen Weingärten, doch haben sich nach eingeholten Erkundigungen auch dort Spuren gezeigt. Auch die *Ampelopsis* wird angegriffen und ist Redner der Ansicht, dass diese demnach ein der Verbreitung des Wicklers günstiges Substrat bilde.

Herr Prof. A. Makowsky trägt ferner zur Ergänzung einer früheren Mittheilung nach, dass aus der Zucht der von ihm bei Brünn aufgefundenen Exemplare des Ameisenlöwen die Art *Myrmeleon formicarius* konstatirt worden sei. Die Larven verpuppten sich am 10. Juni und am 8. Juli zeigten sich die ersten Insekten, welche bloss 3 Tage lebten. Der Lebensprozess geht durch den ganzen Sommer vor sich.

Da von vielen Mitgliedern der Wunsch ausgesprochen wurde, zugleich mit dem Bibliotheks-Katalog auch die Bestimmungen über die Benützung der Bibliothek zu erhalten, so sollen diese dem Kataloge beigefügt werden. Indessen haben sich auch einige Modifikationen der bisher bestehenden Bibliotheks-Ordnung als wünschenswerth herausgestellt, durch welche insbesonders die Benützung auf auswärtige Mitglieder ausgedehnt und deren Dauer erweitert wird. Der Ausschuss empfiehlt durch Berichterstatter Herrn Prof. C. Hellmer folgenden Entwurf:

Bibliotheks - Ordnung.

§. 1. Der Bibliothekar hat den Ankauf der vom Vereine bewilligten Druckschriften, die Verwahrung und Evidenzhaltung des dem Vereine gehörigen literarischen Eigenthumes zu besorgen, und den Gebrauch desselben zu überwachen.

§. 2. Die Anschaffung der Bücher durch den Bibliothekar findet nur über Beschluss der Versammlung mittelst eines vom Sekretär ausgestellten, mit dem Vereinsstempel versehenen Bestellzettels an den Buchhändler statt.

§. 3. Der Bibliothekar hat zu führen:

1. Ein Register mit chronologisch geordneten Zahlen nach Einkauf der Schriften, mit Angabe der Anzahl der Bände oder Hefte, und des Titels der Eigenthumserwerbung.

2. Fachkataloge, in welchen die Druckschriften nach Fächern abzutheilen sind.

§. 4. Der Bibliothekar hat vor der Jahresversammlung dem Sekretär einen detaillirten Bericht über den Stand der Bibliothek zu liefern.

§. 5. Die Mitglieder sind berechtigt, die Bücher und anderen Druckschriften des Vereines unter ihrer Haftung für die unversehrte Rückstellung im Vereinslokale oder in ihren Wohnungen zu benützen.

§. 6. Die Dauer der Benützung beim Entlehnen wird, für Mitglieder welche in Brünn wohnen, auf einen Monat, für auswärtige, auf zwei Monate festgestellt. Nach diesem Termine sind die entlehnten Werke in der Regel zurückzustellen. Hat sich jedoch um dieselben kein anderer Bewerber angemeldet, so kann der Bibliothekar die Benützungsfrist verlängern. Bücher, welche bereits ein Jahr ausgeliehen sind, hat der Bibliothekar zum Zwecke der Evidenzhaltung in allen Fällen abzuverlangen. Sie können übrigens darnach von denselben Personen wieder entlehnt werden. Zeitschriften werden zur Benützung ausser den Vereinslokalitäten erst dann zugelassen, wenn ein Jahrgang oder Band vollständig vorliegt. Es bleibt jedoch dem Bibliothekar überlassen in besonders dringenden Fällen von dieser Regel abzugehen. Der Entlehner einzelner Stücke haftet für den ganzen Band, wenn jene durch ihn in Verlust gerathen und einzeln nicht beizuschaffen sind.

§. 7. Beim Ausleihen eines Werkes hat der Betreffende dem Bibliothekar ein Rezepisse zu übergeben, welches den Titel, die Zahl der Bände, Hefte oder einzelnen Stücke und die Katalogsnummer nebst Datum und Unterschrift enthalten muss, und das bei der Rückstellung wieder ausgefolgt wird. Auswärtige Mitglieder können den Empfang des Buches auch durch Korrespondenzkarten, auf welchen dieselben Daten anzuführen sind, bescheinigen.

§. 8. Um Prioritätsstreitigkeiten zu verhindern, wird ein Vormerkbuch aufgelegt, in welchem jeder Bewerber die gewünschten, in einer anderen Hand befindlichen Bücher und Zeitschriften namhaft macht. Bei auswärtigen Mitgliedern vertritt eine briefliche Anmeldung die Stelle der Vormerkung. Ein in dieser Art vorgemerktes Buch ist von dem Entlehner abzufordern sobald der oben (§. 6) angeführte Termin von 1, beziehungsweise 2 Monaten abgelaufen ist. In dringenden Fällen kann sich der Bibliothekar an den Entlehner auch vor Ablauf dieser Frist mit der Anfrage wenden, ob er etwa in der Lage sei, das Buch früher zurückzustellen.

§. 9. Besonders werthvolle oder seltene Werke kann der Bibliothekar von der Benützung ausser dem Vereins-Lokale ausschliessen. In diesem Falle bleibt dem Bewerber aber die Berufung an den Ausschuss und selbst an die Plenar-Versammlung offen.

§. 10. Es ist dem Bibliothekar überlassen, nach seinem Ermessen, auch Solchen, welche nicht Mitglieder des Vereines sind, die Benützung der Bibliothek in deren Räumen zu gestatten. Die Vereins-Direktion ist ermächtigt, ausnahmsweise, und in einzelnen besonders begründeten Fällen Nichtmitgliedern das Entlehnen von Werken zu bewilligen. Oeffentliche Bibliotheken sind unter Voraussetzung der Gegenseitigkeit zum Entlehnen im Allgemeinen berechtigt.

Schulen, welche dem Vereine im Sinne der Statuten als Mitglieder beitreten, geniessen als solche auch deren vollständige Rechte in Bezug auf das Ausleihen von Bibliothekswerken.

§. 11. Die durch das Ausleihen entstehenden Transport- und anderweitigen Auslagen sind von dem Entlehner zu tragen.

§. 12. Es liegt im allseitigen Interesse, dass die im Sinne dieser Bibliotheks-Ordnung (§§. 6 und 8) vorkommenden Anforderungen des Bibliothekars um Rückstellung entlehnter Werke befolgt werden. Der Verein behält sich vor, in dem Falle, als wiederholte Mahnungen unberücksichtigt bleiben sollten, denselben durch die gesetzlichen Mittel Nachdruck zu verleihen.

Dieser **Entwurf wird ohne Debatte en bloc** angenommen.

Die Monats-Versammlungen werden bis zum Oktober vertagt.

Zu ordentlichen Mitgliedern werden gewählt:

P. T. Herren: vorgeschlagen von den Herren:

Franz Slavíček, Lehrer an der Bürger-
   schule in Littau . . . . . .   *F. Klima* und *G. r. Niessl.*

Ferdinand Hielle. k. k. Ingenieur in
   Brünn . . . .   *C. Nowotny* und *J. Kosch.*

Sitzung am 13. Oktober 1875.

Vorsitzender: Herr Vice-Präsident Dr. Carl Schwippel.

Eingegangene Geschenke:

D r u c k w e r k e :

Von den Herren Verfassern:

   Stoehr H. A.   Deutsches akademisches Jahrbuch. Leipzig, 1875.

   Rabenhorst L.   Index in fungorum europaeorum exsiccatorum. Cent.
      I.—XX.

   Peschka G.   Graphische Lösung der axonometrischen Probleme.
      Berlin, 1857.

   Peschka G.   Direkte Axenbestimmung der perspektivischen Bilder
      des Kreises. Wien, 1871.

   Peschka G.   Perspektivische Bilder des Kreises. Leipzig, 1875.

   Krönig.   Das Dasein Gottes und das Glück der Menschen. Berlin,
      1874.

   Brusina Sp.   Fossile Binnen-Mollusken aus Dalmatien, Kroatien
      und Slavonien. Agram, 1874.

   Brusina Sp.   Contribution à la malacologie de la Croatie. Agram,
      1870.

   Brusina Sp.   Secondo Saggio dalla malacologia adriatica. Pisa,
      1872.

   Brusina Sp.   Cenno sugli studi naturali in Dalmazia. Zara.

Kuhn M. Ueber die Beziehung zwischen Druck, Volumen und
    Temperatur bei Gasen. Wien, 1875.

Von dem Herrn F. Czermak in Brünn:
    Der Kartoffelkäfer: *Chrysomela decemlineata*. Berlin, 1875.

Meyer J. B. Deutsche Universitäts-Entwicklung. Vorzeit, Gegen-
    wart und Zukunft. Berlin, 1875.

Hartel, Dr. W. Die Universitäten. Offizieller Ausstellungsbericht.
    Wien, 1874.

Warzbach, Dr. C. v. Biographisches Lexikon des Kaiserthums
    Oesterreich. 1.—26. Bd. Wien, 1856—1874.

Von dem Herrn Carl Rotter in Brünn:
    Annalen der Physik, herausgegeben von L. W. Gilbert. Neue
    Folge 1809. St. 3—6.

Von dem Herrn Sp. Brusina in Agram:
    Lanza, Dr. F. Il progresso industriale agronomico del secolo etc.
    Trieste, 1870.

    Lanza, Dr. F. Viaggio in Inghilterra e nella Scozia. Trieste, 1860.

Naturalien:

Von Herrn E. Kittl in Brünn: 50 St. Mineralien und Gesteine.

Von Herrn E. Wallauschek in Brünn: Einige Belegstücke aus dem
    Haller Bergbau.

Von Herrn W. Cžižek in Freiberg: 20 St. Kohlenpetrefakten.

Von Herrn Chytil in Loschitz: Gesteine der Umgebung von Loschitz.

Von Herrn Carl Pichler v. Deben in Triest: 1 Centurie Pflanzen
    aus der Flora von Krain.

Der Sekretär theilt mit, dass der Verein seit der letzten Sitzung
durch den Tod zwei hochgeschätzte Ehren-Mitglieder verloren habe,
nämlich Dr. Hermann Freiherr v. Leonhardi in Prag und Hofrath
Prof. Dr. Heinrich Hlasiwetz in Wien. Der Erstere, Professor
der Philosophie an der Universität, trieb mit ebensoviel Vorliebe als
Erfolg botanische Studien. Insbesonders veröffentlichte er in den
Schriften des naturforschenden Vereines in Brünn und des Lotos in
Prag grössere monographische Abhandlungen über die Systematik
der *Characeen*.

Dem vor einigen Tagen plötzlich hingeschiedenem Hofrathe
Prof. Dr. H. Hlasiwetz widmet Herr Prof. Zulkowsky einen
Nachruf, in welchem die grossen wissenschaftlichen Verdienste dieses
bedeutenden Chemikers hervorgehoben werden.

Die Versammlung ehrt das Andenken der verstorbenen Mitglieder durch Erheben von den Sitzen.

Der Vice-Präsident der kais. russischen naturforschenden Gesellschaft in Moskau Staatsrath Dr. Renard theilt mit. dass diese Gesellschaft am 15. Oktober das 50jährige Doctorjubiläum ihres Präsidenten Geheimen Rathes Fischer v. Waldheim feiere, worüber die Absendung eines Glückwunsch-Telegrammes beschlossen wird.

Die Direktion der neugegründeten landwirthschaftlichen Mittelschule in Sohle-Neutitschein hat den Verein in freundlicher Weise zur Eröffnungsfeier am 11. und 12. d. Mts. eingeladen. Da kein Repräsentant der Vereins-Leitung in der Lage war dieser Feier beizuwohnen, wurde das ordentliche Mitglied Herr Notar Dr. Franz Kupido in Neutitschein ersucht, die Vertretung des Vereines bei diesem Anlasse zu übernehmen, was nachträglich hiemit gebilligt wird.

Der Sekretär theilt mit, dass Herr Verwalter C. Rauch, welcher die meteorologischen Beobachtungen in Komorau Chwalkowitz besorgte, nach Nieder-Oesterreich übersiedelte, die ihm eigenthümlichen Instrumente jedoch, damit keine Störung in der Beobachtungsreihe entstehe seinem Nachfolger Herrn Josef Neusser überlassen habe, aber einen Ersatz derselben (im Werthe von 20 fl.) wünsche.

Wird genehmigt, und Herrn Rauch für seine Bemühungen gedankt.

Der Central-Ausschuss der k. k. mähr.-schles. Gesellschaft für Ackerbau etc. in Brünn übersendet die Abschrift eines Erlasses des k. preussischen Ackerbau-Ministers Friedenthal, durch welchen für den preussischen Staat verfügt wird, dass Anpflanzungen des Berberitzen-Strauches in einer grösseren Nähe als 100 Meter von Getreidefeldern nicht zu dulden seien. Der genannte Central-Ausschuss nimmt „weil die Ansichten der landwirthschaftlichen Kreise über die Schädlichkeit der Berberitze für Getreidefelder divergiren" die Dienstwilligkeit des naturforschenden Vereines in Anspruch und ersucht um dessen Meinung in dieser Frage.

Der Sekretär Herr Prof. G. v. Niessl verliest das hierüber der k. k. Ackerbau-Gesellschaft mitzutheilende ausführliche Gutachten, welches im Wesentlichen folgende Punkte berührt:

Es wird in demselben dargethan, dass der gewöhnliche Rost der Cerealien (*Puccinia graminis Pers.*) in dreierlei, äusserlich sehr verschiedenen Vegetationsformen vorkomme. Diese sind: der rothe oder rothbraune Sommerrost (*Uredo*) mit einfachen Fortpflanzungszellen (Sporen), welche nach erlangter Reife sehr bald keimen und in dem Gewebe der Blätter und Halme ein Fadengeflechte bilden, aus welchem sich der Pilz neuerdings entwickelt. Da der ganze Vegetationscyclus sich in 8–9 Tagen abschliesst und die Fortpflanzungszellen durch Luftströmungen leicht selbst auf grössere Entfernungen fortgeführt werden, vermag sich die Infektion eines Ackers hauptsächlich nach der eben herrschenden Windrichtung auf andere fortzupflanzen. Die Fortpflanzungszellen dieser Entwicklungsphase überdauern jedoch den Winter nicht, oder sind jedenfalls nach Ablauf desselben nicht mehr keimfähig und könnten also den nächstjährigen Saaten nicht neuerdings schaden. Es bildet sich aber aus dem Fadengeflechte im Parenchym der Pflanze in der vorgerückteren Jahreszeit, gewöhnlich schon um die Ernteperiode, eine zweite Vegetationsform desselben Pilzes, mit dunkeln fast schwarzen paarig verbundenen Fortpflanzungszellen (*Puccinia*), welche die Eigenschaft haben, den Winter zu überdauern, ja überhaupt erst nach der Winterruhe zu keimen. Der jungen Saat können sie aber nicht direkt schaden, denn, wie die Versuche gezeigt haben, vermögen die von ihnen im Frühlinge ausgehenden Keimschläuche in die Substanz der Halme und Blätter der Gräser nicht einzudringen. Der Mutterboden, auf welchem die Keimlinge der *Puccinia graminis*, nach allen bisherigen Beobachtungen, einzig zu gedeihen im Stande sind, bilden die Blätter des Sauerdornes (*Berberis vulgaris L.*). Auf diesen erzeugen sie im Frühlinge die dritte Vegetationsform des Pilzes (das *Aecidium*), sehr kleine orangerothe dicht gruppirte Becherchen, welche an der unteren Blattfläche alsbald sichtbar werden und eine grosse Menge einfacher Fortpflanzungszellen enthalten, die ausgestreut und durch Luftströmungen etc. verbreitet, auf die Blätter und Halme der Cerealien gelangen. Diese sind es nun, welche direkt die Infektion des Rostes auf dem Getreide erzeugen, denn sie treiben Keimschläuche, welche in die Substanz eindringen, dort das Fadengewebe erzeugen, aus welchem sich dann die zuerst erwähnte Form des rothen Rostes bildet.

Hinsichtlich der näheren Details dieser Umstände wird auf die Berichte de Bary's (Monatsber. d. k. Akademie in Berlin 1865 S. 14–49; auch in den Preuss. Annalen der Landwirthschaft Jahrg. 1865, Th. 23.

S. 118 174), welcher diesen Zusammenhang zuerst mit wissenschaftlicher Sicherheit nachgewiesen hat, sowie auf andere diesbezügliche Abhandlungen aufmerksam gemacht, und betont, dass hierüber schon aus älteren Zeiten, nicht nur Muthmassungen, sondern sehr viele Erfahrungen im Grossen vorliegen, wenn auch das eigentliche biologische Moment lange unbekannt blieb.

Da demnach der Berberitzenstrauch das *Accidium* des Getreiderostes beherbergt und dieses das nothwendige Mittelglied im Vegetationskreise desselben darstellt, kommt die Entfernung jenes Strauches aus der Nähe der Getreidefelder der Verhinderung einer primären Infektion gleich.

Es wird in dem Gutachten darauf verwiesen, dass schon de Bary die Ansicht, welche zumeist von Empirikern auf Grund theils ungenauer Beobachtung, theils falscher Schlüsse gemacht wurden a. a. O. treffend widerlegt hat, dass die Frage des Zusammenhanges (nachdem de Bary's Untersuchungen auch von Anderen wiederholt wurden) dieser drei Vegetationsformen kein Gegenstand wissenschaftlicher Controverse mehr ist, und das dieses eigenthümliche Verhalten der Rostpilze auch für viele andere analoge Fälle nachgewiesen ist.

Diejenigen, welche dennoch annehmen wollten, dass in der Entfernung der Berberitze kein Vortheil liege, müssten voraussetzen, dass, entweder 1. die Fortpflanzungszellen des rothen Rostes (*Uredo*) keimfähig überwintern und so mit Ueberspringung der beiden anderen Formen im nächsten Frühling die Infektion wieder bewirken, oder 2. dass jene des schwarzen Rostes (*Puccinia*) direkt die Halme angreifen können, endlich 3. dass das *Accidium* dieses Pilzes auch auf anderen Pflanzen als dem Sauerdorne vegetiren möchte. Keine dieser drei Möglichkeiten ist erwiesen, oder auch nur irgendwie wahrscheinlich gemacht worden und auch die Analogie mit anderen Rostarten spricht sehr entschieden gegen sie. Ueberdies wäre auch im letzten Falle, da ja doch nachgewiesen ist, dass der Sauerdorn ganz bestimmt das entsprechende *Accidium* beherbergt, dessen Beseitigung vortheilhaft und es würde nur die Consequenz entstehen, wenn (was aber sehr unwahrscheinlich ist) der Beweis hergestellt würde, dass das entsprechende *Accidium* auch auf anderen Pflanzen vorkomme, diese ebenfalls zu entfernen.

Die im Eingange berührte Verfügung gegen die Anpflanzung der Berberitze entspricht somit vollständig der wissenschaftlich erkannten Sachlage, und kann, von diesem Standpunkte aus, nur als nachahmenswerth bezeichnet werden.

Es wird ferner noch darauf aufmerksam gemacht, dass auch eine zweite Rostart namentlich auf Gerste und Weizen (auf beiden kommt auch der gewöhnliche Rost vor) obwohl im minderen Grade schädlich auftritt *Puccinia striaeformis (West.) P. straminis Fckl.* welche ihr *Accidium* auf Pflanzen aus der Familie der *Asperifoliaceen*, z. B. auf *Pulmonaria, Anchusa* etc., in unseren Gegenden besonders auch auf *Lithospermum arvense* (dem Acker-Steinsamen) bildet, so dass in dieser Hinsicht die Reinhaltung der betreffenden Felder von Unkraut besonders schon im ersten Frühlinge sehr zu empfehlen ist.

Eine dritte Art, welche sich nicht selten auf Hafer findet[*] *(Puccinia coronata Cda.)* bildet das *Accidium* auf *Rhamnus Frangula* (Faulbaum) wird aber nicht als besonders schädlich angesehen.

Die auf anderen Pflanzen vorkommenden *Accidien* stehen mit irgend einem Getreiderost nicht im Zusammenhange.

Das Gutachten schliesst: „Indem der naturforschende Verein hiemit die wissenschaftliche Seite des Gegenstandes beleuchtete, glaubt er es hinsichtlich der praktischen dem Ermessen der k. k. Gesellschaft für Ackerbau etc. überlassen zu müssen, ob anzustreben sei, dass auch für unsere Gegenden im entsprechenden Sinne, etwa durch ein Landesgesetz, vorgegangen werde.

Ueber diesen Bericht wird keine weitere Bemerkung vorgebracht und derselbe einstimmig genehmigt.

Herr Assistent J. Pe n l bespricht die Ausichten über die Bildung des Diamanten.

Nach ausführlichen Auseinandersetzungen über die Formen des Diamanten, dessen Vorkommen und Beziehung zum Muttergestein. bespricht der Vortragende zuerst die Hypothesen über die Bildung desselben bei sehr hohen Temperaturen mit Betonung der bisher ganz erfolglosen Versuche experimenteller Nachweisung, sodann die neueren Anschauungen von Göppert u. A. der Entstehungen bei niedriger Temperatur aus flüssigen Massen in sehr langen Zeiträumen, worauf die beobachteten Einschlüsse hindeuten.

Herr Prof. A. Makowsky zeigt Früchte der *Opuntia vulgaris,* welche in Triest häufig zu Markte gebracht werden.

Zu ordentlichen Mitgliedern werden gewählt:

P. T. Herren: vorgeschlagen von den Herren:
Josef Womela, Professor an der k. k.
    Gewerbeschule in Brünn   . .   C. Hellmer und G. v. Niessl.
Heinrich Ollenik, Hörer an der k. k.
    techn. Hochschule in Brünn   .   F. Czermak und A. Walter.

Sitzung am 10. November 1875.
Vorsitzender: Herr Vice-Präsident **Eduard Wallauschek.**

Eingegangene **Geschenke:**

Druckwerke:

Von Herrn Prof. A. Makowsky in Brünn:

Tagblatt der 48. Versammlung deutscher Naturforscher und Aerzte in Graz. 1875. Nr. 1—8.

Ilwof und Peters. Geschichte und Topographie der Stadt Graz. Graz, 1875.

Aichhorn und Plankensteiner. Das wilde Loch auf der Grebenzer Alpe und die darin aufgefundenen thierischen Ueberreste. Graz, 1875.

Festgruss, dargebracht der anthropologischen Sektion der in Graz tagenden 48. Versammlung deutscher Naturforscher und Aerzte, von der anthropologischen Gesellschaft in Wien. Wien, 1875.

Der naturwissenschaftliche Verein für Steiermark, der 48. Versammlung deutscher Naturforscher und Aerzte als Festgabe. Graz, 1875.

Lender, Dr. Zur Einführung des Sauerstoffes und Ozon-Sauerstoffes in die Diätetik und Heilkunde. Wien, 1875.

Gildemeister, Dr. J. Ueber einige niedere Schädel aus der Densdüne zu Bremen. Mit 8 Tafeln.

Naturalien:

Von Herrn A. Weithofer in Brünn: 300 Exemplare Lepidopteren.

Von Herrn A. Oborny in Znaim: 200 Exemplare Pflanzen.
Von Herrn A. Schwoeder in Eibenschitz: 300 Exemplare Pflanzen.

Der Sekretär theilt mit, dass den Verein durch den Tod des
allgemein hochgeehrten Mitgliedes Ernst Grafen Mittrowsky
neuerdings ein bedauerlicher Verlust getroffen habe. Die versammelten
Mitglieder geben der Empfindung der Trauer durch Erheben von den
Sitzen Ausdruck.

Herr Schulrath Dr. C. Schwippel übermittelt ein Schreiben
für das Archiv des Vereines, in welchem er konstatirt, das verschiedene wissenschaftliche, namentlich die Salubrität der Stadt Brünn
betreffende Fragen, wie z. B. die Bodenverhältnisse der Stadt, die
nothwendigen Vorsichten bei der Anlage der Unrathskanäle mit
Rücksicht auf die wasserführende Schichte, das Bedürfniss der Revision
und Reinigung der Brunnen etc., Gegenstände welche neuerdings
in verschiedenen Kreisen ventilirt wurden, von ihm in den Sitzungen
des naturforschenden Vereines schon wiederholt ausführlich erörtert
worden sind.

Herr Prof. A. Makowsky berichtet über einen von ihm unter-
nommenen Ausflug nach Istrien, insbesonders über die neuerrichtete
zoologische Station bei Triest.

Herr Prof. A. Tomaschek theilt das Resultat seiner mikro-
kopischen Untersuchung von Proben der sogenannten „Revalescière"
mit. Diese stellen ein röthlich gefärbtes Mehl dar, welches sich insbesonders durch seine feine Verarbeitung und vollständige Gleichartigkeit
auszeichnet und zum überwiegend grössten Theile aus Stärkekörnern
besteht. Letztere sind ellipsoidische von 27—37 Mikrom. (1 Mikrom.
0.001 Millim.) Längendimension. Im Vergleiche mit den Amylum-
körnern verschiedener Samenarten ergibt sich, dass sie unbedingt
einer Hülsenfrucht angehören. Es liegt nahe, von diesen, solche in
Betracht zu ziehen, welche am meisten im Grossen gebaut werden.
Nach des Vortragenden Messungen haben die Stärkekörner der Erbse,
Linse und Bohne (Phaseolus) andere Dimensionen, letztere sind überdies von ganz anders geformten Zellwänden eingeschlossen.

Die grösste Uebereinstimmung mit den vorliegenden Proben zeigen die Stärkekörner wie auch die Zellreste von *Vicia sativa* (Wicke). Der Sprecher hat gelegentlich der Welt-Ausstellung in Wien einige Samen erworben, welche als Wicke aus Algier bezeichnet waren, und die ausser der vorerwähnten Uebereinstimmung auch jene röthliche Färbung zeigten, welche dem Revalentamehl eigen ist.

Die Angabe Willkomm's das letzteres aus Linsenmehl, Gerstenmehl und Salz zusammengesetzt sei, ist demnach mit Rücksicht auf die vorliegenden Proben nicht zutreffend. Dagegen ist die Annahme Vogl's, dass eine *var. leucosperma* von *Vicia sativa* das Material sei, sicher mehr begründet, nur möchte Redner eher annehmen, dass eine *var. erythrosperma* hier in Frage komme.

Herr Lehrer J. Roatel zeigt ein ausgewachsenes Exemplar von *Surnia ulula Bp. (Strix ulula S., S. arctica Spar.* Sperbereule), welches im Oktober dieses Jahres bei Rossitz in Mähren geschossen wurde. Bei der grossen Seltenheit dieses nordischen Vogels in unseren Gegenden verdient das Vorkommen besonders erwähnt zu werden. Indessen sind (von 1851—1864) in den Bezirken der mähr. Beskiden schon drei Exemplare dieser Art erlegt worden. (Siehe A. Schwab, Vogelfauna von Mistek etc. in den Verhandl. des naturf. Vereines in Brünn, VII. Bd., Abhandl. S. 25).

Ein Gesuch der Israeliten Gemeinde in Polirlitz um geschenkweise Ueberlassung von naturhistorischen Lehrmitteln für die dortige Volksschule wird nach dem Antrage des Ausschusses zur Berücksichtigung vorgemerkt.

Zu ordentlichen Mitgliedern werden gewählt:

P. T. Herren:	vorgeschlagen von den Herren:
Anton Worel, Professor an der k. k. slavischen Lehrerbildungsanstalt in Brünn	*F. Urbanek* und *J. Nowotny.*
Leopold Eug. v. Haupt, Hörer der technischen Hochschule in Brünn	*Leop. v. Haupt* u. *A. Makowsky*

Sitzung am 9. Dezember 1875.

Vorsitzender: Herr Vice-Präsident **Eduard Wallauschek.**

Eingegangene Geschenke:

D r u c k w e r k e:

Von den Herren Verfassern:

Wiesner J. Arbeiten des k. k. pflanzenphysiologischen Institutes der Wiener Universität IV. Untersuchungen über die Bewegung des Imbibitionswassers im Holze und in der Membran der Pflanzenzelle.

Snellen van Vollenhoven S. C. Pinacographia 2. Theil. Haag, 1875.

Comelli, Dr. Ant. Ein Beitrag zur Kenntniss der quervorengten Becken. Triest, 1875.

Valenta, Dr. Alois. Geburtshilfliche Studien. I. Heft. 1865.

    „   „   „   Geburtshilfliche Mittheilungen.

    „   „   „   Gynäkologische Mittheilungen. 1867.

N a t u r a l i e n:

Von dem Herrn E. S t e i n e r in Brünn: 2300 Exemplare Coleopteren.

  „ „ „ E. R i t t l e r in Rossitz: 88 Stück Mineralien.

  „ „ „ Dr. F. K a t h o l i c k y in Rossitz: 220 Stück Mineralien.

  „ „ „ J. S t u r m a n n in Rossitz: 1 Exempl. von *Surnia ulula.*

  „ „ „ J. C z i ž e k in Brünn: 600 Exemplare Pflanzen.

  „ „ „ G. v. N i e s s l in Brünn: 100 Exemplare Pflanzen.

  „ „ „ A. O b o r n y in Znaim: 500 Exemplare Pflanzen.

Der Sekretär theilt Dankschreiben mit: von Dr. Alexander Fischer v. Waldheim, Präsidenten der naturforschenden Gesellschaft in Moskau für die ihm bei Gelegenheit seines 50jährigen Doctorjubiläums vom naturforschenden Vereine in Brünn dargebrachten Glückwünsche; von der Universitäts-Bibliothek in Wien, für die Ueberlassung der „Verhandlungen" des Vereines; von der k. k. mähr.-schles. Gesellschaft für Ackerbau, Natur- und Landeskunde für das über den Getreiderost abgegebene Gutachten, welches in den „Mittheilungen" dieser Gesellschaft in beiden Landessprachen abgedruckt wird.

Der k. k. mährische Landesschulrath, hat mit Erlass vom 24. November d. J. die Direktionen der Mittelschulen und die Bezirksschulräthe verständigt, dass Schulen, welche dem naturforschenden Vereine als Mitglieder beitreten, als solche auch die Rechte zur Benützung der Bibliothek besitzen und hierauf im Interesse des Unterrichtes aufmerksam gemacht.

In Prerau ist eine neue meteorologische Station errichtet worden. Der Beobachter Herr L. Jehle war so freundlich die regelmässige Mittheilungen der betreffenden Notirungen zuzusichern.

Gleicherweise hat Herr Kammel Edler v. Hardegger jun. in Selleditz bei Mislitz eine neue Station ausgerüstet, deren Beobachtungen mit Beginn des nächsten Jahres in Gang kommen werden.

Unter den von Hrn. Prof. A. Oborny in Znaim eingesendeten Pflanzen befinden sich viele für unser Florengebiet interessante Arten. Hervorzuheben wären etwa:

Scilla bifolia L. Im Buchenholz bei Znaim.

Plantago arenaria W. K. Im Frauenholz bei Znaim.

Inula ensifolia L. Bei der Traussnitzmühle nächst Znaim.

Hieracium Pilosella ✕ *cymosum Lasch.* Ziemlich häufig zwischen den Stammeltern im Thayathale bei Znaim. Mai.

„ *cymosum* ✕ *Pilosella Krause.* Ebenda, im Juni.

„ *Pilosella* ✕ *pratense F. Schultz.* Bei Eisgrub.

„ *Pilosella* ✕ *praealtum.* Trockene Hügel bei Znaim. Juni Juli.

„ *auriculum Tausch.* Im Sandboden bei Tasswitz. Juli, August.

„ *fragile Jord.* Trockene Nadelwälder bei Znaim. Juni.

„ *tridentatum Fries.* Sonnige Hügel des Thayathales. Anfang August.

„ *Schmidtii Tausch.* Steile Felsen des Thayathales bei Znaim. Juni.

Verbascum Lychnitis ✕ *phlomoides.* Thayathal. Juni.

Fumaria Schleicheri Soyer Will. Bei Znaim. Mai.

Euphorbia dulcis L. Wälder um Platsch.

Rubus Schleicheri Waldst. Kit. Bei Znaim.

Galega officinalis L. Bei Grussbach.

Rumex scutatus L. wurde an sterilen Berglehnen des Granitzthales bei Znaim in unkultivirtem Gebiete gefunden, und Herr Prof. Oborny ist geneigt ihn als nicht verwildert anzusehen.

5*

Nach mündlicher Mittheilung entdeckte Herr Prof. Oborny bei Nennmühl an der Thaya *Verbascum speciosum Schrad*, eine auch in dem benachbarten Nieder-Oesterreich sehr seltene Art.

Von Waltersdorf im nördlichen Mähren sind von Interesse: *Hypochaeris glabra L.*, *Hieracium tridentatum Fr.*, *H. floribundum W. K.*, *Galium rotundifolium L.*, *Drosera rotundifolia L.*

Herr Prof. G. v. Niessl hält folgenden Vortrag:

Herr Prof. Makewsky hat im vergangenem Jahre (Verhandl. des naturf. Vereines, XIII. Bd. Sitzungsb. S. 79) eine Skizze jener Hypothesen mitgetheilt, welche Herr H. Schmick in der letzteren Zeit über die säkuläre Umsetzung der Meere durch die Anziehung der Sonne und des Mondes anstellte, und hat dabei auf die bedeutenden Konsequenzen verwiesen, welche aus diesen Annahmen zur Erklärung vieler geologischen und geographischen Thatsachen gezogen werden können. Hat die Hypothese auf der einen Seite d. h. namentlich unter den Geologen auch ohne strenger Prüfung, wie leicht begreiflich ist, Anhänger und Beifall gefunden, so ist dagegen von anderer Seite die Kritik hin und wieder mit ziemlich hinfälligen Argumenten aufgetreten.

Ich erinnere hier an einen in der Zeitschrift „das Ausland" erschienenen Aufsatz von Oskar Peschel, welcher nach Form und Inhalt wohl die schärfste Verurtheilung verdienen würde, wenn der Autor nicht seitdem gestorben wäre. Ich will mir erlauben in meiner heutigen Mittheilung einige Betrachtungen über die Voraussetzungen des Herrn Schmick, vom geodätischen Standpunkte anzustellen, kann jedoch nicht umhin einige Bemerkungen über die Einwürfe des Herrn Peschel vorauszuschicken, wobei ich mich selbstverständlich dagegen verwahren muss, eine vollständige Untersuchung der Hypothese nach den Principien der Mechanik zu beabsichtigen. Dies ist nicht meine Sache, und könnte auch nicht so nebenher geschehen.

Für Jene, welchen Schmick's Abhandlungen über diesen Gegenstand unbekannt sind[*], kann ich hier auf den erwähnten Vortrag meines geehrten Herrn Kollegen verweisen, welcher sich, wenn auch nur im allgemeinen Umrissen, sehr genau der Darstellung des Autors anschliesst,

---

[*] Ich meine hier folgende Schriften des genannten Autors: Die Umsetzungen der Meere und die Eiszeiten der Halbkugeln der Erde, ihre Ursachen und Perioden 1869. Thatsachen und Beobachtungen zur weiteren Begründung seiner neuen Theorie einer Umsetzung der Meere. 1871. Das Fluthphänomen und sein Zusammenhang mit den säkulären Schwankungen des Seespiegels. 1874.

so dass es überflüssig ist, die Grundlagen der Hypothese hier nochmals
zu erörtern.

Poschel kommt nun zuerst, indem er die Intensität der Anziehung
des Mondes und der Sonne für die Zenith- und Nadirfluth vergleicht, zur
Schlussfolgerung, dass der Unterschied der beiden Fluthhöhen eine ganz
verschwindend kleine Grösse sein müsse. Hierbei macht er stillschweigend
die sehr bedenkliche Voraussetzung, dass die Unterschiede der Fluthhöhen der Differenz der Anziehungs-Intensitäten proportional sei. Diese
Annahme wird nirgends begründet, obschon es darauf ganz besonders
angekommen wäre. Damit aber noch nicht zufrieden, sucht er weiters
den Beweis herzustellen, dass schon im Laufe eines Jahres nothwendig
eine vollständige Ausgleichung eintreten, der Unterschied ganz Null
sein müsse, und eine Ansammlung von Wassermassen auf der südlichen Hemisphäre wie sie Schmick zu begründen sucht, nicht stattfinden könne. Zu diesem Resultate gelangt er durch folgende Schlüsse:
Die Zeit, welche die Sonne braucht, um vom Herbstpunkte zum Frühlingspunkte zu kommen (Winterhalbjahr der Nordhälfte), in welcher sie
bei grösserer Nähe durch bedeutendere Intensität der Anziehung die südliche Hemisphäre begünstigt, ist gerade soviel kürzer, als die Zeit in
welcher sie vom Frühlingspunkte zum Herbstpunkte gelangt (Sommer-
halbjahr) um eine vollständige Ausgleichung zwischen Intensität und
Zeit zu bewirken.

Die Art, wie diese allerdings richtige Thatsache von Poschel
bewiesen wird, kann wohl Niemanden überzeugen; da sie aber zur
Beurtheilung der Frage wirklich wichtig ist, will ich sie mit einigen
Worten allgemein beweisen. Was Poschel meinte ist also Folgendes:
Wenn man für ein kleines Zeitintervall die Intensität als konstant betrachtet, und alle Produkte von Zeit und Intensität summirt, so erhält
man für beide Halbjahre gleiche Summen. Diese Summe für irgend ein
Zeitintervall lässt sich aber allgemein darstellen durch $\int \frac{K}{r} \, dt$, wo r
die jedesmalige Entfernung von der Sonne, t die Zeit und K eine Konstante ist. Bezieht man die Bewegung der Erde um die Sonne auf ein
Polarcoordinatensystem, dessen Pol die Sonne ist und heisst v den Winkel
am Pol, also r den Radiusvektor, so ist nach den Gesetzen der Central-
bewegung, weil der Radiusvektor in gleichen Zeiten gleiche Flächenräume
beschreibt: $\frac{dv}{dt} = \frac{C}{r^2}$, wo C wieder eine Konstante ist, und somit, wenn

$\frac{K}{C} M$ ebenfalls konstant gesetzt wird, das obige Integral $= M \int_{v}^{v'} dv$.

Der Werth des bestimmten Integrales ist also dem Polarwinkel proportional, und dies gilt überhaupt überall, wo die erwähnten Gesetze Anwendung finden.

Es ist nun klar, dass (ohne Rücksicht auf den für die gegenwärtige Untersuchung ganz verschwindend kleinen Unterschied der Präzessionsbeträge) die Differenz $v'-v$ für das Sommer-, wie für das Winterhalbjahr jedesmal π beträgt, so dass die erwähnte Summe allerdings für beide die gleiche wird. Der Schluss, zu welchem ich aus diesem Resultate gelange, ist gerade der entgegengesetzte von dem Peschel's. Dieser meinte: die theoretische Ausgleichung zwischen Zeit und Intensität schliesst nun selbstverständlich auch die vollständige Ausgleichung der durch Fluth übertragenen Wassermassen in sich, so dass absolut kein Ueberschuss für die südliche Hemisphäre bleiben könne. Eine solche Behauptung dürfte man aber nur aufstellen, wenn man entweder annehmen wollte, dass die Kraft bei der Versetzung der Wassermassen k e i n e n W i d e r s t a n d zu überwinden habe, oder dass dieser Widerstand immer der Intensität proportional sei. Die eine Annahme ist so absurd als die andere. Bei Voraussetzung eines noch so geringen konstanten Widerstandes folgt aber sogleich, dass wenn ein Ausgleich zwischen Intensität und Zeit früher bewiesen wurde, alsdann hinsichtlich der erzielten Arbeit jene Kraft im Vortheile ist, welche mit grösserer Intensität durch kürzere Zeit wirkt, und dies ist in unserem Falle die Anziehung im Winterhalbjahre.

Die wunderliche Konsequenz des schnellen Schlusses, welchen P e s c h e l aus dem Vergleich zwischen Intensität und Zeit zog (indem er Kraft und Arbeit verwechselte) ist, dass jede unbedeutende Kraft denselben Effekt erzielen könnte, wie eine grosse, wenn sie nur lange genug einwirkte. Dagegen weiss jeder Laie sehr wohl, dass z. B. ein belasteter Wagen, welcher von einem Pferde in bestimmter Zeit eine gewisse Strecke weiter gebracht wird, durch ein Hündchen oder einen Vogel in alle Ewigkeit nicht vom Flecke kommt, wenn der Reibungswiderstand darnach ist. Man muss es den Mechanikern überlassen, über die Widerstände, welche bei der Versetzung der Wassermassen zu überwinden sind, Annahmen zu machen, aber es scheint mir fast, als ob alle Erfahrungen, die man in dieser Hinsicht aus Beobachtungen und Versuchen im Kleinen herholen kann, bei der Anwendung im Grossen leicht zu sehr unverlässlichen Resultaten führen möchten, und es dürfte wohl der Weg, welchen in diesem Punkte Herr S c h m i c k einschlägt, indem er alle ihm erreichbaren Daten der Fluthmesser sammelt, der rationellere sein. Vielleicht ergeben sich dadurch gerade Materialien, die Aufgabe umgekehrt zu lösen, nämlich die Widerstände zu bestimmen. Für alle Fälle sind diese

Bemühungen Schmick's dankenswerth, und verdienen nicht im entferntesten die abfällige Beurtheilung, welche ihnen in dem Aufsatze Peschel's zu Theil wird. Das Eine steht jedenfalls fest, dass der hier erörterte fundamentale Einwurf Peschel's die Hypothese durchaus nicht beseitigt, vielmehr eine qualitative Möglichkeit ohne weiters zulässt.

Anders verhält es sich nun, wenn man die Frage hinsichtlich des quantitativen Momentes näher prüft, insbesonders alle Konsequenzen, welche aus den Annahmen weiter gezogen werden. In dieser Beziehung möchten nun einige Bemerkungen gestattet sein. Ich will dabei sämmtliche Annahmen Schmick's als etwas Gegebenes voraussetzen, ohne damit ihre Zulässigkeit durchaus anerkennen zu wollen. Man könnte sich aber die Frage vorlegen, ob, angenommen, dass sich alles so verhielte, wie Schmick voraussetzt, das was wir von der Gestalt der Erde wissen, geeignet ist, diese Voraussetzungen zu unterstützen. Man müsste die Frage aber zunächst in zwei Theile scheiden, nämlich: sind unsere Erfahrungen über die Gestalt der Erde überhaupt derart, dass sie in dieser Richtung verwerthet werden könnten? und dann erst: wie verhalten sie sich zu den Konsequenzen dieser Hypothese?

Was nun das Maass der säkulären Wasserversetzung innerhalb einer Präcessionsperiode betrifft, zu welchem Herr Schmick gelangt, so ist es, obgleich ausreichend um die Erscheinung der Ueberfluthung grosser Länderstrecken sowie das Emportauchen anderer zu bewirken, allerdings relativ so gering, dass die dadurch hervorgerufenen Unterschiede in dem, was man die mittlere mathematische Gestalt der Erde nennt, aus dem bisher Festgestellten nicht besonders sicher nachzuweisen wären. Schmick verweist aber auch an mehreren Stellen seiner Abhandlungen, auf den grossen Unterschied der Meerestiefen beider Hemisphären. Er betrachtet diesen Unterschied nicht als ein Gegebenes, das, wie der Zug der grösseren Gebirgsmassen etc. aus einer zwingenden Ursache jetzt nicht mehr zu erklären ist, sondern es scheint ihm vielmehr so wichtig für seine Hypothese, diese Erscheinung zu begründen, dass er sagt: „Wenn auch, wie wir im Entwurfe der Theorie annahmen, der Niveauunterschied der Meere beider Halbkugeln nach einer 10½-tausendjährigen Halbperiode des Perihels an 900 Fuss betrüge, so würde damit noch immer lange nicht eine völlige Umkehr der heutigen Wasser- und Landvertheilung eingetreten sein. Bei dem Unterschiede der Meerestiefen auf beiden Halbkugeln, wie er sich jetzt findet, würde nach Abzug von 450 Fuss im Süden, nach Zusatz von ebenso viel im Norden ein bedeutendes Uebergewicht des Wassers auf ersterer Erdhälfte übrig bleiben, denn nach den Ergebnissen der Tieflothungen auf nördlicher und südlicher Hemisphäre herrscht auf der letzteren augenblicklich eine Meerestiefe von durchschnittlich etwa 14—16000 Fuss, während auf ersterer 6—8000 Fuss wohl den mittleren Betrag der Wassermächtigkeit ausdrücken dürften. Gegen die Annahme eines grösseren heutigen jährlichen Zuwachses im Süden, als 6 Linien (das in der Theorie auf's Gerathewohl supponirte Maass) sperrte sich schon die oberflächlichste Beobachtung. Unsere Theorie erklärte also unvollkommen und das war ein schlimmer Umstand, der fast ihre Beseitigung gebot." (Fluthphänomen S. 182.)

Und etwas weiter, gibt er nun die Erklärung: „Innerhalb 21000 Jahren vollzieht sich immer eine geringere Schwankung des Seespiegels, wie sie sich in den zunächst älteren, bis zur früheren Tertiärzeit hin ausspricht. Innerhalb eines viel längeren Zeitraumes aber erfolgt eine grosse Wasserversetzung, welche die äussersten Grenzen der Möglichkeit erreicht." . . . (Ebenda S. 183.)

Diese Sätze lassen darüber keinen Zweifel, dass Schmick eben auch den gegenwärtigen Zustand grosser Ungleichheit in der Vertheilung der Meere nach Flächenausdehnung und Tiefe als durch das „Fluthphänomen" hervorgerufen betrachtet, da er ja sonst „fast" die Beseitigung der Hypothese nothwendig findet. Demnach befänden wir uns jetzt in einem Stadium der grösseren Periode, wo eben die Wasserversetzung ein bedeutendes Maass erreicht hat. Ueber die Ursachen dieser grösseren Periode habe ich keine ausführliche Begründung gefunden, doch ist der Autor, wie ich einigen Andeutungen entnehme, offenbar geneigt die Ursache in der grossen Periode der Erdbahn-Excentricität zu suchen. Dies ist indessen gleichgiltig, wichtig dagegen zur Beurtheilung der Frage ist es, wie sich Herr Schmick demnach die Ansammlung der Wassermassen auf der Südhälfte vorstellt. An mehreren Stellen führt er aus, dass die Wässer von der Nordhemisphäre auf die südliche gezogen werden und sich dort derart vertheilen, dass ihre Tiefe (also die Höhe der Wasserschichte) gegen den Pol stetig zunimmt. Es wird also angenommen, dass der feste Erdkern mehr oder weniger einem regelmässigen Sphäroide entspricht, welches von einer stets fluthenden Wasserschale umgeben ist. Letztere hat nun gegenwärtig sehr verschiedene Dicke, und zwar nach ganz im Allgemeinen zu nehmendem Gesetze, so, dass sie vom Nordpol gegen den Aequator, und von da gegen den Südpol zunimmt. Die Wässeroberfläche würde also einem Ellipsoid nicht entsprechen, oder etwa einem solchen, dessen Mittelpunkt gegen den des festen Kernes in der kleinen Axe verschoben ist. Ich will, um diese Betrachtungen etwas zu vereinfachen, und sie auch dem Verständnisse des Laien näher zu

bringen vor der Hand von der Abplattung absehen. Dann könnte der
von Schmick als Folge seiner Hypothese supponirte Zustand auch so
aufgefasst werden, als ob man zwei excentrische Kugelflächen vor sich
hätte. Die Entfernung der Mittelpunkte müsste dann aus der Erfahrung
über die Differenzen der Meerestiefen in gleichen nördlichen und südlichen Breiten geschlossen werden. Ich will hier die Daten zu Grunde
legen, welche Schmick selbst an der früher citirten Stelle anführt. Um
mit irgend welchen plausibeln Grössen rechnen zu können, soll je der
mittlere Werth für die Breiten von 45° genommen werden, und wenn
man nun diese Unterschiede durch zwei excentrische Kugeln darstellen
wollte, so würde die Entfernung ihrer Mittelpunkte 0.24 geogr. Meilen,
die Meerestiefen unter je 45° auf der Nordhälfte 0.30, auf der südlichen
0.64, dem Obigem entsprechend, am Aequator 0.47, am Nordpol 0.23,
am Südpol 0.71 Meilen betragen. Dass eine solche Figur unter dem
Einflusse der Schwere und Rotation der Erde nicht einen Augenblick im
Gleichgewichte sein könnte, ist selbstverständlich. Schmick glaubt
ihre Möglichkeit theils durch die hieraus entspringende Verlegung des
Schwerpunktes, noch mehr aber dadurch zu erklären, dass die durch
Schwere und Umdrehung geforderte Ausgleichung auf ein Rotationsellipsoid
langsamer vor sich gehe als der Zuzug der Wassermassen, so dass diese
Gestalt, wie schon einmal erwähnt, als der Effekt beständiger Strömungen
oder Strömungsimpulse anzusehen wäre.

Es scheint mir aber, dass sich Herr Schmick hinsichtlich beider
Punkte die entsprechenden Quantitäten nicht durch Rechnung völlig klar
gemacht habe; jedenfalls schätzt er sie zu hoch. Denn die Vorrückung
des Schwerpunktes ist eine höchst unbeträchtliche, und würde die Ausgleichung nicht hindern, sowenig als die tägliche Mondesfluth stehen
bliebe, wenn die anziehende Kraft des Mondes verschwände. Gegen die
Erfahrung, dass die Ausgleichungswelle langsamer fortschreite als die
Fluthwelle finde ich nichts einzuwenden, so lange es sich um geringe
Niveauunterschiede handelt, aber bei den Differenzen, welche hier in
Frage kommen, möchte sich wohl leicht das Gegentheil im Vorhinein
beweisen lassen. Doch soll auch dies hier nicht weiter untersucht,
sondern angenommen werden, dass die Oberfläche der Meere wirklich die
von Schmick vorausgesetzte Gestalt besitze, ohne Rücksicht auf die
mechanischen Konsequenzen.

Was man aber dann jedenfalls auf den ersten Blick sehen muss,
ist, dass diese Oberfläche keine geodätische Niveaufläche ist — womit
ich, wie üblich, jene Fläche bezeichne, welche in jedem Elemente auf
der durch die Wirkung der Rotation modifizirten Richtung der Schwere

normal ist. — Allerdings erleiden die Lothlinien durch jene Wasserversetzung kleine Veränderungen, wie ja auch streng genommen jede
tägliche Fluth, die Richtung der Lothe und damit auch die Polhöhen
um einen sehr kleinen, für uns unmessbaren Betrag periodisch ändert.
Aber jene Ablenkung von der normalen Lage, welche die ganze oben
supponirte Wasserversetzung bewirken würde, ist noch immer sehr gering,
und erreicht in ihren Maximalwerthen gar nicht annähernd einen solchen
Werth, dass die Lothlinie alsdann normal wäre zum Wasserspiegel. Ein
Flächenelement des Meeres würde nicht als horizontale, sondern als
geneigte Ebene zu betrachten sein, und der Neigungswinkel wäre, abgesehen von den polaren Regionen recht bedeutend. Die allgemeine Darstellung der Anziehung, dieser zugleich vertheilten Wassermassen auf
irgend einen beliebigen Punkt der Oberfläche würde über den Rahmen
dieser beiläufigen Betrachtungen hinausgehen, und ist auch in Anbetracht
der Grössen, um die es sich hier handelt überflüssig. Da der Maximal-
betrag der Ablenkung die Lothlinie am Aequator trifft, so wird es
genügen, den einfacheren Fall zu betrachten.

Wenn man das Potential der hier wirksamen störenden Massen
hinsichtlich eines äquatorealen Punktes bestimmt, so findet man unter
den obigen Voraussetzungen und mit der mittleren Dichte von 5.44 für
die Erde, mit einer nicht ganz strengen Auflösung, eine Ablenkung von
etwa 7″ (wobei ich bemerke, dass die Annäherung da der Betrag selbst
klein ist, jedenfalls bis auf eine unbedeutende Grösse sicher ist). Geringer
wird dieser Betrag in grösseren Breiten, und an den Polen Null. Wenn
die Entfernung der beiden Kugelcentren wie oben zu 0.24 angenommen
wird, so schliessen am Aequator die beiden Radien oder Normalen einen
Winkel von 58″ mit einander ein. Eine von diesen Richtungen ist das
ungestörte Loth in Bezug auf den Erdkern, die andere die Normale auf
der Meeresfläche. Zieht man davon den Betrag der Störung des Lothes
ab, so bleibt noch immer eine Neigung von 51″ gegen die Lothlinie,
oder des Elementes der Wasseroberfläche gegen die geodätische Niveaufläche. Der parallactische Winkel der beiden Centren stellt sich dann
in höheren Breiten (q) sehr nahe zu 58″ cos q, also für eine mittlere
Breite von 45⁰ rund zu 41″ heraus, wovon wieder der kleine Betrag
der Lothstörung abzuziehen wäre. Eine Erweiterung dieser Betrachtung
auf das Ellipsoid ändert diese Resultate nur um kleine Grössen zweiter
Ordnung und mögen sie auch noch durch verschiedene Annahmen sonstige
kleine Veränderungen erfahren, man sieht doch, dass bei der Schmick'-
schen Voraussetzung die Abweichung der Meeresfläche von der geodätischen Niveaufläche sehr beträchtlich ist.

Würden also, wenn es sich so verhielte, zwei Meeresspiegel durch ein Nivellement miteinander verbunden, so müsste, wenn man in der Richtung vom Südpol gegen den Nordpol vorschreitet, demnach ein thatsächlich positives, im entgegengesetzten Sinne ein negatives Gefälle resultiren. Beispielsweise sollte alsdann, wie man ja leicht nachrechnen kann, der Spiegel des mittelländischen Meeres unter 44" um rund 100 Toisen höher liegen, als jener der Ostsee in 54" Breite. Wenn wir über etwaige Spiegeldifferenzen der Meere zwar genaue Aufschlüsse erst aus der Zusammenstellung der in Mitteleuropa im Zuge befindlichen, auch schon grösstentheils vollendeten Präzissionsnivellements erwarten dürfen, so ist doch sicher, dass ein so bedeutender Betrag gar nicht annähernd in Frage kommt.

Man könnte nun noch ferner die Frage aufwerfen, ob auch die Gradmessungen einen Beitrag zur Beurtheilung der Wahrscheinlichkeit obiger Voraussetzungen liefern. Zur Vereinfachung kann man auch vorerst die Kugelform gelten lassen, und ferner annehmen, dass die Grundlinien überall im Meeresniveau gemessen werden, da man sie doch auf den nächstgelegenen Spiegel reduzirt und die Reduktionsfehler aus der etwaigen Annahme nicht ganz richtiger Krümmungsradien ganz unbeträchtlich sind gegen die Beobachtungsfehler. Die Triangulirungs-Operation in Verbindung mit der astronomischen Ortsbestimmung, gibt dann ein Stück des Meridianbogens, z. B. einen Grad an der entsprechenden Meeresfläche. Da die astronomische Bestimmung von der Lothlinie abhängt, diese aber, wie früher erwähnt wurde durch die Versetzung der Wassermassen nur wenig gestört ist, liegt der Scheitel des Winkels zwischen je zwei Punkten sehr nahe im Mittelpunkte der festen Erde (oder für den elliptischen Meridian im Durchschnitte der beiden Schwererichtungen). Der Halbmesser des Bogenstückes, welches gemessen wurde, also der Abstand der Fläche, auf welcher die Messung gedacht wird, von dem Scheitel dieses Winkels, wäre dann natürlich in der südlichen Hemisphäre am Aequator um sehr nahe soviel kleiner als am Pol, als die Meereshöhe beträgt; auf der nördlichen wäre dies umgekehrt. Berechnete man nun aus zwei Gradmessungen der Südhälfte eine Meridianellipse, so erhielte man eine Abplattung am Südpol, dagegen aus zwei solchen auf der nördlichen Hälfte eine Zuspitzung am Nordpol, weil dort die Grade kürzer sind als am Aequator. Auf das Ellipsoid übertragen bleibt das Verhältniss im Wesentlichen dasselbe, das heisst, man erhält für die südliche Hemisphäre eine grössere Abplattung als für die nördliche. Wenn man je eine Gradmessung am Aequator und den beiden Polen vereinigen könnte, so würde nach der Schmick'schen Voraussetzung der Unterschied der beiden Abplattungen nicht weniger als 24 Einheiten im Nenner des Bruches welcher die Abplattung bezeichnet, wenn der Zähler 1 ist, entstehen. Auch mit Rücksicht darauf, dass man Gradmessungen an den Polen nicht anstellen kann, dass wir von der Südhälfte nur jene am Capland besitzen, und nördlich auch vom Pole noch ziemlich entfernt sind, würde der Unterschied der Abplattungen noch immer 18 Einheiten im Nenner betragen. So gross ist die Unsicherheit der Abplattungszahl weitaus nicht mehr. Man mag wohl dagegen einwenden, dass (auch die neuere) eine Gradmessung auf der Südhälfte zu wenig entscheidend sei. Es können aber auch jene auf der nördlichen Hemisphäre allein in Betracht gezogen werden. Unter den angenommenen Verhältnissen würden, nördlich, Gradmessungen in polaren Regionen einmal verbunden mit äquatorealen, dann mit solchen in mittleren Breiten in einem Falle wesentlich geringere im anderen Falle grössere Abplattungen liefern, und müsste sich doch ein Gesetz in dieser Hinsicht erkennen lassen. Ueberhaupt würden je zwei Gradmessungen unter verschiedenen Breiten stets gesetzmässig andere und andere Meridianellipsen geben und alle zusammen sich nicht durch e i n e Ellipse darstellen lassen. Nun weiss man freilich, dass die verschiedenen Gradmessungen in der That nicht übereinstimmende Resultate geben, aber die Abweichungen, hervorgerufen aus Beobachtungsfehlern und Störungen der Lothlinie, stellen sich nicht gesetzmässig dar, und sie sind derart, dass immerhin die Ellipse als die wahrscheinlichste mittlere Meridianform geschlossen werden kann.

Wie die Gradmessungen, so müssten auch die Pendelbeobachtungen verschiedene Resultate für die Abplattung der beiden Erdhälften, aber im entgegengesetzten Sinne ergeben, was man leicht weiter ausführen kann.

Vereinigt man alle Mittel, welche zur Darstellung der Erdgestalt dienen, so berechtigt bis jetzt nichts zur Annahme, dass die mittlere Abplattung beider Hemisphären irgendwie beträchtlich verschieden wäre.

Indem ich nun alle diese Erwägungen zusammenfasse, gelange ich zu dem Schlusse, dass in der äussersten Konsequenz, wenn nämlich durch die Schmick'sche Hypothese der grosse Unterschied der mittleren Meerestiefen beider Erdhälften erklärt werden soll, diese durch die bisherigen Erfahrungen über die Gestalt der Erde nicht unterstützt wird. Sofern sich jedoch die Annahme nur auf die säkuläre Umsetzung innerhalb einer Präzessionsperiode erstreckt, welche viel geringer wäre, und etwa $\frac{1}{10}$ des hier Besprochenen betragen würde, möchte allerdings gelten, was ich schon früher erwähnte, dass die Bestimmung der mittleren Form der Erde und des Niveau's der Meere noch nicht hinlänglich genau ist.

um hier einen Massstab zur Beurtheilung abzugeben, da ja auch angenommen wird, dass gegenwärtig das Maximum der Wasserversetzung noch gar nicht erreicht ist. Da der vollständige Abschluss der europäischen Gradmessungen auch nach dieser Richtung die sichersten Materialien liefern wird, welche durch die modernen Mittel und Methoden nur irgend zu erreichen sind, wäre es jetzt nicht an der Zeit in diesen Betrachtungen weiter zu gehen, als es das bisher Erkannte mit Sicherheit zulässt.

Die Annahmen des Herrn Schmick sind nicht durchweg wissenschaftlich begründet, aber es ist von ihm eine solche Menge empirischer Thatsachen oder doch Beobachtungen zusammengetragen worden, dass es auch nicht wissenschaftlich ist, sie ohne einer ernsten Prüfung wegwerfend abzuthun. Wenn jedoch andererseits die Geologen etwas „Befremdendes" darin finden, dass die Parität der Wasservertheilung beiden Erdhälften nicht gewahrt ist, und wenn ihre Forschungen nachweisen, dass es nicht immer so war, müssen sie sich zur Erklärung dieser Erscheinung auf Hypothesen stützen, welche innerhalb des Erkannten noch zulässig sind. Soweit dies nun die Wasserversetzung durch Sonne und Mond betrifft, wird ihnen wahrscheinlich innerhalb der entsprechenden Grenze mit dem zulässigen Maasse zur Motivirung ihrer Beobachtungen nicht durchweg gedient sein.

Herr Prof. A. Makowsky zeigt ein Exemplar der Fangheuschrecke *Truxalis nasuta L.*, welches von Herrn C. Řehak im Monate September 1875 in Brünn gefangen wurde.

Herr Fr. Ritter v. Arbter liest folgenden

Bericht
des Redactions-Comité's über die Herausgabe des XIII. Bandes der „Verhandlungen" und des Kataloges der Vereinsbibliothek.

Der XIII. Band enthält 16 Druckbogen in einer Auflage von 550 Exemplaren mit 2 Tafeln.

Die Herstellungskosten belaufen sich:

1. für den Druck, mit Einschluss der den Autoren gebührenden Separatabdrücke . . . . 504 fl. 63 kr.
2. für Tafel I . . . . 32 „ 80 „
3. „ „ II (Tondruck) . . . . 42 „ — „
4. „ Buchbinderarbeit . . . . 22 „ — „

Zusammen . . 601 fl. 43 kr.

Der Bibliothekskatalog enthält 11 Druckbogen, ebenfalls in 550 Exemplaren Auflage, von welchen 100 dem hohen mährischen Landes-Ausschusse zur Verfügung gestellt werden mussten.

Die Kosten der Herausgabe sind:

1. für den Druck . . . . 101 fl. 77 kr.
2. „ Buchbinderarbeit . . . . 20 „ — „

Zusammen . . . 421 fl. 77 kr.

Im Voranschlage für das Jahr 1875 sind für die Herausgabe des XIII. Bandes 770 fl. und des Bibliothekskataloges 135 fl. bewilligt. Die obigen Summen erreichen also die präliminirten Beträge nicht ganz, und es erübrigt nur noch die Bemerkung, dass sich die Rechnungsbelege für die angeführten Posten in Händen des Hrn. Rechnungsführers befinden.

Brünn, am 9. Dezember 1875.

G. v. Niessl.   Ed. Wallauschek.   Arbter.
Arzberger.   Franz Czermak.

Wird zur Kenntniss genommen.

Ueber die Gesuche der Ortsschulräthe in Wischau und Bistritz im Iglauer Kreise um naturhistorische Sammlungen für die dortigen **Bürgerschulen** (für Letztere speziell um Mineralien) wird die möglichste Berücksichtigung beschlossen.

Zu ordentlichen Mitgliedern werden gewählt:

P. T. Herren:	vorgeschlagen von den Herren:
Lucien Canwel, Herrschafts-Direktor in Wsetin	A. Johnen und G. v. Niessl.
Franz Kolaček, Professor am k. k. slav. Gymnasium in Brünn .	A. Tomaschek und G. v. Niessl
Franz Taborsky, Revident bei dem k. k. Statthalterei-Rechnungs-Departement in Brünn . .	C. Nowotny und J. Kosch.

Jahres-Versammlung

am 21. Dezember 1875.

Vorsitzender: Herr Vice-Präsident Dr. **Carl Schwippel.**

Der Vorsitzende begrüsst die Versammlung mit warmen Worten und ersucht sodann die Stimmzettel für die Wahl zweier Vicepräsidenten, zweier Sekretäre und des Rechnungsführers abzugeben. Die Herren E. Steiner und A. Walter übernehmen das Skrutinium.

Herr Prof. Fr. Arzberger zeigt und bespricht eine, nach seiner Angabe konstruirte Wage für Präzissionsarbeiten. Er macht auf den nachtheiligen Einfluss aufmerksam, welchen die Nähe des Beobachters durch Wärmeänderungen auf die Genauigkeit der Messung ausübt und zeigt, wie bei seiner Wage, welche unter Glas völlig abgeschlossen ist, alle für Präzissionswägungen nöthigen Operationen, wie das Vertauschen der Gewichte etc. bei geschlossenem Wagekasten aus beträchtlicher Entfernung vorgenommen werden können.

Nachdem das Skrutinium beendet ist theilt der Vorsitzende mit, dass folgende Herren gewählt wurden:

Zu Vicepräsidenten . Herr Professor Joh. G. Schoen.

„ Landesschul-Inspektor Dr. **Alois Nowak.**

Als erster Sekretär . „ Professor G. v. Niessl.

Als zweiter Sekretär . „ F. Czermak.

Als Rechnungsführer „ Josef Kafka jun.

Hierauf werden die Stimmzettel zur Wahl von 12 Mitgliedern des Ausschusses abgegeben.

Der Sekretär Professor G. v. Niessl erstattet nun folgenden Bericht:

Hochgeehrte Versammlung!

Die mir zugetheilte Aufgabe einer übersichtlichen Darstellung des Standes unserer Vereinsangelegenheit nöthigt mich Ihre Aufmerksamkeit für kurze Zeit in Anspruch zu nehmen. Ich hoffe, dass dies für die warmen Freunde des Vereines welche hier versammelt sind, kein allzu grosses Opfer sein wird, will mich aber, im Hinblicke auf die detaillirteren Berichte welche folgen sollen, damit begnügen, in der That nur Hauptpunkte hervorzuheben, und denke dass Sie am Ende nicht ohne Befriedigung die Schlusslinie dieses Jahres ziehen werden.

Zuerst über den Stand der Mitglieder. Ich habe mir schon mehrmals erlaubt anzudeuten, dass dieser seit Jahren eine Art Beharrungszustand ist. Jeder, der einige Erfahrung im Vereinsleben besitzt, weiss, dass bei bestimmten äusseren und inneren Verhältnissen das Bindungsvermögen nahezu konstant bleibt, analog manchen physikalischen und chemischen Prozessen. Gewählt wurden in den 10 Sitzungen des Jahres 1875: 28 ordentliche und 1 korrespondirendes Mitglied. Dagegen entfallen durch Tod 2 Ehren- und 7 ordentliche Mitglieder, durch Austritt 4 und in Folge der durch 3 Jahre unterlassenen Leistung des Jahresbeitrages 10, zusammen 21. Der gegenwärtige Stand ist demnach 26 Ehren-, 319 ordentliche und 7 korrespondirende Mitglieder. Von den ordentlichen Mitgliedern leben 165 in Brünn, 111 ausser Brünn in Mähren und Schlesien, 43 ausser dem Vereinsgebiete. Diese Zahlen weisen eine allmälige nicht ungünstige Veränderung nach. Greift man nämlich ein Jahr etwa aus der Mitte der hinter uns liegenden Reihe heraus, z. B. 1867 so ergeben sich für dieses die den obigen entsprechenden Zahlen 190, 81 und 41. Das Prozentverhältniss ist somit:

	1867	1875
in Brünn	60 %	52 %
ausser Brünn in Mähren und Schlesien .	26 %	34 %
ausser dem Vereinsgebiete	14 %	14 %

Die Mitgliederzahl in Brünn hat sich also absolut und relativ vermindert, auswärts dagegen vermehrt, und die Verschiebung beträgt 16 Prozent. Dass diese relative Bewegung bei einem Vereine der über das ganze Gebiet wirken soll vortheilhaft ist, bedarf keiner weiteren Begründung.

Es ist vielleicht auch nicht ohne Interesse einmal eine Zusammenstellung der Mitglieder nach Berufsgruppen zu geben. Es befinden sich unter den 319 ordentlichen Mitgliedern: Vertreter des Lehrfaches (Professoren von Hochschulen, Lehrer von Mittel-, Bürger- und Volks-

schulen . . . . 97 (also 30.2 Prozent)

Industrielle und Gewerbetreibende . . . 43 „ 13.5 „

praktische Aerzte und Pharmaceuten . . . 33 „ 10.4 „

praktische Techniker des Ingenieur- und Baufaches sowie des Bergwesens . . . . 33 „ 10.4 „

Gutsbesitzer, Land- und Forstwirthe und Gärtner	31	(also 9.9 Prozent)	
praktische Juristen, mit Einschluss der Justiz-			
beamten	30	„ 9.4	„
Beamte, sofern sie nicht in den früheren Ru-			
briken vorkommen	23	„ 7.2	„
Priester, sofern sie nicht unter den Professoren			
und Lehrern begriffen sind	17	„ 5.3	„
Privatiers	7	„ 2.1	„
Studirende	3	„ 1.0	„
Militärs	2	„ 0.6	„

Von der Gesammtzahl der ordentlichen Mitglieder haben sich in diesem Jahre 60, also etwa 19 Prozent durch Einsendungen, Mittheilungen Vorträge, meteorologische Beobachtungen, Mitwirkung an der Anordnung von Sammlungen und den laufenden Geschäften etc. etc. aktiv betheiligt, womit man auch zufrieden sein kann.

Die uns im Laufe des Jahres durch den Tod Entrissenen, sind: die Ehrenmitglieder Dr. Heinrich Hlasiwetz und Dr. Hermann Freih. v. Leonhardi, die ordentlichen Mitglieder Ernst Graf Mittrowsky und Franz Graf Mittrowsky, Conrad Hofmann, Eduard Merliček, Guido v. Schwarzer, Wenzel Sekera und Arnold Weber, deren Andenken wir heute in üblicher Weise erneuern wollen.

Die finanziellen Umstände haben sich einigermassen gebessert, und zwar nicht allein wegen der in diesem Jahre zufällig etwas geringeren Ausgabssummen, sondern auch durch die fast in allen Posten gegen das Präliminare höheren Einnahmen.

Einige Vorkommnisse des Jahres verdienen noch besondere Erwähnung. So vor Allem die Vollendung und Herausgabe des Bibliothekskataloges zu deren Ermöglichung wir von dem h. mähr. Landtage, dem wir schon so viele Jahre konstante Unterstützungen verdanken, einen Beitrag von 300 fl. erhielten. Der Katalog ist vom Anfang bis zu Ende das Werk des zweiten Sekretärs Herrn Franz Czermak der sich, dadurch ein grosses bleibendes Verdienst erworben hat. Zugleich wurde die Bibliotheksordnung wesentlich zu Gunsten der Entlehner, insbesonders auch mit Rücksicht auf die Zunahme der Anzahl auswärtiger Mitglieder revidirt, somit Alles gethan, um die Bibliothek möglichst benützbar zu machen.

Es hat denn auch der k. k. mähr. Landesschulrath mittelst Cirkulares die Direktionen der Mittelschulen und die Bezirksschulräthe im Lande hierauf aufmerksam gemacht.

Mit der Drucklegung des Kataloges fiel zusammen eine Reihe sehr werthvoller Erwerbungen für die Bibliothek, da Herr Prof. Dr. Bratranek, einer der bewährtesten Freunde des Vereines sich bewegen fand auch die zweite Hälfte (100 Thlr.) des ihm von den Freiherren v. Goethe zur Disposition gestellten Geldbetrages dem Vereine für die Bibliothek zu widmen.

Im Kataloge konnten diese neuen Aquisitionen nicht mehr aufgenommen werden. Man verzichtete auch darauf sie im Anhange zu geben, weil ja ohnehin bei der raschen Vermehrung der Bibliothek bald ein Ergänzungsheft wird erscheinen müssen.

Genauere Daten über die im abgelaufenen Jahre neuerworbenen Werke finden sich in dem Berichte des Herrn Bibliothekars Professor Hellmer, welcher insbesonders auch ein Verzeichniss der aus der Goethe-Dotation erworbenen Werke bringt.

Hinsichtlich unserer Verhandlungen ist hervorzuheben, dass auf Ansuchen des Vorstandes der deutschen entomologischen Gesellschaft in Berlin von den grösseren entomologischen Abhandlungen im Bande XIII eine Anzahl Sonderabdrücke gegen Vergütung der Auslagen gemacht und gestattet wurde, dass diese als besonderes, vom naturforschenden Vereine herausgegebenes Heft der Sammelzeitschrift dieser Gesellschaft erscheine. Für die Verbreitung der betreffenden Abhandlungen kann dies nur förderlich sein.

Die Zahl der meteorologischen Stationen ist fortwährend im Zunehmen und es sind auch gegenwärtig Verhandlungen über neue Aktivirungen im Zuge. Im abgelaufenen Jahre dürften 20 in Thätigkeit gewesen sein. Erfreulich ist, dass einige Beobachter über das Maass des Gewöhnlichen hinausgehen. So Herr Dr. Brieni in Grussbach, welcher auch regelmässige Beobachtungen über Bodentemperaturen in verschiedenen Tiefen, dann über Verdunstungsgrössen anstellt; Herr Ad. Johnen in Gr.-Karlowitz, welcher neben Verdunstungsbeobachtungen auch Vergleiche über die Menge des Niederschlages in verschiedenen Kulturen und gegenwärtig regelmässige Temperaturbestimmungen des Bodens vornimmt.

Herr Gutsbesitzer v. Kammel jun., welcher sich für diese Richtung lebhaft interessirt, beabsichtigt auf zahlreichen Maierhöfen Niederschlagsmesser in Thätigkeit zu bringen und die Resultate dem Vereine zur Disposition zu stellen, woraus sich gewiss interessante Differenzen auf einer verhältnissmässig kleinen Fläche ergeben werden.

Ich habe die Absicht für das folgende Jahr den Herren Beobachtern eine möglichst genaue Qualifizirung der in ihren Gegenden auftretenden

Gewitter nahezulegen. Dadurch würde das Material zu einer speziellen Gewittertabelle, und nach einer Reihe von Jahren zur Darstellung einer Karte gewonnen, welche die mittleren Verhältnisse darstellt.

Ueber die Bereicherungen und den Stand der naturhistorischen Sammlungen wird der Bericht des Herrn Prof. Makowsky ausführliches bringen.

Eine angenehme Pflicht ist es, die Aufmerksamkeit der hochgeehrten Versammlung nach jener Richtung zu lenken, wo wir besondere Förderung erfahren haben und zu grossem Danke verpflichtet sind.

Dankbar erinnern wir uns der Subventionen von Seite der k. k. Regierung, des Landes und der Gemeinde Brünn, welche uns vermögen manches in grösserem Massstabe anzustreben, als es sonst möglich wäre.

Von den Mitgliedern des Vereines sei es mir erlaubt, da ich der werthvollen Gabe des Herrn Prof. Dr. Bratranek schon Erwähnung gethan, vor Allem den zweiten Sekretär Herrn Fr. Czermak und den Hauptschullehrer Herrn J. Czižek hier zu nennen. Ersteren hinsichtlich der schon erwähnten Zusammenstellung des Bibliothekskatalogs und vielen die Bibliothek fördernden Beiträge, Letzteren bezüglich der für eine Persönlichkeit wahrhaft riesenhaften Arbeit am Vereinsherbar, welcher er im Laufe des Jahres unverdrossen oblag, und die nur Jemand zu beurtheilen vermag, der ähnliches schon einmal versucht hat. Beide verdienen die grösste Anerkennung ihrer in gleicher Weise emsigen Thätigkeit, in welcher sie dem Interesse für die Sache unzählige Stunden opferten.

Zunächst sind wir verpflichtet Herrn Prof. J. G. Schoen, welcher trotz seiner vielen fachlichen Arbeiten und seinen Pflichten als Rektor sich wieder der grossen Mühe unterzog, das Material der meteorologischen Beobachtungen übersichtlich zu ordnen.

Ferner den Herren E. Steiner und A. Walter für ihre aufopfernde Thätigkeit in den coleopterologischen Sammlungen; dann von den Mitarbeitern an unserer wissenschaftlichen Aufgabe insbesondere Herr Ed. Reitter in Paskau, welcher die Resultate seiner Studien in den Vereinsschriften mittheilt und dem Herrn Prof. Oborny in Znaim.

Um die Ergänzung unserer zur Vertheilung an Schulen bestimmten Vorräthe, haben sich die Herren Dr. Kutholicky und Hugo Rittler in Rossitz, Ernst Steiner, Josef Otto und Anton Weithofer in Brünn die grössten Verdienste erworben. Diesen reiht sich nun aber noch eine grosse Zahl freundlicher Geber und Unterstützer an, deren Namen aus den folgenden Berichten zu entnehmen sein werden.

Zuletzt, doch nicht als die Letzten in ihren wesentlichen Ver-
diensten gedenken wir noch der erfreulichen Thätigkeit jener Herren,
welche die meteorologischen Beobachtungen im Gange halten.

Es wird mir demnach gestattet sein allen Personen, welche derart
dankenswerth gewirkt haben, die Anerkennung des Vereines hiemit auszusprechen.

Wenn ich die Wirksamkeit jener Mitglieder, welchen die Wahl
der hochgeehrten Versammlung zu Bewahrern der Bibliothek und der
Sammlungen und den übrigen Funktionen berufen hat, nicht weiter her-
vorhebe, so ist dies darin begründet, dass Jeder dadurch nur die über-
nommene Pflicht nach Möglichkeit zu erfüllen bestrebt war.

Ich darf, diesen Bericht schliessend, wohl die Hoffnung aussprechen,
dass die Resultate derart sind, um Jedem Lust für weitere Thätigkeit
einzuflössen, derart, dass wir auch von dem nächsten Jahre das Beste
erwarten dürfen.

Derselbe theilt ferner mit den

Bericht

über den Stand der **Naturalien-Sammlungen sowie über die
Betheilung von Lehranstalten im Jahre 1875**

erstattet vom Kustos **Alexander Makowsky.**

Ich bin in der angenehmen Lage, der verehrten Versammlung in
dieser Beziehung nur Erfreuliches zu berichten, indem die Sichtung und
Ordnung unserer Sammlungen, die in einigen Abtheilungen sehr schätzbare Bereicherungen erfahren haben, wesentliche Fortschritte gemacht
hat, während aus den Doubletten naturhistorische Lehrmittel für Schulen
reichlich erübrigt werden konnten.

In der zoologischen Abtheilung verdient besondere Hervor-
hebung das namhafte Geschenk unseres so thätigen Mitgliedes Herrn
Edm. Reitter in Paskau, welcher uns einen Theil seiner ausgedehnten
Privatsammlung, nämlich die dort vertretenen Familien *Scarabaeidae*
und *Buprestidae*, in mehreren Tausenden von Exemplaren zum Geschenke
machte und dadurch unsere Sammlung allein um mehr als 300 uns bis
dahin fehlende Arten bereicherte. Herr E. Steiner in Brünn spendete
2500 zur Vertheilung an Schulen bestimmte Käfer. Ausserdem betheiligten
sich durch diesfällige Geschenke, die Herren Th. Kittner in Kunstadt
und A. Viertel in Fünfkirchen. Herr A. Walter machte sich verdient

durch die Präparation der von dem Herrn Dr. A. Zawadzski in Weingeist gesendeten 1750 Exemplare Coleopteren.

Die Käfersammlung zählt gegenwärtig 3264 Arten und wird gegenwärtig von den Herren Steiner und Walter nach dem Stein'schen Kataloge neu geordnet.

Die Herren J. Otto und A. Weithofer in Brünn haben 710 Exemplare, Herr Ad Viertel 90 Exemplare Lepidopteren gespendet.

Auch die Sammlung der Vögel erhielt durch Herrn Forstmeister Sturmann in Rossitz, welcher uns die dort geschossene nordische Tageule überliess, eine schätzbare Bereicherung.

Die botanischen Sammlungen sind rücksichtlich der Phanerogamen durch Einsendung von 2700 Exemplaren von Seite der Herren Ad. Oberny in Znaim, Hofrath von Pichler in Triest, Ad. Schwöder in Eibenschitz, Prof. G. v. Niessl und Ig. Czižek in Brünn, sowie durch Eingange von 490 Spezies von Seite des Schweizer und Elsasser Tauschvereines nicht unwesentlich bereichert worden.

In diesem Jahre war nebst den vorjährigen Einsendungen der Tauschgesellschaften und Korrespondenten des Vereines das im vorigen Jahre geschenkte grossartige Herbarium des Herrn Hofrathes v. Pichler in Triest, welches sich noch weit reichhaltiger, als ursprünglich angenommen, herausgestellt hat, dem Vereinsherbar einzuverleiben.

Unser thätiges Mitglied Herr Ig. Czižek hat diese bedeutende Arbeit im Laufe dieses Jahres begonnen und mit staunenswerthem Fleisse, der in der That nicht genug zu würdigen ist, gegenwärtig fast beendet.

Das Phanerogamenherbar zählt derzeit 5200 Arten in 80 grossen Faszikeln.

Kryptogamische Pflanzen hat, wie seit Jahren, auch heuer unser hochgeschätztes Ehrenmitglied Herr Dr. Rabenhorst in Dresden in mehreren Centurien gespendet. Ueberdiess hat unser Mitglied Herr Ferd. Hauk in Triest, ein vortrefflicher Algenkenner, die ganze Algensammlung des Vereines revidirt, Neues eingeordnet und so ihren Werth wesentlich erhöht. Viele neue Acquisitionen in Moosen, Flechten und Pilzen harren noch der Einordnung.

Das Kryptogamenherbar zählt 5512 Arten in 50 Packeten. Das gesammte Herbar ist somit gegenwärtig auf den nicht unbedeutenden Stand von 10712 spontanen Arten gebracht, ungerechnet einige kleine Sammlungen kultivirter Pflanzen.

Damit, dann durch die ausgemusterten Doubletten und das noch zu revidirende Material sind manneln nicht nur die beiden grossen Schränke bis auf das letzte Plätzchen gefüllt, sondern es sind noch etwa

40 Päcke unter Fach zu bringen, wodurch die Anschaffung eines dritten Herbarsschrankes im kommenden Jahre absolut nothwendig wird.

In Betreff der mineralogischen Abtheilung diene zur erfreulichen Kenntniss, dass, wie im Vorjahre, so auch heuer die Herren Dr. Ferd. Katholicky und Bergwerksverwalter Hugo Rittler in Rossitz etwa 300 Stück Mineralien, namentlich für Schulen, gespendet. Zu demselben Behufe haben die Herren A. Chytil in Loschitz, Langhammer in Olmütz, Fr. Ružička in Sadek, sowie die Herren E. Kittel, Bergkommissär R. Pfeiffer, Prof. Fr. Urbanek und Ed. Wallauschek n Brünn zusammen etwa 300 Stück Mineralien und Gebirgsgesteine dem Vereine übergeben.

25 Kohlenpetrefakten schenkten die Herren Dr. Katholicky aus Rossitz und W. Czižek aus Mähr.-Ostrau.

Die mineralogischen, geognostischen und paläontologischen Sammlungen des Vereines erreichen gegen den im vorigen Jahr detaillirten Stande die Zahl von etwa 2900 Nummern. Diese reichhaltige Sammlung wird derzeit von Seite des Kustos einer neuen eingehenden kritischen Untersuchung unterzogen und mit neuen Etiquetten versehen, um sie für eine allgemeinere Benützung geeigneter zu machen.

Bezüglich der zweiten Aufgabe der Kustodie der Vereinssammlungen, nämlich der Betheilung von Lehranstalten mit Naturalien, muss vor Allem hervorgehoben werden, dass diese zeitraubende Arbeit, sachgemäss nur Wenigen überantwortet und nur nach Sichtung der gespendeten Naturalien für alle inzwischen eingelangten Gesuche gleichzeitig vorgenommen werden kann. Demgemäss ist daher nur ein Theil zum Absenden bereit, ein anderer Theil harrt noch der Zusammenstellung.

Für die nachfolgend verzeichneten 13 Lehranstalten, welche im Laufe des Jahres 1875 um Naturalien angesucht haben sind folgende Sammlungen zusammengestellt worden:

№	Benennung der Schulen	Schmetterlinge Stück Exempl.	Käfer Exempl.	Mineralien, u. Gebirgsgesteine Stücke	Herbarien
1	Bürgerschule d. Stadt Brünn	—	376	—	
2	„ Wall.-Klobouk	78	222	133	Herbar
3	„ Triesch . .	103	227	136	Herbar
4	„ Wischau . .	100	222	126	Herbar
	Transport . . .	281	1047	395	3 Herbar.

№	Benennung der Schulen	Schmetter- linge Exempl.	Käfer Exempl.	Mineralien u. Gebirgs- gesteine Stücke	Herbarien
	Transport . . .	281	1017	395	3 Herbar.
5	Volksschule Bystritz (nach Wunsch)	—	—	66	—
6	„ Gaya	76	189	100	Herbar
7	„ Hodau (nach Wunsch)	79	—	—	—
8	„ Karlsdorf-Weiss- wasser . . .	—	235	—	—
9	„ Kovalowitz - Po- soritz	—	180	—	—
10	„ Parfuss . . .	—	159	80	Herbar
11	Israel. Volksschule Pohrlitz .	—	180	95	Herbar
12	Volksschule Stefanau bei Gewitsch	—	172	—	—
13	Mädchenschule (heil. Kreuz) Znaim (nach Wunsch)	—	—	60	—
	Summa . . .	336	2153	796	6 Herbar.

Die Zahl der in jedem solchen Schulherbarium enthaltenen Arten kann noch nicht genau angegeben werden, da die Zusammenstellung noch im Zuge ist. Sie wird aber überall 200—400 betragen.

Die Schmetterlingssammlungen sind von dem Herrn A. Weithofer, jene der Käfer von den Herren E. Steiner und A. Walter zusammen- gestellt worden. Die Herbarien besorgt Herr J. Cžižek. Für diese mühevolle und uneigennützige Thätigkeit gebührt diesen Herren der be- sondere Dank des Vereines. Die Mineralien und Gesteine hat der Kustos selbst ausgewählt und zusammengestellt.

Der Bibliothekar Herr Prof. C. Hellmer verliest folgenden

Bericht
über den Stand der Bibliothek des naturforschenden Vereines in Brünn.

Die Bereicherung der Bibliothek im abgelaufenen Vereinsjahre ist eine sehr beträchtliche, indem ausser den Fortsetzungen der Publikationen jener Akademien und Gesellschaften, mit welchen der Verein schon im Schriftentausche stand, und der Fortsetzungen der auf Vereinskosten gehaltenen Zeitschriften noch die namhafte Zahl von 248 neuen Werken zugewachsen ist, welche sich auf die einzelnen Sektionen des Fachkataloges vertheilt wie folgt:

	1874	1875	Zuwachs
A. Botanik	372	401	29 Werke.
B. Zoologie	303	340	37 „
C. Anthropologie und Medicin . . .	530	580	50 „
D. Mathematische Wissenschaften .	437	458	21 „
E. Chemie	444	460	16 „
F. Mineralogie	370	387	17 „
G. Gesellschaftsschriften . .	279	294	15 „
H. Varia	449	512	63 „
	3184	3432	248 Werke.

Die Gesammtzahl der Werke beträgt 3432.

Die Zahl der Gesellschaften, mit welcher ein Schriftentausch unterhalten wird, hat sich im Laufe des Jahres von 187 auf 198 erhöht, indem neue Verbindungen angeknüpft wurden mit folgenden Gesellschaften:

Amiens: Société Linnéenne du Nord de la France.

Berlin: Entomologischer Verein.

Breslau: Verein für schlesische Insektenkunde.

Brüssel: Société royale de botanique.

Graz: Akademischer naturwissenschaftlicher Verein.

Hamburg: Verein für naturwissenschaftliche Unterhaltungen.

Lüttich: Société géologique de Belgique.

Pisa: Società toscana di scienze naturali.

Schaffhausen: Schweizerische entomologische Gesellschaft.

Triest: Società adriatica di scienze naturali.

Washington: United States geological survey of the territories.

Auf Vereinskosten wurden angeschafft die Fortsetzungen der bereits seit mehreren Jahren gehaltenen Zeitschriften und periodischen Werke, nämlich:

1. Botanische Zeitung, herausgegeben von A. de Bary und G. Kraus.

2. Oesterreichische botanische Zeitung, herausgegeben von Dr. Skofitz.

3. Stettiner entomologische Zeitschrift.

4. Archiv für Naturgeschichte, herausgegeben von Dr. F. H. Troschel.

5. Wochenschrift für Astronomie, herausgegeben v. Heiss.

6. Annalen der Physik und Chemie, herausgegeben von Poggendorff.

7. Annales de chimie et de physique. Paris.

8. Neues Jahrbuch für Mineralogie, herausgegeben von G. Leonhard und H. B. Geinitz.

9. Littrow. Kalender für alle Stände auf das Jahr 1876.

10. Hessenberg. Mineralogische Notizen. Neue Folge, 9. Heft. Frankfurt a/M. 1875. 4⁰.

Ferner zum ersten Male:

11. Jahrbücher der deutschen malakozoologischen Gesellschaft nebst Nachrichtsblatt 2. Jahrgang. 1875. Frankfurt a/M.

Im abgelaufenen Jahre wurden von den Brüdern Walter und Wolfgang Freiherren von Goethe, durch Vermittlung des Vereinsmitgliedes Prof. Dr. Th. Bratranek in Krakau abermals 100 Thaler für die Bibliothek gespendet. Aus dem im Jahre 1874 mit der Bestimmung, dass davon auf Goethe bezügliche Schriften angeschafft werden, gewidmeten Betrage und dem oben erwähnten sind folgende Werke erworben worden:

Biedermann, Woldemar Freih. v., Goethe und Leipzig. Leipzig. Brockhaus. 1865. Kl. 8⁰. 2 Theile.

Biedermann, Woldemar Freih. v., Goethe's Briefe an Eichstädt. Berlin. 1872. Kl. 8⁰.

Sulpiz Boisserée. Stuttgart. 2 Bände. 1862. 8⁰.

Briefwechsel zwischen Goethe und Reinhard in den Jahren 1807—1832. Stuttgart und Tübingen. 1850. 8⁰.

Briefwechsel zwischen Goethe und Schiller in den Jahren 1794—1805. 3. Ausgabe. 2 Bände. Stuttgart. 1870. 8⁰.

Briefwechsel und mündlicher Verkehr zwischen Goethe und dem Rath Grüner. Leipzig. 1853. Kl. 8⁰.

Briefwechsel zwischen Goethe und Knebel. (1774—1832.) 2 Theile. Leipzig. 1851. 8⁰.

Briefwechsel des Grossherzogs Carl August von Sachsen-Weimar-Eisenach mit Goethe in den Jahren 1775—1828. 2 Bände. Weimar. 1863. 8⁰.

Bruhns, Carl, Alexander v. Humboldt. 3 Bände. Leipzig. 1872. 8⁰.

Burckhardt, C. A. H, Goethe's Unterhaltungen mit dem Kanzler Friedrich v. Müller. Stuttgart. 1870. 8⁰.

Cooke, M. C. M. A. Handbook of british Fungi. 2 Bände. London. 1871. 8⁰.

Darwin, Charles. Der Ausdruck der Gemüthsbewegung bei den Menschen und Thieren. Uebersetzt von J. V. Carus. Stuttgart. 1874. 8.

Düntzer, Heinrich. Charlotte von Stein, Goethe's Freundin. 2 Bände. Stuttgart. 1874. 8⁰.

Düntzer, Heinrich. Briefwechsel zwischen Goethe und Staatsrath Schultz. Leipzig. 8⁰.

Eckermann, Joh. Peter. Gespräche mit Goethe in den letzten Jahren
seines Lebens. 3. Auflage. In 3 Theilen. Leipzig. 1868.
Kl. 8°.

Geinitz, Hanns Bruno. Die Versteinerungen der Steinkohlenformation in
Sachsen. Leipzig. 1855. Gr. Fol.

Goedeke, Carl. Goethe's Leben und Schriften. Stuttgart. 1874. Kl. 8°.

Goethe's sämmtliche Werke. Vollständige Ausgabe in 15 Bänden. Mit
Einleitung von Goedeke. Stuttgart. 1872. Kl. 8°.

Griesebach, A. Die Vegetation der Erde nach ihrer klimatischen Anordnung. 2 Bände und Registerheft. Leipzig. 1872. 8°.

Haeckel, Dr. Ernst. Anthropogenie. Entwicklungsgeschichte des Menschen.
2. Auflage. Leipzig. 1874. 8°.

Haeckel, Dr. Ernst. Natürliche Schöpfungsgeschichte. 5. verbesserte
Auflage. Berlin. 1874. 8°.

Hettner, Hermann. Literaturgeschichte des 18. Jahrhunderts. In 3 Theilen.
Braunschweig. 1872. 8°.

Hirzel, Heinrich. Briefe von Goethe an Lavater. Leipzig. 1833. Kl. 8°.

Kestner, A. Goethe und Werther. Stuttgart u. Tübingen. 1854. 8°.

Leonhard, R. v. Aus unserer Zeit in meinem Leben. 2 Bände. Stuttgart.
1855 1856. 8°.

Lewes, G. H. Goethe's Leben und Werke. Uebersetzt von Julius Frese.
9. Auflage. 2 Bände. Berlin. 1874. Kl. 8°.

Oettinger, Eduard Maria. Moniteur des dates. Leipzig. 1869. Gr. 4°.

Redtenbacher Ludwig. Fauna austriaca. Die Käfer. 3. Auflage. 2 Bände.
Wien. 1872—1874. 8°.

Riemer, F. W. Mittheilungen über Goethe. 2 Bände. Berlin. 1811. 8°.

Riemer, Dr. Fried. Wilh. Briefwechsel zwischen Goethe und Zelter in
den Jahren 1786 1832. 6 Bände. Berlin. 1833—1834. 8°.

Ritter's geographisch-statistisches Lexikon. 6. Auflage. Unter der Redaktion
Dr. Otto Henne-Am Rhyn. 2 Bände. Leipzig. 1874. Gr. 8°.

Schade, Oskar. Briefe des Grossherzogs Carl August und Goethe's an
Döbereiner. Weimar. 1856.

Stieler, Adolf. Hand-Atlas über alle Theile der Erde und über das Welt-
gebäude. Gotha. 1871—1875. Gr. Quer.-Fol.

Stieler, Adolf. Hand-Atlas. Ergänzungshefte 1—6. Gotha. 1874—1875.
Gr. Quer-Fol.

Virchow, Rudolf. Goethe als Naturforscher und in besonderer Beziehung
auf Schiller. Berlin. 1861. Kl. 8°.

Wagner, Rudolf. Samuel Thomas Sömmering's Leben und Verkehr mit
seinen Zeitgenossen. 2 Abtheilungen. Leipzig. 1844. 8°.

Durch Geschenke wurde die Bibliothek bereichert von dem Vereine für schlesische Insektenkunde in Breslau und von der Société royale de botanique in Brüssel, welche frühere Bände ihrer Publikationen dem Vereine übergaben, von dem ersten österreichischen Ingenieur- und Architekten-Vereine in Wien, vom Copernikus-Vereine in Thorn und vom Ministerium des Innern der vereinigten Staaten. Weitere Geschenke erhielt der Verein von den Herren: Franz Czermak, welcher auch einen namhaften Betrag für Einbinden der Bücher spendete, Kustos Frauberger, Prof. A. Makowsky, Prof. G. Peschka, Bezirks-Commissär C. Rotter, Schulrath Dr. C. Schwippel, Kustos Trapp, k. k. Polizeibeamter J. Valazza, Direktor E. Wallauschek, sämmtlich in Brünn, dann von Sr. Hoheit dem Maharajah von Travancore und den Herren Kustos Spiridion Brusina in Agram, Prof. Dr. A. Comelli in Triest, Prof. Dr. H. W. Dove in Berlin, Prof. Moriz Kuhn in Wien, Prof. Krönig in Berlin, Prof. F. Kubiček in Waidhofen a. d. Y, Dr. L. Rabenhorst in Dresden, E. Reitter in Paskau, Direktor A. Schwöder in Eibenschitz, k. k. Major E. Sedlaczek in Wien, Suellen van Vollenhoven in Amsterdam, H. A. Stoehr in Leipzig, Prof. Dr. A. Valenta in Laibach, Dr. H. Wankel in Blansko und Prof. J. Wiesner in Wien.

Die gespendeten Werke erscheinen in den Sitzungsberichten angeführt.

Ich erfülle eine angenehme Pflicht indem ich allen genannten Spendern den besten Dank im Namen des Vereines ausspreche.

Schliesslich sei noch erwähnt, dass der Bibliothekskatalog, dessen Herausgabe vor zwei Jahren in der Generalversammlung angeregt wurde, sich bereits seit geraumer Zeit in den Händen der Vereinsmitglieder befindet, bei welcher Gelegenheit ich nochmals der Verdienste des zweiten Sekretärs Herrn Franz Czermak gedenken möchte, durch dessen alleinige Mühewaltung das Werk nicht nur begonnen sondern auch zu Ende geführt wurde.

Brünn, am 21. Dezember 1875.

Carl Hellmer,
Bibliothekar.

Dem Schlussantrage des Berichterstatters stimmt die Versammlung durch Erheben von den Sitzen einmüthig bei.

Statt des am Erscheinen verhinderten Rechnungsführers verliest Herr Sekretär Franz Czermak den

Rechenschafts-Bericht

über die Kassa-Gebahrung des Brünner naturforschenden Vereines vom 22. Dezember 1874 bis 21. Dezember 1875.

A. Werthpapiere.

a) Ein Stück einheitliche Staatsschuldverschreibung vom Jahre 1868 Nr. 41.167 im Nominalwerthe von . . . . . ö. W. fl. 100

b) Ein Stück Fünftellos des Staatsanlehens vom Jahre 1860, Serie Nr. 6.264, Gew. Nr. 2 im Nominalwerthe von . ö. W. fl. 100

B. Baarschaft.

1. Einnahmen.

	ö. W. fl.	Pesd. fl.
1. Jahresbeiträge und Eintrittsgebühren der Mitglieder	1097.10	1080
2. Subvention vom h. Unterrichts-Ministerium .	200.—	200
3. Subvention vom h. mähr. Landtage . . .	300.—	300
4. Subvention vom löbl. Brünner Gemeinde-Ausschusse	300.—	300
5. Interessen vom Aktiv-Kapitale	98.65	90
6. Erlös für verkaufte Vereinsschriften . . .	35.60	10
7. Ausserordentlicher Beitrag vom h. mährischen Landtage zum Druck des Bibliothekskataloges	300.—	300
8. Rückzahlung für meteorologische Instrumente	5.—	35
9. Beitrag der Herren Freiherren v. Goethe zur Anschaffung von Bibliothekswerken . . .	162.50	163
7. Rückersatz für Separatabdrücke aus den Verhandlungen	65.39	—
Summa der Einnahmen . . .	2564.24	2478

Höhere als statutenmässige Beiträge wurden geleistet von den P. T. Herren:

Wladimir Grafen Mittrowsky, Excellenz . . .	. ö. W. fl.	100
Gregor Mendel, Prälaten	„ „	50
Ernest Grafen Mittrowsky	„ „	10
Franz Grafen Mittrowsky	„ „	10
Josef Kafka sen.	„ „	10

Franz Czermak . . . . ö. W. fl. 5
Günther v. Kalliwoda, Prälaten in Raigern . . . . . „ 5
Johann Kotzmann . . . . - „ 5
Josef Kafka jun. . . . . - „ 5
Gustav v. Niessl . . . . „ „ 5
Dr. Paul Olexik . . . . - - 5
August Freiherrn v. Phull . . . . - - 5
Adalbert Freiherrn v. Widmann, Excellenz . . . . . . - „ 5
Adolf Schwab in Mistek . . . . - „ 4

2. Ausgaben.

	ö. W. fl.	Präl. fl.
1. Für die Herausgabe des XIII. Bandes der Verhandlungen	603 . 43	770
2. Für die Herausgabe des Bibliothekskataloges .	421 . 77	435
3. Für wissenschaftliche Zeitschriften und Bücher	100 . 92	110
4. Dem Vereinsdiener	120 . - -	120
5. Für Miethzins	541 . 26	541
6. Für Beheizung	34 . 50	35
7. Für Beleuchtung	25 . 80	25
8. Für das Einbinden von Bibliothekswerken . .	33 . 65	50
9. Für diverse Drucksorten, als: Circuläre etc. .	31 . 30	50
10. Für Sekretariats-Auslagen, als: Porto, Stempel, Schreibmaterialien etc.	110 . 35	100
11. Für diverse Auslagen, als: Remunerationen, Cartonago & Buchbinderarbeiten, Instandhaltung der Sammlungen etc.	77 . 07	79
12. Für die Anschaffung und das Einbinden von Büchern und Schriften (Beiträge der Herren Freiherren von Goethe)	307 . 90	163
13. Für Separatabdrücke aus den Verhandlungen .	28 . 50	---
Summa der Ausgaben . . .	2434 . 45	2478

C. Bilanz.

Die Einnahmen pr. . . . . fl. ö. W. 2564 . 24
zuzüglich des Kassarestes vom Jahre 1871 pr. . . . „ 1537 . 73½
in Summe . . . fl. ö. W. 4101 . 97½
verglichen mit den Ausgaben pr. . . . . . . „ 2434 . 45
ergeben einen Kassarest von . . . . fl. ö. W. 1667 . 52½

Kassastand . . . . fl. ö. W. 1667 . 52 ½
 Nach Hinzuzählung der ausständigen Jahres-
beiträge: pro 1873 mit . . . fl. ö. W. 9
 „ 1874 „ . . . „ „ 51
 „ 1875 „ . . . . „ „ 231 „ „ 291 .
resultirt das Vermögen des Vereines mit . . fl. ö. W. 1958 . 52 ½

Brünn, am 21. Dezember 1875.

Josef Kafka jun.,
Rechnungsführer.

Da hierüber keine Bemerkung gemacht wird, erklärt der Vorsitzende, dass er diese Schlussrechnung nach der Geschäftsordnung
dem Ausschusse zur Prüfung übergeben werde.

Der Voranschlag für das Jahr 1876 wird nach den Anträgen
des Ausschusses ohne Debatte mit folgenden Posten angenommen:

Präliminare für das Vereinsjahr 1876.

Einnahmen.

1. An Jahresbeiträgen und Eintrittsgebühren . . . . fl. ö. W. 1080
2. An Subvention vom hohen Unterrichts-Ministerium . „ „ 200
3. An Subvention vom hohen mähr. Landtage . . . . „ „ 300
4. An Subvention vom löbl. Brünner Gemeinde-Ausschusse „ „ 300
5. An Interessen vom Aktivkapitale . . . . „ „ 95
6. An Erlös für verkaufte Vereinsschriften . . . . . „ „ 15
7. An Rückzahlung für meteorologische Instrumente . . „ „ 10
   Summa . . fl. ö. W. 2000

Ausgaben.

1. Für die Herausgabe des XIV. Bandes der Verhandlungen fl. ö. W. 800
2. Für wissenschaftl. Zeitschriften und Bücher . . . . „ „ 120
3. Dem Vereinsdiener . . . . „ „ 120
4. Für Miethzins . . . . . . „ „ 542
5. Für Beheizung . . . . „ „ 38
6. Für Beleuchtung . . . . „ „ 25
7. Für das Einbinden von Bibliotheksworken . . . . „ „ 50
   Transport . fl. ö. W. 1695

Transport . . fl. ö. W. 1695

8. Für diverse Drucksorten, als: Circulare etc. . . . „ „ 50
9. Für Sekretariats-Auslagen als: Porti, Stempel, Schreib-
materialien etc. . . . . - - 105
10. Für diverse Auslagen, als: Remunerationen, Tischler-,
Buchbinder- und Cartonagearbeiten, Instandhaltung der
Sammlungen etc. . . . . „ „ 150

Summa . . . fl. ö. W. 2000

Der Vorsitzende theilt mit, dass nach beendetem Skrutinium in den Ausschuss folgende Herren gewählt erscheinen:

Fried. Ritter v. Arbter.	Carl Hellmer.
Friedrich Arzberger.	Carl Zulkowsky.
Josef Kafka sen.	Carl Nowotny.
Anton Gartner.	Ed. Wallauschek.
Ignaz Czižek.	Dr. Carl Schwippel.
Alexander Makowsky.	Ernst Steiner.

Abhandlungen.

Systematische Eintheilung

der

TROGOSITIDAE.

(Familia coleopterorum.)

Von

Edmund Reitter

in Paskau (Mähren).

(Hierzu: Taf. I und II.)

Ich hatte ursprünglich nicht die Absicht die nachfolgende Arbeit in ihrer gegenwärtigen Fassung meinen entomologischen Freunden vorzulegen; es war mein Bestreben durch mehr als 3 Jahre ein reiches Material aus der Familie der *Trogositiden* an mich zu ziehen um darnach mit Rücksicht auf alle beschriebenen Arten die betreffende Monographie abzuschliessen. Die beiden letzten Jahre, seit welchen das vorliegende Stück Arbeit schon in diesem Umfange fast fertig war, haben jedoch uns der erwähnten Familie so wenig Material eingetragen, dass ich mich entschliessen musste, auf die Beschreibung aller bekannten Arten der zahlreichen Gattungen zu verzichten, um so mehr, als es in einzelnen Fällen schwierig wurde selbst die betreffenden Beschreibungen aufzutreiben. Trotzdem sind dieselben ziemlich vollständig durchgeführt, nur bei *Helota* sind alle, und bei einigen anderen Gattungen einzelne Arten bloss mit ihrem Namen aufgezählt. Eine Revision der Gattung *Trogosita*, dann eine Be- stimmungstabelle der Mittel- und Süd-Amerikanischen Arten der Gattung *Tenebrioides* habe ich kürzlich im XIII. Bande der Ver- handlungen des Brünner naturforschenden Vereines geliefert, wes- halb ich die wiederholte Ausführung für überflüssig erachten musste.

Der Umfang der *Trogositidae* ist bereits von Erichson in Germars Zeitschrift V. Pg. 443 richtig gestellt worden; sie stehen den *Nitidularien* äusserst nahe; ihre Füsse sind wie die letzteren durchgehends 5gliederig nur ist hier anstatt dem vierten das erste

1a*

Glied rudimentär. Die *Trogositidae* besitzen auch stets eine 2 Borsten tragende Afterklaue, welche den *Nitidularien* fehlt und die Hinterhüften sind stets einander genähert, nur *Helota* macht in letzter Beziehung eine einzige Ausnahme. E r i c h s o n kannte zur Zeit seiner trefflichen Arbeit über die *Trogositidae* (1844) nur 12 Gattungen, welche heute schon die Zahl von 35 erreichen und die Nothwendigkeit einer neuen Durchsicht von selbst ergaben.

Die *Peltidae* sind von den *Trogositiden* nicht geschieden, da sie, abgesehen von den geringen Abweichungen der Maxillarladen, durch die vermittelnde *Leperinen*-Gruppe, sich so innig an die *Trogositiden* schliessen, dass eine solche Trennung eine gar zu künstliche genannt werden müsste. Unter der *Peltinen*-Gruppe waren bisher noch sehr viele fremdartige Formen vorhanden, die Veranlassung zu mehrfachen Veränderungen boten, und die eigentliche Gattung *Peltis*, oder richtiger *Ostoma*, auf nur wenige Arten reduzirten.

Die Gattung *Thyreosoma Chevrolat* wurde aus dem Umfange der Familie ausgeschieden, da sie wohl mit *Discoloma Erichs.* unter den *Colydiern*, zusammenfällt.

Im Ganzen erhält meine vorliegende Arbeit einige Aehnlichkeit mit meiner „Systematischen Eintheilung der *Nitidularien*," wesshalb ich sie auch unter analogem Titel der Nachsicht des entomologischen Publikums empfehle und schliesslich allen Jenen innigst danke, welche mich durch Mittheilung von Material und literarischen Behelfen dabei so zuvorkommend unterstützten.

Paskau, im November 1875.

Subfamilia: Helotidae.

*Frons apice subproducta; labrum occultum. Thoracis
basis elytrorum basi applicata. Coxae posticae distantes.*

1. Genus Helota Mac Leay.

Annulosa javanica 1825. 151.

Oculi duo laterales, elongati, magni, fortiter prominuli. Antennae
undecimarticulatae, clava triarticulata, his articulis ut in gen. Ips
formantis. Mentum maxillas paene totas obtegens. Prothorax an-
trorsum angustatus, in basi utrinque sinuatus, in lateribus subcrenu-
latus. Prosternum latum, versus coxas dilatatum, apice emarginatum.

Mas. Coleoptera apice obtuse rotundata, segmento anali quadratim producto, supra excavato et dense piloso; tibiae leviter ar-
cuatae, femoribus anticis subincrassatis.

Fem. Coleoptera apice utrinque acuto producta, segmento anali
apice impresso, impressione exteriore dense pilosa; tibiae omnes ar-
cuatae, femoribus anticis vix incrassatis.

Aussehen und Körperform einer *Buprestis*, etwa *Poecilonota*.

Kopf länglich dreieckig: Kopfschild verlängert, die Oberlippe wie
bei den *Ipinen* bedeckend, vorn gespitzt zugerundet. Mandibeln mit
doppelzähniger scharfer Spitze, wenig vorragend. Augen länglich oval,
gross, sehr stark vorragend, den ganzen Seitenrand des Kopfes bis zur
Einlenkungsstelle der Fühler einnehmend. Fühler elfgliederig, mit dreigliederiger Keule, ganz wie bei der Gattung *Ips* gebildet. Kinn transversal, vorn gerade abgestutzt, den ganzen Mund bedeckend, und nur
die Spitzen der Taster sichtbar lassend. Das Endglied der Lippentaster
etwas verdickt, an der Spitze stark, das dünnere der Kiefertaster wenig
abgestutzt. Fühlerfurchen über die ganze untere Fläche des Kopfes
deutlich, tief, convergirend. Halsschild so lang als breit, nach vorn

verengt, am Vorderrande für den Hals des Kopfes etwas ausgeschnitten, der Basalrand doppelbuchtig, und sich genau an die Flügeldecken anfügend, der Seitenrand sehr fein gekerbt, die vorgezogenen spitzigen Hinterwinkel die Schultern leicht umfassend. Schildchen klein, deutlich, viereckig gerundet. Flügeldecken nach rückwärts leicht verschmälert, an der Spitze beim ♂ stumpf gerundet, beim ♀ beiderseits in eine Spitze ausgezogen. Prosternum breit, wie bei den *Erotylenen* mit dem Mese- und Metasternum in einer Ebene liegend, hinter den Vorderhüften allmälig verbreitert, der Hinterrand mit einer breiten und tiefen Ausrandung, in welche ein entsprechender Vorsprung des Mesosternums eingreift. Mesosternum am Hinterrande doppelbuchtig. Metasternum mit einer tiefen Längsfurche. Alle Hüften von einander abgerückt. Alle Schienen einfach, nicht erweitert, dünn, beim ♂ schwach, beim ♀ stärker gebogen, bei dem letzteren auch an der Spitze und Innenseite mit einem Haarbüschel versehen. Füsse wie bei allen grösseren *Trogositiden* gebildet, nur sind die ersten 4 Glieder kürzer, das erste Glied das kleinste. Klauenglied lang und kräftig, Klauen stark, einfach. Bauch aus 5 Ringen gebildet; Abdominalsegment beim ♂ an der Spitze eingedrückt, die Vertiefung dicht behaart und das Ende mit einer napfförmig ausgehöhlten Verlängerung; beim ♀ einfach, dreieckig, tief eingedrückt. Kopf auf der Unterseite jederseits mit einem kleinen, Prosternum vor den Vorderhüften beiderseits mit einem grossen ein Haar tragenden Punkte. Jede Flügeldecke zieren stets 2 gelbe erhabene Makeln, wovon sich die erste vor, die zweite hinter der Mitte befindet.

Diese Gattung wurde zu den *Engiden* gestellt, gehört jedoch zweifelsohne zu den *Trogositiden*. *Lacordaire* hat dieselbe, nach seinem eigenen Geständnisse, in seinem berühmten Werke dahin aufzunehmen vergessen und sie ist in ähnlicher Weise auch in dem Gemminger-Harold'schen *Catalogus Coleopterorum* ausgeblieben. Sie bildet den Uebergang von den *Ipinen* zu den eigentlichen *Trogositen*. Mit der ersteren hat sie die Bildung des Körpers, mit der letzteren die der Füsse gemein.

Die hieher gehörigen bekannten Arten sind:

1. **Helota Vigorsi Mac Leay** l. c. Pg. 154, Taf. 5, Fig. 4, Java.
2.   "   **gemmata Gorham** Trans. ent. Soc. Lond. 1874, Pg. 118, China, Japonia.
3.   "   **thibetana Westw.** Ann. nat. Hist. 1841, VIII, 123, Thibet.
4.   "   **Guerini Hope.**
5.   "   **Mellyi Westwood.**

Die letzten 2 Arten sind mir nur dem Namen nach bekannt.

Subfamilia: Trogositidae.

Labrum liberum. Thoracis basis *elytrorum basi subdistantes. Coxae posticae* approximatae.

Uebersicht der Gruppen:

1. Caput magnum, prothorace aequilatum aut latius. Oculi rotundati. Corpus plus minusve cylindricum **Nemozomini.**
2. Caput magnum aut minus. Oculi transversi, rarius divisi. Prothorax angulis anticis plus minusve productis. Prosternum latum, pone coxas paullo dilatatum.
   a) Prosternum lateribus haud marginatum. Corpus glabrum . . . . Trogositini.
   b) Prosternum lateribus fortiter marginatum Leperini.
3. Caput saepissime parvum. Oculi transversi aut rotundati, prominuli. Prosternum angustum, pone coxas vix dilatatum. Corpus depressum, rarissime fere haemisphaericum, lateribus thoracis elytrorumque plus minusve explanato marginatis . . . . **Peltini.**

Tribus: Nemozomini.

Kopf gross, so breit oder breiter als das Halsschild. Augen rund. Seitenrand des Halsschildes nicht oder nur sehr fein gerandet. Körper mehr oder weniger cylindrisch.

Conspectus generum:

1a Oculi prominuli. Caput prothorace haud latius. Frons apice emarginata. Antennae decemarticulatae.
  2a Clava antennarum uniarticulata, solida. Tibiae muticae . . , ... **Egolia.**
  2b Clava biarticulata. Tibiae spinulosae . . . **Acalanthis.**

1 b Oculi depressi vix prominuli. Caput magnum
prothorace fere latius. Thorax antice posticeque
truncatus.

  2a Thorax lateribus subtiliter marginatus.

    3a Frons apice leviter trisinuata.

      4a Prosternum inter coxas elevatum, apice
deflexum . . . . Calanthosoma.

      4b Prosternum inter coxas parallelum, vix
elevatum, pone coxas haud deflexum . . Nemozomia.

    3b Frons apice biloba . . . . Nemozoma.

  2b Thorax lateribus haud marginatus.

    3a Clava antennarum triarticulata. Frons apice
trisinuata. Thorax basi coarctatus . . . Dupontiella.

    3b Clava antennarum biarticulata. Frons apice
levissime emarginata. Thorax medio sub-
coarctatus . . . . Filumis.

2. Genus Egolia Erichson.

Wiegm. Arch. 1842. I. Pg. 180. — Germ. Zeitschr. V. Pg. 445. —
Lacord. Atl. Taf. 19. Fig. 1.

Oculi duo laterales, rotundati, prominuli. Antennae decemarticulatae, capitulo solido. Frons apice emarginata. Tibiae muticae.

Von *Acalanthis* durch die Bildung der Fühler, kleinere Augen
und unbedornten Schienen abweichend. Sonst ihr in der Körperform
ähnlich.

1. Egolia variegata : *Nigra, capite thoraceque supra subaeneis, punctatis, inaequalibus, elytris punctato-striatis, flavo-variegatis.*

Patria: Tasmania. *(Mus. Berolinensis.)* *Long.* 6½ mm.

3. Genus Acalanthis Erichson.

Germ. Zeitschr. V. Pg. 446. — Lacord. Atl. Taf. 19. Fig. 2.

Oculi duo laterales, rotundati, prominuli. Antennae decemarticulatae, clava biarticulata. Frons apice emarginata. Tibiae spinulosae. Corpus parce erecte pilosum.

Körper langgestreckt, ziemlich gleich breit, gewölbt, lang, auf-
stehend aber spärlich behaart. Kopf von der Breite des Halsschildes.
Augen rund, vorragend. Fühler kurz, höchstens von der Länge des
Kopfes, das erste Glied kugelig, verdickt, das 2. bis 8. kurz und gedrängt,
unmerklich an Breite zunehmend, das 9. dicker und etwas grösser, und
in der Mitte an das grosse, an der Spitze eiförmig erweiterte und da
abgerundete letzte Glied angefügt. Halsschild nach rückwärts verengt,
die Seiten undeutlich gerandet, hinten abgerückt. Schildchen quer.
Flügeldecken gleich breit, gewölbt, der äussere Schulterwinkel derselben
abgestumpft. Prosternum ziemlich schmal, die Seiten zwischen den
Hüften gerandet, hinter den letzteren abwärts gebogen. Die vorderen
4 Schienen auf der Aussenkante mit Dörnchen bewehrt. Vorderschienen
mit einem hakenförmig gekrümmten Dorne.

1. Acalanthis quadrisignata : Nigra, pilosa, capite tho-
raceque fortissime punctatis, longitudinaliter rugosis; prothorace lati-
tudine paullo longiores, basin versus leviter angustata; elytris punctato-
striatis, striis dorsalibus punctis magnis, oblongis, impressis, interstitiis
dorsalibus subelevatis et parce subtiliter punctatis, maculis duabus
dilute flavis, altera ante medium interstitia bi vel tria, altera pone
medium, transversa, interstitia quatuor occupante, antennis nigro-piceis,
pedibus rufo-ferrugineis. Long. 7 — 9 mm.

Patria: Chili.

Acal. quadrisignata Erichs. l. c. Pz. 146.

2. Acalanthis mirabilis : Nigra, pilosa, elytris chalybaeis,
sublaevibus, fasciis duabus transversis, altera in medio, altera ante
medium longitudinaliter profunde strigoso-sculpturatis, tarsis rufo-
piceis. Long. 6.5 mm.

Patria: Chili. *(Mus. Chevrolat.)*

Eine ebenso schöne, als leicht kenntliche, zweite Art.

Kleiner als *A. quadrisignata*. etwas weniger gewölbt, schwarz,
glänzend, die Flügeldecken stahlblau, und nur die Tarsen rothbraun.
Kopf dicht gedrängt, tief punktirt, so dass die ganze Stirn matt erscheint,
nur ein Fleck in der Mitte derselben ist glänzend, und von der Punktirung frei. Halsschild kaum so lang als breit, nach hinten fast herzförmig verengt, mit sehr kleinen, nahezu rechtwinkeligen Hinterecken;
die Scheibe glatt, glänzend, eine unregelmässige Querbinde über die
Mitte, dann die Mittelparthie von hier zum Schildchen tief gedrängt und
kräftig punktirt, die punktirten Stellen etwas matter erscheinend ; auch ist
der Seiten- und der Hinterrand einzeln mit Punkten besetzt. Flügeldecken

stahlblau, in der Mitte mit einer und vor derselben mit einer zweiten, gegen das Schildchen etwas erweiterten, vertieften Querbinde, welche durch tiefe, dichte Längsstriche gebildet wird, während die übrige Fläche glatt und glänzend ist. Die durch die sonderbare Sculptur markirten Querbinden sind überdies noch durch etwas dichter gestellte weissglänzende, aufstehende Haare geziert. Unterseite, Fühler und Beine schwarz.

Aus Chili. In der Collection des Herrn *Chevrolat* in Paris.

4. Genus Calanthosoma Reitter.

Oculi duo laterales, rotundati vix prominuli. Antennae undecimarticulatae, clava triarticulata, articulo ultimo maximo, subrotundato. Frons fere ut in gen. Trogosita. Prosternum inter coxas elevatum, postice deflexum. Tibiae fere muticae. Corpus subpilosum.

In der Körperform mit *Acalanthis* fast vollkommen übereinstimmend. Die Stirn ist vorn schwach ausgebuchtet, an den Seiten etwas ausgerandet, ähnlich wie beim Genus *Trogosita*. Die Mandibeln an der Spitze mit 2 scharfen Zähnen. Endglied der Taster gestreckt, das der Kiefertaster an der Spitze abgestutzt. Fühler 11 gliederig, das erste Glied verdickt, und grösser als die 7 folgenden, dicht aneinander gedrängten, und wenig an Breite zunehmenden Glieder, Keule 3 gliederig, gut abgesetzt, die einzelnen Glieder ganz an einer Seite angefügt, das Endglied gross, fast rundlich-oval. Fühlerrinnen kurz. Mentum mit jederseits einem eine Borste entsendenden Punkte. Augen klein, rundlich, kaum ausgerandet, etwas vorragend. Halsschild länger als breit, nach rückwärts schwach verengt, von den Decken abgerückt. Flügeldecken fast cylindrisch, vor der abgerundeten Spitze plattgedrückt. Prosternum zwischen den Vorderhüften und sammt diesen erhöht, gegen das Ende stark abwärts gebogen. Hinterleib aus 5 gleich langen Ringen bestehend, beim ♂ mit einem deutlichen 6. Aftersegmente. Alle Schenkel verdickt, die hintersten 4 weniger als die 2 vordersten, welch' letztere ausserdem kürzer und schwach gebogen sind. Vorderschienen gegen die Spitze schwach zahnförmig erweitert, an der Aussenkante nur noch mit einem bis 2 zahnartigen Vorragungen. Mittel- und Hinterschienen dünn, einfach ohne Dornen. Füsse kurz. Klauenglied so lang als die vorhergehenden zusammen, an der Spitze wie gewöhnlich verdickt, Klauen kleiner und viel dicker und stumpfer als bei den bekannten Gattungen der Familie.

Diese Gattung weicht von *Acalanthis* durch die Fühler und Beine auffällig ab.

Hieher nur eine Art:

*1. Calandrosoma flavomaculata: Elongata, subcylin-
drica, nigra, subviridimicans, capite thoraceque crebre punctatis et
longitudinaliter subrugosis, his lateribus subrotundatis; elytris fortiter
dense striato-punctatis, dorso-trisubcalatis, apice rubro-ferrugineis et
erecte pilosis, antennis pedibusque piceis, tibiis et segmentis ventralibus
in margine versus apicem et in lateribus testaceis.*

Patria: Antillae.   *Long.* 6.2 *mm.* — *Taf. I. fig.* 6.

Schmal, linienförmig, gleich breit, gewölbt, schwarzgrün, glänzend.
Kopf von der Breite des Halsschildes, die Oberlippe und der Seitenrand
des ersteren zum Theile rostroth, die Stirn überall gedrängt, runzelig
punktirt. Fühler rothbraun. Halsschild bedeutend länger als breit, sehr
gedrängt, kräftig, hie und da runzelig punktirt, die Seiten schwach
gerundet erweitert, nach vorn wenig, nach rückwärts etwas mehr verengt,
die grösste Breite liegt vor der Mitte, die Hinterecken fast stumpfwinkelig, sehr klein. Schildchen klein. Flügeldecken gleichbreit, lang,
walzenförmig, dicht gestreift, die Streifen sehr grob punktirt, die ersten
3 Zwischenräume neben der Naht beiderseits an der Spitze etwas kiel-
förmig scharf erhaben, die Spitze selbst leicht schildförmig erweitert und
abgerundet. Die Scheibe der Flügeldecken jederseits mit 3 hellgelben
Makeln geziert, wovon eine fast quadratische an den Schultern, eine
kleinere, längliche, zwei Zwischenräume der Punktstreifen einnehmende
und durch einen Zwischenraum von der Naht getrennte, vor der Mitte
endlich eine quere hinter der Mitte, sich befindet, die letztere bildet
eine beiderseits etwas schräg gegen die Naht geneigte Querbinde, welche
den Seitenrand nicht erreicht. Ausserdem ist die abschüssige Spitze
der Flügeldecken rostroth und hier mit abstehenden Haaren besetzt,
Unterseite schwarz, die Spitzenränder der einzelnen Bauchringe und Beine
braungelb, die Schenkel dunkler.

Von den Antillen. Im königl belgischen Museum.

5. Genus Nemozomia Reitter.

Oculi duo laterales, subrotundati, depressi. Antennae undecimarticulatae: clava triarticulata, unilaterali, (obtuse subserrata). Frons
ut in gen. Tenebrioides. Prosternum inter coxas haud elevatum,
parallelum, apice vix deflexum. Prothorax elongato-quadratus, cylin-
dricus, lateribus tenuiter marginatus. Elytrorum angulis exterioribus
rectis, vix productis. Tibiae apicem versus dilatatae, fere muticae.

Gestalt und Färbung wie bei *Nemozoma*. Kopf von der Breite
des Halsschildes und der Flügeldecken, nicht länger als breit; Stirnrand
vorn wie bei *Tenebrioides*. Mandibeln weit vorragend, kräftig, mit
einfacher hakenförmig gekrümmter Spitze. Fühler 11 gliederig, Glied 1
verdickt, 2—8 klein, dicht aneinandergefügt, Keule 3 gliederig, die einzelnen Glieder derselben ganz an einer Seite angefügt (wie bei *Tenebrioides*). Endglied sämmtlicher Taster gestreckt, gegen das Ende etwas
zugespitzt. Kinn den Mund nicht verdeckend. Oberlippe hornig, quer-
vorragend. Augen fast rund, flach gewölbt, kaum vorragend. Halsschild etwas länger als breit, cylindrisch, mit abgestumpften Hinterecken.
Schildchen äusserst klein, länglich dreieckig. Flügeldecken cylindrisch,
von der Breite des Halsschildes, die Spitze gerundet, den Hinterleib ganz
bedeckend, oben in Reihen punktirt. Prosternum hinter den Hüften
nicht abwärts gebogen, verlängert, gleich breit, oben flachgedrückt, an
der Spitze stumpf abgerundet, die Seiten ungerandet. Beine kurz und
kräftig, alle Schenkel verdickt, die Schienen gegen die Spitze erweitert,
am Ende des Aussenrandes an den vordersten mit 3—4, an mittleren
mit 1 2 stumpfen Zähnen; die hintersten kaum gezähnt. An der
Spitze der Vorderschienen befindet sich noch ein kräftiger hakenförmig
gebogener Enddorn. Kopf auf der Unterseite jederseits mit einem ein
langes Haar tragenden **Punkte**.

1. Nemozoma rorax : *Elongata, cylindrica, nigra, nitida,
capite prothoraceque crebre subtiliter punctatis, hoc elongatim quadrato,* **angulis** *posticis obtusis, elytris subviridi-micans, striato-punctatis, interstitiis angustis, subrugosis, seriatim punctulatis, fascia basali et subapicali rufo-testacea; subtus antennarum* **clava** *pedibusque
nigro-piceis.*
                                        Long. 1 mm.   *Taf. I, fig. 7.*
Patria: **Columbia**, (Carthago). (Mus. Steinheil.)

Vom Aussehen der *Nemozoma elongatum*, länglich, cylindrisch,
schwarz, glänzend. Kopf sammt den vorragenden pechbraunen Mandibeln
höchstens so lang als das Halsschild und sowie dieses dicht und fein
punktirt. Halsschild etwas länger als breit, gleich breit, die Hinterwinkel abgestumpft. Flügeldecken nicht ganz doppelt so lang als das
Halsschild, von der Breite des letzteren, schwarz, mit schwach grün-
erzfärbigem Scheine, gestreift punktirt, die Zwischenräume schmal, schwach
gerunzelt und mit reihigen, nicht dicht gestellten Pünktchen besetzt,
eine Querbinde an der Basis, eine zweite kurz vor der Spitze gelbroth;
die erstere, breitere, erreicht nicht ganz den Seitenrand, die zweite besteht

nur aus jederseits einer an der Naht genäherten Makel. Die Naht selbst ist durchgehends dunkel. Unterseite, die Keule der gelbrothen Fühler und Beine schwarzbraun, oder dunkel rothbraun.

6. Genus Nemozoma Latreille.

Hist. Nat. Ins. XI. 1804, 239. — Strm. Taf. 367. Fig. A.

Oculi duo laterales, rotundati, depressi. Antennae decim vel undecimarticulatae, clava triarticulata. Frons apice biloba. Prothorax elongatus, postice subangustatus, lateribus leviter marginatus. Elytris angulis vix productis. Tibiae muticae.

Ausgezeichnete Beschreibungen dieser Gattung sind vielfach bekannt und desshalb eine Wiederholung hier überflüssig.

A. Antennarum clava obtuse subserrata, (unilaterali)

I. Antennae decimarticulatae.

1. Nemozoma **Corsicum** *: Nigrum, nitidum, glabrum, capite thoraceque minus crebre profunde punctatis, antennis pedibus maculaque elytrorum basali ferrugineis, elytris distincte fere seriatim punctulatis, stria suturali subtiliter, apice fortius impressa.*

Patria: Corsica. *(Mus. Jekel.)* *Long. ferre 6 mm.*

Der *N. elongatum* ähnlich, viel grösser und stärker, glänzend, kräftiger punktirt, die Flügeldecken ganz schwarz, nur ein Fleck an der Basis, welcher durch das dunkle Schildchen abgesondert ist, roströthlich. Der Nahtstreifen ist mehr vertieft und auch auf der Scheibe deutlich.

2. Nemozoma **elongatum** *: Nigrum, nitidum, glabrum, capite thoraceque minus crebre subtiliter punctatis, antennis pedibus elytrisque basi maculaque subapicali ferrugineis, his subtiliter fere seriatim obsolete punctulatis, stria suturali apice impressa.*

Lin. Fauna Suec. 141. *Long. 4 mm.*

Nem. fasciatum Herbst Käfer VII. 281.

Patria: Europa.

3. Nemozoma **caucasicum** *: Nigrum, nitidum, glabrum, subtiliter crebre punctatum, antennis pedibus thoracis parte anteriore, elytrorum basi maculaque subapicali rufis.* *Long. 6 mm.*

Menètr. Cat. cauc. 221. — Falderm. Faun. transcauc. II. 257.

Nem. fascicolle Hampe, Wien. ent. Monatsschr. VIII. 1864. 193.

Patria: Caucasus, Kasan.

Unterscheidet sich von *elongatum* durch bedeutendere Grösse, deutlichere Punktirung und besonders durch die gelblichrothe Binde, welche fast die vordere Hälfte des Halsschildes einnimmt.

II. Antennae undecimarticulatae.

4. Nemozoma *cornutum : Nigrum, nitidum, globosum. capite thoraceque minus crebre distincte punctatis, antennis pedibus elytrisque basi ferrugineis, his subtiliter fere seriatim punctatis, stria suturali apice profunde impressa.* Long. 5 mm.

Stem. Cat. 1826. 77. Taf. 4. Nr. 32.

Patria: Caucasus.

B. Antennarum clava ovalia, haud obtuse sub-errata, (unilaterali).
Antennae undecimarticulatae.

5. Nemozoma *nigripennis : Ferrugineum, nitidum, globosum, vix perspicuum obsolete punctulatum, capite thorace parum longiore, dorso prothoracis postice longitudinaliter subcanaliculata: elytris nigro-piceis, subtiliter striatis, stria suturali vix magis impressa.*

Patria: Columbia. (Panne.) (Mus. Degrolle.) Long. fere 5 mm.

Mir unbekannte Arten.

6. Nemozoma *cylindricum : „Lineare cylindricum, nitidum, capite thoraceque subtilius punctatis, illo rufescente, hoc nigro, elytris nigro-piceis, subtiliter striatis punctatis, interstitiis parce punctulatis, basi apiceque rufescentibus, subtus rufo-piceum, antennis pedibusque rufo-testaceis.* Long. 0.48 "

Patria: Amer. bor.

Lec. Nev. spec. Col. I. 1863. 65.

Wie es scheint, eine mit unseren europäischen nahe verwandte Art.

7. Nemozoma *parallelum. Melsh.* Proc. Ac. Phil. II.

Gleich breit, leicht niedergedrückt, kastanienbraun, die Flügeldecken etwas heller, Palpen rothbraun.

Patria: Amer. bor.

Eine mir unbekannte Art aus Madagascar beschrieb kürzlich noch Fairmaire.

7. Genus Duponticlla Spinola.

Mon. Clerites II 170.

Oculi duo laterales, subrotundati, depressi. Antennae undecim-articulatae, clava triarticulata. Frons trisinuata. Prothorax postice coarctatus. Elytrorum angulis humerali extus acuto-productis. Pedes graciliores, tibiae muticae. Corpus subcylindricum, opacum, haud evidenter punctulatum.

Körperform ähnlich jener von *Nemozoma* und sehr an die *Cleriden* erinnernd, etwa an *Denops* und *Clerus*. Kopf mindestens von der Breite des Halsschildes, gross, etwas länger als breit; Stirn am Vorderrande, wie bei *Trogosita (Temnochila)* dreibuchtig. Oberlippe wie bei *Trogosita*, vorragend, längs vertieft, bebartet. Oberkiefer sehr kräftig, vor-ragend, an der einfachen Spitze gekreuzt, hinter der letzteren mit einem stumpfen Zahne. Fühler 11gliederig, wie bei *Nemozoma*; ebenso die Endglieder der Taster. Augen fast rund, sehr flach gewölbt. Halsschild länger als breit, gegen die Basis etwas verschmälert, am Grunde ein-geschnürt. Schildchen sehr klein. Flügeldecken gleich breit, an der Spitze abgerundet, den Hinterleib vollkommen bedeckend, mit scharf spitzigen, als ein kleines Zähnchen vertretenden Schulterecken. Scheibe derselben wie des übrigen Körpers kaum punktirt, ganz matt. Prosternum hinter den Hüften herabgebogen, zwischen denselben mit einer breiten aber flachen Furche. Schienen einfach, unbewehrt. Männchen (?) mit einem sechsten kleinen Bauchsegmentchen. Die einzelnen Bauchsegmente gegen die Spitze kleiner werdend.

Diese ebenso schöne als ausgezeichnete Gattung wurde von *Spinola* unter die *Cleriden* gezogen: sie ist aber, wie *Chevrolat* mir brieflich ganz richtig bemerkte, ein ächter *Trogositidae*, und zwar in die nächste Verwandtschaft zu *Nemozoma* gehörig. Die spitzig erweiterten Schulter-winkeln hat die Gattung mit den *Tenebrioides*-Arten gemeinsam.

1. Duponticlla ichneumonoides: Elongata, subcylindrica, nigra, subtomentoso-opaca, vix pubescens, capite obsolete, thorace elytrisque vix punctatis, prothorace elongato quadrato, postice coarc-tato; elytris subparallelis, macula humerali ferruginea, fascia media transversa lobato-interrupta *flava* et prope suturam ferruginea; an-tennis *piceis*, pedibus *rufis*. Long. 5 mm. — Taf. I. fig. 8.

Patria: Caracas. (Mus. *Chevrolat*.)

Spinola Mon. II. (Essai monographique sur les Clerites 1844.) 170. Taf. I. fig. 8.

Schwarz, matt, wie mit sammtartigen Toment überzogen, obzwar eine sichtbare Behaarung fehlt. Kopf fast breiter als das Halsschild, gross, mit den Mandibeln von der Länge der letzteren, oben seicht punktirt. Halsschild etwas länger als am abgestutzten Vorderrande breit, am Hinterrande stark eingeschnürt, die Seiten ohne Randkante. Schildchen punktförmig. Flügeldecken sowie das Halsschild kaum punktirt, Schultermakel rostroth, dann eine gezakte, mehrfach unterbrochene Querbinde in der Mitte gelb, die innerste etwas erweiterte Parthie derselben an der Naht roströthlich. Fühler pechbraun. Beine roth.

Diese Art der sehr seltenen Gattung war Herr *Chevrolat* in Paris so freundlich mir zur Ansicht mitzutheilen.

2. *Dupontiella fasciatella* Spin. l. c. 172. Taf. 8, fig. 5. Caracas.

Sie ist viel kleiner als die vorhergehende, 1½ lin. lang, die Schulterwinkel weniger spitzig, ohne Schulterbeule, die Flügeldecken in Reihen punktirt, die letzteren hinter der Mitte verschwindend, Fühler, Beine, Palpen und Oberlippe gelb.

8. Genus Filumis Reitter.

Oculi duo laterales, rotundati, subdepressi. Antennae undecimarticulatae, clava biarticulata. Frons apice emarginata. Labrum elongato-quadratum, valde prominulum. Tibiae muticae. Corpus valde lineolatum, cylindricum, glabrum.

Körperform einer sehr langgestreckten *Nemozoma*. Kopf gross, sehr wenig breiter als das Halsschild und wenig länger als breit. Stirn vorn abgestumpft, und in der Mitte sehr schwach ausgebuchtet. Oberlippe als ein langer horniger Lappen vorragend, die Mandibeln bedeckend. Augen rund, kaum vorragend. Fühler 11gliederig, mit 2gliederiger Keule, deren erstes Glied kleiner ist als das zweite, und ähnlich wie bei *Acalanthis* gebildet. Endglied der Taster kleiner als bei *Nemozoma*. Fühlerrinnen kurz und tief, convergirend. Halsschild mehr wie doppelt so lang als breit, in der Mitte deutlich eingeschnürt, nirgends gerandet, von den Flügeldecken deutlich abgerückt. Schildchen klein, punktförmig. Flügeldecken cylindrisch, den Hinterleib ganz bedeckend, der letztere ohne 6. Segmentchen. (Nur beim ♀?) Prosternum hinter den Hüften lanzettförmig. Beine kurz, wie bei *Nemozoma*.

1. Filumis tenuissima : Pace ferruginea, nitida, capite
thoracoque confertim subtiliter punctulis, hoc valde elongato, in medio
leviter coarctato, elytris dense striatis, interstitiis angustis, punctulatis.
stria suturali apice profunde impressa.   *Long. 6.5 mm., lat. 1 mm.*

Patria: Columbia. *(Coll. Sichelheit.)*   *Taf. I, fig. 9.*

Schmal, langgestreckt, fadenförmig. cylindrisch, braunroth, glänzend,
Fühler und Beine etwas heller.   Kopf halb so lang als das Halsschild,
und wie das letztere gedrängt und fein punktirt. Halsschild 2½ mal
so lang als breit. in der Mitte leicht eingeschnürt, die Seiten ohne Randkante, am abgestutzten Vorder- und Hinterrande gleich breit. Flügeldecken von der Breite des Halsschildes, 1¾ mal so lang als das letztere,
dicht gestreift, die Streifen gegen die Seiten zu verschwommen, die
Zwischenräume schmal, weitläufig fein punktirt; die Nahtstreifen an der
Spitze furchenartig vertieft. Die 5 Bauchringe nahezu von gleicher
Breite.

Tribus: **Trogositini.**

Kopf meist gross aber selten ganz so breit wie das Halsschild, niemals breiter als dieses. Augen quer, gross, meist
nierenförmig. Die Seiten des Halsschildes deutlich gerandet, die
Vorderecken desselben fast stets etwas vorragend. P r o s t e r -
n u m s t e t s b r e i t , d i e S e i t e n j e d o c h , n a m e n t l i c h
z w i s c h e n d e n V o r d e r h ü f t e n u n g e r a n d e t.   Körper
unbehaart.

Conspectus generum.

A. Tibiae fortiter spinosae.

　1a Antennarum clava articulis unilateralibus (ob-
　　tuse subserrata). Thorax angulis anticis vix
　　productis. Corpus cylindricum . . . . .　**Airora.**

　1b Antennarum clava articulis simplicibus. haud
　　unilateralibus. Thorax angulis anticis parum
　　productis.

　　2a Corpus cylindricum. Thorax plus minusve
　　　quadratus . . . .　**Alindria.**

　　2b Corpus plus minusve depressum.

3a Thorax subquadratus, antice parum latior,
angulis anticis rotundatis. Corpus supra
chalybaeo-nigrum . . . .   **Syntelia.**

3b Thorax plus minusve transversus, subcordatus, angulis anticis prominulis, rotundatis.
Corpus supra nigrum, subopacum . . .   **Melambia.**

B. Tibiae muticae.

1a Thorax margine laterali pone medium plus
minusve deflexum.

2a Oculi antice emarginati. Scutellum minu-
tum, transversum. Elytra seriatim punctata   **Trogosita.**

2b Oculi antice integri. Scutellum nullum.
Elytra profunde striata, striis punctatis .   **Lipaspis.**

1b Thorax lateribus simpliciter marginatus, pone
medio haud deflexus . . . .   **Tenebrioides.**

9. Genus Airora Reitter.

Aira*) Chevrol. i. litt.

Oculi duo laterales, reniformes. Frons trisinuata**), (apice
leviter emarginata, utrinque sinuata). Antennae 11articulatae, clava
triarticulata, unilaterali, (obtuse subserrata***). Prothorax evidenter
elongatus, subcylindricus, lateribus subtiliter marginatus, antice truncatus, angulis anticis vix productis. Elytra fortiter punctato-striata,
interstitiis tenuis, vix punctatis. Prosternum latum, lateribus immarginatum. Pedibus valde breviores, subincrassati; tibiae spinoso-
dentatae. Corpus elongatum, cylindricum, nigrum aut bicolor, nitidum.
Mas. Mentum sine fasciculo.

Körperform wie bei *Alindria*. Von letzterer Gattung durch die
Bildung der Fühlerkeule verschieden. Die Glieder derselben sind nämlich
ganz an der Seite angefügt, wie bei *Trogosita*, *Tenebrioides* etc., das
Halsschild ist stets länger als breit, die Seiten viel feiner gerandet, die
Vorderwinkel kaum vorragend, das Schildchen ist kürzer, klein, die
Flügeldecken sind tief punktirt gestreift, einfach; die Beine sind viel
kürzer, ebenso die Schienen, diese mit starren Dörnchen bewaffnet, und
dem Männchen fehlt das Haartuberkel in der Mitte des Kinnes.

*) Der Name ist an eine Pflanzengattung vergeben.
**) Siehe Taf. 1, fig. 17.
***) Siehe Taf. 1, fig. 14.

Die Arten sind im Körper und in der oberen Sculptur sehr übereinstimmend gebaut, wesshalb es genügen wird, nur die wahrnehmbaren
Unterschiede hervorzuheben. Sie sind sämmtlich in America einheimisch.

I. Die Flügeldecken deutlich vertieft gestreift, die Streifen punktirt
und reichen bis zur Spitze und sind auch da noch deutlich.

1. Dieselben sind fast durchgehends stark gestreift und ebenso
gleichmässig tief punktirt.

*1. Airora procera: Nigra, nitida, fronte subsulcata, postice
foveolata; capite thoraceque minus dense profunde punctulatis; hoc subelongatim quadrato, elytris fortiter striatis, striis aequaliter profunde
punctatis, striis dorsalibus 1—4 magis impressis, interstitiis subtilissime biseriatim punctulatis; tibiis subrectis.*

Patria: Paraguay. *Long. 16—17 mm. — Taf. I, pg. 10.*

Die grösste der mir bekannten Arten, jedoch noch immer etwas
kleiner als *Alindria elongata* **Guer.** Von *A. cylindrica* durch grössere
Körperform, geringere Wölbung, die Bildung der Stirn und etwas breitere
Zwischenräume der Streifen auf den Flügeldecken abweichend.

*2. Airora cylindrica: Nigra, nitida, fronte plana, capite
thoraceque minus dense punctatis, hoc subelongatim quadrato; elytris
fortiter striatis, striis profunde punctatis, stria suturali magis impressa, interstitiis angustis, subtilissime vix evidenter biseriatim punctulatis; tibiis subrectis.* *Long. 11—12 mm.*

Patria: Amer. bor.

Trogosita cylindrica Serville, Enc. Méth. X. 1825. **719.**

    „   *nigra Melsh.* Proc. Ac. Phil. III. 63.

    „   *nigella Melsh.* l. c. 63.

2. Die Streifen der Flügeldecken sind an der Wurzel stark, gegen
die Spitze jedoch allmählig viel feiner ausgeprägt.

*3. Airora clivinoides: Elongata, angusta, nigra, nitida,
fronte plana, capite thoraceque sat dense profunde punctatis, hoc elongato, cylindrico; elytris sat profunde striatis, fortiter-, apicem versus
minus profunde punctatis, stria suturali fortiter impressa, interstitiis
angustis, parce subtilissime uniseriatim punctulatis; tibiis subrectis.*

Patria: Mexico, Bogota. *Long.* **7.4 mm.**

Aira clivinoides Cherrol. i. litt.
Trogosita longicollis Guerin?

Von der nachfolgenden Art durch längeres Halsschild und einfarbig schwarzen Körper, von den vorhergehenden durch viel kleinere Form und längeres Halsschild unterschieden.

4. Airora *apicalis* **:** *Elongata,* **angusta, nigra,** *subnitida :* *fronte plana, capite minus dense subtiliter,* **prothorace sat** *dense profunde* **punctato,** *hoc elongatim-quadrato;* **elytris sat** *profunde striatis,* **striis** *apicem versus acinus profunde punctatis,* **stria** *suturali foetiter* **impressa,** *interstitiis angustis, parce* **subtilissime** *uniseriatim punctulatis, nigris,* *apice late* **ferrugineis; tibiis subrectis.** *Long.* 8.5 mm.

Patria: Columbia.

In der Sammlung des Herrn *Steinheil,* und von demselben in Columbien gesammelt.

II. Die Flügeldecken kaum sichtbar gestreift, aber tief und kräftig reihig punktirt, die Zwischenräume sehr schwach gewölbt, die Punktreihen gegen die Spitze viel feiner werdend und mit vereinzelteren Punkten besetzt.

5. *Airora striato-punctata* **:** **Angusta,** *cylindrica, nigra, nitida; fronte subplana, capite subopaco, subtiliter punctatato, prothorace elongatim-quadrato, minus dense sat* **profunde punctato;** *elytris* **vix** *evidenter striatis, fortiter profunde* **serialim** *punctatis, punctis* **apicem versus subtilioribus, stria** *suturali profunda impressa, interstitiis subcostulatis, minutissime uniseriatim punctulatis; tibiis brevibus, vix evidenter arcuatis.* *Long.* 12.5 mm.

Patria: Antillae.

In dem königl. belgischen Museum in Brüssel.

6. *Airora canescens* **:** **Nigra,** *nitida, fronte subplana, capite subopaco, subtiliter punctulata, prothorace subelongatim-quadrato, minus dense punctato; elytris substriatis, serialim fortiter, apicem versus subtilius punctatis, stria suturali profunde impressa, interstitiis leviter* **costulatis,** *minutissime uniseriatim* **punctulatis, tibiis** *brevibus, postice* **subarcuatis.** *Long.* 11 mm.

Patria: America mer.

Aira canescens Chevrol. i. litt.

Von der vorigen Art durch etwas grössere und weniger *schmale* Körperform und leicht gebogene Hinterschienen abweichend.

Hieher dürfte auch gehören:

**7. *Hypophloeus* (Alindria) teres *Mels.* Proc. Ac. Phil.
III. 1864.**

Ganz kastanienbraun. Länge 2 lin., breit ⅓ lin. — Aus Pensyl-
vanien. Mir unbekannt.

10. Genus Alindria Erichson.

Germ. Zeitschr. V. 1844. Pg. 151.

Oculi duo laterales, reniformes. Frons trisinuata *), (apice
leviter emarginata, utrinque sinuata). Antennae 11 articulatae, clava
triarticulata, his articulis simplicis, haud unilateralibus. Prothorax
fere quadratus, lateribus subrectis, fortiter marginatus, angulis anticis
prominulis. Elytra leviter striata, interstitiis profunde striato-punctatis. Prosternum latum, lateribus immarginatum. Tibiae spinoso-
dentatae. Corpus majus, elongatum, cylindricum, nigrum, nitidum.
Mas. Mentum in medio fasciculo fulvo-piloso.

Körper langgestreckt, walzenförmig. Augen schwach quer, hinten
ausgebuchtet. Glieder der Fühlerkeule nahezu in der Mitte angefügt,
einfach. Stirn dreibuchtig, die mittlere Bucht die grösste, ziemlich
seicht, die seitlichen schräg abfallend. Halsschild mehr oder weniger
quadratisch, oder länger, schwach nach hinten verengt, die Seiten und
die Basis gerandet. Schildchen länglich dreieckig. Flügeldecken gleich
breit, cylindrisch, Schulterwinkel nicht spitzig vorragend. Die Scheibe
fein gestreift, die Zwischenräume grob, reihig punktirt. Kopf auf der
Unterseite mit einigen beisammen stehenden borstentragenden Punkten
jederseits vor den Augen. Schienen auf der Aussenkante mit starken
Dornen bewaffnet.

Männchen mit einem dichten Haartuberkel in der Mitte des Kinnes.

Beim ♂ sind die Bauchringe gedrängt und fein punktirt, fast matt;
beim ♀ glänzend, mit weitläufig stehenden grossen Punkten besetzt.

Die bekannten Arten bewohnen Afrika und Asien, und sind folgende:

**1. *Alindria spectabilis:* Elongata, subcylindrica, nigra,
nitida; prothorace subquadrato, elytris (scutello excepto) subaeneis,
striato-punctatis, seriebus per paria approximatis, apice irregulariter**

---

*) Siehe Taf. 1, fig. 17.

*punctatis, dorso utrinque obsolete subcostulatis, costis antice apiceque
evanescentibus.*   *Long. 30 — 33 mm.*

Patria : Madagascar.

Trogosita spectabilis Klug Ins. Madagasc. Pg. 116.

2. Alindria grandis: *Elongata, subcylindrica, nigra, nitida, prothorace subquadrato, elytris striato-punctulatis, seriebus per
pariam approximatis, apice irregulariter punctatis, dorso utrinque
obsoletissime subelevato-lineatis, antice apiceque evanescentibus.*

Long. 28 — 33 mm. — Taf. I, fig. 11, antenn. fig. 12, ped. fig. 13.

Patria : Senegal, Cap. b. spei.

Trogosita grandis Serville, Enc. Méth. X. 719.

„   *major Castb., le.* Règn. anim. Ins. 200.

3. Alindria elongata : *Elongata, cylindrica, nigra, subnitida, prothorace fere quadrato, elytris profunde striatis, striis apicem
versus sulcatis, antice subevanescentibus, striis fortiter, lateribus minus
profunde punctatis, interstitiis seriatim punctulatis.*

Patria: Guinea.   *Long. 19 — 21 mm.*

Trogosita elongata Guer, Ic. Règn. anim. Ins. 200.

„   *oblonga Westwood.*

4. Alindria Chevrolati : *Elongata, cylindrica, nigra, nitida, prothorace fere quadrato, elytris profunde striatis, antice evanescentibus, striis 2 suturali fortiter impressis, striis fortiter, lateribus
minus profunde punctatis, interstitiis seriatim punctulatis.*

Patria : Senegal. (Mus. Chevrolat.)   *Long. 13 mm.*

Von der vorigen Art nur durch kleinere Körperform, stärkeren
Glanz auf der Oberseite, und nur 2 stärker vertiefte Streifen jederseits
neben der Naht unterschieden.

Mir unbekannte Arten.

5. Alindria orientalis : „*Cylindrica, nigro-picea, elytris
subtilissime striatis, interstitiis seriatim foveolato-punctatis. Long. ...*

„Habitat in Caschmir.“ (Persia.)

Redtenb. Hüg. Kaschm. IV. 2. Pg. 549.

6. Alindria alutacea : „*A. elongatae valde affinis, magis
opaca, elytris minus fortiter punctatis, interstitiis magis elevatis versus
apicem quam versus basin. Long. 7 — 9 lin., lat. 2½ lin.*“

Old Calabar.

Murray, Ann. nat. hist. XIX. 1867. 331.

11. Genus Syntelia Westwood.

Proc. Ent. Soc. Lond. 1864. 11.

„Genus novum Trogositidum, Platycerum caraboidem simulans.
Corpus oblongum, subdepressum, glabrum. Caput porrectum, subquadratum. Mandibulae magnae, porrectae, intus irregulariter dentatae. Maxillae bilobae, lobis simplicibus longe ciliatis, interno
brevi ovali. externo elongato. Palpi omnes subfiliformes, articulis
extensis aequalibus. Mentum subquadratum. Labium setosum, profunde incisum. Antennae in fossulis faciei inferae receptae, breves,
11 articulatae. subgeniculatae: clava magna, depressa, ovata, fere
solida, 3 articulata. Prothorax capite paullo major, subquadratus,
tenue marginatus, antice parum latior, angulis anticis rotundatis.
Tibiae omnes extus spinosae. Tarsi simplices 5 articulati, articulo
ultimo elongato, clavato. Prosternum ante coxas anticas prominens.
Abdomen 5 articulatum, articulis tribus intermedii brevioribus."

Mir unbekannt.

1. Syntelia Indica : „*Chalybaco-nigra, nitida, capite sparsim punctato, prothorace laevi, in lateribus et versus angulos posticos
punctato, elytris tenue punctato-striatis, stria prope suturam, alteraque
subhumerali profundis, postice punctato. Long. corp. unc.* ⁴/₁₀."

Patria: India or.

Westwood, l. c. Pg. 11.

2. Syntelia Mexicana : „*S. praecedenti simillima, chali-
baco-nigra, nitida, capite valde convexo, in medis postice depresso,
irregulariter ut rude punctato, praesertim versus latera et marginem
posticum, elytris striato punctatis, punctis majoribus strias transversim
conjungentibus instalis, postice punctatissimo, metasterno impressione
media ovali, linea longitudinali impressa. Long. corp. unc.* ⁷/₁₀."

Patria: Mexico.

Westwood, l. c. Pg. 11.

3. Syntelia Westwoodi Saill. Revue et Mag. Zool. 1873.
Pg. 13. Taf. 9, fig. 3.

Patria: Oaxaca.

24

12. Genus **Melambia** Erichson.

Germ. Zeitschr. V. 1841. Pg. 150.

Oculi duo laterales, reniformes. Antennae 11 articulatae, clava triarticulata, his articulis simplicibus, haud unilaterali. Frons apice profunde emarginata, utrinque leviter bisinuata*). Prothorax parum transversus, subcordatus. Tibiae spinoso-subdentatae. Prosternum latum, lateribus immarginatum. Corpus majusculum, subdepressum, nigrum, plus minusve opacum.

Mas. Mentum in medio fasciculo fulvo-piloso.

Körper langgestreckt, ziemlich niedergedrückt, von meist mattschwarzer Farbe. Augen gerundet, hinten ausgebuchtet. Glieder der Fühlerkeule nahezu in der Mitte eingefügt. Stirn in der Mitte ziemlich tief ausgerandet, an den Seiten buchtig gebogen, nahezu wie bei *Alindria*. Halsschild breiter als lang, herzförmig, Seiten und Hinterrand kräftig gerandet, von den Flügeldecken abgerückt. Schildchen quer, gerundet, abgestumpft. Flügeldecken hinter der Mitte oder in derselben sehr schwach bauchig erweitert; Schulterwinkel nicht spitzig verragend, die Scheibe gestreift, die Zwischenräume derselben tief reihig punktirt. Auf der Unterseite des Kopfes keine deutlichen borstentragenden Punkte. Die Schienen bewehrt, die 4 vordersten mit deutlichen höckerartigen Dörnchen, die 2 hintersten viel schwächer bedornt.

Männchen mit einem grubenförmigen Punkte auf der Mitte des Kinnes, aus welchem gleichzeitig ein sehr kurzes Haartuberkel hervorsieht. Die Punktirung der Bauchringe ist bei den verschiedenen Geschlechtern ähnlich wie bei *Alindria*.

Es sind nachstehende Arten bekannt:

A. Corpus subopacum. Elytra apice vix evidenter ampliata.

1. Melambia striata: Nigra, subopaca, prothorace leviter transverso, subcordato, (fere pone medium latissimo) lateribus subrectis, postice arcuato-angustatis, pone angulos anticos subsinuatis; elytris subcoleoptrisutis, interstitiis biseriatim punctatis, seriebus interioris fortiter grosse-, exterioris minus fortiter punctatis. Long. 19—24 mm. Taf. I, fig. 15.

Patria: Senegal.

Tropisita **striata** Oliv. Ent. II. 19.
Melamb. **anthracina** Chevrol. i. litt.

*) Siehe Taf. I, fig. 18.

Ausgezeichnet durch den Seitenrand des Halsschildes. Dieser ist ziemlich gerade, vom untern Drittel nach abwärts stark verengt, unter den Vorderwinkeln mit einer sehr kleinen, flachen, aber wahrnehmbaren Ausbuchtung. Die grösste Breite des Halsschildes liegt unter der Mitte. Die nachfolgende Art scheint dieser sehr nahe zu stehen.

2. *Melambia funebris :* „*Subelongata, obscure atra; p r o- t h o r a c e t r a n s v e r s o, disco leviter convexo, b a s i s u b l a t a, an- gulis posticis acutis.*"   *Long. 7 lin.*

Patria: Cambodja.

Pascoe, Jour. of Ent. I. 1862. 320.

Mir unbekannt.

3. *Melambia* opaca : *Nigra, opaca, p r o t h o r a c e t r a n s- v e r s o, subcordato (in media latissimo), lateribus rotundato, pone angulos anticus haud sinuato, postice arcuatim angustato; elytris ut in M. striatae.*   *Long. 16—26 mm. — Taf. I, fig. 16.*

Patria: Cap bon spei.

Trogosita opaca Klug, Dej. i. litt.
"   *atra Dej. i. litt.*

Halsschild ziemlich gleichmässig gerundet, unter den Vorderwinkeln nicht ausgebuchtet.

4. *Melambia cordicollis :* *Nigra, opaca; prothorace valde transverso, cordato, (fere ante medium latissimo), lateribus aequaliter cordatim rotundato, postice angustato; elytris ut in M. striatae.*   *Long. 11 mm. — Taf. I, fig. 16a.*

Von *opaca* durch kleinere Gestalt, viel breiteres, an den Seiten vollkommen herzförmig gerundetes Halsschild und ohne Spur eines stumpfen verrundeten Winkels unter der Mitte. In der Sammlung des Herrn Chevrolat mit der Vaterlandsangabe: „Philipp."

B. Corpus subnitidum.   Elytra apicem versus subampliata.

5. *Melambia gigas :* *Nigra, subnitida, p r o t h o r a c e v a l d e t r a n s v e r s o, (in medio latissimo), in lateribus a e q u a l i t e r c o r d a t i m r o t u n d a t o; elytris saepe subviridi-micans, sculptura ut in M. striatae.*   *Long. 18—21 mm.   Taf. I, fig. 16.*

Patria: Senegal, Guinea.

Trogosita gigas Fabr. Syst. El. I. 151.
Melamb. subnitida Chevrol. i. litt.

6. Melambia Gautardi: *Nigra, subnitida, fronte postice subfoveolata; prothorace leviter transverso (fere pone medium latissimo), lateribus et elytris fere ut in M. striatae.*

Patria: Aegyptus.   *Long. 19–21 mm. — Taf. I, fig. 15.*

Tournier, Mitth. Schweiz. ent. Gesellsch. III. 1872. 41.

Von der vorhergehenden Art nur durch bedeutend höheres Halsschild abweichend, dessen Seiten weniger gerundet und nahezu wie bei striata geformt sind. Aus Ober-Aegypten.

Hieher noch eine mit *M. gigas* sehr nahe verwandte Art, von Zanzibar:

7. Melambia subcyanea Gerstaecker, Wiegm. Arch. f. Naturgesch. 37. I. (1871) Pg. 349.

Unbekannt blieb mir:

8. Melambia memnonia: „*Subelongata, atra; prothorace transverso, disco subplanato, antice incrassato, basi lata, angulis posticis acutis, elytris obscure fuscis.*"

Patria: Ceylon.

Pascoe, Jour. of Ent. I. 320.

9. Melambia maura: „*Elongata, atra; prothorace vix transverso, lateribus basin versus rotundatis.   Long. 7 lin.*"

Patria: Africa merid. (N'Gami.)

Pascoe, l. c. Pg. 319.

13. Genus Trogosita Oliv.

Fabr., Herbst ocd. — Temnochila Westwood, Er.

Oculi duo laterales, transversi, antice emarginati. Antennae 11 articulatae, clava triarticulata, his articulis unilateralibus, (obtuse-subserratae *). Frons distincte unisulcata, antice aequaliter tri-sinuata **). Thorax margine laterali pone medium deflexum. Scutellum minutissimum, transversum. Prosternum latum, lateribus immarginatum. Elytra vix striata, seriatim punctata. Tibiae muticae. Corpus elongatum, convexum, metallico-nitidum, rarissime nigrum.

Mas. Mentum in medio fasciculo fulvo-piloso.

*) Siehe Taf. I, fig. 14.
**) Siehe Taf. I, fig. 19.

Das Nähere wolle in meiner Revision dieser Gattung, (Brünn. Verhandlungen des naturforschenden Vereines, Band XIII 1874) nachgesehen werden.

14. Genus Lipaspis Wollaston.

Trans. ent. Soc. 3. ser. I. 1862. 140.

Oculi duo laterales transversi. antice rotundatae. Antennae 11 articulatae, clava triarticulata, articulis unilateralibus, (obtuse subserrata). Frons vix evidenter sulcata, antice aequaliter trisinuata. Prothoracis margine laterali pone medium vix evidenter deflexo. Scutellum nullum. Prosternum latum, lateribus immarginatum. Elytra striata, striis punctatis. Tibiae muticae. Corpus elongatum, convexum, submetallico-nitidum, fere ut in gen. Trogosita.

Mas. Mentum in medio fasciculo fulvo-piloso.

Mit Trogosita übereinstimmend, die Augen sind aber vorn nicht ausgerandet, die Stirnfurche undeutlich, der Kopf länger, das Halsschild an den Seiten kaum abwärts gedrückt, das Schildchen fehlt und die Flügeldecken sind vertieft gestreift, in den Streifen punktirt.

1. Lipaspis lauricola: Viridi metallica aut viridi-picea, subnitida, distincte alutacea; capite prothoraceque sat dense punctatis, hoc crasse marginato, angulis anticis obtusis; elytris parallelis, distincte marginalis, crenato-striatis et plus minus obscure transversim rugulosis; antennis palpis pedibusque lacte rufo-ferrugineis. *Long. 7—13 mm.*

Teneriffa, sub cortice laurorum.

Wollast. l. c. 142. nota.

2. Lipaspis pinicolla: Subviridi- vel etiam subcyaneo-picea, nitida, minus alutacea; capite prothoraceque dense et profunde punctatis, hoc angustissime marginato, angulis anticis valde obtusis, elytris subparallelis, (versus humeros subangustioribus), angustissime marginatis, profunde crenato-striatis et distincte transversim rugulosis, antennis palpis pedibusque lacte rufo-ferrugineis. Long. 7—10 mm.

Teneriffa, sub cortice pinitorum.

Wollast. l. c. 143. nota.

3. Lipaspis caulicola: Subviridi-ferruginea, nitida, subalutacea; capite prothoraceque dense et profunde punctatis, hoc an-

28

guste marginato, angulis anticis obtusis; elytris parallelis, distincte
marginatis, rvenatostriatis *et valde transversim rugulosis;* antennis
palpis pedibusque rufo-testaceis.   *Long.* 6 mm.

Teneriffa, in Euphorb. csnariensis.

Wollast. l. c. 142. Taf. 7.

15. Genus Tenebrioides Piller et Mitterp.

Trogosita Strm., Erichs., Redt., Seydl., Thoms.

Oculi duo laterales, transversi. Frons rarissime sulcata, apice
trisinuata *), (in medio leviter emarginata, utrinque sinuata). Antennae 11 articulatae, clava triarticulata, his articulis unilateralibus,
(obtuse subserratis). Prothorax transversus, postice plus minusve
cordatim angustatus, rarissime subquadratus, augulis anticis productis.
Scutellum parum perspicuum. Prosternum latum, lateribus immarginatum. Elytra punctato-striata, angulis humerorum extus acuto-
subproductis. Tibiae muticae. Corpus plus minusve depressum,
rarissime convexum.

Mas. Mentum utrinque fasciculo minimo fulvo-piloso, ant sine
fasciculis.

Körper länglich, meist niedergedrückt, sehr selten gewölbt. Augen
quer stehend, seitlich schwach ausgebuchtet. Die Fühlerkeule schwach
gesägt, die Glieder desshalb ganz an einer Seite aneinander gefügt.
Stirn meist uneben, der Vorderrand dreibuchtig; nämlich in der Mitte
sanft ausgerandet, an den Seiten leicht schräg gebuchtet. Halsschild
sehr selten so lang als breit, meist viel breiter als lang, mehr oder
weniger nach rückwärts herzförmig verengt, die Vorderwinkel aufrecht
vorragend, die hinteren rechteckig. Schildchen klein, dreieckig abgestumpft, oder schwach rundlich. Flügeldecken meist sehr schwach
hinter der Mitte erweitert, die Scheibe punktirt gestreift, die Zwischenräume fast immer mit 2 Reihen sehr subtiler Pünktchen. Die äussersten
Schulterecken sind stets scharf spitzig, die Spitze meist schwach vorragend. Auf der Unterseite des Kopfes, beiderseits vor den Augen mit
einem haartragenden Punkte. Die äusseren Kanten der Schienen unbedornt, einfach.

Die Männchen haben zum Theile auf dem Kinne jederseits ein
sehr kleines Haartuberkel, welche jedoch vielen Arten fehlen.

*) Siehe Taf. I, fig. 20. — Fühler von *Tenebrioides:* fig. 21a, von T. canariensis
fig. 22.

Die meisten Arten dieser Gattung sind in Amerika einheimisch.
Eine Revision der nordamerikanischen Arten lieferte *Horn* in Proc. Ac.
Phil. 1862, eine Bestimmungstabelle der südamerikanischen wurde von
mir in den Verhandlungen des naturforschenden Vereines in Brünn vol.
XIII gebracht, wesshalb hier ein specielles Eingehen auf dieselben
unterbleibt.

Tribus: Leperini.

Kopf bedeutend schmäler als das Halsschild. Augen quer,
meist nierenförmig, manchmal getheilt. dass 4 Augen vorhanden sind. Die Seiten des Halsschildes und der Flügeldecken meist flach abgesetzt. Vorderwinkel des ersteren fast
immer vorragend. Der umgeschlagene Rand der Flügeldecken
ziemlich breit und bis zur Spitze deutlich. häufig gleich breit.
Prosternum breit. hinter den Vorderhüften verbreitert, die Seiten zwischen diesen stark gerandet. Körper mehr oder weniger niedergedrückt. fein
behaart oder beschuppt. selten unbehaart.

Conspectus generum.

1a Oculi duo laterales. Latera prothoracis elytrorumque fere integra.

2a Labrum profunde divisum. Corpus grossum,
velutinum . . . . **Elestora.**

2b Labrum subintegrum.

3a Frons apice emarginata. Corpus haud pubescens . . . . **Cymba.**

3b Frons apice trisinuata. Corpus plus minusve
pubescens aut squamulosum.

4a Prothorax dorso subaequali, ante scutellum
longitudinaliter subfoveolatus. Elytra confertim costata, costulis dense interruptis **Phanodesta.**

4b Prothorax in medio longitudinaliter sub-
costatus, utrinque fossula in medio plus
minusve interrupta subimpressa. Elytra
parce costata, costis haud interruptis . **Leperina.**

1 b Oculi quatuor.

   2 a Prothorax lateribus vix foliaceus. Elytra marginibus vix serrulata.

      3 a Oculi superiores distantes, depressi. Frous
apice subaequaliter trisinuata. Thorax medio
longitudinaliter sulcatus. Corpus squamulosum   Gymnochila.

      3 b Oculi superiores convergentes depressi, valde
approximati. Frons apice profunde bisinuata.
Thorax dorso subinaequali. Corpus squamulosum . . . .   Xenoglena.

      3 c Oculi superiores convergentes, depressi, valde
approximati. Frons subproducta, apice subsinuata. Prothorax subaequalis. Corpus subdepressum, submetallico - nitidum, supra
glabrum . . . .   Acrops.

   2 b Prothorax lateribus foliaceus. Elytra marginibus subdilatata, serrulata . . . . . .   Narcisa.

1 c Oculi duo laterales. Latera prothoracis elytrorumque subdenticulata . . . .   Nosodes.

16. Genus Elestora Pascoe.

Proc. ent. Soc. Lond. 1868. 11.

„Leperinae affinis. Oculi liberi. Antennae breviusculae; clava
articulis 3 transversis, perfoliatis. Labium profunde divisum, ciliatum.
Corpus grossum velutinum."

Mir unbekannt.

Elestora fulgurata : „*Aterrima; scutello maculisque 4 mar-*
gnis elytrorum aurantiacis.   *Long. 6½ lin."*

Patria: Penang.

Pascoe, l. c. 11.

17. Genus Cymba Seydlitz.

Fauna Baltica Pg. 34.

Oculi duo laterales, reniformes. Frons apice profunde emarginata. Antennae 11articulatae, clava 3articulata, articulis fere
unilateralibus. Thorax transversus, medio coleopteris vix angustior,

lateribus rotundatus, angulis anticis acuto-productis, posticis obtusis. Elytra elongata, parallela, dense elevato-striata. Prosternum latum, lateribus fortiter marginatum. Corpus glabrum.

Mas. Mentum in medio fasciculo transverso-lineari fulvo-piloso.

Körperform einer langgestreckten, unbehaarten *Ostoma*, (*Peltis*). Nur die letzten Bauchringe auf der Unterseite sind äusserst fein und kurz behaart.

Von *Ostoma* durch das auf den Seiten nicht verflachte Halsschild, Form der Fühler, welche jener der Gattung *Trogosita* entspricht und breites, an den Seiten stark gerandetes Prosternum abweichend. Schildchen klein, halbkreisförmig.

1. Cymba procera: Elongata, subdepressa, nigra, supra nonnunquam subaeneola-micans, capite thoraceque confertissime grosse punctatis; hoc transverso, lateribus aequaliter rotundatis, reflexo-marginatis; elytris parallelis, apice rotundatis, sat dense elevato-striatis, interstitiis duplici serie punctis majoribus quadrangulis et approximatis striatis, ad marginem simpliciter, fortiter, subseriatim punctatis. Long. 15—16 mm.

Patria: Graecia.

Peltis procera Kraatz, Berl. Zeitschr. 1858. Pg. 136.

2. Peltis monilata Pascoe, Au. and. Mag. of. Nat. Hist. X et XI (1872) Pg. 318 von Australien, gehört wahrscheinlich ebenfalls in diese Gattung, weil Pascoe sie mit *Peltis procera* vergleicht, und das breite Prosternum ausdrücklich erwähnt. Jedenfalls gehört sie nicht unter *Ostoma (Peltis)*, sondern in die *Leperinen*-Gruppe.

18. Genus Phanodesta Reitter.

Oculi duo laterales, reniformes. Frons apice profunde emarginata, utrinque leviter sinuata*). Antennae 11 articulatae, clava 3articulata, articulis apicem versus majoribus**). Thorax quadratim subcordato, dorso subaequali, ante scutellum foveola longitudinali obsolete impressa. Elytra confertim costata, costulis dense interruptis. Prosternum latum, lateribus fortiter marginatum.

Mas. Mentum in medio fasciculo transverso fulvo-piloso. Segmentulo 6:o minutissimo ventrali auctum.

*) Siehe Taf. 1, fig. 21.
**) Siehe Taf. 1, fig. 22.

Körperform zwischen *Tenebrioides* und *Leperina* die Mitte haltend: länglich, schwach gewölbt, oben spärlich beschuppt, unten weitläufig und fein behaart. Von *Tenebrioides* unterschieden durch die tiefere Ausrandung der Mittelbucht der Stirn, breites, an den Seiten zwischen den Hüften gerandetes Prosternum, den breit umgeschlagenen Seitenrand der Flügeldecken, deutliche feine Behaarung auf der Unterseite, feine Haarschüppchen der Oberseite des Körpers, die Sculptur der Flügeldecken und durch die Bildung der Fühlerkeule.

Im Wesentlichsten mit *Leperina* übereinstimmend, aber die Glieder der Fühlerkeule sind nahezu in der Mitte aneinander gefügt, die einzelnen derselben gegen die Spitze grösser werdend, das letzte am äusseren Ende abgerundet; die Endglieder der Taster sind länger; das Halsschild ist bedeutend schmäler als die Flügeldecken, so lang als breit, die Scheibe kaum gefurcht oder gekielt, die Flügeldecken sind von zahlreichen erhabenen Streifen durchzogen, welche dicht unterbrochen sind, endlich ist der umgeschlagene Rand der Flügeldecken viel breiter, in der Mitte am schmälsten, gegen die Spitze wieder breiter werdend. Die Oberseite ist weniger dicht beschuppt als bei *Leperina*, bei vielen Arten fehlt dieselbe ganz, und ist nur durch vereinzelte Schüppchenhaare angedeutet.

1a Die **7.** durch Punkte dicht unterbrochene Seitenrippe der Flügeldecken ist nicht erhabener als die anderen der Scheibe.

2a Halsschild herzförmig

1. *Phanodesta corduticollis*: *Elongata, leviter convexa, parce-villosa, subnitida, capite thoraceque fortiter punctatis, hoc longitudine minus latiore, cordato, postice arcuatim angustato, angulis anticis parum prominulis, linea dorsali longitudinaliter, postice obsolete impressa, antice evanescens, angulis posticis rectis; elytris opacis, lateribus apiceque breviter subpubescentibus, utrinque tenuiter 10-costatis, costulis nitidis dense interruptis, costa 7:a vix evidenter magis elevata, antennis pedibusque rufis, ventre piceo.* Long. 8. mm.

Patria: Chili.

Länglich, schwach gewölbt, braunschwarz, wenig glänzend, die Seiten und die Spitzen der Flügeldecken spärlich und kurz, die Unterseite deutlicher behaart. Stirn oben. Kopf und Halsschild ziemlich dicht und stark punktirt, letzteres fast so lang als breit, herzförmig, die Vorderwinkel etwas vorragend, die hinteren rechteckig, die Scheibe in der Mitte mit einer schwach ausgeprägten Längsfurche, welche von

der Mitte nach vorn erlischt. Schildchen klein, kurz dreieckig, abgestumpft. Flügeldecken mattschwarz, fast von der Breite des Halsschildes,
fast gleich breit, hinten gerundet, jederseits mit 10 erhabenen, dicht unterbrochenen glänzenden Längslinien, wovon die 7. an den Seiten, nicht
mehr erhaben ist, als jene der Scheibe. Die drei dicht unterbrochenen
Rippen am Seitenrande sind etwas schwächer ausgeprägt; die erste,
dritte und fünfte der Scheibe erreichen fast den aufgebogenen Seitenrand
an der Spitze, die dazwischen liegenden sind vor der letzteren abgekürzt.
Unterseite spärlich aber deutlicher behaart, der Bauch, die Beine und
Fühler rothbraun.

In der Sammlung des Herrn vom *Bruck*.

2 b Halsschild nach vorn in gerader Linie, nach abwärts bogig
verengt: kaum herzförmig.
3 a Flügeldecken länglich, sehr schwach oval, fast gleich breit.

2. *Phanodesta angulata* : *Elongata, leviter convexa, piceo-
nigra, subnitida, capite thoraceque minus dense subtiliter sed profunde
punctatis, hoc latiore quam longiore, antice parum, postice magis
attenuato, angulis anticis productis, posticis rectis; elytris levissime
ovalis, subparallelis, tenuiter subelevato-costatis, costulis per punctis
majoribus dense interruptis, costa 7:o laterali quam dorsali vix magis
elevata; antennis pedibusque rufo-piceis.*   *Long. 10 mm.*

Patria: Chili.

Der *Ph. cordaticollis* sehr ähnlich; das Halsschild und der Kopf
ist weniger dicht, feiner aber tief punktirt, das erstere ist kaum herzförmig, die grösste Breite desselben liegt knapp über der Mitte, von da
ist der Seitenrand nach vorn in gerader Linie, nach abwärts schwach
gebogen verengt, die Vorderwinkel stehen stark vor, die Scheibe besitzt
keine Mittelfurche auf der untern Hälfte. Die Flügeldecken sind glänzender, die Rippen weniger erhaben und durch tiefe Punkte unterbrochen,
die 3 Seitenrippen verschwinden fast ganz und sind nur durch tiefe
Punkte angedeutet; die erste, dritte und fünfte Rippe der Scheibe erreichen nahezu die etwas aufgebogene Randfläche der Deckenspitze, die
abgekürzte zweite und vierte wird durch Punkte fortgesetzt.

In der Sammlung der Herrn *Chevrolat*.

3 b Flügeldecken kurz, gewölbt, verkehrt eiförmig.

3. *Phanodesta brevipennis* : *Oblonga, leviter convexa,
piceo-nigra, subnitida, capite thoraceque minus dense, subtiliter, sed*

profunde punctato, hoc longitudine paullo latiore, antice parum, postice *magis attenuato, angulis anticis productis, posticis acuto-rectis, elytris* *oblongo-obovatis, convexis, obsolete subcostatis, costulis per paullis ma-* *joribus dense interruptis, costula 7:o laterali quam dorsali vix magis* *elevata; antennis pedibusque rufo-piceis.* Long. 6 mm.

Patria: Chili.

Der *Ph. angulata* sehr nahestehend, aber viel kleiner, die Flügeldecken sind gewölbter, kürzer, verkehrt eiförmig, die erhabenen, durch
tiefe Punkte unterbrochenen Rippen nur angedeutet, die Seiten sind durch
3 Reihen tiefer viereckiger Punkte durchzogen, und gegen die Spitze
werden alle Streifen ziemlich undeutlich.

Ich kenne sowohl von *Ph. angulata* als auch *brevipennis* die
Männchen, wesshalb nicht angenommen werden kann, dass diese Art
das eine Geschlecht der andern sei.

In der Sammlung des Herrn *Chevrolat.*

1 b Die 7. Seitenrippe der Flügeldecken ist fast nicht unterbrochen
und deutlich erhabener als jene der Scheibe.

1. Phanodesta costipennis: Elongata, subdepressa, nigro- *picea, subnitida; capite thoraceque crebre fortiter punctatis; hoc sub-* *quadrato, lateribus ferrugineis, subrectis, in solo medio leviter rotun-* *datis, angulis anticis productis, posticis rectis; elytris squamulis tenuibus* *ochraceis minus dense variegatis, tenuiter costatis, costis elevatis, dense* *interruptis, costa 7:o laterali subintegra multo elevata, antennis pedi-* *busque ferrugineis.* Long. 8 mm. — Taf. II, fig. 25.

Patria: Chili. (*Mus. Chevrolat.*)

Länglich, wenig gewölbt, dunkel braunschwarz, etwas glänzend;
Kopf und Halsschild gedrängt und sehr grob, der erstere runzelig punktirt,
das letztere so lang als breit, die Seiten rostroth, fast gerade, nur in
der Mitte sehr schwach gerundet erweitert, die Vorderwinkel stark vorragend, die hinteren rechteckig, die Scheibe oberhalb dem Schildchen
mit der Spur einer vertieften kurzen Längsfurche. Flügeldecken mit
länglichen gelbbraunen Schüppchen nicht sehr dicht gesprenkelt; fein
gerippt, die Rippen dicht unterbrochen, die siebente erhabene Linie an
den Seiten fast ganzrandig und erhabener als die anderen. Fühler,
Beine und die Seiten der Bauchsegmente rostroth.

Zur Gattung *Phaenodesta* kommt noch zuzuziehen:

5. **Nitidula Guerini Montrouz.** An. Franc. 1860. Pg. 916. — Nov. Celedon.
6. **Nitidula argentea Montrouz.** l. c. Pg. 916.   id.
7. **Gymnochila nigrosparsa White.** Voy. Erch. Terr. Ins. Pg. 17. — Nov. Zeeland.

Als 4. Art wahrscheinlich noch:

8. **Gymnochila sobrina White.** l. c. Pg. 17.   id.

19. Genus Leperina Erichson.

Germ. Zeitschr. V, 1844. Pg. 153.

Oculi duo laterales, reniformes. Frons apice profunde emarginata, utrinque leviter sinuata*). Antennae 11 articulatae, clava triarticulata, unilaterali, (obtuse subserrata). Thorax in medio longitudinaliter obsolete costatus, utrinque fossula obsoleta, in medio plus minusve interrupta, subimpressa. Elytra parce costata, costulis haud interruptis. Prosternum latum, lateribus fortiter marginatum. Mas. Mentum in medio fasciculo transverso-lineari fulvo-piloso.

Körper länglich, etwas flach gedrückt, die Oberseite mit Schüppchen, die Unterseite, namentlich die Bauchringe mit feinen, kurzen Härchen besetzt. Kopf viel schmäler als das Halsschild, die Stirn vorn tief ausgerandet, beiderseits der Ausrandung schwach gebuchtet. Augen gross, querstehend, hinten schwach gebuchtet. Fühler 11 gliederig, kurz, die Glieder der Keule wie bei *Trogosita* und *Tenebrioides* angefügt. Halsschild quer, von der Breite der Flügeldecken, schwach herzförmig, die Vorderwinkel vorragend, die hinteren stumpf, kantig, sehr leicht an die Decken gefügt. Schildchen quer, stumpf dreieckig. Flügeldecken mit erhabenen Längsrippen. Prosternum breit, kurz, hinter den Vorderhüften stark verbreitert, an der Spitze abgestutzt. Der umgeschlagene Rand der Decken ist mässig breit, von der Mitte zur Spitze nahezu gleich breit. Schienen unbedornt an den äusseren Kanten.

Männchen mit einer queren, breiten Haarbürste auf der Mitte des Kinnes.

Uebersicht der Arten.

1a Die Oberseite des Körpers mit mehreren mehr oder weniger langen, büschelförmig zusammengedrängten, abstehenden Haarschuppen. Mitte des Prosternums glatt. — Länge 9—13 mm.

---

*) Siehe Taf. I, fig. 21. — Form des Halsschildes: fig. 22b.

2a Flügeldecken ziemlich parallel. Oberseite braunschwarz mit etwas unregelmässigen Flecken aus weissen und schwarzen Schuppenhaaren ziemlich dicht besetzt.

3a Die Seiten des Halsschildes und dessen Hinterrand bis auf mehrere punktförmige Makeln breit weiss beschuppt. (Journ. of. Ent. 1860. 1. Pg. 100.) . . . . 1. **cirrosa** Pascoe.
Moreton Bay.

3b Nur die Seiten des Halsschildes schmal weiss beschuppt. (Ann. Franc. 1860. Pg. 915. — *L. turbata Pascoe*, Journ. of. Ent. II. 1863. Pag. 29. — *L. fasciculata Redtenb.*, Reis. Novar. II. 1867. 37. Taf. 2, fig. 3. . . . . 2. **Signoreti** Montrouz.
Nov. Holland.

2b Die Seiten der Flügeldecken leicht gerundet. Die Schuppenbüschel der Oberseite kurz, die letztere wie bei *turbata*. (Journ. of. Ent. 1860. 1. Pg. 101.) . . . . 3. **lacera** Pascoe.
Melbourne.

1b Die Oberseite ohne abstehende, büschelförmig zusammengedrängte Haarschuppen, sondern einfach anliegend mit kurzen Schuppen bedeckt. Prosternum dicht punktirt.

2a Die Oberseite ist dicht sammtartig beschuppt und die gelblichweissen und braunen Schuppen verdecken die Punktirung vollständig und bilden auf der Oberseite unbestimmte Flecken, auf den gegen die Spitze etwas erweiterten Flügeldecken sind mehrere hellere Querflecke wahrzunehmen, welche in der Mitte fast eine Querbinde formiren. Länge 6—9 mm. (Journ. of. Ent. 1860. 1. 100.) . . . . 4. **adusta** Pascoe.
Melbourne.

2b Oberseite spärlich beschuppt, die Schüppchen klein in den Punkten gelegen.

3a Braun, metallisch glänzend, die Seiten vor den Augen, ein grosser Fleck vor den Hinterecken auf dem Halsschilde gelbweiss beschuppt; eine Makel jederseits am Hinterrande des letzteren und viele kleine fast reihig gestellte Flecken auf den

Decken aus schwarzen Schuppen gebildet.
Flügeldecken parallel, die Zwischenräume
der erhabenen Längslinien mit 5—7
Punktreihen besetzt. Länge 10—11 mm.
(Wiegm. Arch. 1842. I. 150.) . . .   5. **decorata** Er.
Tasmania.

3 b Braunschwarz, mit länglich weissen
Schüppchen bedeckt. Die Seiten der Flügeldecken schwach erweitert, die Scheibe
erhaben gestreift, die Zwischenräume
der Streifen mit zwei Reihen tiefer, ge-
drängter Punkte. Mir unbekannt. (Lodeb.
Reise II. Ins. 97.) . . . . 6. squamulosa Gebl.
Mongolia.

20. Genus Gymnochila Erichson.

Germ. Zeitschr. V. 1844. Pg. 454. — Lepidopteryx Hope.

Oculi quatuor, superiores distantes, depressi. Frons apice subaequaliter trisinuata *). Antennae 11 articulatae, clava triarticulata,
articulis unilateralibus, approximatis **). Thorax medio laevi plus
minusve sulcatus. Elytra vix evidenter costata. Prosternum latum,
lateribus fortiter marginatum.

Mas. Mentum in medio fasciculo transverso fulvo-piloso.

Körper länglich, etwas flachgedrückt, wie bei Leperina, die Ober-
und Unterseite mit Schüppchen bedeckt. Kopf schmäler als das Halsschild, die Stirn vorn dreibuchtig, die mittlere Bucht, die grösste. Augen,
ein oberes und ein unteres Paar. Die oberen grösser, länglich, schräg
gerichtet, scheitelständig, durch einen breiten Zwischenraum von einander
getrennt, die unteren kleiner, hinter der Einlenkungsstelle der Fühler
gelegen. Fühler eilfgliederig, kurz, die dreigliederige Fühlerkeule d i c h t
a n e i n a n d e r g e f ü g t, d i e e i n z e l n e n G l i e d e r a n d e r ä u s s e r e n
S e i t e f e s t z u s a m m e n g e s c h o b e n. Halsschild quer, kaum schmäler
als die Flügeldecken, so wie bei Leperina geformt, die Scheibe fast
immer mit einer mehr oder minder deutlichen Längsfurche. Schildchen
schwach quer, an der Spitze gerundet. Flügeldecken so wie bei Leperina, mit schwach erhabenen Längsrippen. Prosternum breit, kurz,
hinter den Vorderhüften verbreitert, an der Spitze abgestutzt, die Seiten

---

*) Siehe Taf. I, fig. 21.
**) Siehe Taf. II, fig. 24. — Kopf- und Halsschildform: fig. 25.

gerandet. Schienen unbewehrt. Der umgeschlagene Seitenrand der Flügeldecken ist schmal, von der Mitte gegen die Spitze noch schmäler werdend.

Männchen mit einer queren aber wenig breiten Haarbürste auf der Mitte des Kinnes.

Durch die stets vorhandene Auszeichnung der Männchen dieser Gattung wird die von Herrn Grafen v. *Ferrari* ausgesprochene Vermuthung, dass das *Gen. Gymnochila* die Männchen zu *Leperina* umfasst, berichtigend erledigt.

Von dieser Gattung liegt mir leider zu wenig Material vor, um die Beschreibungen der betroffenen Arten selbstständig liefern zu können. Ich gebe hier die Diagnosen derselben nach den ursprünglichen Beschreibungen.

1. Gymnochila squamosa : Oblonga, modice convexa, nigra, squamulis albidis et ochraceis dense variegata; antennis basi palpis tarsisque ferrugineis; prothorace lato, crebre punctato, medio longitudinaliter sulcato, lateribus rotundato, angulis posticis subobtusis; elytris punctato-striatis, interstitiis crebre punctatis, infra medium macula parva irregulari albido-squamosa. Long. 9—14 mm.-

Patria: Africa merid.

Gray. Griff. Anim. Kingd. Ins. Taf. 60, fig. 3; Taf. 75, fig. 4. a—q.
Gymn. loticollis Bohem. Ins. Caffr. 1. 2. Pg. 578. ♀.
Gymn. adspersa Bohem. l. c. Pg. 579. ♂.

2. Gymnochila varia Fbr. Syst. El. I. 151.

Patria: Senegal, Gabon.

Der *G. squamosa* sehr ähnlich, das Halsschild ist aber nur um ⅓ breiter als lang, während es bei jener fast doppelt so breit als lang ist, und die Flügeldecken gegen die Spitze mehr verschmälert. Die Beschuppung der Oberseite ist derselben sehr ähnlich, sowie den meisten anderen Arten; hinter der Mitte auf den Flügeldecken bilden einige hellere Schuppen jederseits eine quere unbestimmte Makel, oder fast eine undeutliche Querbinde. Länge 11—16 mm.

Gym. sparsuta Thoms. Arch. Ent. II. 44 — dürfte hieher zu ziehen sein; wenigstens spricht die Beschreibung in keiner Weise gegen die Vereinigung.

3. Gymnochila angulicollis Thom. Arch. Ent. II. 45.

Patria: Gabon.

Dunkelbraun, gemengt mit schwarzen Schüppchen und körnigen Flecken, die aber keine regelmässige Zeichnung formiren. Körper verlängert, parallel, hinter der Mitte nach rückwärts verschmälert. Halsschild am Vorderrande etwas mehr gerade als an der Basis, die Seiten gerundet aber vor den Hinterwinkeln ziemlich gerade, die letzteren zugespitzt und kaum stumpf. Flügeldecken mit feinen, crenulirten Streifen. Länge 10, Breite 4.5 mm.

Mir unbekannt.

4. Gymnochila *subfasciata* Thoms. Arch. Ent. II. 44.
Patria: Gabon.

Braun, mit rostgrauen und schwarzbraunen aus Schüppchen gebildeten Flecken, welche auf den Flügeldecken nahezu vier schiefe Binden formiren, wovon zwei weissgrau und zwei dunkelbraun erscheinen. Körper länglich, wenig gewölbt. Halsschild gleicherweise nach vorn und rückwärts verengt, die Seiten ziemlich stark gerundet, die Hinterwinkel stumpf, auf der Mitte mit einer breiten aber seichten Längsfurche, welche beinahe ganz ist. Flügeldecken von der Mitte nach abwärts verschmälert, mit feinen, punktirten, fast glatt erscheinenden Streifen, die Zwischenräume eben. Länge 12, Breite 5 mm.

Mir unbekannt.

5. Gymnochila *lepidoptera*: *Oblonga, modice convexa, corpore subtus ubique dense albido-squamosa, segmento anali apice arcuato-laevi et in segmento quarto maculis pauciformibus tribus ferrugineis laevis; supra nigra, squamulis nigris, fuscis et albidis dense irregulariter variegatis; prothorax transverso, in media longitudinali laevi, vix evidenter sulcato, lateribus late albidosquamulosa; elytris sat dense subcleato-striatis, interstitiis subtilissime punctulis. Oculis superioribus valde distantes.*

Patria: Abyssinia.   *Long. 8—9 mm.*

Durch die ganz weiss beschuppte Unterseite, sowie die breiten, gleichmässig weiss beschuppten Seiten des Halsschildes, und fast fehlende Mittelfurche auf denselben von allen Arten verschieden. Die Augen sind oben weit von einander gerückt, dagegen sind die oberen von den unteren nur durch einen schmalen Fortsatz der Stirnseiten getrennt. Die Fühlerform ist die dieser Gattung eigenthümliche. Die weissbeschuppte Unterseite und die Zeichnung der letzten Segmente erinnert lebhaft an die *Dermestes*-Arten.

In der Sammlung des Herrn *Degrolle* in Paris.

6. *Gymnochila quadrisignata* : *Oblonga, depressa, nigro-fusca, subtiliter punctata, supra griseo-squamosa; thorace subcordato, apice profunde emarginato, angulis porrectis rotundatis; elytris dense punctato-striatis, maculis in utroque duabus e squamulis longioribus griseis condensatis; femoribus piceo-castaneis* Long. 3¹/₄. lat. 1¹/₂ lin.

(*Ex Mnnk.*)

Patria: Mongolia.

Mnnk. Bull. Mosc. 1852. IV. 303.

21. Genus Xenoglena Reitter.

Oculi quatuor, superiores transversi, prominuli, sat approximati, prothoracis margine antico attingentes. Frons verticalis, apice profunde bisinuata. Antennae breves, 11 articulatae, clava triarticulata, fere ut in gen. Gymnochilae. Thorax dorso subinaequali. Elytra basi trisinuata, humeris acutis, vix evidenter costata. Prosternum latum, haud glabrum, lateribus marginatum. Corpus subsquamulosum, elongatum, apicem versus attenuatum.

Mas. ?

Körperform vom Aussehen einer langgestreckten *Bupreslis*, oben beschuppt, leicht gewölbt unten dicht schüppchenartig behaart. Kopf schmäler als das Halsschild, die Stirn senkrecht abfallend, am Vorderrande tief doppelbuchtig ausgeschnitten, wodurch ein zahnartiger Vorsprung in der Mitte hervortritt, und jederseits mit einer kleineren Ausbuchtung. Lefze hornig, meist zurückgezogen und schwer sichtbar. Die Unterlippe in dem halbrunden unteren Mundausschnitt sehr versteckt. Die Endglieder der Taster ziemlich kurz, an der Spitze abgestumpft. Die Fühler kurz, mit einer dichten dreigliederigen Keule, das mittlere Glied derselben etwas breiter als die umgebenden. Die oberen Augen querstehend, wenig convergirend, am obersten Theile der Stirn gelegen also von obenher sichtbar, während sich der ganze fernere Theil des Kopfes von oben der Besichtigung entzieht. Dieselben durch einen mässig schmalen Zwischenraum getrennt, gewölbt und verragend. Die unteren Augen äusserst klein, schwer sichtbar, wie bei *Acrops* dicht hinter der Einlenkungsstelle der Fühler gelegen. Halsschild transversal von den Decken abgerückt, der Vorderrand ausgeschnitten und zur Freilassung der Augen doppelbuchtig, die Ecken stumpf gerundet. Schildchen ziemlich klein, viereckig verrundet. Flügeldecken langgestreckt, von der Wurzel nach abwärts verschmälert, an der Spitze gerade abgestumpft die Schulterecken kantig vorspringend. Prosternum breit, hinter den

Hüften breiter werdend, an der Spitze gerade abgestutzt, die Seiten wenig gerandet. Mesosternum frei, klein. Metasternum in der Mitte vor den Hinterhüften, wie gewöhnlich, mit einer Längsfurche. Bauch aus 5 Ringen bestehend, die Seiten nach abwärts stark verschmälernd, die einzelnen Segmente gleich breit, nur das letzte kleiner, ein stumpfes Dreieck bildend. Beine wie bei *Gymnochila*, aber die Schienen ohne deutlichen Enddornen.

Der Gattung *Acrops* verwandt, aber abweichend, durch gestreckten, oben beschuppten und gewölbten Körper, durch den vierbuchtigen Vorderrand der Stirn, die querstehenden, minder genäherten oberen Augen und kürzere Endglieder der Taster.

In der Körperform mit *Gymnochila* übereinstimmend, sonst aber in vielen Punkten sehr wesentlich verschieden.

1. Xenoglena Deyrollei : *Elongata, postice attenuata, leviter convexa, fusco-ferruginea, minus dense ochraceo-squamulosa, subtus nigra, dense griseo-pubescens, antennis pedibusque piceo-rufis, oculis nigris; prothorace transverso, subinaequali, confertissime grosse punctato, lateribus leviter rotundato, angulis posticis subrotundatis; elytris thorace latitudine aequali, basi leviter trisinuatis, angulis humeralibus productis, confertim grosse striato-punctatis, interstitiis rugustis, angulosis, maculis 3 dorsali punctiformibus et fascia indistincta subapicali nigro-squamosa.*

Patria : Java.

Die Schüppchen der Oberseite sind wenig dicht, dreieckig, auf dem etwas unebenen Halsschilde fleckig, auf den Flügeldecken ziemlich reihig vertheilt. Auf den letzteren befinden sich jederseits 3 runde punktförmige aus schwarzen Haarschuppen bestehende Makeln, und zwar die oberste über, die zweite knapp unter der Mitte, die letzte noch etwas tiefer. Die erste und dritte stehen nahe der Naht, die mittlere ist mehr dem Seitenrande genähert. Ver der Spitze ist noch eine etwas buchtige Querbinde sichtbar.

In Herrn *Deyrolle's* Sammlung.

22. Genus Acrops Dalman.

Ephemer. ent. 1824. Pg. 15. — Anacypta Illiger, Erichson.

Oculi quatuor, superiores convergentes, valde approximati, vix prominuli. Frons producta, apice subsinuata. Antennae valde bre-

viores, 11 articulatae, clava valde abrupta, breviora, triarticulata.
Elytra crebre fortiter punctato-striata. Prosternum latum, lateribus
marginatum. Corpus supra vix pubescens aut squamulosum, aeneo-
subnitidum.

Mas.?

Körper ziemlich breit, leicht niedergedrückt, metallisch. Die Stirn
vorgezogen, wodurch die viereckige Oberlippe und die Mandibeln zurückgezogen erscheinen, am Vorderrande leicht ausgebuchtet, in der Mitte
derselben mit einer sehr kleinen dreieckigen Verragung. Die Fühler
nur wenig länger als der Kopf, die Fühlerkeule kurz oval, einfach, sehr
gut abgesetzt. Fühlerrinnen kurz, tief, convergirend. Die oberen Augen
sehr gross am Hinterrande des Scheitels gelegen, schräg stehend, und
sich am Hinterrande der Stirn fast berührend; die unteren sehr klein,
rundlich, unmittelbar hinter der Einlenkungsstelle der Fühler gelegen.
Halsschild kurz, nach vorn schwach verengt, vorn tief ausgerandet, die
Hinterwinkel abgerundet, die vorderen über die Augen hinausragend.
Schildchen fast dreieckig. Flügeldecken mit wenig abgesetztem Seitenrande, hinten gemeinschaftlich abgerundet. Die Schulterecken rechtwinkelig vortretend. Die Seitenränder des Halsschildes und der Flügeldecken äusserst fein gekerbt. Prosternum kurz, breit, hinter den Hüften
verbreitert, an der Spitze abgestutzt, die Seiten gerandet. Metasternum
hinten, wie gewöhnlich, mit einer Längsfurche. Die vorderen 4 Hüften
etwas entfernt stehend, die Beine kurz, einfach, die Schienen unbewehrt,
auch die Verderschienen ohne hackenförmigen Enddorn; an den Füssen
die 4 ersten Glieder sehr kurz, das Klauenglied kräftig, gross, mit einfachen starken, nicht langen Klauen; die Afterklaue am Grunde auffällig
stark und zapfenartig vorragend. Oberseite nicht, Unterseite fein, spärlich und undeutlich behaart.

*1. Acrops punctata : Obscura, thorax parum marginatus,
elytra valde punctato-striata, aenea, obscure nitida. Long. 4—5 mm.*
(Ex Fabr.)

Patria: Sumatra.

Nitidula punctata Fabr. Syst. El. I. 351.
Nitidula rupestricola Weber Obs. Ent. 48.
Nitidula metallica Dalm. Ephem. ent. 15.

Mir unbekannt.

*2. Acrops Dohrni : Obtuse ovalis, subdepressa, cupreo-aenea,
parum nitida, capite thoraceque crebre fortiter sed minus profunde*

punctatis, clytris crebre fortiter punctato-striatis, striis valde approxi-matis, piceo et nigro variegatis, subtus antennis pedibusque picco-nigris, subviridi metallico- nitidis. Long. 4,5 mm.

Patria : Borneo. *(Mus. Dohrn.)*

Die Unterseite ist fein und spärlich punktirt. Durch die nicht einfarbigen Flügeldecken von der vorigen wohl verschieden.

23. Genus **Narcisa** Pascoe.

Journ. of Ent. II. 1863. 28.

„Caput insertum, fronte verticali. Oculi divisi, superiores remoti, verticales. Antennae breves, articulo primo incrassato, clava sub-unilaterali, triarticulata. Maxillae lobo interiore obsoleto. Prothorax transversus, lateribus foliaceis. Elytra marginibus subdilatata, ser-rulata. Corpus ovatum, subdepressum."

Mir unbekannt.

1. Narcisa deridua : „Oborata, pallide ferruginca, squamis albidis tecta; antennis rufescentibus." „Long. 3½ lin."

Batchian.

24. Genus **Nosodes** Leconte.

Class. Col. North. Amer. I. 1861. Pg. 88.
Calitys Thoms. Skand. Col. 1862. IV. 191.

Oculi duo laterales, subrotundati, prominuli. Frons apice trun-cata. Antennae 11 articulatae, clava triarticulata. Prothorax medio sulcatus, antice bidentato-productus. Elytra basi juxta humeros in-cisa. Prosternum latum, lateribus fortiter marginatum. Corpus marginibus obtuse denticulatum ciliatumque.

Mas. Mentum sine fasciculo.

Körper breit, niedergedrückt, oben mit Höckern und höckerartigen, mit gekrümmten Börstchen besetzten Linien besetzt. Kopf klein, Stirn uneben, Vorderrand derselben fast gerade abgestutzt. Fühler mit ohr-förmig erweitertem, rauhem ersten Fühlergliede, die dreigliederige Keule einfach, die einzelnen Glieder in der Mitte aneinander gefügt, das letzte nicht grösser als die vorhergehenden. Augen rundlich oval, seitenständig, vorragend, von den Vorderwinkeln des Halsschildes weit überragend. Halsschild quer, fast von der Breite der Flügeldecken, mit stark gerun-

detem und gezähnelten Seiteitenrande, der letztere verflacht, die Scheibe
in der Mitte mit einer Furche, welche jederseits Höcker begrenzen
Schildchen klein, quer, höckerartig erhöht. Flügeldecken mit verflachtem
und gezähneltem Seitenrande. Oberseite mit beborsteten Längsrippen
welche vor der Spitze in Höcker endigen. Prosternum breit, gerandet
Schienen unbewehrt. Flügeldeckenumschlag auf der Unterseite breit
von der Mitte gegen die Spitze gleich breit, und auch am Innenrande
stumpf gezähnelt. Unterseite matt, roh, kaum sichtbar behaart.

Männchen ohne Haartuberkel auf dem Kinn.

1. Nosodes scabra : *Oblongo-quadrata, scabra, subdepressa
opaca, nigra, aut fusca; prothoracis elytrorumque dorso lineis elevatis
fasciculato-pilosis.*   *Long. 5--9 mm.*

Patria : Europa, Amer. bor.

Silpha scabra Thunb. Act. Upsal. IV. Pg. 15. Taf. 1, fig. 6.
Silpha dentata Fabr. Mant. I. 50.
Peltis silphides Newm. Ent. Mag. V. 378.
Peltis serrata Lec. Proc. Ac. Phil. 1859. 84.

Crotch vereinigt *N. silphides Newm.* ganz, *serrata Lec.* fraglich
mit *scabra*. Ich vermag in den nordamerikanischen Stücken, die mir
vorlagen, zwei Arten nicht gut zu erkennen.

2. Nosodes africana : *Oblongo-quadrata, convexa, nigra
opaca, squamis ochraceis parce, antice densius obsita; antennis pal-
busque ferrugineis, prothorace brevi, lato, margine laterali basique
utrinque serrato, dorso biseriatim tuberculato; elytris tenuiter punctato-striatis multi tuberculatis, margine serratis.*

Patria : Caffraria.   *Long. 4¹/₂--5¹/₂, lat. 2³/₄--3³/₄ mm.*

Peltis africana Bohem. Ins. Caffr. I. 580.

Mir unbekannt.

Tribus : **Peltini.**

Kopf ziemlich klein. Augen rund oder schwach quer.
Seitenrand des Halsschildes und der Flügeldecken meist flach
abgesetzt. Der umgeschlagene Rand der Flügeldecken ziemlich
breit, gewöhnlich bis zur Spitze gleich breit. Prosternum
schmal, häufig linienförmig, die Seiten selten ungerandet.

Vorderhüften ziemlich genähert. Körperform meist ähnlich der vorigen Gruppe.

Conspectus generum.

1a Antennae 9articulatae . . . . **Peltonyxa.**
1b Antennae 10articulatae.
  2a Unguiculi simplici, vix dentati . . . .   **Neaspis.**
  2b Unguiculi dentati.
    3a Mandibulae vix prominentae. Tarsi simplices, vix elongati.
      4a Corpus fere glabrum. Prosternum pone coxas ovale, rotundatum . . . . . . **Latolaeva.**
      4b Corpus dense pubescens aut subtomentosum. Prosternum pone coxas fere triangulariter subdilatatum . . . . . . **Ancyroua.**
    3b Mandibulae prominentae. Tarsi elongati . **Leptonyxa.**
1c Antennae 11articulatae.
  2a Antennarum clava biarticulata . . . . . **Holopleuridia.**
  2b Antennarum clava triarticulata.
    3a Caput prominens. Corpus plus minusve depressum, vix longius pubescens.
      4a Unguiculi dentati. Prothorax lateribus subserrulatus.
        5a Unguiculi connati . . . . **Eronyxa.**
        5b Unguiculi haud connati . . . . . **Micropeltis.**
      4b Unguiculi simplices, vix dentati. Prothorax lateribus haud serrulatus.
        5a Frons lateribus explanata. Prosternum tenuissimum, inter coxas anticas abbreviatum. Coxae posticae tuberculatim productae . . . . **Peltastica.**
        5b Frons lateribus vix explanata. Prosternum pone coxas prominens. Coxae simplicae . . . . **Ostoma.**
    3b Caput subretractum. Corpus supra metallicum, valde convexum, longe tenuissime pubescens . . . . **Thymalus.**

25. Genus Peltonyxa Reitter.

Frons apice truncata, utrinque exciso-emarginata, inter antennas basi transversim impressa. Mandibulae suboccultae. Antennae novem articulatae, articulo primo valde, secundo parum incrassato, clava triarticulata. Prothorax coleopteris vix angustior, transversus, antice vix emarginatus, truncatus, angulis anticis vix productis, obtusis, posticis rotundatis. Elytra punctato-striata. Prosternum inter coxas tenuissimum, apice non dilatatum. Pedes breves, femora incrassata, tibiae simplices, tarsi elongati, ungniculi dentati. Corpus elongatum vix perspicue pubescens.

Die Stirn am Vorderrande gerade abgeschnitten an den Seiten mit einem kleinen Ausschnitte, zwischen den Fühlerwurzeln quer vertieft. Mandibeln kaum sichtbar. Kiefertaster verlängert, das Endglied gestreckt, gegen die Spitze etwas verdickt, an der letzteren abgestutzt. Fühler neungliederig, das erste Glied stark, das zweite weniger verdickt, das dritte bis sechste dünner, ziemlich gleich breit, die drei letzten grossen eine gut abgesetzte, wenig dicht gegliederte Keule bildend. Augen an den Seiten des Kopfes ziemlich gross, rund, wenig vorragend. Halsschild quer, nach vorn leicht verengt, der Vorderrand gerade abgestutzt, die Vorderwinkel stumpf, nicht vorragend, die hinteren leicht abgerundet, die Seiten etwas aufgebogen. Schildchen mässig klein, glatt, fast halbrund. Flügeldecken länglich, an der Spitze gemeinschaftlich abgerundet, punktirt gestreift. Prosternum zwischen den Hüften schmal, gleich breit, an der Spitze abgerundet. Bauchringe von gleicher Grösse. Beine kurz, Schenkel kurz, verdickt, die Schienen einfach, mit kurzen, wenig auffälligen Enddornen; die Fusstarsen lang, nur wenig kürzer als die Schiene; Klauen lang, am Grunde mit einem Zahne.

Körperform einer gestreckten *Ostoma*, *(Peltis)*.

1. Peltonyxa Deyrollei: Elongata, laevissime subconvexa, fusco-ferruginea, subtus ferrugineo-testacea, subopaca, vix perspicue pubescens; capite thoraceque obsolete punctatis, hoc lateribus paulo dilutiore, elytris elongatis, striato-punctatis, interstitiis alternis elevatis.

Patria: Australia. Long. 4.5 mm.

Die nähere Beschreibung ist schon aus jener der Gattung zu entnehmen.

In der Sammlung des Herrn *Deyrolle* in Paris.

26. Genus **Neaspis** Pascoe.

Au. a. Mag. of Nat. Hist. 1872 et 1873. IV. Vol. X et XI. Pg. 317.
Rigidia Reitter i. litt.

Frons apice truncata*). Antennae decemarticulatae, clava triarticulata, articulis duobus ultimis frequens quasi conjunctis**). Tibiae
anticae unco corneo armatae. Unguiculi vix dentati, simplices. Corpus
fere ut in gen. Ostoma.

Körperform länglich eval, ungefähr wie *Ostoma oblonga*, die Oberseite spärlich, fast schüppchenartig behaart, die Unterseite nahezu glatt.
Fühler 10gliederig mit gut abgesetzter dreigliederiger Keule, wovon die
beiden letzten Glieder manchmal wie verschmolzen erscheinen. Endglied
der Taster ziemlich lang. Stirn fast oben, am Vorderrande abgestutzt.
Augen rundlich. Prosternum hinter den Hüften abgerundet, wie bei
Ostoma, einfach***). Halsschild von der Breite der Flügeldecken, nach
vorn verengt, mit vorragenden Vorderecken, die vordere Ausrandung
gross. Schildchen klein, dreieckig gerundet. Flügeldecken gleich breit,
am Ende gespitzt gerundet, die Scheibe dicht kerbartig gestreift. Innerer
Dorn der Vorderschienen gross und hackenförmig. Klauen einfach.

Hieher folgende 3 Arten:

1. Neaspis subtrifasciata : Elongato-ovalis, subopaca,
nigra, lateribus prothoracis elytrorumque, antennis, pedibus corpore
infra ferrugineis; supra setulis **ochraceis** et nigris brevibus subsqua-
malosis minus dense variegatis; capite thoraceque confertissime grosse
minus profunde punctulatis, punctis minoribus intermixtis, interstitiis
angustissimis, sublateralis; elytris crebre sat fortiter striato-punctatis,
interstitiis angustis, alternis bicriniatim breviter ochraceo-setulosis,
alternis laevibus, setulis ochraceis **fere fasciis 3** transversis subferru-
gineis *formantis.*   Long. 4.5 mm.

Patria: Australia.

Der *N. sculpturata* sehr ähnlich, aber durch die Sculptur der
Flügeldecken verschieden. Die Seiten des Körpers sind auch viel kürzer,
mit gebogenen Härchen gefranzt; die helleren, weisslich-braunen schüppchenartigen Härchen formiren 3 ziemlich deutliche, breite Querbinden.
Die einzelnen Glieder der Fühlerkeule sind von einander gut abgesetzt.

In der Sammlung des Herrn *Deyrolle* in Paris.

———

*) Siehe Taf. II, fig. 26.
**) Siehe Taf. II, fig. 27.
***) Siehe Taf. II, fig. 28.

2. Neaspis villosa : „*Depresso, ovalis, supra fusca et grisea-viltosa, marginibus prothoracis, labro, antennis corpore infra pedibusque pallide ferrugineis; capite prothoraceque sat vage punctato, scutello semicirculari; elytris lateribus parallelis, prothorace parum angustio-ribus, dorso striato-punctatis, subrugosis.* Long. 2—2½ lin.*

Patria : Australia.

Pascoe, l. c. Pg. 317.

Von *N. sculpturata* durch die Sculptur der Flügeldecken abweichend, von *subtrifasciata* durch die Fühlerkeule, welche wie bei *sculpturata* geformt ist, sich entfernend.

3. Neaspis sculpturata : *Elongato-ovalis, nitida, nigra, lateribus prothoracis elytrorumque, antennis, pedibus, corpore infra ferrugineis, supra setulis albidis et nigris brevibus subsquamulosis minus dense variegatis, capite thoraceque parce fortiter, minus pro-funde punctatis, interstitiis punctorum subtilissime dense punctulatis; lateribus thoracis elytrorumque subtiliter lanuginoso-ciliatis, his dense aequaliter punctato-striatis, interstiis angustissimis leviter elevatis et dense interruptis, alternis paullo magis elevatis.*

Long. 4.4 mm. — Taf. II, fig. 29.

Patria: Nova Hollandia. (*Mus. vom Bruck.*)

Länglich oval, niedergedrückt, glänzend, schwarz, die Seiten nicht sehr breit abgesetzt, mit feinen Härchen gefranzt, die abgesetzten Seiten, Unterseite, Fühler und Beine rostroth. Die 2 Endglieder der Fühler sehr nahe mitsammen verbunden, wesshalb die Keule fast zweigliedrig erscheint. Kopf ziemlich eben und so wie das Halsschild ziemlich grob aber seicht und weitläufig punktirt, die Zwischenräume mit dichten kleinen Pünktchen besät; das letztere 2½ mal so breit als lang, nach vorn verengt, der Vorderrand breit ausgeschnitten, die Vorderwinkel vor-ragend, die Scheibe mit weissen und schwarzen kleinen, schüppchen-artigen Börstchen besetzt, welche besonders auf den Flügeldecken mehr oder minder unbestimmte Zeichnungen bilden. Schildchen mit hellen Börstchen ziemlich dicht besetzt. Flügeldecken viermal so lang als das Halsschild in der Mitte, gleich breit, hinter der Mitte gegen das Ende gespitzt gerundet, die Scheibe dicht gleichmässig ziemlich grob aber flach punktirt gestreift, die Zwischenräume sehr schmal, erhaben und dicht punktförmig unterbrochen, die abwechselnden etwas erhabener als die andern.

Von Melbourne. In Herrn vom *Bruck's* Sammlung.

In diese Gattung dürfte auch gehören:

4. Nitidula squamulata: „Supra fusca, squamosa, subtus rufo-ferruginea, thorace antice profunde emarginato, scutello minuto, rotundato, elytris dense punctato-striatis, acuminatis." *Long. 2 lin.*

Patria: Luzon.

Eschsch. Entomogr. 1822. Pg. 47.

27. Genus Latolaeva Reitter.

Frons apice in medio subdentata*). Palpi maxillares et labiales articulis ultimis elongatis, plus minusve subincrassatis. Antennae decemarticulatae, clava triarticulata, elongata soluta. Prosternum pone coxas haud evidenter dilatatum, apice rotundatum**). Tibiae anticae unco corneo armatae. Unguiculi basi dentati***). Corpus breve, lato-ovale, fere glabrum aut brevissime vix perspicue pubescens.

Körperform sehr breit oval, fast kreisförmig, niedergedrückt, glatt, fast unbehaart. Sehr selten sind kurze, und sehr feine, kaum bemerkbare Börstchen vorhanden. Fühler 10gliederig, die Keule 3gliederig, lose aneinander gefügt, wenig kürzer als die Geissel. Endglied der Taster verlängert, manchmal schwach beilförmig. Stirn kaum mit einem Quereindrucke, fast eben, am Vorderrande in der Mitte mit einem deutlichen kleinen dreieckigen Zahne. Augen ziemlich rund. Kinn die ganzen unteren Mundtheile frei lassend. Fühlerfurchen markirt, tief, schräg nach innen gerichtet. Prosternum hinter den Hüften oval, an der Spitze abgerundet. Halsschild an der Basis von der Breite der Decken, kurz und stark quer, nach vorn stark verengt, mit spitz-abgestutzten Ecken. Die Vorderwinkel vorragend. Schildchen halbkreisförmig. Flügeldecken breit, gerundet, wie das Halsschild mit breit abgesetztem Seitenrande, die Scheibe streifig punktirt. Vorderschienen mit viel grösseren inneren Enddornen. Klauen deutlich gezähnt.

1. Latolaeva ovalis: Lato-ovalis, depressa, nitida, ferruginea, oculis nigris; capite fortiter sat dense punctato, prothorace antice valde angustato, minus dense, sat profunde punctato, succulis

*) Siehe Taf. II, fig. 30.
**) Siehe Taf. II, fig. 31.
***) Siehe Taf. II, fig. 32.

parvis ante basi instructis: elytris lateribus valde explanatis, rotundatis, dorso punctato-striatis, interstitiis seriatim punctatis.

Patria: Java, Borneo. *Long.* 7, *lat.* ferre 5 mm. *Taf.* II, *fig.* 33.

Peltis oralis Mac. Leay, Annul. jav. Pg. 39.

Latolaeva cassidens Rtt. i. litt.

Sehr breit elliptisch, fast kreisförmig, niedergedrückt, rostroth, glänzend, die Unterseite heller gelbroth. Stirn kräftig und ziemlich dicht punktirt. Halsschild nach vorn sehr stark verengt, der Seitenrand sehr breit aufgebogen, aber nicht dicht, mässig stark punktirt, die Scheibe vor dem Hinterrande mit 4—6 kleinen, querstehenden Grübchen. Schildchen fein punktirt. Flügeldecken kreisförmig gerundet, der Seitenrand sehr breit abgesetzt und kräftig punktirt, die Scheibe gestreift, in den Streifen punktirt, die Zwischenräume mit einer sehr deutlichen Punktreihe. Das Endglied der Kiefertaster gestreckt, schwach beilförmig. Die Fühlerkeule sehr lang, lose gegliedert, wenig kürzer als die vorhergehenden Glieder zusammen.

Aus Java und Borneo; von Herrn Dr. *C. A. Dohrn* freundlichst mitgetheilt.

2. *Latolaera cassidoides*: *Breviter-ovalis, depressa, nitida, ferruginea, oculis nigris, parce haud perspicue nigro-pubescens, capite crebre fortiter punctato, prothorace antice angustato, minus dense sat profunde punctato; elytris subparallelis, apice rotundatis, lateribus minus valde explanatis, dorso elevato-subtincatis, interstitiis sat profunde biseriatim punctatis.* *Long* 7, *lat.* 4—4.5 mm.

Patria: Malacca. *(Mus. Chevrolat.)*

Breit oval, niedergedrückt, rostroth, glänzend, die Unterseite heller gelbroth. Kopf etwas uneben, dicht und kräftig punktirt. Halsschild nach vorn verengt, der Seitenrand mässig breit aufgebogen, oben nicht dicht, ziemlich tief punktirt. Schildchen einzeln, feiner punktirt. Flügeldecken gleich breit, die Spitze abgerundet, so dass der ganze Käfer eine mehr viereckige Form erhält, oben und unten aber zugerundet ist. Die Scheibe der Decken mit mehreren (6—7) erhabenen Längslinien, deren Zwischenräume mit 2 kräftigen Punktreihen besetzt sind. Der Seitenrand ist schwächer als bei *L. oralis* aufgebogen, innen dicht und stark punktirt. Das Endglied der Kiefertaster gestreckt, wenig verdickt an der Spitze abgestutzt. Fühlerkeule deutlich kürzer als die Geissel.

3. *Latolaera Ferrarii*: *Breviter ovalis, depressa, nitida, parce haud perspicue nigro-pubescens, picea, lateribus omnis antennis*

pedibusque corpore infra **ferrugineis** *; capite crebre fortiter-,* **thorace minus**
dense subtiliter punctulatis; hoc antice angustato; elytris subparallelis
lateribus, apice rotundatis, lateribus sat late explanatis, **in dorso sub-**
elevato-lineatis, **interstitiis sat profunde** *biseriatim punctulatis.*

Patria: Ins. Batschian. *Long. 5.; lat. 3.; mm.*

Von *L. cassidoides* nur im folgenden abweichend. Die Oberseite
ist dunkel pechbraun, die Seitenränder des Käfers und die ganze Unterseite sammt Fühler und Beine ist rostroth, die Sculptur ist der ersteren
Art sehr ähnlich, aber die Punktirung des Halsschildes ist etwas weit-
läufiger und feiner, endlich ist diese Art bedeutend kleiner.

Im k. k. Naturalien-Kabinet in Wien, Herrn Grafen v. Ferrari
zu Ehren benannt.

In diese Gattung dürfte vielleicht gehören

4. **Peltis** *brasilica: „Oblonga, parallela, brunneo-picea,*
thorace laevigato, *elytris punctato-striatis." Long 1¾. Lat. lum 1¼."*

„Habitat in Deserto Prov. Minarum."

Perty, Del anim. 34 Taf. 7, fig 11.

„Caput punctulatum, inter oculos impressum. Thorax antice
profunde emarginatus, margine laterali reflexa; politus, sub lente vage
punctulatus. Elytra thorace paulum latiora, parallela, plana, postice
rotundata, ad apicem vix emarginata, insigniter punctato-striata,
nitida. Antennae fere capitis thoracisque longitudine submoniliformes,
apicem versus crassiores, brunneae. Pedes et abdomen dilate brunneis."

28. Genus Ancyrona Reitter.

Frons apice in medio vix dentata, truncata *). Palpi maxillares
et labiales articulis minus elongatis, simplicibus. Antennae decemarticulatae, clava triarticulata, soluta. Prosternum pone coxas tri-
angulariter dilatatum **). Tibiae anticae unco corneo armatae.
Unguiculi basi dentati ***) Corpus latum, pubescens aut subtomen-
tosum.

Mit dem Gen. Lalolaena nahe verwandt und in folgendem abweichend. Der Körper ist etwas weniger breit, aber sonst sehr ähnlich,
dicht, manchmal sammtartig behaart, häufig ist der ganze Seitenrand

*) Siehe Taf. 11, fig. 34.
**) Siehe Taf. 11, fig. 35.
***) Siehe Taf. 11, fig. 32.

mit dicht gestellten langen Härchen gefranzt. Die Fühlerkeule ist viel kürzer als die Geissel, einfach. Die Endglieder sämmtlicher Taster sind einfach, kaum sichtbar verlängert. Die Stirn ist ebenfalls eben, aber am Vorderrande kaum mit der Spur eines dreieckigen Zahnes in der Mitte. Prosternum hinter den Mittelhüften scharf dreieckig erweitert, und zwar so, dass sich jederseits an den Hüften ein Eck, und am Ende des Prosternums das dritte befindet.

1. Ancyrona lanuginosa : *Lata, oblongo-ovata, deplanata, nitida, ferruginea, longe-lanuginosa, lateribus longe lanuginoso-ciliatis. capite rugoso-punctato, prothorace antice angustato, lateribus haud arcuatis, fortiter punctato, angulis anticis productis; elytris thoracis basi latitudine, sed triplo longioribus, subparallelis, apice rotundatis. per parum fortiter punctato-striatis, interstitiis alternis subcarinato-elevatis; corpore subtus fere glabro-punctato; marginis corpore subtus pedibusque rufescentibus, antennis piceis, articulo ultimo rufo-ferrugineo.*

Patria: Ceylon.   Long. 6 — 7 mm.

Ostoma lanuginosa Motsch., Bull. Mosc. 1863. II. 506.

2. Ancyrona Caffra : *Lata, oblongo-ovalis, deplanata, ferruginea, nitida, lanuginoso-pubescens; capite thoraceque minus dense sat profunde punctato, hoc antice angustato, angulis anticis productis. elytris thoracis latitudine sed triplo longioribus, breviter ovalis, lateribus late explanatis, per parum sat fortiter punctato-striatis, interstitiis alternis subcarinato-elevatis, antennis pedibusque, corpore infra laete ferrugineo-testaceis.*   Long. 4.2 mm.

Patria: Cap bon spei. *(Mus. Chevrolat.)*

Kleiner als *A. lanuginosa*, mehr gerundet, ohne Haarbefranzung auf den Seiten; sonst ihr sehr ähnlich.

3. Ancyrona Lewisi : *Lata, oblongo-ovalis, deplanata, ferruginea, supra opaca, nigro-variegata, setulis brevibus nigris et albidis sat dense vestito; capite thoraceque punctatis, hoc antice angustato. lateribus haud arcuatis, angulis anticis obtuse-productis; elytris thoracis basi latitudine, sed triplo longioribus, subparallelis, apice rotundatis, lateribus sat late explanatis; subtiliter per parum punctato-striatis, interstitiis alternis obsolete elevatis; corpore subtus fere glabro, vix perspicue punctato, ferrugineo.*   Long. 4.2 mm.

Patria: Japan. *(Mus. G. Lewis.)*

Ausgezeichnet durch die matte Oberseite. Diese ist mit einem sammtartigen, äusserst feinen undeutlichen Ueberzug belegt, welcher die Punktirung fast ganz bedeckt und der Oberseite das matte Aussehen gibt. Die interessante Art ist dunkel rostroth, mit unbestimmten dunklen Schattirungen, und mit feinen, weissen, schüppchenartigen Börstchen auf der dunklen Fläche besetzt.

In diese Gattung dürften noch folgende mir unbekannte *Peltis*-Arten gehören:

4. *Ostoma subrotundata :* „*Breviter ovata, deplanata, sub-opaca, ptariata, squamulis nitidis albidis adspersa, nigro-picea, thoracis elytrorumque marginis lato, suturaque minus distincte* **testaceis,** *oculis antennarumque clava nigris, mandibulis palpis antennarum basi pedibusque rufo-testaceis ; capite triangulari antice subtruncato, squa-* **mulis** *albidis adsperso, mandibulis paullo exsertis ; thorace valde trans-* **verso,** *trapezoidali, sparsim albo-squamuloso-setoso, angulis productis,* **acutis,** *apice subrotundatis, lateribus* **fere rectis,** *valde obliquis, reflexis ;* **elytris** *thorace paullo latioribus et plus duplo longioribus, reflexis,* **sublestaceo-tessellatis,** *punctato-striatis, interstitiis per pariam interrupte* **albo-squamuloso** *picturatis et fascis arcuatis, sinuatis formantibus.*“

Patria : Ceylon.   *Long.* 1²/₅ *lin., lat. elyt.* ³/₄ *lin.*

Motschulsky, Bull. Mosc. 1863. II. 507.

5. *Peltis nigrita :* „Oben dunkelbraun, ziemlich glänzend, an den Seiten rostroth, bedeckt mit einer ziemlich langen und dichten grauweissen Behaarung, welche auf den Flügeldecken Linien bildet. Länglich, ein wenig gewölbt. Kopf und Halsschild fein runzelig. Das letztere nicht gerandet, an den Seiten fein aufgebogen. Schildchen quer. Flügeldecken mit breiten, stark crenulirten Streifen, getrennt durch erhabene Zwischenräume. Seiten nicht gerandet, gestreckt aufgebogen. Länge 5½, Breite 3 mm.“

Patria : Gabon.

Thoms., Arch. Ent. II. 45.

6. *Peltis ciliata :* „*Oblongo-ovata, depressa,* brunnea, puncta-*lata,* setosa, lateribus ciliatis ; *elytris striato-punctatis.*“

Patria : Old Calabar.   *Long.* 2¼ *lin., lat.* 1 *lin.*

Murray, Ann. nat. hist. XIX. 1867. 337.

7. **Peltis crenata:** „Oblongo-ovata, depressa, brunnea, punctata, breviter subsetosa, elytris crenato-striatis."

Patria: Old Calabar.　　　　　Long. 2 ¼ lin., lat. 1 lin.

Murray, l. c. 336.

29. Genus Leptonyxa Reitter.

Frons apice truncata, inter oculos vix impressa. Mandibulae prominentae. Antennae decemarticulatae, sat graciliores, clava triarticulata, soluta. Prothorax coleopteris basi vix angustior, transversus, angulis rotundatis, haud productis, lateribus vix evidenter serratis. Prosternum apice tenuissime elevatum, pone coxas non dilatatum*). Tarsi omnes subelongati**). Unguiculi dentati.

Körper länglich, dem Genus Eronyxa ähnlich, überall fein und kurz behaart. Kopf vorgestreckt, frei, schmäler als der Vorderrand des Halsschildes. Augen an den Seiten des Kopfes, mässig gross, rund, stark vorragend. Stirn oben, Vorderrand fast abgestutzt. Mandibeln bedeutend vorragend, kräftig, die obere Fläche etwas muldenförmig ausgehöhlt. Kiefertaster dünn, mit länglich eiförmigen, an der Spitze abgestumpften, grossen Endgliede. Fühler nur 10gliedrig, ziemlich dünn, mit 3gliederiger, schmaler, länglicher, lose gegliederter Keule. Halsschild stark transversal, von der Breite der Flügeldecken, von der Wurzel nach vorn schwach verengt, mit sämmtlich abgerundeten, nirgends vortretenden Ecken und mit abgesetzten und aufgebogenen Rändern. Schildchen ziemlich klein, halbrund. Flügeldecken mehr als doppelt so lang als zusammen breit, hinter der Mitte schwach erweitert, die Spitze leicht gespitzt gerundet. Prosternum zwischen den Vorderhüften äusserst schmal, linienförmig erhaben, gleich schmal. Füsse schmal und verlängert, wenig kürzer als die Schienen, mit langem Klauengliede, die Klauen nicht verwachsen, in der Mitte mit einem Zahne.

1. Leptonyxa brevicollis: Elongata, subdepressa, minus dense breviterque fulvo-pubescens, nigra, antennarum basi pedibusque rufo-testaceis, capite thoraceque ataluceis, subopacis, hoc lateribus fortiter minus profunde punctato, dorso linea longitudinali obsoletissima subimpressa, elytris luteis, confertim fortiter fere seriatim punctatis, tarsis piceis.　　　　　Long. 5 — 6 mm.

*) Siehe Taf. II, fig. 36.
**) Siehe Taf. II, fig. 37.

Mas. Mandibulis prominulis; elytris subparallelis, pone medium vix evidenter ampliatis, unicoloribus. Taf. II, fig. 38.

Fem. Mandibulis minus prominulis; elytris sat latis, pone medium leviter subampliatis, luteis, *lateribus et fasciis* 2 *transversis subarcuatis piceo-infuscatis.* Taf. II, fig. 39.

Patria: **Columbia.**

Micropeltis brevicollis Moritz i. litt.

Länglich, etwas niedergedrückt, schwarz, oder dunkel braunschwarz, die Flügeldecken, die Wurzel der Fühler, die Beine mit Ausnahme der geschwärzten Füsse bräunlichgelb oder rothgelb. Kopf und Halsschild matt, hautartig chagrinirt, die hautartige Netzelung aus runden sehr dichten Zellen gebildet. Die Mandibeln beim ♂ stark, beim ♀ etwas vorragend, schwarzbraun. Halsschild nahezu 3mal so breit als lang, nach vorn wenig verengt, mit nicht vorstehenden abgerundeten Winkeln, die Seiten abgesetzt und aufgebogen, die Scheibe in der Mitte sehr vereinzelt und fein, an den Seiten dick und dichter, aber ganz seicht punktirt. Schildchen braunschwarz. Flügeldecken bräunlichgelb, gedrängt und stark, fast reihenweise punktirt, beim ♂ höchstens so breit als das Halsschild, ziemlich gleich breit und einfärbig, beim ♀ hinter der Mitte schwach erweitert und mit 2 dunklen Querbinden auf der Scheibe, wovon die obere sich vor der Mitte befindet und sich an der Naht etwas erweitert; die untere steht unter der Mitte und beide werden an den Seiten durch einen dunklen Längswisch verbunden. Der umgeschlagene Rand der Flügeldecken ist röthlichgelb oder braungelb.

Im k. k. zoologischen Naturalien-Kabinet in Wien.

2. *Leptonyxa costipennis: Elongata,* subdepressa, *parcissime griseo-pubescens,* nigra, *antennarum* basi ferruginea, *pedibus* testaceis; *capite thoraceque alutaceis, subopacis,* minus dense *fortiter punctulatis, hoc in dorso puncturi* magis obsoleta, *lateribus rufo-limbatis; elytris elongatis, confertissime grosse striato-punctulatis, tenuiter tricostalis,* nigro-fuscis, *fasciis duabus nonnunquam* valde obliquis, *in medio connexis,* luteis, *lateribus rufo-marginatis.* Long. 4—5 mm.

Fem. Elytris apicem versus distincte ampliatis

Patria: **Brasilia.**

Der *Leptonyxa brevicollis* in der Körperform ähnlich, das Halsschild hat in der Mitte keine wahrnehmbare Längsfurche, die Flügeldecken sind gedrängt punktirt gestreift, die einzelnen Punkte gross, fast viereckig, die Zwischenräume sehr schmal, jede Decke mit 3 erhabenen feinen Rippen. Die braunschwarzen, gelbroth gerandeten Decken zieren beim Weibchen zwei strohgelbe Querbinden, wovon eine knapp vor, die zweite hinter der Mitte steht, durch die Naht unterbrochen sind und den Seitenrand nicht erreichen. Beim Männchen beginnt die obere in der Nähe der Schultern, zieht sich schräg abwärts gegen die Naht und verbindet sich mit der hinteren queren und kurzen Querbinde.

In der Sammlung des Herrn *Degrolle* in Paris.

30. Genus Holopleuridia Reitter.

Frons apice rotundata, in medio subemarginata, inter antennas longitudinaliter leviterque biimpressa. Antennae 11 articulatae, articulis 2 basalibus minus incrassatis, clava biarticulata, valde abrupta. Prothorax coleopteris paullo angustior, transversus, antice angustatus, angulis anticis prominulis, lateribus marginato-reflexus, dorso multo foveolato, utrinque arcuatim longitudinaliter bicostato. Elytra apicem versus ampliata, punctato-striata, interstitiis alternis acute elevatis, alternis planis, latis, striola prope scutellum utrinque abbreviata. Prosternum inter coxas sat angustum, pone coxas deflexum. Pedes tenues, tibiis tarsisque simplicibus, unguiculi basi leviter dentati. Corpus elongato-obovatus, minus convexus, fere ut gen. Ostoma.

Körperform einer echten *Ostoma*. Der Kopf schwach, länglich, stumpf dreieckig, die Stirn vorn abgerundet, in der Mitte breit und schwach ausgebuchtet. Oberlippe kurz, quer, wenig sichtbar. Die Mandibeln schwer sichtbar. Endglied der Kiefertaster länger als breit, an der Spitze abgestutzt, das der Lippentaster länglich, am Ende leicht zugespitzt. Fühlerrinnen ziemlich deutlich, lang, gerade, convergirend. Die Oberseite des Kopfes zwischen den Fühlerwurzeln beiderseits schwach längsvertieft, die Seitenränder schwach aufgebogen. Fühler unter dem schwach verbreiterten Seitenrande der Stirn vor den Augen eingelenkt, ziemlich dünn, aber höchstens die Mitte des Halsschildes erreichend. 11gliederig, die 2 ersten Glieder auffällig wenig verdickt, die Keule stark abgesetzt, 2gliederig, die einzelnen Glieder derselben dicht aneinander gefügt, breiter als lang. Die Augen an den Seiten des Kopfes stehend, rundlich, klein, mässig vorragend. Halsschild quer, schmäler als die Flügeldecken, nach vorn verengt, der Vorderrand ausgeschnitten, die Vorderwinkel vorragend, der Seitenrand ziemlich breit abgesetzt und leicht aufgebogen, die Scheibe in der Mitte mit 3 Gruben und beiderseits

mit 2 erhabenen buchtigen Längskielen. Schildchen sehr klein, fast
viereckig. Flügeldecken gegen die Spitze breiter werdend, (ob nur beim
♀?) an der letzteren gemeinschaftlich abgerundet, sehr fein punktirt
gestreift, die abwechselnden Zwischenräume kantig erhaben, die anderen
eben. Neben dem Schildchen ist ein Streifrudiment vorhanden. Die
Seitenränder des Körpers sind sehr fein gekerbt. Prosternum zwischen
den Hüften ziemlich schmal, hinter diesen nach abwärts gebogen. Die
Bauchringe von ziemlich gleicher Länge. Die Beine dünn, einfach, die
Füsse nicht sehr kurz, einfach, mit langem Klauengliede; die Klauen
sehr schwach gezähnt.

*1. Holopleuridia maculosa: Nitidula, parce brevissime
subsetulosa, nigro-fusca, antennis, fronte antice, prothoracis lateribus
ferrugincis, pedibus piceis; capite crebre rugulosa punctato, prothorace
transverso, confertissime subtiliter rugulosa punctato, apice fortiter
emarginato, basi bisinuato, angulis posticis subobtusis, dorsa trifovc-
lato, (foveolis duabus posticc, una majore antice), utrinque longitudinaliter arcuatim tenuiterque costatis; elytris testaceo-brunneis, dense
nigro-maculosis, maculis minutis, plus minusve seriatis; subtiliter
punctato-striatis et seriatim subsetulosis, stria scutellari abbreviata,
interstitiis planis, alternis acute elevatis, costis seriatim breviter subsetulosis, costa secunda ante medium interrupta. Long. 3.3 mm.*

Patria: Columbia.

La Luzera; von Herrn Steinheil entdeckt und in dessen Sammlung
befindlich.

31. Genus Eronyxa Reitter.

Frons inter antennas transversim impressa, apice truncata*).
Antennae 11 articulatae, clava triarticulata**). Prothorax coleopteris
angustior, lateribus serrulatus, angulis anticis haud productis. Elytra
vix striata. Coxae simplicae. Tibiae anticae unco corneo-armatae.
Tarsi posteriores subelongati. Unguiculi dentati, connati***).

Körper länglich, überall fein behaart, an eine *Lagria* erinnernd.
Kopf vorgestreckt, ganz frei. Stirn zwischen den Augen quer eingedrückt,
der Vorderrand abgestutzt. Augen rund, vorstehend. Fühler 11gliederig,
die 2 ersten Glieder verdickt, das erste stärker erweitert, die Keule

*) Siehe Taf. II, fig. 10.
**) Siehe Taf. II, fig. 11.
***) Siehe Taf. II, fig. 12.

3gliederig, einfach. Halsschild stark quer, schmäler als die Flügeldecken, die Seiten fein gezähnelt, die Vorderwinkel kaum vorragend.
Schildchen klein, quer. Flügeldecken länglich oval, wie das Halsschild
mit breit abgesetztem Seitenrande, die Scheibe gedrängt stark punktirt,
die Punkte kaum in Reihen geordnet. Prosternum schmal, etwas über
die Hüften hinausragend, gleich breit, an der Spitze abgestumpft. (Siehe
Taf. II. fig. 43.) Beine einfach, die 4 hinteren Füsse verlängert, die
Klauen gezähnt und beide aneinander verwachsen. Vorderschienen mit
längerem inneren Enddorne.

1. Eronyxa lagrioides : *Elongata, deplanata, nitida, supra
minus dense fulvo-pubescens, nigra, fronte apice, lateribus prothoracis
anticnis pedibusque ferrugineis, capite thoraceque sat crebre punctatis,
hoc lateribus serrulato, leviter rotundato, angulis haud productis;
elytris thorace latioribus, subodestoceis, confertim fortiter irregulariter-
que punctatis.* Long. 5 mm. Taf. II, fig. 44.

Patria: California. (Mus. Jekel.)

Länglich, niedergedrückt, glänzend, rothgelb, mässig dicht behaart,
schwarz, die Seiten des Halsschildes, der Vorderrand der Stirn, Fühler,
Beine und der umgeschlagene Rand der Decken rostroth, Flügeldecken
röthlich gelbbraun. Kopf und Halsschild ziemlich dicht und fein punktirt,
das letztere quer, reichlich doppelt so breit als lang, der Vorderrand
kaum sichtbar ausgerandet, der Hinterrand beiderseits gebuchtet, die
Seiten mässig abgesetzt, in der Mitte leicht gerundet, überall fein gezähnelt mit einzelnen abstehenden Härchen besetzt, die abgestumpften,
aber ziemlich kantigen Winkel kaum vorragend. Schildchen quer, gelbroth. Flügeldecken länglich, hinten gespitzt gerundet, mit ziemlich stark
abgesetztem und aufgebogenem Rande, die Scheibe gedrängt unregelmässig
grob punktirt.

32. Genus **Micropeltis** Redtenbacher.

Reis. Novar. II. 1867. 38.

Frons subplana, apice truncata *). Antennae 11articulatae, clava
triarticulata **). Prothorax coleopteris vix angustior, lateribus serrulatis, angulis anticis vix productis. Coxae simplicae. Tibiae muticae.
Unguiculi dentati.

*) Siehe Taf. II, fig. 45.
**) Siehe Taf. II, fig. 44.

Körperform einer kleinen *Ostoma*. Kopf vorgestreckt, frei. Vorderrand der Stirn abgestutzt, die Stirnfläche kaum quer eingedrückt. Augen
rund, stark vorragend. Fühler 11gliederig, mit 3gliederiger wie bei
Promium geformter Keule. Halsschild von der Breite der Flügeldecken, die
Seiten stark verflacht, diese gerundet, gezähnelt, nach vorn etwas mehr
als nach rückwärts verengt, mit abgerundeten Winkeln, die vorderen
Winkel kaum vorragend. Schildchen klein, fast quadratisch. Flügeldecken länglich, hinter der Mitte schwach erweitert, die Spitze abgerundet,
die Scheibe gedrängt und grob punktirt, mit oder ohne mehreren erhabenen
Längsrippen. Prosternum hinten sehr schmal, über die Vorderhüften
kaum hinwegragend. Mittelhüften nur durch einen sehr schmalen linienförmig erhabenen Fortsatz der Mittelbrust von einander getrennt. Vorderschienen mit kaum sichtbaren Enddornen an der Spitze. Klauen gezähnt.

1. *Micropeltis serraticollis*: *Nigra, nitida, rapide prothoraceque alutaceis, parce punctatis, elytris pone medium subampliatis,
non costatis, confertim fortiter profunde seriatim punctatis, nigro-
piceis, vittis duabus apice abbreviatis, antice obsoletis nigris, lateribus
apiceque testaceis; antennis pedibusque rufo-ferrugineis.*

Patria: Chili.   *Long. 3.5 mm. — Taf. II, fig. 46.*

M. serraticollis Redt., Reise Novar. Pg. 39, Taf. 2, fig. 4.

2. *Micropeltis incostata*: *Nigra, nitida, capite thoraceque
vix alutaceis, dense punctatis, hoc lateribus rufo-marginatis, obsolete
serrulatis, dorso inaequali, elytris subparallelis, apice conjunctim
rotundatis nigris, punctato-striatis, interstitiis distincte subseriatim
punctatis, alternis laberalibus minimis ferrugineis parce seriatim instructis, apice et lateribus brunneo-piceis; antennis piceis, pedibus
ferrugineis.*   *Long. 3 mm.*

Patria: Chili.

Schwarz, glänzend, nicht hautartig genetzt. Kopf dicht punktirt,
mit einem hufeisenförmigen Eindrucke zwischen den Fühlerwurzeln; Halsschild doppelt so breit als lang, dicht punktirt, vor dem Schildchen mit
einem Grübchen, vor demselben gegen das Ende, sowie beiderseits der
Scheibe noch mit einem schwachen Längseindrucke, die Seiten leicht
gerundet, rostroth. Flügeldecken nach hinten nicht bauchig erweitert,
kräftig und dicht punktirt gestreift, die Zwischenräume fast reihig,
deutlich punktirt, die abwechselnden mit einer Reihe weitläufig stehender,
kleiner, wenig vorragender Tuberkeln, der Seitenrand und die Spitze

braungelb. Fühler pechbraun, die Wurzelglieder etwas heller, die Beine
rostroth.

Aus Chili, in meiner Sammlung.

3. *Micropeltis costulata* : *Ferruginea, lateribus omnino
dilutiore ; setulis brevibus depressis parce obsitus ; prothorace lateribus
rotundatis, dorso crebre subtiliter ruguloso; elytris pone medium levissime subcomplanatis, confertissime grosse subseriatim punctatis, elevato-
tricostatis, costis interioribus antice-, intermediis prope medio interruptis.* Long. 2.5 mm.

Patria: Chili. (*Mus. Chevrolat.*)

Rostroth, die Ränder des Körpers, Fühler und Beine etwas heller,
auf der Oberseite mit feinen schüppchenartigen, niederliegenden Börstchen
nicht dicht besetzt. Kopf und Halsschild von einer feinen runzelartigen
Sculptur durchzogen, kaum punktirt. Flügeldecken äusserst gedrängt
grob und tief, fast reihenweise punktirt, jede Scheibe mit 3 erhabenen
Rippen, wovon die innersten vor der Mitte, die mittleren in der Mitte
kurz unterbrochen sind.

Ebenfalls von Chili.

33. Genus Peltastica Mannheim.

Bull. Mosc. 1852. II. 334.

Clypeus prominens*). Antennae 11articulatae, clava triarticulata. Prothorax coleopteris vix angustior, lateribus crenulatus, angulis anticis obtuse subproductis. Elytra interrupte-costata. Coxae
posticae apice tuberculatim-productae. Tibiae muticae. Unguiculi
simplices**).

Körperform einer kleinen *Ostoma*. Kopf vorgestreckt. Stirnrand
schildförmig erweitert. Vorderrand einfach, die Scheibe etwas neben-
Fühler 11gliederig, die beiden ersten Glieder leicht verdickt, die Keule
3gliederig, einfach. Augen rundlich. Halsschild von der Breite der
Flügeldecken, stark quer, die Seiten nach vorn gerundet verengt, gekerbt,
die Winkel abgerundet, die vorderen schwach und stumpf vorgezogen.
Schildchen äusserst klein, punktförmig. Flügeldecken hinter der Mitte
schwach erweitert, am Ende gespitzt gerundet, die Scheibe gedrängt
stark, reihig punktirt, mit mehreren dicht unterbrochenen Längsrippen.

*) Siehe Taf. II, fig. 47.
**) Siehe Taf. II, fig. 48.

Prosternum hinten sehr schmal, nicht über die Vorderhüften hinausragend, diese daher fast aneinander stehend. Die hinteren Beine auf einem nach hinten (bei den hintersten stark, bei den mittleren schwächer) höckerartig verlängerten Fortsatz der Hüften angefügt, die letzteren einander berührend. Vorderschienen mit kaum sichtbaren Enddornen an der Spitze. Klauen dünn, kaum gezähnt, an der äussersten Basis nur schwach verdickt.

1. Peltastica tuberculata : *Dilute piceo-ferruginea, glabra, capite prothorace crebre minus profunde punctatis, hoc valde transverso, coleopteris basi vix angustiore, antice emarginato, basi bisinuato, angulis anticis obtusis, leviter productis, posticis rotundatis, lateribus late marginato-explanatis et parum dilatiore, margine serrulata, dorso subinaequali ; elytris apicem versus ampliatis, apice rotundatis, ante medium macula communi dilutiore, tenuiter costatis, costalis albidis tuberculatim interruptis, tuberculis lineolatis nigris, interstriis tristriatis, striis fortiter punctatis, antennis pedibusque ferrugineis.*

Patria: Sitkha.   *Long. 4 mm.*

Mannh. Bull. Mosc. 1852. II. 334.

34. Genus Ostoma Laicharting.

Peltis Ill., Er., Redtenb., Seydl.
Gauramhe Thomson, Grynocharis Thomson.
Bolcteldus Andersch 1797.

Frons apice fere truncata. Clypeus plus minusve discretus. Antennae 11 articulatae, clava triarticulata. Prothorax basi coleopteris vix angustior, lateribus integris, angulis anticis productis. Elytra plus minusve costulata. Tibiae muticae. Unguiculi simplices. Corpus depressum, vix aut rarissime pubescens, latum aut oblongum, lateribus late explanatum.

Körper breit, mehr oder weniger elliptisch, ziemlich flach, mit sehr verbreitertem schildförmigen Seitenrande. Kopf frei, die Vorderecken des Halsschildes die Augen berührend. Stirn am Vorderrande flach ausgebuchtet, beinahe abgestutzt, zwischen den Fühlerwurzeln mit einer mehr oder minder abgegrenzten Querfurche. Die Seiten des Kopfes scharfkantig, mit einer kleinen Ausrandung. Augen rundlich oder quer. Taster mit länglich eiförmigem Endgliede. Erstes Fühlerglied nach ausen stark ohrenförmig erweitert oder nur verdickt, die Keule 3gliederig, einfach, viel kürzer als die Fühlergeissel. Prosternum schmal, hinter den Hüften gleich breit, kaum erweitert, die Spitze abgerundet, die Seiten stark gerandet. Vorderschienen mit innerem stark hackenförmig gekrümmten Enddorne, die äusseren klein, oder beide von gleicher Länge. Klauen einfach, stark gebogen. Halsschild mit abgestumpften Ecken, nach vorn verengt, die Vorderwinkel vorgezogen. Die Basis des Hals-schildes schliesst nur in der Mitte an die Flügeldecken an. Schildchen quer. Flügeldecken gestreift punktirt, mit mehr oder minder deutlichen und zahlreich erhabenen Zwischenräumen.

I. Prosternum pone coxas processu subgloboso instructum. Tibiae anticae extus canaliculatae, calcari curvato armatae. Oculi oblongi. Sulci antennarum obsoleti. (Genus Peltis Thoms.)

1. Ostoma grossa : Ovalis, depressiuscula, nigra aut picea vel ferruginea, confertim punctata; elytris sutura lineisque 3 elevatis laevibus. Long. 11—16 mm.

Patria: Europa.

Linne, Faun Suec. 154.— Er. Nat. Ins. III. 245.— Thoms. Skand. Col. IV. 189.

II. Prosternum pone coxas processu nullo. Oculi oblongi. Tibiae subtilissime denticulatae, apice bicalcaratae. (Genus Gaurambe Thoms.)

2. Ostoma ferruginea: Ovalis, ferruginea, punctata, supra glabra, brunnea, limbo ferruginea, elytris dorso striato-punctatis, interstitiis alternis elevatis. Long. 6—8 mm.

Patria: Europa, Amer. bor.

Silpha ferruginea Lin., Faun. Suec. 150.
Peltis ferruginea Krichs., Nat. III. 246.
— fraterna Randall, Bost. Journ. II. 17.

3. Ostoma Pippingskoeldi : Breviter ovalis, ferruginea, punctata, supra glabra, brunnea, maculis 10 calcopterorum limboque corporis ferrugineis: elytris dorso striato-punctatis, interstitiis alternis elevatis et crenalis. Long. 8 mm.

Patria: Amer. bor. (Sitkha)

Mnh., Bull. Mosc. 1852. II. 333.

III. **Prosternum** pone **coxas** processu nullo. **Oculi subrotundati. Tibiae** subtiliter denticulatae, apicem **versus subdilatatae, calcari parvo** armatae, anticae **extus apice spinoso-productae.** (Genus Grynocharis **Thoms.**)

4. Ostoma pubescens *: „Oblongo-ovata, depressa, fusca, albido-pubescens, elytris subtiliter tricostalis, interstitiis subseriatim foetiter punctatis."*   *Long. 2 lin.*

Patria: Krimea.

Peltis pubescens *Erichs.* Germ. Zeitschr. V. 157.

Mir unbekannt.

5. Ostoma **oblonga** *: Oblonga, nigra, supra glabra, capite thoraceque fortius punctatis; elytris fortiter striato-punctatis, interstitiis alternis subcarinatis, carinis alternis magis elevatis.*

Patria: Europa.   *Long. 5 — 8 mm.*

Lin., Faun. Suec. 151. — Erichs. Nat. III. 247. — Thoms. Skand. Col. IV. 194.

6. Ostoma **quadrilineata** *: Oblonga, nigra, supra glabra, capite thoraceque subtilius punctatis; elytris elevato-quadricostalis, interstitiis serie quatuor fortiter punctatis.*   *Long. 5 8 mm.*

Patria: Amer. bor.

Peltis quadrilineata *Melsh.* Proc. Ac. Phil. II. 104.
	carinata *Melsh.* l. c. 104.

7. Ostoma **Vraui** *: Elongata, ferruginea, glabra, capite thoraceque dense sat profunde punctatis; elytris tenuiter elevato-septemcostatis, interstitiis biseriatim punctulatis.*   *Long. 2,5 — 3 mm.*

Patria: Ubique.

Allib. Rev. Zool. 1847.

Ueber die ganze Erde verbreitet. Nach Europa aus Indien eingeschleppt. Ich besitze Stücke aus Berlin (in Reis ziemlich zahlreich gefangen), Spanien, Afrika, Madagascar, China und Süd-Amerika. Mit dieser Art fällt wohl *Peltis pusilla Klug.* zusammen. Die Beschreibung der letzteren lautet: *„Statura fere P. oblongae. Depressa, fere linearis, dorso ferruginea, subtus rufo-testacea. Caput et thorax confertim punctata. Elytra thorace duplo longiora, marginata, striata, ad strias punctata. Pedes rufo-testacei. Long.* 1½ lin."

Aus Madagascar.

35. Genus Thymalus Duftschmiedt.

Fauna Aust. III. 1825. Pg. 126.

Caput subretractum, oculis rotundatis. Prothorax apice parum emarginatus, angulis anticis rotundatis. Antennae 11 articulatae, clava 3articulata, simplex, elongata, subsolida. Elytra subseriatim fortiter punctata. Tibiae anticae calcari obsoleto. Corpus fere rotundatum, valde convexum, longius pubescens.

Körper gerundet, nahezu halbkugelförmig gewölbt, oben fein reifartig behaart. Kopf sehr klein, von dem Vorderrande des Halsschildes fast bedeckt. Stirn am Vorderrande abgestutzt. Fühler 11gliederig, die Keule 3gliederig. Prosternum einfach, gerandet, kaum über die Vorderhüften hinausragend. Halsschild und Flügeldecken mit breit abgesetztem Seitenrande, das erstere etwas schmäler als die Basis der Decken, nach vorn gerundet verengt, mit kaum angedeuteten Vorder- und abgerundeten Hinterwinkeln. Flügeldecken oben grob reihig punktirt. Beine kräftig, Klauen einfach.

1. Thymalus limbatus : Breviter ovatis, valde convexus, piceo-ferrugineus, supra aenescens, margine late sanguineo, pube erecta pallide vestitus; prothorace dense subtilissime punctato; elytris profunde seriatim punctatis. *Long. 5—6.₅ mm.*

Patria: Europa.

Fabr., Syst. El. I. 341. 4. — Er. Nat. III. 249. — Thoms. Skand. Col. IV. 188.

2. Thymalus fulgidus : Breviter ovatis, convexus, piceoferrugineus, supra aenescens, fulgidus, margine minus late sanguineo, pube erecta pallide vestitus; prothorace subtilissime punctato; elytris minus fortiter seriatim punctatis. *Long. 5—6 mm.*

Patria: Amer. bor.

Erichs., Germ. Zeitschr. V. 158.
Thym. marginicollis Checrol. Guer., Ic. Pg. 62. Taf. 18, fig. 2.

Erklärung der Figuren

auf Taf. I und II.

Fig.

30 *Latolaera*, Stirn.

31 „ Prosternum.

32 „ Fuss von *Latolaera, Anegrona, Micropeltis.*

33 *Latolaera oralis* Mac Leay.

34 *Anegrona* Stirn.

35 „ Prosternum.

36 *Leptonyxa brevicollis* Prosternum.

37 „ „ Bein.

38 „ „ ♂.

39 „ „ ♀.

40 *Eronyxa* Stirn.

41 „ Fühler.

42 „ Klauen.

43 „ Prosternum.

44 „ Körperform.

45 *Micropeltis* Stirn.

46 „ *serraticollis* Rdtb. Seiten der Körpers.

47 *Peltastica* Clypeus.

48 „ Klauen.

Index

Die *Cursiv* gesetzten Gattungen und Arten sind *Synonyme*.

Mittel-Temperaturen

als

thermische Vegetations-Constanten

von

A. Tomaschek.

I.

Die diesbezüglichen Bestrebungen Hoffmann's in Giessen, (Thermische Vegetations-Constanten. Gaea Jahrg. 11. Hft. 10. Pg. 640.) aus der Uebereinstimmung jährlicher Summenwerthe, welche durch Ablesung an einem besonnten Thermometer gewonnen werden, sogenannte thermische Constanten der Blüthezeit zu konstatiren, veranlassen mich meine eigenen Bestrebungen: Mittel-Temperaturen als klimatische Temperatur-Constanten für die Blüthen-Entwicklung der Bäume zu gewinnen, hier einer neuerlichen Besprechung zu unterziehen*). Wenn auch das Mass der, von der Pflanze wirklich verbrauchten Wärme durch thermometrische Messungen der Insolationswärme im Gegensatze zu Bestimmungen der Schattenwärme, in einzelnen Fällen genauer bestimmt werden dürfte, so steht diese Methode mit der, den Meteorologen bis jetzt geläufigen Bestimmungsweise in so grossen Gegensatze, dass wohl noch lange Zeit eine allseitige vergleichende Erprobung der Hoffmann'schen Insolationsformel aufgeschoben werden muss.

Nach dem Vorgange Alex. v. Humboldt's (Kleinere Schriften 1. Bd. 1858. Von den isothermen Linien etc. Pg. 275) halte ich die Mittel-Temperatur für den entsprechendsten Ausdruck, durch welchen die Uebereinstimmung der Wachsthums-Erscheinungen ausdauernder Gewächse mit den Temperaturen, welche zu ihrer Hervorrufung geeignet sind, am deutlichsten erkannt wird. Die Darstellung dieser Beziehungen durch Mittelwerthe wird gegenüber jeder anderen Form — wie ich überzeugt bin — den endlichen Sieg erringen. Ich glaube, es lassen sich

---

*) Vergl. Mittel-Temperaturen als klimatische Temperatur-Constanten für die Blüthen-Entwicklung der Bäume. Wochenschrift für Astronomie etc. von Dr. E. Heiss. 1869. Pg. 171.

die Vegetations-Vorgänge recht wohl mit den klimatischen Bestimmungen der Meteorologen in Einklang bringen. Blosse Jahres- und Monatsmittel der Temperatur, reichen zwar keineswegs hin; viel werthvoller erscheinen bereits fünftägige Mittel, welche an vielen Orten nach dem Vorgange Dove's als Grundlage klimatischer Untersuchungen im Gebrauche sind. Soll jedoch der volle Gebrauch von den, durch Meteorologen berechneten Mitteln in der Klimatologie gemacht werden können, so müssen sich die Meteorologen nach dem wiederholten Vorschlage De Candolle's (De Candolle: Geographie botanique. Tom. I. Pg. 37. „Naturforscher“. November 1875.) zur Conzession bereit erklären, die Mittelwerthe zum Behufe der Bestimmungen der Abhängigkeit der Wachsthums-Erscheinungen von der Temperatur, nur nach den positiven Graden zu berechnen. Bei solchen Mittelberechnungen müssten demnach alle negativen Temperaturen = 0 gesetzt werden. Es wird übrigens kaum Jemand, der mit dem Gegenstande näher vertraut ist, verkennen, dass nur in dem Falle, als ein wirklicher Einklang zwischen den Bestimmungen der Meteorologen und Pflanzenphysiologen hergestellt ist, ein praktischer Erfolg jener Bestrebungen in Aussicht steht, welche die Abhängigkeit der geographischen Verbreitung der Pflanzenformen von den klimatischen Verhältnissen nachzuweisen bemüht sind. Gewisse Erscheinungen der Thier- und Pflanzenwelt finden oft in Zeiträumen statt, für welche, nach den Berechnungen der Meteorologen negative Werthe der Temperatur gelten müssen; so für das Stäuben der Kätzchen von Alnus incana, das Blühen von Galanthus nivalis, für das Schwellen der Baumknospen u. s. w. In solchen Fällen tritt es klar zu Tage, dass das meteorologische Mittel kein Massstab für die, zu solcher Zeit stattfindende Bewegung der Pflanzenwelt sein kann. Da aber frühzeitige Regungen des Pflanzenlebens im Zusammenhange mit späteren Erscheinungen stehen, so ist leicht einzusehen, da auch die Mittelwerthe im Zusammenhange betrachtet werden müssen, dass diese abweichende Berechnung der Mittelwerthe bei gemischten Temperaturen (negativen und positiven) die Beziehung der späteren nur aus positiven Temperaturen berechnete Mittel zu den Vegetationsvorgängen verdunkeln muss. Nur die volle Berücksichtigung des hier ausgesprochenen Grundsatzes bei der Berechnung der Mittelwerthe, machte es mir möglich, freilich bis jetzt nur an einem Orte (Lemberg) eine höchst überraschende Uebereinstimmung der Mittel-Temperaturen mit den Blüthezeiten zu konstatiren, welche mich veranlasste, Mittel-Temperaturen als klimatische Temperatur-Constanten gelten zu lassen. Die Einwendung des anerkannten Meteorologen C. Fritsch, dass die, von mir, als klimatische Temperatur-Constanten bezeichneten Mittelwerthe auch schon

zu Anfang Jänner eintreten *) und daher nicht als Ausdrücke des Wärmebedürfnisses der Pflanzenformen angesehen werden können, muss dahin
berichtiget werden, dass kein einziger, der bis jetzt aufgestellten derartigen Ausdrücke — auch die Summenformel nicht ausgenommen —
unabhängig für sich allein als Ausdruck des Wärmebedürfnisses der
Pflanzen Geltung haben kann, dass jede dieser Formen der Abhängigkeit
des Eintrittes irgend einer Phase des Pflanzenlebens nur mit Rücksicht
auf das Datum des erfolgten Eintrittes derselben Geltung haben kann.
Sonst müsste ja rücksichtlich der Summenformel ebenfalls behauptet
werden können, dass wenn die gesammte Wärme, welche die Summenformel darstellt der Pflanze in einem Tage dargeboten würde auch wirklich
die bezeichnete Phase an diesem Tage eintreten müsste.

Es wird angezeigt sein hier zunächst einen kurzen Bericht über
jene, für Lemberg aus phänologischen Daten gewonnenen Resultaten zu
geben, ehe ihre Anwendbarkeit an anderen Orten besprochen werden
kann. Es muss bemerkt werden, dass auch bei der Bestimmung der
Tagesmittel jener Tage, an welchen theils Wärme, theils Kältegrade
notirt sind, nur die positiven Grade berücksichtigt wurden und zwar in
der Weise, dass z. B. bei 0.0^0, $|2.0^0$, 0.5^0 die Mittel-Temperatur
des Tages auf $\frac{2.0}{3}$ 0.67^0 berechnet wurde. Dieser Vorgang ändert
zwar wenig die Summe der Tagesmittel, desto mehr aber die Mittel-
Temperaturen und zwar zu Folge der grösseren Anzahl der Tage, welche
in diesem Falle bei Berechnung der Mittel-Temperaturen berücksichtigt
werden müssen. So ergab sich z. B. für den 1. Mai 1860 nach meiner
Berechnungsweise vom 1. Jänner angefangen die Summe der Tagesmittel
319°, die Zahl der Tage 88; daher das Mittel dieses Zeitraumes
3.63. Hingegen nach gewöhnlicher Berechnung ist die Summe
297.4°, die Zahl der Tage nur 61, folglich das Mittel 4.87°.

In Lembergs Umgebung beginnen nachstehende Baumarten zu
blühen, wenn seit dem Anfange des Jahres folgende, auf obige Weise berechnete Mittel-Temperaturen erreicht wurden:

3.58° R. (0.07 **), der Kirschbaum, *Prunus avium*,

*) Dieser Umstand dürfte auch dann wegfallen, wenn die Gesammtmittelwerthe
nicht vom 1. Jänner jedes Jahr aus, sondern für ganze Jahresepochen
berechnet werden.

**) + 0.07 bedeutet die durchschnittliche Abweichung, innerhalb der einzelnen
Jahre, ohne Rücksicht auf das Zeichen: diese beträgt also kaum 2°/₀ der
Mittel-Temperatur bei *Pr. avium*; bei *Pr. Padus* nur etwas mehr als 1°/₀
bei *Rob. pseudo Acac.*, 2°/₀ bei *Til. grandifl.* 3°/₀, also im Mittel 2°/₀. Die
Hoffmann's Einwendung, dass die Annäherung der Jahreswerthe der Constante
bloss der Verkleinerung der Zahlen zuzuschreiben sei, findet in dieser Berechnungsweise ihre Widerlegung.

3·82⁰ R. | 0·01, die Traubenkirsche, *Prunus Padus.*
4·36⁰ R. | 0·1, die Rosskastanie, *Aesculus Hippocastanum.*
5·81⁰ R. | 0.12, die Robinie, *Robinia pseud' Acacia.*
7·10⁰ R. | 0·2, die Sommerlinde, *Tilia grandifolia.*

Dies wird in jedem einzelnen Jahre dann der Fall sein, wenn sich überhaupt eine, von 0 ansteigende Reihe dieser Werthe ergibt. In dem 10jährigen Zeitraume, innerhalb welchem die phänologischen Beobachtungen angestellt und obige Resultate erzielt werden konnten, fand nur im Jahre 1862 eine Ausnahme statt, wo die Tageswerthe der Temperatur plötzlich so erheblich stiegen, dass die Vegetation dem Steigen der Erwärmung nicht in gleichem Grade folgen konnte. Um den Grad der Genauigkeit dieser Berechnung schätzen zu können, schlagen wir in dem Verzeichnisse der, an jedem Tage des 5jährigen Zeitraumes 1857 bis 1861 (der mir berechnet vorliegt) vom 1. Jänner eines jeden Jahres erreichten Mittel-Temperaturen die Zahl 3·82 (die Constante für *Pr. padus*) beispielsweise nach, so finden wir diese Mittel-Temperatur in den einzelnen Jahren an folgenden Tagen erreicht:

1857, am	4. Mai.
1858, „	7. Mai.
1859, „	28. April.
1860, „	4. Mai.
1861, „	12. Mai.
Mittel am .	5. Mai

Der Anfang des Blühens wurde in der Flur an folgenden Tagen beobachtet:

1857, am 6. Mai . .	2 Tage Abweichung.	
1858, „ 6. „ . .	— 1 Tag	„
1859, „ 29. April	1 „	„
1860, „ 3. Mai . .	— 1 „	„
1861, „ 10. „ . .	2 Tage	„
Mittel am 5. Mai .	1·4 Tage Abweichung.	

Von der Brauchbarkeit der gewonnenen Mittelwerthe zur Auffindung der Tage des Anfanges der Blüthezeit während längerer Jahresreihen werden wir uns überzeugen, wenn wir in der bezeichneten Tabelle der, an jedem Tage erreichten Mittel-Temperaturen des 5jährigen Zeitraumes (1857—1861) für jeden Tag der Monate April, Mai und Juni, aus 5 Mitteln der einzelnen Jahre ein neues Gesammtmittel bilden, sodann jenen Tag, dessen Gesammtmittel den obigen Constanten entspricht mit dem mittleren Tag der phänologischen Beobachtung vergleichen.

In diesem Falle ergeben sich für

Prunus avium.

Constante   3·58° | 0·07 *).

Datum	1857	1858	1859	1860	1861	Mittelwerth
1. Mai	3·78	2·88	4·10	3·63	3·34	3·546
2. Mai	3·81	3·07	4·12	3·70	3·36	3·612

Nach 12jährigen Beobachtungen ist der erste Mai durchschnittlich der Anfang der Blüthenentfaltung, diess ist aus folgenden Beobachtungen ersichtlich:

1857: 21. April, 1858: 4. Mai, 1859: 23. April, 1860: 3. Mai, 1861: 6. Mai, 1862: 28. April, 1863: 9. Mai, 1864: 12. Mai, 1865: 6. Mai, 1866: 16. April, 1867: 29. April, 1868: 4. Mai.

Prunus Padus.

C.   3·82 | 0.01.

Datum	1857	1858	1859	1860	1861	Mittelwerth
4. Mai . . .	3·83	3·45	4·25	3·81	3·38	3·74
5. Mai . . .	3·89	3·59	4·35	3·86	3·45	3·83
6. Mai	3·93	3·72	4·42	3·87	3·51	3·89

Der 5. Mai, an welchem Tage der 5jährige Gessammtmittelwerth die Höhe der C.   3·82 erreichte, ist auch der mittlere Tag der Blühezeit für Pr. Padus nach 11jährigen phänologischen Beobachtungen (Vergl. Mittel-Temperaturen etc. Wochenschrift Dr. Heiss Jahrg. 1869. Pg. 183).

*) Prof. Hoffmann hat für Giessen die Constante von Pr. avium   3·672 berechnet. In Lemberg erreicht der 5jährige Mittelwerth des 3. Mai die Höhe von 3·676. Unter Voraussetzung allseitig richtiger Rechnung und Beobachtung hat also der in Giessen von Prof. Hoffmann beobachtete Baum eine um 2 Tage spätere Blühezeit in Bezug auf den in Lemberg beobachteten. In der That war das Beobachtungssystem in Lemberg so eingerichtet, dass geflissentlich der am zeitlebsten blühende Baum der ganzen Umgebung der Beobachtung unterzogen wurde, während Prof. Hoffmann, wenn ich nicht irre, die Bäume seines Gartens allein in's Auge fasste.

Aesculus Hippocastanum.

C.   4·36 | 0·1.

Datum	1857	1858	1859	1860	1861	Mittelwerth
13. Mai	4·32	4·22	4·79	4·44	4·60	4·354
14. Mai	4·35	4·31	4·82	4·68	4·13	4·450
15. Mai	4·40	4·40	4·89	4·69	4·18	4·530

Nach 12jährigen Beobachtungen, meist meinen eigenen, ist der mittlere Tag des Blüthenanfanges der 14. Mai.

1857: 14. Mai, 1858: 13. Mai, 1859: 8. Mai, 1860: 12. Mai, 1861: 21. Mai, 1862: 5. Mai, 1863: 14. Mai, 1864: 28. Mai, 1865: 12. Mai, 1866: 7. Mai, 1867: 10. Mai, 1868: 14. Mai.

Dr. Rohrer in seinem Beitrag zur Meteorologie und Klimatologie Galiziens, Pg. 9, bestimmt allerdings den 18. Mai als Blüthenanfang. Der Unterschied liegt in der Beobachtungsmethode. Meine eigenen Beobachtungen betreffen jedenfalls die frühesten Blüthenentfaltungen. Die Constante 4·36 | 0·1: gibt also hier insbesondere nur für den frühesten Blüthenanfang, wenn sich auch nur einzelne Blüthen oder Blüthenstände zum Blühen öffnen.

Robinia pseud'-Acacia.

C.   5·81 | 0·12.

Datum	1857	1858	1859	1860	1861	Mittelwerth
2. Juni . . .	5·64	5·77	6·33	5·81	5·08	5·730
3. Juni . .	5·70	5·82	6·42	5·90	5·15	5.798
4. Juni .	5·75	5·88	6·50	6·00	5·22	5·870

Nach 12jährigen, aber auch nach 14jährigen Beobachtungen aus der Periode 1855—1868 ist der 3. Juni der erste Tag des Aufblühens.

1857: 7. Juni, 1858: 7. Juni, 1859: 31. Mai, 1860: 30. Mai, 1861: 12. Juni, 1862: 23. Mai, 1863: 28. Mai, 1864: 16. Juni, 1865: 26. Mai, 1866: 3 Juni, 1867: 2. Juni, 1868: 30· Mai.

Tilia grandifolia.

C.   7·1 | 0 2.

Datum	1857	1858	1859	1860	1861	Mittelwerth
23. Juni	6·88	7·30	7·41	7·26	6·66	7·10
24. Juni	6·93	7·39	7·46	7·33	6·80	7·18

Nach 12jährigen phänologischen Beobachtungen der 23. Juni, der erste Tag der Blüthezeit! (Vergl. Wochenschrift Dr. Heiss. Pg. 184.)

Allein selbst die, von den Meteorologen berechneten 5tägigen Temperaturmittel scheinen geeignet mittelst der Constanten jene Tage nachzuweisen, an welchen die Blüthezeit eintritt. Die grösste Schwierigkeit bildet hier die Berechnung oder vielmehr Umrechnung der Mittelwerthe für jene Monate, in welchen theils negative, theils positive Tagesmittel notirt sind.

Mit Rücksicht darauf, dass im „Beitrage zur Meteorologie etc. von Dr. M. Rohrer, Pg. 22, für Lemberg die Zahl der Tage mit andauerndem Froste, an welchem kein Thauwetter eingetreten war, für die Monate Jänner, Februar und März auf 10 bestimmt sind, bleiben für genannte Monate 50 Tage als solche, an denen wenigstens theilweise + Temperaturen vermuthet werden können. Die mittlere Temperatur dieses Zeitraumes wurde annähernd mit Hilfe der Temperaturextreme aproximativ auf 1·9° R. berechnet*).

Es ergibt sich daher für die Monate Jänner, Februar und März, die Summe 19·0 R. auf 10 fünftägige Zeiträume vertheilt. Zu dieser Summe werden nun in folgender Tabelle die Mittel-Temperaturen der aufeinander folgenden 5tägigen Zeiträume addirt, so erhalten wir Mittel-Temperaturen vom Jänner an berechnet:

*) Aus der Tabelle für die täglichen Mittel-Temperaturen vom 1. Jänner jedes Jahres während des 5jährigen Zeitraumes (1857—1861), ergibt sich die Mittel-Temperatur von 1·91° für den 2. Jänner.

5-tägige Zeiträume				Einreihung der phänologischen Beobachtungsdaten aus dem Tagebuche (1857—1868). Anfang der Blüthezeit		
				Benennung der Pflanze	Datum	
1— 5. April	4·78	2·2	2·12	*Corylus Avellana*	3. April	10
6—10. „	5·64	2·4	2·38	*Populus tremula*	10. „	8
11—15. „	5·64	2·7	2·70	*Salix caprae*	11. „	9
				Populus alba	13. „	7
16—20. „	1·76	2·8	2·97			
21—25. „	6·99	3·1	3·24	*Acer platanoides*	22. „	9
				Ribes Grossularia	22. „	9
				Betula alba	24. „	10
26—30. Mai	7·50	3·4	3·46			
1— 5. „	9·20	3·8	3,83	*Prunus avium*	1. Mai	12
				Prunus Padus	5. „	11
6—10. „	9·97	4·1	4·12	*Acer pseudoplatanus*	9. „	8
11—15. „	12·02	4·6	4·51	*Syringa vulgaris*	11. „	12
				Aesculus Hippocastanum	14. „	12
16—20. „	12·06	4·9	4·86	*Ligustrum barbarum*	16. „	8
21—25. „	12·44	5·3	5·23	*Berberis vulgaris*	22. „	9
				Cydonia vulgaris	23. „	8
26—30. „	12·73	5·6	5·52	*Evonymus europaeus*	24. „	6
31— 4. Juni	13·88	6·0	5·87	*Robinia pseudoacacia*	3. Juni	12
				Sambucus nigra	4. „	11
5— 9. „	14·52	6·3	6·22	*Philadelphus coronarius*	6. „	5
				Rosa canina	7. „	7
10—14. „	15·14	6·7	6·59			
15—19. „	15·64	7·0	6·91			
20—24. „	15·07	7·3	7·18	*Vitis vinifera*	20. „	6
				Tilia grandifolia	23. „	12
25—29. „	14·37	7·6	7·49			

Direktor Dr. Jelinek hat der meteorologischen Beobachtung bei uns dadurch eine neue Bahn gebrochen, dass er die, von Dove inaugurirte Berechnung der 5tägigen Temperaturmittel auch für österreichische

Stationen aus der Periode 1818 bis 1863 berechnen liess. Leider ist die in obigem Sinne nothwendige Umrechnung, welche dieselben zum Zwecke der Vergleichung mit den Vegetations-Erscheinungen benöthigen, höchst schwierig dadurch, dass hierzu die Einsicht in die meteorologischen Originaltabellen der Beobachter nothwendig ist. Sonst wäre es mir gelungen, die von mir berechneten Constanten auch an anderen Orten zu erproben. Im Allgemeinen haben mich approximative Berechnungen davon überzeugt, dass sich die von mir festgestellten Constanten auch an anderen Orten bewähren, dass dieselben jedoch erst in einer um so grösseren Jahresreihe zum Vorschein kommen, je excessiver das Klima des betreffenden Ortes ist, d. h. je unregelmässiger die täglichen Mittelwerthe der Monate April, Mai und Juni aufeinander folgen. Nur an jenen Orten, meist nordöstlich gelegen, an welchen die täglichen Temperaturmittel vom 1. Jänner an gerechnet eine möglichst gleichmässig aufsteigende Reihe bilden, wenn auch nur wenige Jahre in Mittel zusammengezogen werden, bewähren sich die Constanten in überraschender Weise. Die Pflanze ist befähigt bis zu gewissem Grade sich auch excessiven Temperatur-Verhältnissen zu akkomodiren, überall jedoch, wo ihr Jahr aus, Jahr ein, gleichartiges Temperatur-Verhältniss dargeboten wird, schmiegt sie sich in bewunderungswürdiger Weise rücksichtlich des Eintrittes der Phasen an dieselben an. Uebrigens dürfen die in einzelnen Jahren zum Vorschein kommenden Abweichungen nicht immer als Beobachtungsfehler angesehen werden. Die Vegetation entwickelt sich nicht in allen Jahren vollkommen gleichmässig und der verschiedene Einfluss der übrigen klimatischen Potenzen, macht sich insofern geltend, als sich die Blüthezeiten zweier Arten zuweilen ohne Beziehung auf die Temperatur auffallend nähern, oder von einander entfernen. So traf, um nur ein Beispiel hervorzuheben, im Jahre 1860 der Anfang der Blüthezeit der Kirsche mit dem Anfange der Blüthezeit der Traubenkirsche zusammen, ungeachtet im mehrjährigen Durchschnitte der Anfang beider Blüthezeiten um einige Tage auseinander liegt. Die um diese Zeit herrschenden höheren Tagesmittel nebst hinreichender Feuchtigkeit beschleunigten in diesem Falle die Entwicklung der Traubenkirsche in höherem Grade, als das Blühen des Kirschbaumes. Das Eintreffen der Blüthezeit der *Pr. Padus* ist mehr als das Blühen des *Pr. avium* von vorausgehender Entwicklung nothwendiger Achsengebilde abhängig. Was also die Entwicklung des Laubes und der Achsen befördert, wird nur bei *Pr. Padus* indirekt auf das frühere Eintreffen der Blüthezeit einwirken. Die Baumgruppe, in welcher in diesem Jahre das erste Aufblühen des *Pr. avium* am 3. Mai beobachtet wurde, hatte in

diesem Momente ein höchst verändertes Ansehen insofern nicht nur das
Laub der Traubenkirsche, sondern auch das der Rosskastanie in, zu
dieser Zeit, anfallenden Weise entwickelt war. Es ist also nach dieser
Betrachtung sehr leicht einzusehen, dass selbst bei der sorgfältigsten
Beobachtung eine arithmetisch genaue Uebereinstimmung der sogenannten
Constanten in den einzelnen Jahren nur erst dann in Aussicht gestellt
werden kann, wenn zugleich mit der Temperatur, auch die übrigen
klimatischen Einflüsse in Rechnung gebracht werden.

Aus der Zusammenstellung der Constanten von 27 Baum- und
Straucharten für die Jahre: 1857, 1858, 1859 und 1861 erhielt ich
folgende mittlere Werthe derselben:

		Abweichung vom Mittel:
1857:	4·296	− 0·007
1858:	4·234	− 0·069
1859:	4·378	+ 0·075
1861:	4·305	+ 0·002
Mittel:	4·303	+ 0·038 = 0·8 %

Aus dieser Zusammenstellung ergab sich, dass die Fehler durch
diese Zusammenziehung sich allerdings verminderten, das relative Verhältniss der Abweichungen jedoch ungestört geblieben ist. Diess deutet
an, dass die Quelle der Abweichungen bis zu einer gewissen Grenze
keine zufällige sein kann, sondern von einer gemeinsamen Ursache bedingt
erscheint. Es ist der Grad der Bewölkung, dessen Verschiedenheit in
den einzelnen Jahren zur geringeren oder grösseren Wirksamkeit der
Wärme beitragen mag. Wurden alle Daten in den Beobachtungslisten
des Dr. Rohrer von 0·0 und 0·5 für die Bewölkung innerhalb jenes
Zeitraumes, in welchem die beobachteten Blüthenentfaltungen eintrafen
(Jänner bis Juli) addirt, so erhalten wir, für die obigen Jahre folgende
Anzahl:

		Abweichung der Constanten vom Mittel:
1857:	99	− 0·007
1858:	159	− 0·069
1859:	50	+ 0·075
1861:	82	+ 0·002
Mittel:	97·5	

woraus sich durch Vergleich mit obigen Abweichungen der mittleren
Constanten von 27 Baum- und Straucharten ergibt, dass die kleineren
Mittel-Temperaturen in jenen Jahren, in welchen eine grössere Anzahl
heiterer Tage eintraf ebenso wirksam waren, als die grösseren Mittel-
Temperaturen der übrigen Jahre. Es weisst diese Betrachtung auf den

beeinflussenden Werth der Insolationsgrade auf die Blüthenentfaltung hin (Unterrichtszeitung Nr. 1 am Schlusse).

Von Einfluss auf die Weise des Aufblühens in den verschiedenen Jahren ist ferner die Höhe des Tagesmittels zu jener Zeit, wo das Aufblühen erfolgen soll. Die Höhe der Tagesmittel zu dieser Zeit befördert in auffallender Weise die Ausbreitung der Blüthenentfaltung (des Aufblühens) über alle Blüthen eines Baumes oder einer ganzen Baumgruppe. Ebenso erfolgt bei niederen Tagesmittel das Aufblühen nur unverhältnissmässig langsam.

So lässt selbst die unmittelbare Beobachtung den künstigen Einfluss der steigenden Temperatur auf den Eintritt nachfolgender Phasen des Pflanzenlebens erkennen. Als Beispiel möge uns das verschiedene Aufblühen des *Prunus avium* in den Jahren 1857 und 1858 dienen.

1857[*]).

Tagesmittel:

9·1°	am 21. April	
6·4°	„ 22.	„
7·8°	„ 23.	„
3·5°	„ 24.	„
0·8°	„ 25.	„
4·0°	„ 26.	„
4·4°	„ 27.	„
5·3°	„ 28.	„
6·2°	„ 29.	„
6·6°	„ 30.	„

Summe: 54·1

Es haben sich nur wenige Blüthen der beobachteten Baumes geöffnet.

[*]) Es dürfte vielleicht von Interesse sein, den Text meines Tagebuches aus dem Jahre 1857 unmittelbar zu zitiren.

„Bei *Pr. avium* (22. April) dem Bäumchen an der sogenannten unteren Promenade nur eine Blüthe geöffnet; die übrigen Knospen meist zum Aufbrechen bereit.

23. und 24. April sinkende Temperatur (Höhe der Mittel-Temperatur vom 1. Jänner an, am 24. April   3.67°).

25. April. Schneefall. Stillstand im Fortschritte des Aufblühens bei *Pr. avium* am unteren Wall; bis 27. immer nur eine Blüthe entfaltet. Höhe der Mittel-Temperatur vom 1. Jänner an gerechnet für den 25. April   3.63°

28. April. Bei *Pr. avium* nur einige Blüthen geöffnet (Höhe der Mittel-Temperatur vom 1. Jänner   3.670°.)

5. Mai. (Tagesmittel 9·1°.) Bei *Pr. avium* am unteren Wall ist das Blühen über den ganzen Baum verbreitet. (Höhe der Mittel-Temperatur vom 1. Jänner   3.83°)

9. Mai. (Tagesmittel 8.4°) *Pr. avium* auch an anderen Standpunkten im vollen Aufblühen.

1858.

Tagesmittel:

16·4⁰ am 3. Mai

15·4⁰ „ 4. „ } Die Mehrzahl der Blüthen des beobachteten

13·0⁰ „ 5. „ } Baumes sind bereits aufgeblüht.

Es unterliegt kaum einem Zweifel, dass der normale Eintritt einer nachstehenden Phase einer höheren Temperatur bedarf, als die vorhergehende Entwicklung.

Ueber ein

merkwürdiges Accomodations - Vermögen

der Kätzchen von

Corylus Avellana,

rücksichtlich der, zur Zeit des Stäubens derselben herrschenden
schwankenden Temperatur - Verhältnisse

von

A. Tomaschek.

Im Jahre 1874 trat das Stäuben von *Corylus Avellana* an einer
Staude des hiesigen Augartens, welche mir schon durch mehrere Jahre
als Objekt der Beobachtung dient, am 6. März bei Sonnenschein zuerst an
den Kätzchen der Südseite ein. Die Eisdecke eines nahen Teiches war
an diesem Tage noch nicht aufgethaut. Das wenig ausgiebige Stäuben
dauerte ununterbrochen bis zum 10. März fort.

Wurden die Kätzchen dieser Staude vom 3. März angefangen, in's
warme Zimmer gebracht und in's Wasser eingestellt, so fingen dieselben
schon nach einigen Minuten zu stäuben an, obwohl im Freien noch keine
Spur des Stäubens zu beobachten war.

Das Stäuben nahm überdies je nach der Höhe der Zimmerwärme
einen mehr oder weniger raschen Verlauf.

Diese Beobachtung bestimmte mich zur Voraussetzung, dass die
Kätzchen der betreffenden Staude vom 3. März an, schon vollkommen
zum Stäuben disponirt waren, dass sie nur durch die, an diesen Tagen
herrschenden niederen Temperaturen am Stäuben gehindert wurden. Die
Temperaturen im Freien an diesen Tagen waren noch zu niedrig (am
3. 1·67° R., am 4. 1·73° R., am 5. 1·47° R.) als, dass sie
das Stäuben hätten einleiten können. Erst die direkte Insolationswärme
am 6. März erreichte bei übrigens verhältnissmässig niedriger Luftwärme
(6. März: Tagesmittel 1·87° R.) jene Höhe, welche das Stäuben zu
bewirken im Stande war. (Vergl. Studien, über das Wärmebedürfniss

etc. II Im 12. Bande der Verhandlungen des naturforschenden Vereines in Brünn.)

Die Richtigkeit dieser, damals gemachten Voraussetzung, dass die Kätzchen jener Staude vom 3. März an, zum Stäuben hinreichend vorbereitet waren und nur durch die, zu dieser Zeit herrschenden niederen Temperaturen davon zurückgehalten wurden, dürfte durch eine, seither gemachte Entdeckung eine grössere Wahrscheinlichkeit gewinnen.

Wurden Kätzchen von *Corylus Avellana* in's Wasser eingestellt, besonders in letzter Zeit wenn sich der Eintritt des Stäubens näherte, und relativ niedrigen Temperaturen etwa 5° bis 8° R. ausgesetzt, so behielten sie unter dem Einflusse dieser verhältnissmässig niedrigen Temperaturen selbst nach dem allmälig und langsam eingetretenen Stäuben die Fähigkeit bei, sich fortwährend zu verlängern, weiter zu wachsen. Kätzchen mit anfänglicher Grösse von 17''' erreichten während der Periode des langsam fortschreitenden Stäubens die, relativ sehr bedeutende Länge von 18·4'''. Das Stäuben und fortschreitende Verlängerung der Kätzchenspindel dauerte in diesem Falle nach Eintritt des Stäubens noch durch 6 Tage fort! Erst am 6. Tage erlosch das Leben der Kätzchenspindel was sich — wie mich Beobachtungen lehren — immer durch eine, alsbald eintretende Verkürzung der Spindel kund gibt.

In einem anderen Falle hingegen, wo die Kätzchen unter dem Einflusse einer Temperatur zwischen 10° und 11° R. zur Entwicklung gebracht wurden (bei 14° R. zur Zeit des Stäubens), erfolgte das Stäuben turbulent, und erstreckte sich in kurzer Zeit auf alle Antheren der Kätzchen. Das Leben der Kätzchenspindel erlosch jedoch bereits am folgenden Tage nach Eintritt des Stäubens. Die anfänglich 16·8''' langen Kätzchen hatten hierbei nur die Länge von 20''' erreicht.

Aus diesen Versuchen geht nun hervor:

1. Höhere Temperaturen begünstigen und beschleunigen den Akt der Pollenausstreuung, sind jedoch dem Fortwachsen der Kätzchenspindel ungünstig.

2. Spricht die beobachtete Erscheinung dafür, dass der normale Eintritt einer nachfolgenden Phase des Pflanzenlebens einer höheren Temperatur bedarf, als die vorhergehende Entwicklung.

3. Weist die beobachtete Erscheinung auf ein merkwürdiges Accomodations-Vermögen der Kätzchen rücksichtlich des Stäubens an die, zur Zeit des Eintrittes desselben im Freien gewöhnlich nach sehr schwankenden Temperatur-Verhältnissen hin, indem sie, durch den günstigen Einfluss relativ niederer Temperaturen auf die Verlängerung und die Fortdauer des Lebens der Kätzchen, befähigt erscheinen einen für

Befruchtungsprozess ungünstigen Moment zu überdauern und günstigere Zeiten zu erwarten.

Es kann jedenfalls angenommen werden, dass die geschilderte Befähigung der Kätzchen die Chançen einer gedeihlichen Befruchtung erhöht. Würde der Eintritt des Stäubens einzig und allein durch die Anhäufung der Wärmesumme regulirt, so würde weit häufiger der Fall eintreten müssen, dass das Stäuben zu einer Zeit stattfände, wo der Befruchtungsprozess wegen Mangel an Licht und Wärme einen ungünstigen Verlauf nehmen müsste.

Coleopterologische Ergebnisse

einer Bereisung der Czernahora

von **Julius Weise** in Berlin.

Wenn auch die Schilderung der Witterungsverhältnisse der Czerna-hora, die Miller im 18. Bande der Verhandlungen der k. k. zool. bot. Gesellschaft in Wien 1868 gibt, keineswegs zu einem Besuche des un-wirthlichen Gebirges einladet, so erweckt doch das darauf folgende Ver-zeichniss der gesammelten Coleopteren, unter denen sich eine grosse Zahl theils sehr seltener, theils neuer Spezies befindet, die Reiselust.

Mein Freund Reitter, der 1867 die Tour mit Miller zusammen gemacht, hatte schon längst wieder den Wunsch, jene Gegenden zu durchstreifen, und da ich selbst gern die Karpathenfauna näher kennen gelernt hätte, beschlossen wir Anfang Juli 1875 uns gemeinschaftlich auf den Weg zu machen. In Teschen trafen wir uns Mittage des 4. Juli zusammen und setzten die Nacht über unsere Fahrt nach Kaschau fort. Leider existirt auf den Bahnen, die wir benutzten, wahrscheinlich des geringen Verkehrs wegen, kein anderer als ein gemischter Zug mit Personen- und Güterbeförderung, der in der Stunde oft kaum 2 Meilen zurücklegt und man braucht so eine für die geringe Entfernung unver-hältnissmässige Zeit. In Kaschau besuchten wir die Ufer des dicht am Bahnhofe vorüberrauschenden Hernad, wo wir eine beträchtliche Anzahl guter Uferthiere im lehmigen Sande fanden, sowie eine Menge uns er-wünschter Sachen käscherten. Mittags wurde wieder die Bahn bestiegen und erst am Morgen des 6. Juli glücklich am Endpunkte Sziget (Mar-marosch) verlassen. Ich sage glücklich; denn der Reisende kann sich herzlich freuen, wenn er ohne tagelangen Aufenthalt Sziget erreicht. Bei dem oftmaligen Uebersteigen des Nachts in andere Züge, auf aus-gedehnten, stockfinsteren Bahnhöfen, ohne jede Nachricht vom Bestimmungs-orte der hintereinander aufgestellten Züge, kann selbst der Erfahrenste leicht irren.

Bei Sziget excursirten wir nach Ueberschreitung der Iza auf den westlich von der Stadt ansteigenden Bergen, die nur noch ganz oben bewaldet sind. Hier fielen uns an einem wasserarmen aber sehr schattigen Bache, unter grossen Steinen, die fast ganz mit feuchtem Laube bedeckt waren, die ersten Stücke von *Nebria rivosa Mill.* und das *Bembid. cardionotum Putz.* in die Hände.

Nachmittags gelang es, einen guten Wagen aufzutreiben und es wurde uns so möglich noch vor Einbruch der Nacht Boscu-Raho zu erreichen. Dies ist der letzte grössere Ort an der Gebirgsstrasse und der Reisende, der die Czernahora besucht, muss sich hier mit den nöthigsten Lebensmitteln versehen, falls er nicht von Milch und Maisbrei (Mamma-liga) allein leben will. Ebenso muss er sich, auch wenn er kein Raucher wäre, einen Vorrath an Cigarren und Tabak mitnehmen, letzteren für die Führer, die er oft nur erhält, wenn er ihnen Tabak verspricht; ersteren für die Sallasch-Bewohner, die für Nachtlager und Milch oft kein Geld nehmen, aber für einige Cigarren gewiss ihre letzten Lebensmittel hergeben. Nachdem wir unsere Einkäufe besorgt, überliessen wir uns mit um so grösserem Behagen auf einige Stunden dem Schlummer, als wir fürchteten, fernerhin auf Betten verzichten zu müssen. Erst gegen Mittag des 7. Juli erreichten wir am ersten Zusammenflusse der weissen Theiss den Fuss des Hochgebirges bei Luhy. Da kein ander Unterkommen zu finden war, machten wir es uns in der Stube des Juden so bequem, als es bei dem unsäglichen Schmutze möglich war und ergötzten uns, während die Frau einige Forellen bereitete, an seinen geographischen Kenntnissen, die so bedeutend waren, dass ihm Reitter nur dadurch die Weite unserer Reise anschaulich machen konnte, dass er Berlin, von dem der Jude noch nie etwas gehört, „hinter Amerika" versetzte.

Um die Gegend zu sondiren gingen wir durch das nicht tiefe Wasser der Theiss, aber der gegenüber ansteigende Berg erwies sich als so steil, dass an ein Ersteigen nicht gedacht werden konnte. Daher begnügten wir uns, die unmittelbar am Rande des Flusses umgestürzten Fichten, deren Aeste mit heruntergeschwommenem Thon bedeckt waren, zu durchsuchen. Besonders erwähnenswerth erscheint mir die meist seltene *Trichophya pilicornis*, die sich hier herumtummelte. Leider versäumten wir dieselbe gleich frisch zu präpariren, was durchaus nothwendig ist, da die Fühler, die Hauptzierde des Thierchens, selbst bei dem behutsamsten Transport in Schächtelchen zu leicht abbrechen.

Am Nachmittage kam es uns vor Allem darauf an ein Riesel zu finden, welches dem bei Sziget durchsuchten ähnlich wäre. Wir hatten uns nicht getäuscht, als wir in der Nähe des Sauerbrunnens (Borkut) von der Strasse ab und bei den letzten Häusern von Luhy in die schmale Einsenkung nach Westen zu einbogen. Die Haselbüsche am Rande waren hier übersät von *Cychramus 4punctatus* und die üppigen Blattpflanzen am und im Bache lieferten in Menge *Greinen* (sehr selten darunter auch *Chrysom. Carpathica Fuss*) und *Cassida murraea*, dagegen nur noch wenige *Otiorrhynchen*, für die es entschieden schon zu spät war. Beim Hinaufklettern im Bache fand sich auch bald die vermuthete *Nebria rivosa*, unter Holzstücken *Patrobus quadricollis* und der grosse *Patr. Carpathicus* unter Feldspathtrümmern, die von den Wildbächen mitgeschwemmt und am Bachrande zu grossen Haufen aufgerichtet waren. *Stenus Reitteri* konnten wir nur in wenigen Stücken von grossen, ganz mit Moos überzogenen nassen Felsblöcken ablesen.

Der nächste Tag (8. Juli) war zum Uebersteigen der Czernahora nach der galizischen Seite bestimmt. Mit 2 Führern erkletterten wir die Alpe von deren Spitze aus Reitter die Führung in das jenseitige Thal Gadzyna übernahm. Nach unendlichen Anstrengungen gelangten wir zum Sallasch, allein auch mit der Ueberzeugung, dass das Thal seit 1867 vollständig verändert und für unsere Zwecke untauglich geworden war. Der Wald ist durch Windbrüche und Abholzung fast verschwunden und die damals so ergiebigen tiefliegenden Steine konnten jetzt kein Thier mehr beherbergen, da ihre thonige Unterlage vollständig festgedörrt war. Zu alledem mussten wir bald erkennen, dass wir überhaupt für dies überaus trockene, fast regenfreie Jahr zu spät in's Hochgebirge gelangt waren. Nur spärlich fanden sich auf den höchsten Kämmen noch die Spätlinge der *Carabus-* und *Feronia*-Arten und die Schneemassen der Czernahora waren ganz bedeutend zusammengeschmolzen. Der untere Rand des Schnees, der sonst dicht über kurz berasten Stellen der Abhänge begann, war in Folge des starken Thauens so in die Höhe gerückt, dass sich unterhalb nur kahles Steingeröll auf festem Eise befand. Daher war die Ausbeute hier eine kaum nennenswerthe. Wo sich zwischen den Steinen noch ein Moospolsterchen fand erbeuteten wir *Homalota tibialis* und *Carpathica Mill.*; jedoch gelang es uns nicht *Nphetodes Redtenbacheri*, auf den ich mich am meisten freute, zu erjagen. Viel mag freilich auch zu diesen kläglichen Ergebnissen unsere geringe Sammellust beigetragen haben, da wir uns nach dem fast 16stündigen Marsche nach Ruhe sehnten. Von einer solchen konnte natürlich im Sallasch kaum die Rede sein. Wir erhielten zur Lagerstätte zwar die besten Plätze, die beiden Bänke, die sich gewöhnlich vorn, wo man hineinsteigt an der Seite des Feuers befinden, allein es kamen nach und nach so viel schmutzstarrende Gestalten herein, die sich meist sehr lebhaft und laut unterhielten, dass kein Schlaf in meine Augen kommen mochte. Besser noch ging es Reitter, der durch die übermässige Anstrengung am Tage in einen ganz apathischen Zustand versetzt worden war. Der Sallasch wimmelte von jeglichem Ungeziefer dessen Zudringlichkeit und Lästigkeit jeder Beschreibung spottet.

Ganz entmuthigt beschlossen wir daher am nächsten Morgen so gleich auf die ungarische Seite zurückzukehren und unser Heil mit dem Siebe und durch Sammeln unter Baumrinden zu versuchen. Am Abende des 9. Juli gelangten wir in das Theissthal zurück, gingen aber nicht erst nach Luby, sondern blieben an der Klause am Mencil, wo wir beim Hinaufsteigen zwei für diese Gegend höchst comfortable Wohnhäuser gesehen hatten. Dieselben gehören dem Aerar und dienen, das eine dem Klausenwächter zur Wohnung, das andere dem Forstmeister, wenn er sich von Raho aus zur Inspicirung der Forsten hierher begibt, zur zeitweiligen Beherbergung. In letzteren haust zur Bewachung und resp. Bedienung des Forstmeisters der pensionirte Waldhüter Mittnacht (wie der Klausenwächter ein Deutscher) der uns mit Freuden aufnahm und gewiss den besten Wirth abgegeben hat, den man sich nur irgend wünschen kann. Hier war es möglich, uns wieder zu reinigen; wir fanden die auf's schmerzlichste entbehrten Essgeräthschaften, dazu ganz vorzügliche Betten, so dass wir den Entomologen, die sich einmal in diese Gegenden verirren, aus vollem Herzen zur Einkehr rathen können. Das Haus liegt inmitten der ergiebigsten Sammelstellen des ganzen Gebirges. In den folgenden Tagen explorirten wir zunächst die unmittelbar hinter dem Klausenteiche steil aufsteigende Hoverla-Alpe, deren Fuss noch mit wirklichen Buchen-Urwäldern, in die öfter Fichtengruppen eingekeilt sind; bedeckt ist*). Unter frischen Buchenrinden lebte *Rhizophagus puncticollis*, in liegenden Fichtenstämmen, deren Saft sich förmlich in Gährung befand, sass träge *Olisthaerus substriatus*, durch das Sieb wurden wir einer Reihe recht interessanter Arten habhaft, wovon *Mycetoporus Märkeli, Bythinus Reitteri, Simplocaria acuminata, Orestia arcuata* und *Orchesia blandula* besonders hervorzuheben wären. Als

---

*) Die Buchen werden hier oft nur umgeschlagen, damit sich in dem freigemachten denen Terrain Fichten ansiedeln sollen; das Buchenholz hat absolut keinen Werth, da es zum Hinunterflössen zu schwer ist. Wiener und französischen Holzhändlern ist vergeblich von der Regierung das beste selbst unzerrissenen Nutzholz fertig geschlagen an die Fahrstrasse gestellt der Kubikfuss mit einem Kreuzer angeboten worden! — Hier sei auch noch erwähnt, dass die Maschinen der Theiss- und benachbarten Bahnen mit Holz geheizt werden.

Mencil, der mit Fichtenwäldern bestanden ist, gebrauchten wir nur das Sieb. Täglich brachten wir uns einige Säcke voll Siebicht zum äussert genauen Durchsuchen mit nach Hause. Es enthielt häufiger *Stenus monticagus Heer* und *Rhytidosomus globulus*, selten *Bythinus Carpathicus, Omias Hanakii, Chrysomela opulenta* etc.

Eine angenehme Abwechselung in unser einförmiges Sammelleben brachte der Besuch des Forstmeisters von Raho Herrn C s a s z k o c z y M i h a l y, der am 13. Juli zur Inspection der Klause eintraf und es sich nicht nehmen liess, uns auf's beste mit seinen beträchtlichen Vorräthen zu bewirthen, wofür ich nicht umhin kann, auch an dieser Stelle unseren herzlichsten Dank auszusprechen. Welche Wonne gewährte der Genuss frischen Brotes, eines vorzüglichen Rostbratens, der gleich vor dem Hause über einem mächtigen Feuer zubereitet wurde und besonders der des langentbehrten Kaffee's. (Unsere Wirthsleute hatten uns solchen zwar aus den Früchten von *Lupinus sativus* zubereitet, derselbe war jedoch ungeniessbar.)

Nur zu bald mussten wir, am 15. Juli, das uns lieb gewordene Haus verlassen um die vorher beschlossene Reisezeit inne zu halten; doch benützten wir auf der Rückfahrt noch einige freie Stunden, um bei Raho in mehreren Bächen und bei Kiralyhaz am Theissufer zu sammeln, wo wir unter Anderem auch *Tachys crux Putz.* auffanden.

In der folgenden Zusammenstellung der von uns gesammelten Arten hat die Determinirung der *Bembidien* Herr P u t z e y s, einiger schwieriger *Staphylinen* Herr Dr. K r a a t z, der *Pselaphiden* und *Scydmaeniden* Herr F. de S a u l c y, der *Nitidularien, Cryptophagiden* und *Lathridier* Herr R e i t t e r und der *Curculioniden* Herr K i r s c h gegeben, während der Ueberrest durch mich bearbeitet wurde.

Die Mehrzahl der besseren und neuen Arten können durch Herrn E. R e i t t e r in Paskau bezogen werden.

Die besseren Arten sind durch hervorgehobenen Satz markirt.

Notiophilus semipunctatus F. Raho. Hoverla.

Elaphrus aureus Müll. Kaschau.

Cychrus rostratus v. elongatus Hoppe in Fichtenstöcken am Heverla.

Carabus irregularis F. Hoverla.

    „   *auronitens v. Escheri Palliard.* in modernden Fichtenstöcken am Hoverla.

    „   *cancellatus F.* Hoverla.

    „   *Linnei Panz.* häufig am Hoverla.

    „   *silvestris v. glacialis Miller* Spitze der Czernahora.

    „   *Scheidleri v. Preissleri Dufl* unter Steinen am Hoverla.

Carabus comptus Dej. v. Hampei Küst. Hoverla. Diese Bestimmung
ist von Herrn Gehin in Remiremont gegeben.

" *violaceus L.* Hoverla.

Calosoma sycophanta L. Kaschau.

Nebria Heegeri Dej. sehr selten bei Luhy und Raho *).

" *rivosa Mill.* bei Sziget, Raho und Luhy.

" *Transsylvanica Germ.* auf den höchsten Stellen der Czernahora.

Leistus piceus Fröl. nicht selten um Mencil und Hoverla.

Clivina collaris Herbst. Kaschau.

Dyschirius substriatus Dft. am Theissufer bei Kiralyhaz.

" *politus Dej.* Kaschau. Kiralyhaz.

" *punctatus Dej.* Kiralyhaz.

" *digitatus Dej.* Kiralyhaz.

" *aeneus Dej.* Kiralyhaz.

Apristus quadrillum Dft. Kaschau. Kiralyhaz.

Cymindis cingulata Dej. unter Rinden am Mencil und Hoverla.

Licinus Hoffmannseggi Panz. unter Fichtenrinden am Hoverla.

Patrobus quadricollis Mill. Sziget. Raho. Luhy.

" *Carpathicus Mill.* Raho und Luhy. Jedenfalls entwickelt sich
diese Art erst Mitte Juli; denn die Stücke, die wir am 15. Juli
bei Raho sammelten, waren fast ohne Ausnahme frisch, einige
sogar noch nicht einmal ausgefärbt, ganz bräunlichgelb.

Calathus metallicus Dej. nicht häufig auf der Czernahora.

Taphria nivalis Panz. Mencil.

Anchomenus angusticollis F. Mencil.

" *albipes F.* Kaschau. Raho. Mencil.

" *sexpunctatus F.* Mencil. Czernahora.

" *parumpunctatus F.* Czernahora.

" *viduus Panz.* und *v. moestus Dft.* Mencil und Hoverla.

Stomis pumicatus Panz. Das einzige Exemplar, welches ich bei Raho
erbeutete, zeichnet sich durch ganz beträchtliche Grösse und
kürzeren Kopf, sowie dadurch von den deutschen Stücken
aus, dass das dritte Glied der Maxillar-Taster nach der Spitze
hin stark verschmälert ist. Obgleich ich das Thier für eine
n. sp. halte, wage ich nicht vorläufig dieselbe aufzustellen.

Feronia lepida F. Raho.

" *vernalis Panz.* Raho. Hoverla. Czernahora.

" *inaequalis Marsh.* Hoverla.

" *anthracina Ill.* Mencil.

*) Nach v. Frivaldsky ist die als *Heegeri* angesprochene Art: *Fussii Bielz.*

Feronia rufilarsis Dej. unter losen Fichtenrinden am Hoverla.

      „ *fossulata v. Klugii Dej.* in Buchenwäldern an allen von uns
           besuchten Orten.

      „ *Jurinei v. Heydenii Heer.* Hoverla.

      „ *foveolata v. interruptestriata Bielz* über dem Knieholz
           an der Czornahora.

Haptoderus unctulatus Dft. Luhy. Mencil. Hoverla. Czernahora.

Abax striola F. Hoverla.

    „ *carinata Dft.* Luhy.

Molops terricola F. Hoverla.

Amara trivialis Gyll. Kaschau.

    „ *misella Mill.* am Rande des Schnees der Czornahora.

Anisodactylus signatus Ill. Kaschau. Kiralyhaz.

           binotatus v. spurcaticornis Dej. Sziget.

Harpalus griseus Panz. Sziget.

    „ *sulphuripes Germ.* Hoverla.

    „ *latus L.* Klause am Mencil.

Stenolophus discophorus Fisch. Kiralyhaz.

Acupalpus dorsalis F. Kaschau.

    „ *meridianus L.* Kaschau. Kiralyhaz.

Trechus rubens F. Sziget.

    „ *striatulus Putz.* Mencil und Hoverla.

    „ *plicatulus Mill.* Czornahora.

    „ *corpulentus Weise.* Deutsch. ent. Zeitschr. 1875. Pg. 356.
           Luhy.

    „ *pulchellus Putz.* Sziget. Raho. Luhy. Mencil. Hoverla.

    „ *latus Putz.* Sziget. Raho. Luhy. Mencil. Hoverla.

Perileptus areolatus Creutz. Kaschau. Kiralyhaz.

Tachys crux Putz. Deutsch. ent. Zeitschr. 1875. Pg. 363. Kiralyhaz.
           Am Ufer der Theiss gar nicht selten.

    „ *parvulus Dej.* Sziget.

    „ *nanus Gyll.* unter Fichtenrinde am Mencil.

    „ *bistriatus Dft.* Sziget.

Bembidium guttula F. Kiralyhaz.

    „ *quadrimaculatum L.* Kaschau.

    „ *articulatum Panz.* Kaschau.

    „ *Sturmi Panz.* Sziget.

    „ *tenellum Er.* Kiralyhaz.

    „ *Pyrenaeum v. glaciale Heer* an Schneerändern der Czernahora.

    „ *bipunctatum L.* Hoverla.

Bembidium nitidulum Marsh. im Schafmist am Hoverla-Sallasch.

    „   *fasciolatum* **Dft**. Kaschau.

    „   *atrocoeruleum Steph*. Luhy. Hoverla.

    „   *tibiale Dft*. Hoverla.

    „   *tricolor F.* an der Theiss bei Bogdan.

    „   *obsoletum Dej*. Kaschau.

    „   *littorale Oliv*. Kaschau. Sziget.

    „   *lunatum Dft*. Kaschau.

    „   *ruficorne St*. im Schafmist am Sallasch des Hoverla.

    „   *c a r d i o n o t u m P u t z*. Deutsch. ent. Zeitschr. 1875.
        Pg. 363. In einem Bache bei Sziget mit *Nebr. rivosa* zusammen, aber sehr selten.

    „   *pygmaeum v. b i l u n a t u m B i e l z*. Kiralyhaz.

    „   *varium Oliv*. Kaschau.

    „   *punctulatum Drap*. Kaschau. Kiralyhaz. Mencil.

    „   *foraminosum St*. Kaschau.

Tachypus pallipes Dft. Kaschau.

    „   *flavipes L*. Kaschau. Kiralyhaz.

Haliplus lineatocollis Marsh Klause von Mencil.

Hydrobius gibbas K i e s t, litt. Luhy. Hoverla.

Laccobius minutus L. Kaschau Kiralyhaz.

Limnebius nitidus Marsh. Luhy. Thal Gadzyna.

Chaetarthria seminulum Payk. Kaschau.

Helophorus nubilus F. Kaschau.

    „   *glacialis Villa*. an Schneerändern der Czernahora.

    „   *granularis L*. Sziget.

    „   *griseus Herbst*. Kaschau

Ochthebius lacunosus St. an Steinen in der Theiss bei Luhy.

Hydraena lapidicola Kiesw. in den Bächen bei Luhy.

    „   *gracilis Germ*. Raho.

Cyclonotum orbiculare F. Kaschau. Luhy.

Sphaeridium bipustulatum F. Kaschau.

Cercyon obsoletus Gyll. Hoverla.

    „   *haemorrhoidalis F*. Mencil.

    „   *haemorrhous Gyll*. Kaschau. Hoverla

Megasternum obscurum Marsh Luhy. Hoverla Mencil

Cryptopleurum atomarium F. Mencil.

Aulalia *rivularis Grav*. im Kuhdünger bei Raho und am Mencil.

    „   *impressa Oliv*. Mencil.

Falagria thoracica Curt. im Siebicht am Mencil.

Falagia sulcata Payk. Kaschau.

Bolitochara lucida Grav. am Hoverla gesiebt.

Stenusa rubra Er. Sziget.

Ocalea picata Steph. (castan. Er.) unter Laub bei Luhy.

Leptusa fumida Er. gemein am Hoverla und Mencil.

    „   *eximia Kr.* unter Buchenlaub am Hoverla.

    „   *alpicola Brauesik* gesiebt am Hoverla.

    „   *flavicornis Brauersik* äussert selten am Hoverla.

    „   *analis Gyll.* selten am Hoverla.

Homaeusa acuminata Maerkel unter Ameisen im Laube bei Raho.

Microglossa pulla Gyll. mit voriger bei Raho.

    „   *ruficornis Kr.* Luhy.

    „   *suturalis Sahlb.* häufig unter Laub bei Luhy.

Aleochara ruficornis Er. Sziget.

    „   *lanuginosa Grav.* häufig gesiebt am Hoverla.

    „   *nitida Grav.* im Dünger am Hoverla-Sallasch.

    „   *moerens Grav.* gesiebt am Hoverla.

Myrmedonia cognata Maerkel unter Laub bei Sziget.

Hyobates Mech Raudi, Reitter fing ein Exemplar im Gemülle bei
       unserem Stationshause an der Klause.

Tachyusa umbratica Er. Kaschau. Sziget.

Oxypoda alternans Grav. häufig in Pilzen am Hoverla.

    „   *incrassata Muls.* am Hoverla unter Laub.

Homalota currax Kr. auf unter Sandbank des Czeremosz am Sallasch
       im Thale Gadzyna.

    „   *arcana Er.* unter Buchenlaub am Hoverla.

    „   *immensa Er.*

    „   *cuspidata Er.*

    „   *nitidula Kr.*

    „   *xanthoptera Steph.*

    „   *longicornis Grav.*

    „   *tibialis Heer* am Rande des Schnees der Czernahora.

       Carpathica Moll. mit voriger zusammen.

Hygronoma dimidiata Grav. im Schilfe an der Theiss bei Kiralyhaz.

Oligota apicata Er. unter schimmeligem Laub am Hoverla.

Gyrophaena gentilis Er. in Pilzen bei Raho, Luhy und am Hoverla.

    „   *affinis Sahlb.* gesiebt am Hoverla.

    „   *laevisula Er.* mit voriger zusammen, selten.

    „   *manca Er.* häufig am Hoverla.

    „   *Boleti L.,* sehr häufig an den Fichtenschwämmen am Hoverla.

Myllaena intermedia Er. gesiebt bei Raho.

Trichophya pilicornis Gyll. unter nassen Fichtenzweigen bei Luhy.

Cilea silphoides L. Kiralyhaz.

Tachinus pallipes Grav. gesiebt am Hoverla und Mencil.

"   *laticollis Grav.* mit vorigem nicht selten.

Tachyporus ruficollis Grav. unter feuchtem Laub aus Sziget.

"   *brunneus F.* Kiralyhaz.

Conosoma litoreum L. häufig am Mencil.

"   *immaculatum Steph.* Hoverla.

Bolitobius speciosus Er. nur 1 Exemplar am Hoverla gesiebt.

"   *atricapillus F.* häufig am Mencil.

"   *pygmaeus F.* in Pilzen am Hoverla.

Mycetoporus Märkeli Kr. unter Buchenlaub am Hoverla. Sämmtliche
        Exemplare zeichnen sich durch viel dunklere Färbung sowie
        durch bedeutend stärkere Punktirung des Hinterleibes aus.

Eurypurus picipes Payk. unter nassen Holzstückchen bei Luhy.

Quedius fulgidus v. bicolor Redt. Luhy. Mencil. Hoverla.

"   *cruentus Oliv.* häufig am Hoverla und Mencil.

"   *lucripetus Gyll.* gemein unter loser Fichtenrinde.

"   *impressus Panz.* nicht selten am Hoverla. Reitter erbeutete
        ein Stück, welches durchaus einfarbig schwarz ist.

"   *fuliginosus Grav.* Hoverla.

"   *ochropterus Er.* Mencil und Hoverla.

"   *Transsylvanicus Weise.* Deutsch. ent. Zeitschr. 1875
        Pg. 356. Gesiebt am Hoverla und Mencil.

"   *fumatus Steph.* nicht selten unter Holzspähnen am Mencil und
        Hoverla.

"   *cinctiollis Kr.* gesiebt am Hoverla.

"   *umbrinus Er.* mit vorigem nicht selten.

"   *humeralis Steph.* im Buchenlaube am Hoverla.

"   *rufipes Grav.* Mencil. Hoverla.

"   *monticola Er.* unter Fichtennadeln am Mencil und Hoverla.

"   *attenuatus Gyll.* Sziget.

"   *collaris Er.* häufig. Sziget. Raho. Mencil. Hoverla.

"   *alpestris Heer.* Hoverla. Czernahora.

"   *lucidulus Er.* Luhy. Mencil. Hoverla

Staphylinus pubescens Deg. im Mist am Hoverla.

"   *erythropterus L.* Mencil.

Ocypus macrocephalus Grav. gesiebt am Mencil.

Philonthus splendens F. im Kuhdünger am Hoverla.

Philonthus laminatus Creutz. mit vorigem häufig.

  „   *montivagus Heer.* am Hoverla-Sallasch.
  „   *carbonarius Gyll.* im Kuhdünger, Hoverla.
  „   *aeneus Rossi.* Klause am Mencil.
  „   *decorus Grav.* im Kuhdünger, Hoverla.
  „   *atratus Grav.* Sziget.
  „   *aerosus Kies.* im Mist über dem Kleinhofe am Hoverla.
  „   *albipes Grav.* Luhy.
  „   *frigidus Kies.* unter Steinen auf der Czernahora.
  „   *longicornis Steph.* am Hernad bei Kaschau.
  „   *parcicornis Grav.* unter Laub bei Luhy.
  „   *debilis Grav.* am Hoverla.
  „   *quisquiliarius Gyll.* häufig am Hoverla-Sallasch
  „   *splendidulus Grav.* sehr häufig unter Baumrinden Sziget.
       Luhy. Mencil. Hoverla.
  „   *rufimanus Er.* am Hernad bei Kaschau.
  „   *astutus Er.* Sziget. Raho.
  „   *flavopterus Tourcr.* Kaschau.
  „   *tennis F.* Kiralyhaz.
  „   *puella Nordmann.* gesiebt am Hoverla.
  „   *puilus Nordmann.* Kiralyhaz.
  „   *prolixus Er.* Kaschau. Kiralyhaz.
Xantholinus punctulatus Payk. unter Laub, Hoverla.
      „   *ochraceus Gyll.* Raho.
Leptacinus batychrus Gyll. Kaschau.
Baptolinus affinis Payk. unter Fichtenrinde viel. Mencil. Hoverla.
      „   *pilicornis Payk.* mit vorigem, noch häufiger.
Othius lapidicola Kiesw. unter Laub. Raho. Mencil. Hoverla.
Lathrobium brunnipes F. Luhy.
      „   *boreale Hochh.* gesiebt am Hoverla.
      „   *fulvipenne Grav.* mit vorigem.
      „   *terminatum Grav.* Sziget.
Cryptobium glaberrimum Herbst. Hoverla.
Stilicus rufipes Germ. Hoverla.
      „   *Erichsoni Faur.* selten am Hoverla.
Scopaeus laevigatus Gyll. Mencil.
Lithocharis obsoleta Nordm. Kaschau.
Sunius angustatus Payk. Kiralyhaz.
Paederus riparius L. Kaschau. Kiralyhaz.
      „   *limnophilus Er.* Kiralyhaz.

Paederus sanguinicollis Steph. häufig am Hernad und an der Theiss.

„ *ruficollis F.* Kaschau. Kiralyhaz.

Dianous coerulescens Gyll. Raho. Luhy.

Stenus clavicornis Scop. Sziget.

„ *providus Er.* unter Laub am Hoverla.

„ *Rogeri Kr.* mit vorigem gesiebt

„ *humilis Er.* Sziget. Luhy. Hoverla.

„ *circularis Grav.* überall angetroffen.

„ *nanus Steph.* Sziget.

„ *angustatus Steph.* Kaschau.

„ *biguttatus L.* Kaschau. Sziget.

„ *bipunctatus Er.* Kaschau. Luhy.

„ *guttula Müll.* Sziget. Hoverla.

„ *argentellus Thoms.* Kiralyhaz

„ *fossulatus Er.* Luhy. Hoverla.

„ *subaeneopunctatus Steph.* gesiebt am Hoverla.

„ *riparicola Sahlb.* Hoverla.

„ *cautus Kies.* Sziget. Hoverla.

„ *glacialis Heer.* an feuchten Felsblöcken. Raho. Hoverla.

„ *monticagus Heer.* Dies ist die häufigste Art in den Karpathen, wir trafen sie sicher, wo wir auch sieben mochten, an. Jedenfalls ist sie in den Sudeten ebenso gemein, nur mit *Ericksoni Rye* immer verwechselt worden. Von dieser, die wohl nur in der Ebene vorkommt, ist sie leicht durch die viel dichtere Punktirung und die nadelrissigen Zwischenräume der Punkte zu unterscheiden.

„ *Reitteri Weise.* Deutsch. ent. Zeitschr. 1875. Pg. 357. Sehr selten bei Luhy und Raho.

„ *tarsalis Ljungh.* Sziget. Mencil.

Bledius aquarius Er. Mencil.

„ *opacus Block.* Kiralyhaz

„ *crassicollis Lac.* Hoverla.

Platystethus cornutus Grav. im Mist am Hoverla-Sallasch.

„ *cornutus v. alutaceus Thoms.* Kaschau. Die Exemplare waren mit hellgrünen, stark metallisch schimmernden runden Schüppchen bedeckt.

„ *arenarius Fourcr.* Kaschau.

„ *capito Heer.* im Anspülicht am Hernad. Kaschau.

„ *nitens Sahlb.* mit vorigem.

Oxytelus rugosus F. Kiralyhaz

Oxypelus piceus L. Luhy. Szläsch am Hoverla.

„ *complanatus Er.* gesiebt am Mencil.

„ *nitidulus Grav.* häufig am Hoverla.

„ *depressus Grav.* an allen Sammelstellen häufig.

Haplosterus cuclatus Grav. Mencil.

Thinodromus dilatatus Er. Kiralyhaz.

Trogophloeus bilineatus Steph. Kiralyhaz.

„ *exiguus Er.* sehr häufig im thonigen Sande am Theiss-ufer bei Kiralyhaz.

Anthophagus Austriacus Er. auf Blüthen bei Luhy.

„ *omalinus Zett.* Luhy.

punciticollis Weise. Deutsch. ent. Zeitschr. 1875. Pg. 361. Im explorirten Bache bei Luhy.

Lestera punctata Er. Luhy

Homalium excavatum Steph. gesiebt am Hoverla.

„ *caesum Grav.* überall.

„ *pusillum Grav.* Hoverla.

„ *scabriusculum Er.* Czernahora.

„ *melanocephalum F.* gesiebt am Hoverla.

„ *inflatum Gyll.* nicht selten an Fichtenschwämmen am Hoverla.

Anthobium luteipenne Er. Czernahora.

„ *longipenne Er.* häufig in den Spiraea-Blüthen bei Luhy und im Thale Gadzyna.

Proteinus brachypterus F. gesiebt. Hoverla.

Megarthrus sinuaticollis Er. mit vorigem.

„ *denticollis Beck.* Mencil. Hoverla.

Olisthaerus substriatus Gyll. Mencil. Hoverla*).

Micropeplus porcatus F. Kaschau.

Tychus niger Payk. Raho. Hoverla.

Bryaxis xanthoptera Reichb. Kiralyhaz.

„ *haematica Reichb.* mit voriger.

Bythinus Reitteri Saulcy. Deutsch. ent. Zeitschr. 1875. Pg. 358. Gesiebt aus Buchenlaub am Hoverla.

„ *Chaudoiri Hochh.* Hoverla und Mencil.

„ *calidus Aub.* selten an vorigen Orten.

---

*) Nach Herrn vom Bruck's brieflicher Mittheilung, der ein Pärchen des *O. substriatus* aus Sahlberg's Händen besitzt, wäre der von uns unter Fichtenrinden gesammelte Käfer nicht dieser, sondern eine neue Species oder mit einer neuen Sahlberg'schen Art identisch. E. Reitter.

Bythinus Carpathicus Sauley. Deutsch. ent. Zeitschr. 1875. Pg. 358.
Mit den vorigen an recht feuchten Stellen.

„ *Weisei Sauley* Deutsch. ent. Zeitschr. 1875. Pg. 358.
Sehr selten an obigen Orten.

„ *nigripennis Aub.* nicht selten unter Steinen und feuchtem Laube.
Luhy. Sziget. Raho. Hoverla.

„ *uncicornis Aub.* sehr selten unter den vorigen.

Euplectus Fischeri Aub. unter Buchenrinden am Hoverla.

„ *bicolor Denny* ebenso.

Trimium Carpathicum Sauley. Deutsch. ent. Zeitschr. 1875.
Pg. 358. Hoverla, selten unter Buchenlaub.

Cephennium laticolle Aub. häufig unter Buchenlaub. Raho. Hoverla.

Scydmaenus subparallelus Sauley. Deutsch. ent. Zeitschr. 1875.
Pg. 359. Aeusserst selten im Gesiebe vom Hoverla.

„ *elongatulus Müll.* häufiger ebenda.

„ *tarsatus Müll.* in Menge unter fast trockenem Kuhdünger
an der Klause.

Ptomaphagus picipes F. in gelben Buchenschwämmen am Hoverla.

„ *alpinus Gyll.* mit vorigem.

Silpha Tyrolensis Laich. Czernahora.

„ *atrata L.* Raho.

Necrophorus investigator Zett. Mencil.

Anisotoma castanea Herbst. in Baumschwämmen am Hoverla.

Amphicyllus globus F. Luhy.

Volvoxis ater Payk. unter Laub am Mencil und Hoverla.

„ *badius Er.* mit vorigem zusammen.

„ *mandibularis St.* Luhy.

„ *rotundatus Gyll.* Hoverla.

„ *discoideus Er.* an gallertartigen Pilzen der vermoderten
Baumstümpfe am Hoverla.

Clambus minutus Sturm. Kaschau. Sziget. Mencil.

„ *Armadillo Deg.* Hoverla.

Comazus dubius Marsh. Hoverla.

Calyptomerus alpestris Redt. sehr selten am Hoverla.

Ptilium rugulosum Allib. unter frischer Baumrinde sehr häufig,
jedoch schwer zu fangen.

Pteridium pusillum Gyll. im Siebicht vom Hoverla.

Trichopteryx Hoverlae Wallt. wie voriger, auch am Mencil.

Scaphiosoma agaricinum L. mit den vorigen; die Exemplare sind wenig
kleiner als *limbatum Er.* und gehören vielleicht einer eigenen
Art an.

Platysoma compressum Herbst. Sziget.

Hister cadaverinus Hoffmann. Hoverla.

    „   *marginatus Er.* Luhy

    „   *stercorarius Hoffmann.* Hoverla.

Paromalus flavicornis Herbst. Sziget.

Saprinus conjungens Payk. am Flussufer bei Kaschau.

Plegaderus vulneratus Panz. gesiebt am Hoverla.

Acritus nigricornis Hoffmann. Sziget.

Olibrus Millefolii Payk. Kaschau.

Brachypterus Urticae F. Hoverla.

Epuraea terminalis Mannh.

    „   *nana Rttr.*

    „   *variegata Herbst.* Eine var. ohne dunklere Punkte auf der
        Scheibe. Alle 3 Arten am Hoverla im Gesiebe.

    „   *pygmaea Gyll.* Luhy.

    „   *borella Zett.* Hoverla

Micraria melanocephala Melsh. Wie die vorigen.

Ipidia quadrinotata Fabr. Hoverla.

Meligethes Brassicae Scop. Sziget.

    „   *viridescens Fabr.* Sziget.

    „   *coracinus Strm.* Sziget.

    „   *Symphyti Heer.* Kaschau.

    „   *subrugosus Gyll.* Luhy.

    „   *picipes Strm.* Luhy.

    „   *umbrosus Strm.* Luhy.

    „   *fuliginosus Er.* Kaschau.

    „   *ovatus Strm.* Kaschau.

    „   *viduatus Strm.* Mencil.

    „   *pedicularius Gyll.* Kaschau.

    „   *egenus Er.* Kaschau, auf *Mentha*-Arten.

    „   *murinus Er.*

    „   *erythropus Gyll.* Sziget.

Pocadius ferrugineus Fabr. in Pilzen, Hoverla.

Cychramus quadripunctatus Herbst auf jungen Fichten bei Luhy in
    Mengen.

    „   *fungicola Heer.* mit dem vorigen, aber seltener.

    „   *alutaceus Rttr. n sp.* Deutsch. ent. Zeitschr. 1875.
        Pg 359. Wenige Stücke in Gesellschaft der vorigen.

    „   *luteus Fabr.* auf Dolden, im Gebirge sehr häufig.

Ips quadripustulatus Fabr. Hoverla.

Rhizophagus depressus Fabr. Sziget.

    „   *puncticollis Sahlb.* Dieser seltene Käfer wurde von uns unter ziemlich frischer Buchenrinde, dann zahlreicher am ausfliessenden Safte einer frisch gefällten Buche am Heverla gesammelt.

    „   *cribratus Gyll.* Ein Stück im Angeschwemmten des Hernad bei Kaschau.

    „   *nitidulus Fabr.*

    „   *dispar Payk.* Beide am Heverla unter Buchenrinde.

Ostoma ferruginea Lin. Heverla.

Thymalus limbatus Fabr. Heverla.

Corticus tuberculatus Germ. Heverla, an anbrüchigen mit Pilzen bewachsenen Stellen lebender, anbrüchiger Buchen, und auch unter Laub am Fusse derselben.

Synchitodes crenata Herbst. Heverla.

Colidium elongatum Fabr. Sziget.

Cerylon fagi Bris. Heverla, unter Buchenrinde.

    „   *histeroides Fabr.* Heverla.

    „   *atratulum Rttr. n. sp.* Deutsch. ent. Zeitschr. 1875. Pg. 360. Unter Buchenrinde am Heverla.

    „   *angustatum.* Heverla.

Cucujas sanguinolentus und haematodes. Reitter fand zahlreiche Larven einer dieser beiden Arten, in allen Stadien der Entwickelung unter Eschenrinde am Heverla.

Silvanus unidentatus Fabr. Sziget.

Antherophagus nigricornis Fabr. Auf Blüthen bei Luhy.

    „   *pallens Ol.* Ebenso.

Henoticus serratus Gyll. Sziget. Heverla, aus Laub gesiebt.

Cryptophagus Baldensis Er. Heverla. Alle nachfolgenden Arten im Gesiebe.

    „   *badius Strm.* Heverla.

    „   *labilis Er.* Mencil.

    „   *scanicus Lin.* Heverla.

    „   *dentatus Herbst.* Kaschau.

    „   *Lapponicus Zett.* Luhy.

Micrambe Abietis Payk. Ueberall unter Laub, nicht selten.

Atomaria Carpathica Rttr. n. sp. Deutsch. ent. Zeitschr. 1875 Pg. 361. Im Gesiebe des Heverla.

    „   *nigriventris Steph.* Mencil.

    „   *plicicollis Mäklin.* Sziget.

Atomaria *procerula* *Er.* Hoverla.

„ *elongatula* *Er.* Hoverla.

„ *fuscata* *Schh.* Hoverla, selten.

„ *gravidula* *Er.* auf feuchtem Boden unter schimmelndem Wein-
laub am Ufer des Hernad bei Kaschau.

„ *pusilla* *Payk.* Raho. Hoverla.

„ *turgida* *Er.* Raho.

„ *apicalis* *Er.* Hoverla.

„ *ruficornis* *Mrsh.* überall unter Laub.

Sternodea *Weisei* *Rttr.* Deutsch. ent. Zeitschr. 1875. Pg. 361. Im
Gesiebe der unteren Waldränder des Hoverla, sehr selten.

Ephistemus *nigriclavis* *Steph.* ebenda, sehr selten.

Thorictus *Hungaricus* *Weise* *n. sp.* *Ocalis, nigro-piceus, supra*
parce tenuissimeque griseo pubescens, elytrorum margine
exteriore testaceo-ciliata, thorace basi angustato, angulis
posticis subrectis, late deplanatis; lateribus margine de-
pressis, parce et subtiliter punctatis; elytris basi thoracis
latitudini fere aequalibus, subparallelis, postice obtuse ro-
tundatis, pone humeros plicatis. Long. vix 1 lin.

Fast von der Grösse des *Mauritanicus*, am ähnlichsten
jedoch *loricatus Peyr.*, durch die stärkere Wölbung des
breiteren Halsschildes, die an der Spitze breit schwach einzeln
zugerundeten Flügeldecken und die Punktirung verschieden.
Oval, schwarzbraun, die Oberseite mit äusserst kurzen, nur
bei starker Vergrösserung sichtbaren gelblichgreisen Härchen
in den Punkten, die Rundung der Flügeldecken mit längeren
gelblichen Härchen sparsam befranzt. Halsschild breiter als
lang, die grösste Breite vor der Mitte, die Seiten nach
hinten ganz allmählig gleichmässig verschmälert, die
Hinterecken ziemlich scharf, nicht ganz rechtwinkelig. Es
ist in der Mitte höher gewölbt als bei den verwandten Arten,
weitläufig und sehr fein, jedoch tief punktirt, die Seitenränder deutlich breit abgesetzt, etwas stärker, jedoch kaum
dichter als die Scheibe punktirt. Flügeldecken fast etwas
breiter als der gradlinige Grund des Halsschildes, an den
Schultern ein wenig erweitert, bis zu $^2/_3$ ihrer Länge fast
gleich breit, dann ganz allmählig gerundet verschmälert, die
Spitze schwach, einzeln abgerundet, so dass an der
Naht ein kleiner jedoch deutlicher Ausschnitt entsteht. Sie sind
ebenso weitläufig wie das Halsschild aber noch feiner punktirt,

der Schulterhöcker deutlich abgesetzt. Unterseite pechbraun, die Taster röthlichgelb, die Füsse mit Ausnahme der hellen Tarsen schwarzbraun. Hinterleibssegmente an der Unterseite der Quere nach fein nadelrissig, das erste äusserst weitläufig tief, die folgenden etwas dichter flach punktirt.

Diese durch ihr nördliches Vorkommen recht interessante Art wurde von Reitter in der Nähe der Theiss bei Kiralyhaz aufgefunden.

Lathridius angulatus Mnnh. Hoverla.

" *alternans* Mnh. Beide im Gemülle des Hoverla.
" *angusticollis* Hum. Raho.
" *rugicollis* Oliv. Hoverla.

Enicmus *hirtus* Gyll. an schimmelnden Baumschwämmen, selten. Hoverla.
" *minutus* Lin. vereinzelt um Kaschau.
" *consimilis* Mnnh. zahlreich mit *hirtus* gesammelt.
" *Carpathicus Rttr. n. sp.* Deutsch. ent. Zeitschr. 1875. Pg. 361. Unter Laub, Hoverla.
" *transversus* Oliv. im Gesiebe von Kaschau und des Hoverla.
" *rugosus* Herbst. Hoverla.

Corticaria *serrata* Payk. Kaschau. Hoverla.
" *elongata* Gyll. Kaschau. Sziget. Raho.

Melanophthalma *gibbosa* Herbst. Kaschau. Sziget. Raho. Kiralyhaz.
" *transversalis* Gyll. Kaschau.
" *fuscula* Gyll. Kaschau. Raho.
" *truncatella* Mnnh. Kaschau, im Angeschwemmten des Hernad.

Tritoma atomaria F. in Buchenschwämmen am Hoverla.

Triplaxus punctatus F. Hoverla.

Dermestes affinus Gyll. unter trockenen Maisblättern, Kiralyhaz.
" *lardarius* L. Mezoid.

Nosodendron fasciculare Oliv. Sziget.

Syncalypta setosa Walll. Kaschau.
" *paleata* Er. Raho.
" *spinossa* Rossi. Kiralyhaz.

Cistela luniger Germ. Czernahora.

Pedilophorus Transsylvanicus Suffr. auf der Czernahora zahlreich herum kriechend.

Simplocaria maculosa Er. gesiebt am Hoverla.
" *acuminata* Er. mit voriger, selten.
" *Carpathica* Hampe. Hoverla.

Limnichus versicolor Wall. Kiralyhaz.

  „   *incanus Kies.?* mit vorigem.

Georyssus *pygmaeus* *F.* Kaschau.

Dryops *Viennensis Heer.* Kiralyhaz. Kaschau.

  „   *auriculatus Panz.* Mencil.

  „   *nitidulus Heer.* Kaschau.

Elmis *Maugeti Latr.* Luhy.

  „   *aeneus Müll.* Luhy.

  „   *Germari Er.* Luhy. Mencil.

  „   *angustatus Müll.* Luhy. Mencil.

Heterocerus fossor Kies. Kiralyhaz.

  „   *sericans Kies,* häufig bei Kiralyhaz.

Dorcus *parallelopipedus L.* Kaschau.

Ceruchus tenebrioides F. Larven und Puppen wurden zahlreich in den halbvermoderten Fichtenstämmen angetroffen, die zu beiden Seiten des Aufstieges auf dem Hoverla liegen. Ganz entwickelt fand sich nur ein Stück; die mitgenommenen Puppen starben, wahrscheinlich weil ihre Hülle nicht gleichmässig feucht gehalten werden konnte.

Caccobius Schreberi L. Kaschau.

Onthophagus nuchicornis L. Luhy. Hoverla.

Oniticellus fulvus Goez. Kaschau.

Aphodius erraticus L. Kaschau. Raho.

  „   *brevicornis Schrank.* Kaschau.

  „   *alpinus Scop.* im Schafmist am Hoverla.

  „   *varians Dft.* Kaschau, im Auspülicht.

  „   *granarius L,* Hoverla.

  „   *mixtus Villa.* Mencil.

  „   *depressus Kugel.* Hoverla.

  „   *porcatus F.* Kaschau.

Rhyssemus Germanus L. Kaschau.

Aegialia sabuleti Panz. Hoverla.

Geotrupes sylvaticus Panz. Luhy.

Homalophia ruricola F. Kaschau.

Anisoplia Austriaca Herbst. Kiralyhaz.

Phyllopertha horticola L. Kaschau.

Anomala aenea Deg. Kaschau.

Oxythyrea stictica L. Kaschau

Cetonia hirtella L. Kaschau.

Melanophila acuminata **Deg.** an frischen Fichtenrinden, die zum trocknen an der Klause lagen.

Anthaxia 4punctata L. Klause.

Chrysobothrys chrysostigma L. Klause.

„ *affinis F.* Klause.

Agrilus **viridis** *L.* Mencil.

„ **Roberti** *Chevr.* Kaschau.

„ *integerrimus Ratzeb.* Mencil.

Cylindromorphus filum Gyll. Kaschau.

Throscus carinifrons Bonv. Mencil.

„ *obtusus Curt.* Sziget.

Dirrhagus sp.? Wahrscheinlich eine neue, oder noch nicht genügend erkannte Art. Luhy,

Drasterius **bimaculatus** *F.* mit mehreren var. im Sande bei Kiralyhaz, häufig.

Elaster erythrogonus Müll. Mencil.

„ *nigrinus Herbst* am Grase bei Luhy.

„ *sanguinolentus* **Schrank.** Mencil.

Cryptohypnus 4pustulatus F. Kaschau. Kiralyhaz.

„ *meridionalis Castelv.* Kiralyhaz.

Athous deflexus Thoms. Klause am Mencil

„ *undulatus Deg.* Mencil und **Hoverla**, jedoch nur einzeln. Ein Exemplar kam in ein Sammelschächtelchen geflogen, welches ich zufällig auf das Dach des Hoverla-Sallasch gestellt hatte.

„ *circumscriptus Cand.* überall im Gebirge anzutreffen.

„ *subfuscus Müll.* Mencil.

Corymbites cupreus F. unter dem Gipfel der Czernahora.

„ *aeruens v. aeneus Scop.* Mencil.

„ *guttatus Germ.* am Grase auf der Czernahora.

Agriotes ustulatus Schaller. Sziget.

Synaptus filiformis F. häufig bei Sziget.

Adrastus *limbatus F.* Mencil.

„ *lacertosus Er.* auf einer Weide an der Klause.

Campylus **linearis** *L.* Mencil und Hoverla.

Helodes fusicollis Kiesw. Mencil.

Cyphon **variabilis** *Thunb.* Kaschau. Mencil.

Eubria palustris Germ. Luhy.

Dictyoptera sanguinea L. häufig am Mencil.

Eros affinis Payk? Hoverla Die Fühlerbildung und die bedeutende

Grösse lassen mich in den 2 Exemplaren, die Reitter erbeutete, eine eigene Art vermuthen.

Homalisus suturalis Villers. auf Blumen bei Luhy.

Podabrus alpinus Payk. Luhy.

Thelephorus violaceus Payk. Hoverla.

„   *pellucidus F.* Raho.

„   *pilosus Payk.* Luhy, häufig.

Rhagonycha laricicola Kies. Raho.

„   *nigripes Redt.* Luhy.

„   *fulva Scop.* Luhy.

„   *atra L.* Luhy. Mencil.

„   *elongata Fall.* Luhy.

Malachius viridis F. Sziget. Kaschau.

„   *marginellus Oliv.* Sziget.

Axinotarsus pulicarius F. Sziget.

Dasytes alpigradus Kiesw. Hoverla.

Danacaea tomentosa Panz. Sziget.

Tillus elongatus L. Mencil.

Thanasimus formicarius L. Mencil.

Trichodes apiarius L. Luhy.

Necrobia violacea L. Luhy.

Ptinus pilosus Müller im Moose an den Buchen des Hoverla.

Byrrhus domesticus Fourer. Raho. Luhy. Mencil.

Xestobium rufovillosum Deg. unter trockenen Fichtenrinden am Hoverla.

Ernobius longicornis Strm. klebte viel im Harze an frisch geschälten, stehenden Fichten am Mencil.

Ptilinus pectinicornis L. häufig in trockenen Buchen, Hoverla.

Aspidiphorus orbiculatus Gyll. gesiebt am Hoverla.

Cis Boleti Scopol. in Schwämmen am Hoverla.

„   *hispidus Payk.* Hoverla.

„   *bidentatus Oliv.* ebenda.

„   *quadridens Mellié* ebenda.

Rhopalodontus perforatus Gyll. selten am Hoverla.

Octotemnus glabriculus Gyll. Hoverla.

Hopatrum sabulosum L. Kaschau.

Bolitophagus reticulatus L. in Schwämmen am Hoverla.

Hypophloeus cincterius Herbst in Fichten am Hoverla.

„   *bicinctus Reitter.* Deutsch. ent. Zeitschr. 1875. II. Pg. 362 Hoverla.

Tenebrio obscurus F. Raho.

Tenebrio molitor L. Raho.

Podonta nigrita F. Kaschau.

Tetratoma ancora F. in Pilzen am Hoverla.

Orchesia minor Walk. Kaschau. Hoverla.

„ *blandula Brancsik* unter Laub am Hoverla. Diese Art ist von Brancsik nach einem kleinen Exemplare, daher nicht ganz genau beschrieben worden. Sie ist bedeutend breiter als *minor*, viel stärker gewölbt, die Eindrücke am bogenförmig ausgeschnittenen Grunde des Halsschildes flach, jedoch stets sichtbar, die Naht schwach erhaben. Die Grösse variirt zwischen 1½ bis 2 lin.

„ *undulata Kr.* an schwammigen Stellen vertrockneter Buchenäste am Hoverla, aber ungemein schwer zu saugen.

Xylita livida Sahlb. in dürren Fichten am Hoverla.

Lagria hirta L. überall.

Notoxus monoceros L. Kaschau.

„ *cornutus* F. Sziget. Kiralyhaz.

Formicomus formicarius Goeze. Kiralyhaz.

Anthicus antherinus L. Mencil. Kiralyhaz.

„ *hispidus Rossi.* Kiralyhaz.

„ *axillaris Schmidt.* Kiralyhaz.

Mordella fasciata F. Sziget.

„ *villosa Schrank.* Kaschau.

„ *bisignata Redt.* Sziget.

Mordellistena abdominalis F. an Bachrändern bei Luhy.

„ *pumilla Gyll.* Luhy.

Anaspis rufilabris Gyll. Raho.

„ *forcipata Muls.* Luhy.

Asclera coerulea L. Luhy.

Oedemera femorata Scop. Kaschau.

„ *virescens* L. Luhy.

„ *lurida Marsh.* Kaschau.

Anoncodes ruficentris Scop. Luhy.

„ *ruticollis Scop.* Luhy.

Liophloeus gibbus Boh. an Bachrändern bei Luhy.

„ *chrysopterus Boh.?* über dem Knieholz an *Genista montana* am Hoverla.

„ *Herbsti Gyll.* Czernahora.

Strophosomus Corgli F. Luhy.

Sciaphilus muricatus F. häufig am Mencil.

Eusomus *ovulum* *Ill.* **Mencil.**

Sitones lateralis *Gyll.* Kaschau.

Metallites mollis *Germ.* Mencil.

Polydrosus undatus *F.* Raho.

    „   *intermedius* *Zett.* Sziget.

    „   *pterygomalis* *Boh.* Kaschau.

    „   **n o d u l o s u s** *Chevrol.* im Harze an frisch geschälten stehenden Fichtenstämmen. **Mencil.**

Tanymecus pallialus *F.* Kaschau. **Kiralyhaz.**

Chlorophanus viridis *L.* Kaschau.

    „   *graminicola* **Gyll.** Kaschau.

Otiorrhynchus aurifer *Boh.*

    „   *multipunctatus v. tristans* *Herbst.* **Auf Fichten** bei **Luhy.**

    „   *niger* *F.* Fichten am Hoverla

    „   *v. villosopunctatus* *Gyll.* Galzyna.

    „   *v. montanus* *Boh.* Thal Gadzyna

    „   *unicolor* *Herbst.* Hoverla.

    „   *septentrionis* *Herbst.* **Luhy.**

    „   *maurus* **Gyll.** Luhy.

    „   *monticola* *Germ.* Czernahora.

    „   *dives* *Germ.* Luhy

    „   *lepidopterus* *F.* Luhy. Mencil. Hoverla.

    „   *Kratereri* *Boh.* Luhy.

    „   *rugosus* *Hampe.* Luhy.

    „   *Asplenii* *Mill.* Czernahora.

    „   *Kollari* *Germ.* Luhy.

    „   *aerifer* **Germ.** Luhy.

    „   *ovalus* *L.* Kaschau. Sziget.

    „   *pauxillus* *Rosenh.* gesiebt am **Mencil.**

Omias Hanakii *Frie.* mit vorigem und im Harze der Fichtenstämme im Thale Gadzyna.

Phytobius glaucus *Scop.* Luhy

    „   *psittacinus* *Germ.* Mencil.

    „   *virens* **Boh.** Hoverla.

Liosoma continuum **Boh.** gesiebt am Hoverla und Mencil, **auch im** Käschor bei Luhy.

Molens Megerlei *Panz.* Hoverla **und** Czernahora.

Adexius scrobipennis *Gyll.* Hoverla. Raho. **gesiebt.**

Alophus tripathatus *F.* Luhy.

    •

Hypera comata Boh. am Wege nach Raho. Hoverla.

    „   *Oxalidis Herbst.* Luhy. Mencil. Raho.

    „   *suspiciosa Herbst.* Luhy.

    „   *variabilis Herbst.* Sziget.

Cleonus sulcirostris L. Kaschau.

Rhinocyllus antiodontalgicus **Gerbi.** Sziget.

Larinus pollinis **Laich.** auf *Circium* bei Sziget.

    „   *conspersus Boh.* Sziget.

    „   *Jaccae F.* Sziget.

    „   *turbinatus Gyll.* Sziget.

    „   *Carlinae Ol.* Sziget.

Hylobius piceus Deg. unter Fichtenrinde am Mencil.

Pissodes Harcyniae Herbst im Harze an frisch geschälten Fichten am Mencil.

Erirhinus acridulus L. Luhy.

    „   *Rhamni Herbst.* Bei Kiralyhaz fand sich dies Thier von der Grösse des *acridulus* jedoch fast nur halb so breit. Obgleich die Punktirung des Halsschildes etwas abweichend ist, fehlt jedoch jeder durchgreifende Unterschied, um eine eigene Art aufzustellen.

Dorytomus longimanus **Forster.** Kaschau.

    „   *validirostris Gyll.* Kaschau.

Mecinus pyraster Herbst. Sziget.

Bagous Colliguensis Herbst. Kiralyhaz.

    „   *nigritarsis Thoms.* Kaschau. Kiralyhaz.

Apion cerdo Gerst. Kaschau.

    „   *Cardaorum Kirb.* Kaschau.

    „   *penetrans Germ.* Kaschau.

    „   *Onopordi Kirb.*

    „   *urticarium Herbst.* Sziget.

    „   *radiolus Kirb.*

    „   *dispar Germ.* Sziget. Kaschau.

    „   *seniculum Kirb.* Sziget.

    „   *Viciae Payk.* Kaschau. Sziget.

    „   *Fagi L.* Sziget.

    „   *Trifolii L.* Sziget.

    „   *nigritarse Kirb.* Kaschau.

    „   *virens Herbst.* Kaschau.

    „   *platalea Germ.* Sziget.

    „   *Ervi Kirb.* Sziget.

Apion Ononis Kirb.

„ *ozridum Germ.* Sziget.

„ *frumentarium* L. überall in der Ebene.

„ *violaceum Kirb.* Luhy.

Apoderus Coryli L. Mencil.

Rhynchites aneus Payk. Mencil.

Magdalis striatula Desbr. Mencil.

Balaninus nucum L. Luhy.

„ *crux F.* Luhy.

„ *Brassicae F.* Mencil.

Anthonomus pedicularius L. Mencil.

„ *pubescens Payk.* Mencil.

„ *Rubi Herbst.* Sziget.

Acalyptus rufipennis Gyll.

Orchestes carpnifex Germ. Mencil.

„ *Fagi* L. Hoverla. Raho.

„ *Populi F.* Sziget.

„ *Stigma Germ.* Mencil.

„ *foliorum Müll.* Luhy.

Ellescus scanicus Payk. Luhy.

Tychius polizostris F. Kaschan. Kiralyhaz.

Sibynia cana Herbst. Kaschan.

Cionus Scrophulariae L. Raho.

Nanophyes Lythri F. Bogdan

Gymnetron Linariae Panz. Kaschau.

Miarus Campanulae L.

Acalles Camelus F. gesiebt am Hoverla.

„ *rufirostris Bah.* Hoverla.

„ *Pyrenaeus Boh.* Hoverla.

„ *Croaticus Bris.* Hoverla.

Cryptorrhynchus Lapathi L. Kiralyhaz.

Scleropterus offensus Boh. Hoverla. Mencil.

„ *v. Carpathicus Brancsik.* Hoverla.

Ceutorchynchus Erysimi F.

„ *contractus Marsh.*

„ *Cochleariae Gyll.* Sziget.

„ *Andreae Germ.* Kaschau

„ *marginatus v. pavidiger Gyll.* Kauschau.

„ *Rapae Gyll.* Sziget.

„ *chalybaeus Germ.* Mencil.

Ceutorrhynchus horridus F. Kaschau.

     „   *floralis Payk.* Kaschau.

Rhytidosomus globulus Herbst. überall aus feuchtem Buchenlaube gesiebt. Da die *Populus*-Arten im Gebirge durchaus fehlen, so muss das Thier auch an anderen Laubbäumen leben.

Phytobius granatus Gyll. häufig im nassen Sande an der Theiss bei Kiralyhaz.

     „   *Wa l t o n i Boh. (uotula Redtb.)* nicht selten mit vorigem.

Rhinoncus bruchoides Herbst. Kiralyhaz.

     „   *pericarpius L.* Kaschau.

     „   *perpendicularis Reich.* Sziget.

Baris Artemisiae Herbst. Kiralyhaz.

     „   *Lepidii Germ.* Kaschau.

Sphenophorus mutilatus Laich. Kiralyhaz.

Cossonus ferrugineus Clairv. Sziget.

Rhyncolus ater L. unter der Rinde trockener Fichtenstämme häufig.

Hylastes linearis Er. Hoverla.

     „   *glabratus Zett.* Mencil. Hoverla.

     „   *palliatus Gyll.* Sziget. Mencil. Hoverla.

Hylesinus Fraxini Panz. Raho.

Polygraphus pubescens F. Hoverla.

Crypturgus pusillus Gyll. sehr häufig unter Fichtenrinde.

     „   *cinereus Herbst.* Mencil.

Tomicus Cembrae Heer. Mencil. Hoverla.

     „   *typographus L.* Sziget.

     „   *chalcographus L.* häufig an allen Lokalitäten.

     „   *Laricis Fabr.* Mencil.

Polygraphus micrographus Gyll. Mencil.

Dryocoetes autographus Ratz. Mencil. Hoverla.

Xyleborus Saxeseni Ratz. Sziget.

Trypodendron domesticum L. in Buchen am Hoverla.

     „   *Quercus Eichh.* mit vorigem, seltener.

     „   *lineatum Oliv.* in Fichten, Mencil. Hoverla.

Platypus cylindrus F. Kaschau.

Brachytarsus varius F. Sziget.

Prionus coriarius L. Mencil.

Tetropium luridum L. mit den *var. austiacum F.* und *fulcratum F.* am Hoverla und Mencil.

Obrium brunneum F. auf Blüthen bei Luhy.

Monohammus sartor F. sehr häufig auf den zum trocknen aufgehäuften
  Fichtenrinden am Mencil.
  „   *sutor* L. mit vorigem ebenso häufig.
  „   *sutor* v *Heinrothi Cederjh.* mit vorigem.
Astynomus griseus F. Mencil.
Liopus nebulosus L. Mencil.
Pogonocherus fasciculatus Deg. Mencil.
  „   *hispidus* L. Mencil.
Agapanthia angusticollis Gyll. Sziget Luhy.
Oberea oculata L. Kaschau.
Phytoecia nigricornis F. Kaschau.
Molorchus minor F. Luhy.
Sternoxoris (Rhagium) sycophanta Schrank. Mencil.
  „   *inquisitor* L. Mencil.
Anthophylax 1maculata L. Mencil. Luhy.
Pachyta clathrata F. Mencil.
Acmaeops collaris L. Luhy.
  „   *collaris* L. Luhy. Mencil.
Strangalia cerambyciformis Schrank. Luhy. Mencil.
  „   *1fasciata* L. Luhy.
Leptura virens L. Sziget. Raho. Luhy. Mencil.
  „   *rubra* L. überall.
  „   *dubia Scop.* Mencil.
  „   *sanguinolenta* L. Luhy. Mencil.
  „   *livida* F. Sziget. Luhy.
Sphermophagus Cardui Boh. Kaschau. Sziget.
Bruchus marginellus F. Sziget.
  „   *imbricornis Puz.* Sziget.
  „   *dispergatus Gyll.* Sziget.
Donacia discolor Hoppe. Luhy.
Zeugophora flavicollis Marsh. Sziget. Kaschau.
Clythra longimana L. Kaschau.
  „   *laeviuscula Ratz.* Kaschau.
  „   *flavicollis Charp.* Luhy.
Lema cyanella L. Raho.
Pachnephorus arenarius F. Kiralyhaz.
Cryptocephalus interruptus Suffr. Mencil.
  „   *violaceus Laich.* Sziget.
  „   *sericeus* L. überall.
  „   *ochrostoma Harold.* Kaschau.

Cryptocephalus Moraei L. Kaschau.

   „   frenatus *Laich.* auf Weiden überall.

   „   villatus F. Kaschau.

   „   bilineatus *L.* Kaschau.

   „   **fulvus** Goeze. Kaschau. Sziget.

   „   **labiatus** *L.* Kaschau.

   „   6pustulatus *Rossi.* Kiralyhaz.

Pachybrachys Hippophoes Suffr. Kaschau.

   „   hieroglyphicus *F.* Bogdan. Luhy. Kaschan.

   „   Halibiensis Mill. Luhy.

Chrysomela rufa v. opulenta **Suffr.** Luhy.

   „   Hyperici Deg. Luhy. Raho.

   „   olivacea **Suffr.** Mencil.

   „   Menthastri **Suffr.** Luhy.

   „   fastuosa *L.* Kaschau.

   „   lapicida *Zenker.* Raho.

   „   **Carpathica Fass.** Luhy.

Orcina v. venusta **Suffr.** Luhy. Mencil.

   „ v. Scaurensis Schumm. Luhy.

Melasoma cillaris L. **Sziget.**

    aenea *L.* Mencil.

    longicollis Suffr. Sziget.

    Populi *L.* Luhy.

Gonioctena viminalis L. Kaschau.

   „   **pallida** *L.* Mencil.

Gastroidea **viridula** Deg. auf Rumex am Hoverla.

Plagiodera Salicis Deg. Luhy.

Phaedon Cochleariae Germ. Mencil.

   „   v. *Transsylvanicus* Fass. Luhy. Mencil.

   „   v. *Carpathicus* Weise. Deutsch. ent. Zeitschr. 1875
      Pg. 366. mit dem vorigem, meist gesiebt.

   „   *c.* orbicularis Suffr. Raho. Luhy. Mencil.

   „   *sabulicola* Suffr. auf Weiden bei Kaschau.

   „   *Hederae* **Suffr.** gesiebt am Hoverla und Mencil.

   „   *salicinus* **Heer.** auf der einzigen Weide an der Klause

   „   Cochleariae F. Luhy.

Phratora vulgatissima L. Luhy.

Galleruca Tanaceti L. Sziget.

   „   rustica Schall. Sziget.

Galerucella Calmariensis L. Kaschau.

Agelastica Alni L. Luhy. Kaschau.

Luperus flavipes L. Luhy.

Haltica Hippophaes Aubé. Kaschau. Luhy. Bogdan.

„   *oleracea L.* Mencil.

„   *Atropae All.* Sziget.

„   *ferruginea Scop.* Mencil.

„   *femorata Gyll.* Luhy.

„   *Transsylvanica Fuss.* Luhy.

„   *Cyanescens Duft.* Luhy.

„   *Modeeri L.* Raho.

„   *(Orestia) arcuata Mill.* gesiebt am Hoverla und Mencil aus Moos am Fusse der Baumstämme.

„   *fuscicornis L.* Kaschau.

„   *vittula Redt.* Kaschau.

„   *Brassicae F.* Kaschau.

„   *nemorum L.* Luhy.

„   *atra Hoffmann.* Kiralyhaz an Meerrettig.

„   *Lepidii Hoffmann.* Kiralyhaz.

„   *Rubi Payk.* Kaschau.

„   *tenustula Kutsch.* Sziget.

Longitarsus apicalis Beck. Luhy.

„   *Holsaticus L.* Kaschau.

„   *luridus Scop.* Kaschau. Luhy.

„   *thoracicus All.* Sziget. Kaschau.

„   *melanocephalus Gyll.* Kaschau.

Psylliodes semoenruleus Hoffm. Kaschau.

„   *meridionalis Foucr.* Sziget.

„   *aerosa Letzn.* Sziget.

„   *aridella Payk.* Sziget.

„   *aridula Gyll.* Sziget.

Psylliodes Napi Hoffm. Kiralyhaz. Sziget.

„   *attenuatus Hoffm.* Sziget.

„   *glaber Duft.* Hoverla.

„   *cucullatus Ill.* Sziget.

Dibolia depressiuscula Letzn. Luhy.

Hypnophila obesa Waltl. Luhy.

Mniophila muscorum Hoffm. überall im Gesiebe häufig.

Sphaeroderma testaceum F. Luhy, sehr selten.

Cassida murraea L. Diese Art fand sich schon auf dem Wege von Sziget nach Raho, wo sie die an der Strasse stehenden *Inula-*

114

Büsche vollständig zerfressen hatte, jedoch grösstentheils im
Larvenzustande. Von den auch bei Luhy erbeuteten Exemplaren waren stets die frischen, eben entwickelten Stücke
hellgrün, die älteren bräunlichgrün und nur die harten, alten
Stücke normal roth gefärbt. Es scheint mir demnach ganz
richtig, wenn die grünen Exemplare nicht als Varietät sondern
als unausgefärbte *murraea* angesehen werden.

Cassida denticollis Suffr. auf *Achillea millefolium* bei Kaschau.

    „   *rubiginosa Ill.* Luhy.

    „   *liriophora Kirby.* Luhy.

    „   *nebulosa L.* Kaschau.

    „   *subferruginea Schrank.* Kaschau. Hoverla.

    „   *viridis L.* (*equestre F.*) Luhy. Mencil.

Dacne humeralis F. Sziget.

Triplax aenea Schall. Hoverla.

Mycetina cruciata Schall. Hoverla.

Endomychus coccineus L. Hoverla.

Coccinella 14punctata L. Luhy.

    „   *mutabilis Scriba.* Kaschau.

    „   *undecimmaculata Schneid.* Kaschau.

    „   *5punctata L.* Sziget.

    „   *impustulata L.* Raho.

Halyzia 16guttata L. Sziget.

    „   *22punctata L.* Kaschau.

Epilachna globosa Schneid. Kaschau Hoverla.

Platynaspis villosa Fourcr. Kaschau.

Scymnus fasciatus Fourc. Kaschau.

    „   *haemorrhoidalis Herbst.* Raho.

Alexia globosa Sturm häufig gesiebt am Hoverla und Mencil.

    „   *pilosa Panz.* mit voriger, jedoch mehr unter Buchenlaub am
       Hoverla.

Orthoperus brunipes Gyll. gesiebt am Hoverla.

    „   *punctulatus Rttr. n. sp.* Einige Stücke ebendaher.
       Noch nicht beschrieben.

Sericoderus lateralis Gyll. Hoverla.

VERZEICHNISS

der von Herrn H. L e d e r in Russisch-Georgien gesammelten
Coprophagen Lamellicornien.

Von E. v. HAROLD.

Ich verdanke Herrn E. Reitter in Paskau die Mittheilung der
von Haus L e d e r bis jetzt aus dem Caucasus eingesendeten Coprophagen Lamellicornien. Im Vergleiche zu den eigenthümlichen, von
den mittel- und südeuropäischen meist sehr verschiedenen Formen,
welche andere Gruppen, z. B. die *Cerambycidae* und namentlich die
Carabidae hervorbringen, ist die Armuth derselben bei den Coprophagen eine auffallende. Mit Ausnahme von zwei neuen *Aphodius*-
Arten und von *Onitis ponticus* Lansberg, der aber schwerlich auf
den Caucasus allein beschränkt sein dürfte, ist die Gesammtheit der
eingeschickten Species dem südöstlichen, ja die Mehrzahl selbst dem
mittleren Europa gemeinsam. Diese grosse faunistische Uebercin-
stimmung wird jedoch weniger befremden, wenn man berücksichtigt,
dass die Coprophagen, mit alleiniger Ausnahme etwa der Gattung
Aphodius, keine eigentlichen alpinen Formen erzeugen, wofür namentlich die Gattung *Onthophagus* einen auffälligen Beleg liefert.

Das von Herrn L e d e r bis jetzt explorirte Gebiet liegt in
Transcaucasien, östlich von Tiflis, im Hauptthale des Kur, von wo
Excursionen in die Nebenthäler gemacht wurden. Da die gesammelten
Thiere vorzüglich gut conservirt und mit genauen Fundortsangaben
versehen sind, so schien mir das gegenwärtige Verzeichniss derselben
als ein kleiner Beitrag zur Kenntniss der Caucasus-Fauna nicht ohne
alles Interesse zu sein. Bei den Arten habe ich allemal nur den
ältesten Autor citirt und verweise wegen der Synonyme auf den
Müuchener Catalog. Wo sich jedoch diese oder die Nomenclatur
seit dem Erscheinen des Catalog's geändert hatten, habe ich neue
Citate beigebracht. Die Namen der Localitäten gebe ich ohne für
deren Correktheit Bürgschaft übernehmen zu wollen, so wie ich sie
erhalten. Die meisten derselben vermochte ich auf meinen Karten
nicht aufzufinden.

1. Scarabaeus pius Illig. Mag. II. p. 202. (1803.)

Bei Elisabethal, deutsche Colonie, östlich von Tiflis, 13. Mai. Erichson hat in Nat. Ins. III. p. 752 die Unterschiede dieser Art von dem nahverwandten *sacer* vortrefflich auseinander gesetzt, nur irrthümlicherweise die Stücke mit der dichten Wimpernreihe an der Innenseite der Hinterschienen für die Weibchen gehalten, während diese Auszeichnung dem männlichen Geschlechte zukommt. Der Verbreitungsbezirk beider Arten ist noch nicht genügend festgestellt. Der *Sc. pius* gehört mehr dem Osten und Südosten Europa's an, während im Westen, also in Süd-Frankreich, Spanien und Marokko nur *sacer* vorkommt. Herr Mulsant hat in seiner neuen Ausgabe der französischen Lamellicornien mit Unrecht den *pius* als Abart des *sacer* erklärt, die von ihm für die Illiger'sche Art gehaltenen Stücke sind verkümmerte Männchen des letzteren, bei welchen die beiden Stirnhöckerchen nahezu ganz geschwunden sind. Es unterscheiden sich aber dieselben immer noch leicht von *pius* durch die rostrothe Farbe der Schienenbürste und das glatte unpunktirte Pygidium. Ob beide Arten gemeinschaftlich irgendwo vorkommen, bleibt noch zu ermitteln.

2. Sisyphus Schaefferi Linn. Syst. Nat. ed. X. p. 349. (1758.)

Im Assuret-Thal, 11. Juli. Sowohl ohne als mit kreidigem Ueberzuge (albicentris Friv.).

3. Gymnopleurus Geoffroyi Sulz. Verz. Ins. p. 2. (1775).

G. mopsus Pallas. Icon. p. 3. t. A. f. 3. (1781.)

Im Thale des Chram, Nebenfluss des Kur, 7. Mai. Auch diese Art bewohnt vorzugsweise den Osten, nämlich Kleinasien und Griechenland, scheint aber doch westlich bis in's südliche Frankreich vorzudringen. Im äussersten Westen, z. B. in Spanien, dürfte wohl nur *G. Sturmi* sich finden, übrigens sind verlässliche Angaben über das Vorkommen dieser beiden nahverwandten Arten, trotz Erichson's Aufforderung hiezu, bisher nur spärlich gegeben.

4. Copris lunaris Linn. Syst. Nat. ed. X. p. 346. (1758.)

Im Mai bei Elisabethal und im Oktober auf dem Hochplateau von Gomoreti. Völlig identisch mit unseren mitteleuropäischen Stücken.

5. Onitis humerosus Pall. Reis. I. 2. p. 262. (1771.)

Bei Elisabethal, 10. April.

6. *Chironitis ponticus* Lansb. Ann. Soc. Belg. XVIII.
p. 36. (1875.)

Im Oktober auf dem Hochplateau von Gomereti. Herr v. Lansberge
hat in seiner ausgezeichneten Monographie diese Art von den nahverwandten *hungaricus*, *irroratus* und *Pamphylus* sorgfältig und scharf
geschieden. Die Art macht sich besonders durch die fast glatten Seitenränder des Thorax kenntlich, in dessen breit gelber Seitenrandung sie
übrigens dem *Pamphylus* am nächsten steht. Dieser ist aber glänzender,
die Punktirung der Flügeldecken minder rauh, das Metasternum zeigt keine
vertiefte Längslinie und namentlich nicht die für *ponticus* charakteristische beulige Anschwellung jederseits neben der mittleren Längsfurche.

7. *Caccobius Schreberi* Linn. Syst. Nat. ed. XII. p. 551.
(1767.)

Hochplateau von Gomereti, im Oktober.

8. *Caccobius mundus* Ménétr. Mém. Ac. Petr. V. p. 23. (1838.)

Hochplateau von Sarjal, im Oktober. Ausserdem besonders in
Palästina zu Hause, von wo ihn Roth in Mehrzahl mitgebracht.

9. *Onthophagus rugosus* Poda. Ins. Mus. Graec. p. 20 (1761.)
O. taurus Linn. Syst. Nat. ed. XII. p. 547. (1767.)

Bei Elisabethopol, 26. August. Oestlich bis nach Bokhara, aber
schwerlich weiter, verbreitet.

10. *Onthophagus vacca* Linn. Syst. Nat. ed. XII. p. 547.
(1767.)

Ende Mai, im Gebirge von Mangliss.

11. *Onthophagus fracticornis* Preyssl. Verz. böhm. Ins.
p. 99. (1790.)

Im Mai und Juni, am oberen Chram und am Zalka. Dieser Onthophagus geht nach meinen Beobachtungen am höchsten in die sub-
alpine Region hinauf. Die caucasischen Stücke stimmen mit den mittel-
europäischen vollkommen überein. In den Küstenländern des mittelländischen Meeres tritt eine meist etwas kleinere Form auf, deren Kopfschild
beim Männchen kürzer und vorn deutlicher ausgebuchtet ist. Solche
Exemplare finden sich besonders in Spanien, Corsica und Syrien, sie
dürften indess schwerlich mehr als eine Varietät der Stammart darstellen.

12. Onthophagus fissicornis Steven. Mém. Mosc. II. p. 34. (1809.)

Bei Elisabethal, 13. April. Eine besonders in der Krim häufige Art. Die Weibchen sind denen von *vacca* recht ähnlich, unterscheiden sich aber doch leicht durch die deutlichen 4 Höckerchen am Vordertheil des Thorax und die spitzigeren Vorderecken des Thorax.

13. Onthophagus coenobita Herbst. Arch. IV. p. 11. (1783.) Am Muschawir, Anfangs Mai.

14. Onthophagus lucidus Illig. Wiedem. Arch. I. p. 106. (1800.)

Bei Elisabethal, 15. April. In der Krim sehr häufig.

15. Onthophagus furcatus Fabr. Spec. Ins. I. p. 30. (1781.) Hochplateau von Sarjal, im Oktober.

16. Onthophagus Amyntas Oliv. Ent. I. p. 127. (1789.)

Bei Elisabethopol, im Oktober. Im Küstengebiete des mittelländischen Meeres weitaus der häufigste *Onthophagus*. Die etwas veränderliche Sculptur der Oberfläche, namentlich der durch die feinere oder dichtere Punktirung bedingte Glanz derselben hat zur Aufstellung mehrerer schlechter Arten Anlass gegeben. Auch Chodshent liegt mir ein Stück mit entschieden rothbraunen Flügeldecken vor.

17. Onthophagus camelus Fabr. Maut. I. p. 13. (1787.)

Bei Assuret, 6. April. Zwar weit verbreitet, aber wie es scheint, nirgends besonders häufig.

18. Onthophagus ovatus Linn. Syst. Nat. ed. XII. p. 551. (1767.)

Bei Elisabethal, im Gebirge von Zalka, überhaupt allenthalben. Von dem höchst nahverwandten *capicolus* ist diese Art nur durch den gleichmässiger gerundeten Clypeus zu unterscheiden. Eigentliche Zwischenformen sind mir bis jetzt noch nicht vorgekommen, die Brullé'sche Art mag daher, so lang sie durch dieses Merkmal erkennbar bleibt, als solche fortbestehen.

19. Onthicellus fulvus Goeze. Beytr. I. p. 74. (1777.)

Im Thale des Chram und auf dem Hochplateau von Gomereti, Mai und Oktober. Die Stücke sind besonders kräftig entwickelt.

20. *Aphodius erraticus* Linn. Faun. Suec. p. 134. (1761.)

Im Gebirge bei Zalka, 9. Juni.

21. *Aphodius subterraneus* Linn. Syst. Nat. ed. X. p. 348. (1758.)

Im Gebirge von Mangliss, 18. Mai.

22. *Aphodius fimetarius* Linn. l. c. p. 348. (1758.)

Bei Assuret, im April, auch sonst allenthalben.

23. *Aphodius conjugatus* Panz. Ent. Germ. p. 364. (1795.)

Bei Assuret, 6. April. Besonders häufig habe ich die Art aus der Krim erhalten, ihre Verbreitung in Europa scheint aber eine nur sporadische zu sein. Sie kommt hier in Oesterreich und dann wieder in Frankreich vor; ein Zusammenhang zwischen diesen beiden Wohnsitzen ist meines Wissens noch nicht nachgewiesen. Gredler führt den Käfer nicht als tirolisch auf.

24. *Aphodius granarius* Linn. Syst. Nat. ed. XII. p. 547. (1767.)   Var. *A. suturalis* Faldernn. Faun. transc. I. p. 259.

Bei Elisabethal, Anfangs April. Im Münchener Cataloge hatte ich, trotz Erichson's in Nat. Ins. III. p. 814 gegentheiliger Aeusserung den *A. suturalis* als selbstständige Art aufgeführt, wobei ich einer Notiz Reiche's (Ann. Soc. ent. France. 1856. p. 394) Rechnung trug, worin derselbe als von *granarius* bestimmt verschieden bezeichnet wurde. Später hatte ich in Paris Gelegenheit bei Graf Mniszech die Faldermann'sche Type zu untersuchen, wobei sich Reiche's Angabe als irrig, hingegen Erichson's Vermuthung als richtige erwies (Vergl. Abeille V. p. 435). Die von Herrn Leder gesammelten Stücke entsprechen dem Faldermann'schen *suturalis* genau. Die Flügeldecken sind schön dunkelroth, die Naht und der Seitenrand, welche sich an der Spitze vereinen, schwarz. Diese Variotät, denn im Uebrigen findet sich nicht der mindeste Unterschied, scheint dem Caucasus eigenthümlich zu sein, denn eine ähnliche Färbung ist mir bei *granarius*, obwohl derselbe über den ganzen Erdkreis verbreitet ist, sonst von keiner Seite bekannt geworden. Ausser dieser Abänderung ist von Herrn Leder auch die Stammform in Mehrzahl eingeschickt worden.

25. *Aphodius luridus* Fabr. Syst. Ent. p. 19. (1775.)

Von Elisabethal. Sowohl einfarbig schwarze Stücke als solche mit gelben, schwarzgefleckten Flügeldecken.

26. *Aphodius rufus* Moll. Fuessl. Mag. I. 3. p. 372. (1782.)

A. *rufescens* Fabr. Syst. El. I. p. 74. (1801.)

Im Gebirge von Mangliss, 18. Mai. Die Stücke haben einfarbig rothbraune Flügeldecken, ohne schwärzliche Schattirung.

27. *Aphodius immundus* Creutz. Ent. Vers. p. 57. (1799.)

Hochplateau von Gomereti, im Oktober. Die Art dehnt sich über ganz Sibirien, reicht aber nicht bis nach Japan, wie ich früher vermuthete (vergl. Berl. Ent. Zeitschr. 1871. p. 256). Die Stücke von Jesso, erst kürzlich von Herrn Waterhouse unter dem Namen *A. obsoletus* beschrieben, weichen durch flachere, trüber glänzende Zwischenräume der Flügeldecken und den zwar sehr stumpfen, aber doch deutlichen Wangenwinkel ab.

28. *Aphodius lividus* Oliv. Ent. I. 3. p. 86. (1789.)

Bei Elisabethal, am 10. April, und im Gebirge von Mangliss, 18. Mai.

29. *Aphodius maculatus* Sturm. Verz. p. 42. (1800.)

Von Sarjal, 1. September. Ein einzelnes Weibchen.

30. *Aphodius prodromus* Brahm. Ins. Kal. I. p. 3. (1790.)

Bei Elisabethal, April und Mai.

31. *Aphodius tabidus* Erichs. Nat. Ins. III. p. 876. (1848.)

Im Gebirgsland von Mamudly (?), 26. Oktober. Nur ein einzelnes Weibchen. Dasselbe hat eine täuschende Aehnlichkeit mit denen der vorhergehenden Art, unterscheidet sich aber doch durch den gelben Fleck des Kopfschildes, welches zugleich regelmässiger gerundet ist, wodurch auch die Wangen weniger deutlich abgesetzt werden.

32. *Aphodius melanostictus* Schmidt. Germ. Zeitschr. II. p. 153. (1840.)

Hochplateau von Gomereti, im Oktober. Die Stücke zeigen nicht die mindeste Abweichung von den mitteleuropäischen.

33. *Aphodius inquinatus* Herbst. Arch. IV. i. p. 6. (1783.)

Bei Elisabethal, 24. April. Ebenfalls völlig identisch mit den unseren, ein gleiches gilt von dem folgenden.

34. Aphodius stictieus Panz. Faun. Germ. 58. 4. (1798.)
Hochplateau von Gomereti, im Oktober.

35. Aphodius Lederi (n. sp.): Oblongus, convexus, nitidus,
nigromaculatus, clypei margine antico thoraceque ad angulos anticos
rufescente, elytris fortiter punctato-striatis, glabris, rufo-testaceis, un-
dulatim nigromaculatis, pedibus piceo-rufis. — Long. 4·5 Mill.

Von länglicher, gewölbter Gestalt, glänzend, oben unbehaart, Kopf
und Halsschild schwarz mit starkem Erzglanz, die Flügeldecken bräunlich
gelb mit schwarzen Wellenzeichnungen. Der Kopf gleichmässig leicht
gewölbt, fein, am Aussenrande runzlig punktirt, ohne Stirnhöcker, die
abgerundeten Wangen wenig vortretend, das Kopfschild vorn und an den
Seiten roth durchscheinend, in der Mitte sanft ausgebuchtet, jederseits
daneben gerundet. Das Halsschild mit vorn röthlich durchscheinendem
Seitenrande, die Ecke gerundet, die Vorderecken stark abgerundet, die
hinteren sehr stumpf; die Oberfläche längs der Mitte sehr spärlich, an
den Seiten mit ziemlich groben Punkten etwas dicht besetzt, dazwischen
äusserst feine Pünktchen eingestreut, die fast nur auf dem glatten Theile
des Rückens wahrnehmbar sind. Das Schildchen glatt, dreieckig, schwarzbraun. Die Flügeldecken hochgewölbt, hinten ziemlich steil abfallend,
an der Basis fast etwas schmäler als der Thorax, mit der grössten
Breite hinter der Mitte, tief punktirt-gestreift, die Zwischenräume glatt,
gewölbt, mit folgenden schwarzen Zeichnungen: im 2. Zwischenraum
eine kleine Längsmakel vor der Mitte und eine kurz hinter derselben;
im 3. eine kurz unter der Basis und eine zweite in der Mitte; im 4.
eine unter der Basis, etwas weiter nach unten gerückt als die entsprechende
im 3. Zwischenraum, und eine in der Mitte; im 5. eine kleine unmittelbar an der Wurzel und eine etwas vor der Mitte, letztere in den
äusseren Zwischenräumen zu einer unbestimmten Längsbinde erweitert,
welche nach hinten bis über die Mitte hinausreicht, nach vorn gegen
die Schulterbeule sich hinzieht. Durch das Zusammenhängen dieser
Flecke entstehen zwei stark buggige Wellenbinden, eine innere kürzere,
welche mit ihrem Ende kaum die Mitte erreicht, und eine äussere, welche
jene umschliesst und die Mitte etwas überragt. Die Beine dunkel röthlichbraun, mit röthlichen Tarsen. Der Metatarsus der Hinterfüsse reichlich so lang wie die beiden folgenden Glieder zusammengenommen. Die
Fühler rothbraun, mit schwärzlichbrau behaarter Keule. Die Mittelbrust
ungekielt. Der Hinterleib glatt.

Im Gebirgslande von Manudly, 26. Oktober. Nur ein Stück.

Diese Art, welche gewissermassen eine Mittelform zwischen *tessu-lalus* und *affinis* darstellt, indem sie die kürzere, gewölbte Gestalt des ersteren und die Erzfarbe des letzteren besitzt, gehört in Erichson's Abtheilung Q, sie weicht jedoch von den übrigen Gruppengenossen wesentlich durch den Mangel der Behaarung auf der Oberseite ab. Hievon abgesehen würde sie dem *affinis* am nächsten stehen, dieser hat aber viel längere Flügeldecken, spitze Wangenecken und stark gewimperte Thoraxseitenränder. *A. tessulatus* hat einen ganz schwarzen Kopf, minder abgerundete Vorderecken des Thorax, die beiden Fleckenbinden liegen bei ihm viel weiter nach hinten, die Zwischenräume der Flügeldecken sind flach und die Stirn ist deutlich gehöckert. Eine gewisse Aehnlichkeit in der Zeichnung, immer von der entschiedenen Erzfarbe abgesehen, bietet schliesslich auch *cervorum*, derselbe hat aber ein viel feiner punktirtes Halsschild, ebenso sind die Streifen der Flügeldecken weit feiner und schwach punktirt.

Von dieser ausgezeichneten Art liegt bis jetzt nur ein einzelnes Weibchen vor. Ich habe dieselbe nach ihrem Entdecker, Hrn. H. Leder, dem eifrigen Forscher im Caucasus, benannt.

36. *Aphodius flammulatus* (n. sp.): Elongatus, nitidus, niger, elytris piceis, macula postica indeterminata, dilutiore, rufes-cente, pedibus rufo-piceis. — Long. 5 Mill.

Von länglicher, flachgewölbter Gestalt, glänzend, schwarz, die Flügeldecken dunkel pechbraun, mit einigen helleren gelblichbraunen Stellen, eine rundliche, schlechtbegrenzte Makel vor der Spitze rothbraun; zuweilen dehnt sich diese Makel etwas in die Quere und sind dann auch der Spitzenrand, der 2. Zwischenraum an der Basis und die Schulterbeule etwas heller braun gefärbt. Der Kopf hinten einfach, vorn mehr runzlig und fast gekörnelt punktirt, die Stirn mit drei schwachen, aber deutlichen Höckerchen, die Wangen stumpfwinkelig abgerundet, das Kopfschild vorn breit und sanft ausgebuchtet, jederseits daneben im flachen Bogen gerundet. Das Halsschild mit gröberen und feinen Punkten ziemlich dicht, gleichmässig besetzt, hinten gerandet, die Hinterecken stark verrundet. Die Flügeldecken leicht walzenförmig, mässig tief gestreift, in den Streifen nur fein punktirt, die Zwischenräume glatt, kaum gewölbt. Die Unterseite schwarz; die Mittelbrust ungekielt, die Beine röthlichbraun. Die Borsten am hinteren Schienenende von ungleicher Länge, der Metatarsus länger als die beiden folgenden Glieder zusammengenommen. Glied 2—4 von gleicher Länge.

Im Gebirgslande Zalka, am oberen Lauf des Chram, 25. Mai.

Die Art gehört in Erichson's Gruppe M; sie weicht von ihren Verwandten durch die schmale, nur flachgewölbte Gestalt, die glatten und unbehaarten Flügeldecken, sowie durch deren eigenthümliche Zeichnung ab. In letzterer Beziehung erinnert sie etwas an *scrofinus*, dieser hat aber eine ungerandete Thoraxbasis und einen viel längeren Metatarsus.

37. *Aphodius quadriguttatus* Herbst. Arch. IV. 1. p. 10. (1783.)

Im Thale des Chram. 7. Mai. Bei einzelnen Stücken sind die Flügeldecken fast ganz rothgelb, nur die Naht, diese in der Mitte erweitert, schwarz.

38. *Aphodius merdarius* Fabr. Syst. Ent. p. 19. (1775.)

Bei Elisabethal, Anfangs Mai häufig.

39. *Aphodius quadrimaculatus* Linn. Faun. Suec. p. 138. (1761.)

Auf dem Telle-Dagh. 7000' hoch. 11. Juni. Ein einzelnes Weibchen. Dasselbe gehört einer seltenen Varietät an, indem von den gewöhnlichen vier rothen Flecken der Flügeldecken nur die beiden hinteren auftreten.

40. *Oxyomus alpinus* Drapiez. Ann. Sc. Brux I. p. 49. (1819.)

Auf dem Hochplateau von Gomereti, 5000' hoch, im Oktober.

41. *Oxyomus sylvestris* Scopol. Ent. Carn. p. 5. (1763.) *O. porcatus* Fabr. Syst. Ent. p. 20. (1775.)

Bei Elisabethal, überhaupt im ganzen Gebiet.

42. *Rhyssemus germanus* Linn. Syst. Nat. ed. XII. p. 566. (1767.)

Bei Elisabethal, im April. Es liegt nur ein einzelnes Stück dieser Art vor, welches eine eigenthümliche, wie mir aber scheint nicht spezifische verschiedene Form darstellt. Dasselbe weicht durch beträchtlichere Grösse und durch eine gewisse Differenz in der Sculptur der Flügeldecken ab. Bei *germanus* sind bekanntlich die Zwischenräume derselben mit einer doppelten Reihe kleiner Körnchen versehen, von denen die äussere stärker ausgebildet als die innere und fast leistenartig erhaben ist. Bei der gegenwärtigen Form sind die Körnchen der äusseren Reihe zwar grösser als die der inneren, jedoch durchaus nicht höher, so dass die Zwischenräume gleichmässig flach erscheinen. Andere Unterschiede vermag ich indess nicht aufzufinden, namentlich sind die Borsten an den Thoraxrändern am Ende ebenso kolbig verdickt wie bei *germanus*. Weitere Stücke dieser Art die Herr Dr. O. Schneider im Akstafa-thal, südlich vom Kur, gesammelt hat, zeigen zwar keine völlige Ueber-einstimmung mit dem Leder'schen, es schwächt sich bei ihnen die äussere Körnerreihe jedoch schon erheblich ab und sie vermitteln in dieser Be-ziehung, bei ebenfalls beträchtlicherer Grösse, dasselbe mit der Normal-form. Die Gattung *Rhyssemus* ist wegen der complicirten Sculptur von Thorax und Flügeldecken eine sehr schwierige und die vielen Arten die einzeln und ohne Bezugnahme auf den ganzen Gattungscomplex beschrieben worden sind, erhöhen diese Schwierigkeit ungemein.

43. *Psammobius caesus* Panz. Faun. Germ. 35. 2. (1796.)
Allenthalben, bei Elisabethopol und im Gebirge.

44. *Geotrupes stercorarius* Linn. Syst. Nat. ed. X. p. 349. (1758.)
Im Thal des Chram, im Juni. Völlig einerlei mit den mittel-europäischen und durch keine Färbungsmerkmale ausgezeichnet.

45. *Geotrupes foveatus* Marsh. Ent. Brit. 1. p. 21. (1802.)
Harold. Col. Heft XI. p. 91. (1873.)
Im Gebirgslande Znika und im Thale des Chram, Mai und Juni. In Mehrzahl, also wie es scheint dort häufig. Die Stücke sind schön schwärzlichgrün und schwanken zwischen 15 und 24 mill. Länge.

46. *Geotrupes mutator* Marsh. l. c. p. 22. (1802.)
Vom Muschawir, 10. Mai. Im gewöhnlichen Farbenkleide, die Unterseite dunkel goldgrün.

47. *Trox hispidus* Pontopp. Dansk. Atl. 1. p. 431. (1763.)
Im Thal der Algeth, 11. Mai. Mit den italienischen und griechi-schen Stücken dieser Art völlig übereinstimmend.

Anmerkung. Kurz nach Beendigung dieses Aufsatzes theilte mir auch Herr Dr. Oskar Schneider die von ihm in Transcaucasien, bei Tiflis, Lenkoran, Achalzich und in Armenien gesammelten Coproplagen mit. Entsprechend diesem ausgedehnteren Sammelgebiete weisen dieselben auch mehrere dem Caucasus eigen-thümliche Formen nach, die von Herrn Leder bis jetzt nicht eingesendet wurden, darunter *Oniticellus festivus*, *Onthophagus trachisrubius*, *trachmenus* und den schönen *viridis* Ménétr, ferner auch ein Stück des hier beschriebenen *Aphodius Rossandatus* von Tiflis. Ich beabsichtige auf dieselben in einem zweiten Berichte, zu welchem wohl weitere Sendungen von Herrn Leder Gelegenheit bieten werden, zurückzukommen.

Bestimmung

der

geographischen Längendifferenz

BRÜNN — WIEN

durch telegraphische Signale.

Von **G. v. NIESSL.**

Bei Gelegenheit correspondirender Sternschnuppen-Beobachtungen zwischen Wien (Sternwarte) und Brünn (Technik), deren Durchführung hinsichtlich der letztern Station ich übernommen hatte, sollten einige telegraphische Vergleichungen zur Sicherstellung der relativen Chronometerstände stattfinden. Ich ersuchte Herrn Prof. Dr. E. Weiss, welcher diese Beobachtungen direct veranlasst und über ihre Resultate auch schon mehrfach berichtet hat, den Chronometer-Vergleichungen eine grössere Ausdehnung zu geben, da ich den Versuch machen wollte, ob mit den hier zu Gebote stehenden Mitteln bei Anwendung der einfachen Signalmethode ein brauchbares Resultat für die Längendifferenz Brünn — Wien zu erlangen sein möchte. Prof. Weiss war so freundlich, nicht nur die hierbei auf Wien entfallenden Arbeiten und Reductionen zu übernehmen, sondern auch die Benützung einer Drahtleitung zwischen den beiden Städten für kurze Zeit von der k. k. Telegraphen-Direction zu erwirken. Für diese Begünstigung, sowie für die gefälligen Bemühungen meines geehrten Herrn Collegen will ich vor Allem hier wärmstens danken.

Die erste Operationsreihe fiel in den August 1869. Kleine Unregelmässigkeiten bei dem von mir benützten Chronometer, ferner der Umstand, dass die Witterung nicht tägliche Zeitbestimmungen gestattete, endlich der Wunsch, das Resultat durch Vermehrung der Beobachtungen überhaupt zu schärfen, bestimmten mich später noch eine Wiederholung zu beantragen. Diese fand im Mai 1871 statt.

Da nun meines Wissens die geographischen Coordinaten von Brünn noch nicht direct astronomisch bestimmt wurden, jedenfalls nicht annähernd mit der Sicherheit, welche man gegenwärtig auch mit geringern Mitteln zu erreichen vermag, scheint es mir nicht ganz überflüssig den Gang dieser Operationen und die entsprechenden Resultate mitzutheilen. Letzteres kann zwar schon wegen der einfachen Hilfsmittel keineswegs Anspruch auf eine erhebliche Genauigkeit machen, ist aber doch noch besser, als man erwarten durfte.

Da in Wien die Zeitbestimmungen am Meridiankreise der Sternwarte, also mit unverhältnissmässig grösserer Sicherheit als hier, vorgenommen wurden, ist es wohl überflüssig sie detaillirter zu besprechen. Dagegen scheint es desto nothwendiger — sollen die Schlusswerthe einiges Vertrauen finden — die Brünner Arbeiten etwas ausführlicher darzustellen. Ich gebe hier vorerst einige nothwendige Andeutungen über das Brünner Instrument, sowie über den Gang der Operationen im Allgemeinen und eine kurze Betrachtung über die nach Mitteln und Anlage von vornherein ungefähr zu erwartende Genauigkeit.

Das zu den Brünner Zeitbestimmungen benützte kleine Passagen-Instrument von Starke in Wien, älterer Construction, hat ein gebrochenes Fernrohr von 36 Centim. Brennweite, 34 Millim. Objectivöffnung und 25 facher Vergrösserung, mit Fadenbeleuchtung durch das Objectiv. Die Distanzen der 5 Fäden im Ocular habe ich schon früher aus mehreren Hunderten von Sterndurchgängen mit grosser Genauigkeit ermittelt. Eine Eigenthümlichkeit dieses sonst guten Instrumentes liegt in der, alles Mass des Gewöhnlichen weit überschreitenden, Ungleichheit der Zapfendurchmesser. Es ist nämlich die dadurch in Rechnung zu ziehende Elevation der Axe, d. i. der Winkel der geometrischen Axe mit der Auflagelinie der Libelle nicht weniger als 51".1 oder 3'.41 *), um welche Grösse das westliche Ende der Axe, wenn diese scheinbar nivellirt ist, höher liegt. Eine Abnützung ist an den Zapfen nicht im geringsten zu bemerken, was schon der Fall sein müsste, wenn diese Ungleichheit daher stammte. Die einzelnen Zapfenquerschnitte sind gut, wenigstens erfährt der oben angeführte Werth bei verschiedener Neigung des Fernrohres keine nachweisbare Veränderung. Obschon er nun in gleicher Art, wie die durch die Libelle nachgewiesene Neigung der Axe in Rech-

---

*) Zur Ermittlung dieses Betrages reichte die Libelle nicht mehr aus. Ich musste eine der Schrauben am Dreifuss mit einer Theilung versehen und den Werth der einzelnen Theile durch die Libelle bestimmen. Die ganze Arbeit wurde mit grosser Sorgfalt und vielfachen Controlen durchgeführt, damit nicht das Resultat durch einen grössern constanten Fehler entstellt werde.

nung zu ziehen ist, hielt ich es für besser, ihn, der leichtern Controle wegen, bei den Reductionen besonders anzuführen.

Das Instrument ist   wie es eben die Umstände gestatteten — auf einer Hauptmauer gegen die Südseite aufgestellt, und zwar am letzten gegen S. gerichteten Fenster des nordwestlichen Seitentractes von dem Gebäude der k. k. technischen Hochschule. Die Benützung von Polsternen ist also nicht möglich. Wie nachtheilig dies für die Orientirung des Instrumentes ist, braucht nicht weiter ausgeführt zu werden. Das Fernrohr ist von −34° bis | 32° Declination benützbar. Die Aufstellung selbst, auf einer durch die ganze Mauerstärke reichenden Steinplatte, ist sehr stabil. Während 7 Jahren habe ich niemals nöthig gehabt an der Axe nachzubessern, und auch das Azimut blieb sehr constant. „Der entsprechende Theil des Gebäudes ist eben fast der einzige, welcher nicht fortwährend namhafte Senkungen erfährt *).

Die damals in Verwendung gewesene Uhr **), hatte, ungeachtet sie nur mit einem Holzpendel ausgerüstet war, in der Regel einen überraschend constanten Gang. Gerade um die Zeit, als die in Rede stehenden Operationen stattfanden, kamen leider Ausnahmen vor, wahrscheinlich, weil die Uhr fast täglich durch mehrere Stunden der Nachtluft ausgesetzt war. Der hier im Jahre 1869 zur Uebertragung benützte Taschen-Chronometer von Amizandos, welcher 5 Schl. auf 2ˢ gibt, verdient kaum diesen Namen, wiewohl er inventarisch hoch bewerthet ist. Im Jahre 1871 hatte ich für diese Zwecke den halbe Secunden schlagenden Chronometer Molyneux Nr. 1980 der Wiener Sternwarte entlehnt, welcher sich ausgezeichnet bewährte. Bei dieser zweiten Beobachtungsreihe wurde auch eine auf mittlere Zeit regulirte Quecksilber-Pendeluhr mit einbezogen, worüber am entsprechenden Orte noch berichtet wird. Die Zeitbestimmungen wurden hier und in Wien mit „Auge und Ohr" gemacht. An dem erwähnten Passagen-Instrument ist der wahrscheinliche Fehler in der Zeitnotirung e i n e r Fadenbeobachtung nach vielfachen Erfahrungen | 0ˢ23 ***) wobei die hierbei überhaupt mögliche Declinationsdifferenz keinen Einfluss erkennen lässt.

*) Diese letztere Bemerkung gilt jedoch nur bis zum Herbst 1875. Von da an ist auch der bis dahin feststehende Flügel leider in Bewegung gekommen. Die Aufstellung taugt gegenwärtig nichts mehr. Ich hoffe, dass es mir möglich sein wird, das neue grössere Passagen-Instrument gesondert und auch sonst entsprechend aufzustellen.

**) Gegenwärtig wird eine electrische von Prof. Arzberger construirte Uhr, mit Rostpendel benützt.

***) Mit Benützung des Registrapparates erhalte ich nahe die doppelt so grosse Genauigkeit.

Leider konnte die ganze Arbeit nicht derart angelegt werden, dass die telegraphische Operation den Zeitbestimmungen unmittelbar folgte, so, dass über den Gang der Uhr in dem Intervall irgend eine Annahme gemacht werden musste.

Was die Signale selbst betrifft, so kann schon hier das Wesentlichste des Vorganges erwähnt werden, da er beide Male ziemlich gleich blieb. Es wurden in Intervallen von je 10 Secunden Tasterschläge gegeben, u. zw. 11—13 in einer Reihe. Dann folgte eine Reihe in umgekehrter Anordnung. An einigen Tagen sind beide Reihen verdoppelt worden. Im Jahre 1869 war festgesetzt die Schläge nach Möglichkeit genau coincident den 10. Secundenschlägen zu geben und in der Aufschreibung wurde vorausgesetzt, dass dies richtig geschehen sei. Bei der zweiten Operation wurde davon insoferne abgegangen, als die Intervalle nur beiläufig eingehalten, auf die Uhrschläge keine Rücksicht genommen, dagegen die Zeichen auch auf der signalgebenden Station notirt wurden. Es sollte damit einer Präoccupirung vorgebeugt werden, doch war der Erfolg nicht wesentlich besser. Da ich — um dieser Abhandlung nicht eine ihre Bedeutung übertreibende Ausdehnung zu geben — die einzelnen Signale nicht anführen werde, so setzte ich hier, damit ein Urtheil über die erreichte Genauigkeit der Signalisirung möglich ist, beispielsweise für die Augustreihen den wahrscheinlichen Fehler eines Signales her, wie er sich aus der Vergleichung der in je einer ununterbrochenen Reihe von 11—13 Schlägen vorkommenden Notirungen ergäbe.

		a	b	c
August	8	+0ˢ·20	+0ˢ·17	—
„	9	0.21	0.09	+0ˢ·10
„	10	0.13	0.15	0.20
„	11	0.11	0.21	--
	11	0.15	0.15	—
„	12	0.11	0.18	—
„	13	0.12	0.13	0.15
	13	0.09	0.12	0.13
Im Mittel:		+0ˢ·14	+0ˢ·15	+0ˢ·15

a) sind die Signale, gegeben in Wien, gehört in Brünn;

b) jene, gegeben in Brünn, gehört in Wien, von Weiss, c) dieselben gehört von Felgel. Am 8., 11. und 12. wirkte Prof. Felgel nicht mit.

Wird also der wahrscheinliche Fehler eines Signales zu +0ˢ·15 angenommen, so müsste der des Mittels aus 12 Signalen rund +0ˢ·04 betragen. Vergleicht man aber die Mittelwerthe je zweier an einem Tage erzielter Reihen, und bildet man daraus den wahrscheinlichen Fehler, so erhält man im Durchschnitte einen etwas grösseren Werth, in welchem zwar allerdings auch die (in unserem Falle aber sehr unbeträchtlichen) Einflüsse der Umkehrung der Operation enthalten sind. Man findet nämlich auf diese Weise für die wahrscheinlichen Fehler der Mittel aus 11—13 auf einander folgenden Signalen:

August	8	⏐ 0".07	August	11	⏐ 0".05
„	9	0.10	„	12	0.03
„	10	0.04	„	13	0.05
„	11	0.04	„	13	0.11

Im Mittel ⏐ 0".06.

Man sieht indessen, dass der mittlere Werth nicht v i e l grösser wird als er sich aus den Signalen einer Reihe bestimmt. Einzelne bedeutendere Abweichungen, offenbare Folgen der Präoccupirung durch die ersten Signalschläge der Reihe, kommen indessen doch vor, z. B. bei den Mai-Beobachtungen, jene in der später folgenden Uebersicht mit 7 und 10 bezeichneten Werthe, wo meinerseits die Abweichung der Mittel-Werthe auf 0".2—0".3 stieg, obgleich die Signale einer jeden Reihe unter einander gut stimmten.

Jedenfalls folgt aus dem Gesagten, dass man keine grossen Vor-theile erzielt, wenn man sehr viel Signale in einer Reihe ununterbrochen hinter einander gibt, dass es vielmehr besser ist, die einzelnen Reihen mit kleinen Unterbrechungen zu vermehren. Für Fälle, wo die Leitung durch etwas längere Zeit benützt werden könnte, möchte es sich noch zur Erwägung und Prüfung empfehlen, ob es nicht zweckmässiger wäre die beiden Chronometer auf verschiedenes Zeitmass, z. B. Sternzeit und mittlere Zeit zu reguliren, und nur Coincidenzen zu notiren, wobei dann die Schläge etwa von 2 zu 2 Secunden möglichst in Uebereinstimmung mit den Chronometerschlägen zu geben wären. Selbstverständlich gilt dies für solche Fälle, wo die eigentliche Coincidenz- und die Registrir-methode nicht angewendet werden können. Einen Versuch in dieser Hinsicht konnte ich bisher nicht anstellen. Uebrigens bildete bei der hier in Rede stehenden Operation die eigentliche Signalisirung die weit-aus geringste Fehlerquelle, und es wäre bei sonst gleichbleibenden Um-ständen die Erhöhung ihrer Genauigkeit nur von geringem Vortheile.

Es ist nunmehr vielleicht noch am Platze, einige Worte zu erwähnen über die Sicherheit, welche man a priori von dem Resultate erwarten durfte, bei gegebener Sachlage.

Mit dem schon angesetzten wahrscheinlichen Fehler eines Faden-durchganges an unserem Instrumente, stellt sich jener für das Mittel aus 5 Fäden auf ± 0ˢ,10. Die Unsicherheit der Rectascensionen ist durch theilweise Benützung derselben Sterne ziemlich unschädlich gemacht. Der wahrscheinl. Fehler des Axennivellements (± 0″.5 im Durchschnitte) ist so gering, dass er selbst bei den grössten vorgekommenen nördl. Declinationen keinen nennenswerthen Einfluss äussern konnte. Das Gleiche gilt von der Bestimmung des Collimationsfehlers. Die persönliche Gleichung muss freilich ausser Betracht bleiben, da sie nicht ermittelt wurde. Es ist aber, wie aus dem Folgenden hervorgehen wird, wenigstens wahrscheinlich, dass sie zwischen Weiss und mir sehr gering ist. Wesentlich ist dagegen der Einfluss der Unsicherheit im Azimute, bei der ungünstigen Aufstellung des Instrumentes. Wenn das Azimut aus zwei Sternen ermittelt wurde, deren Declinations-Unterschied die günstigste Grösse erreichte, so blieb aus dem wahrscheinl. Fehler der Durchgangszeiten allein eine Unsicherheit von ± 0ˢ18 im Azimut. Da nun zur Bestimmung der Uhrcorrection Sterne benützt wurden, bei welchen der Reductions-Coefficient von Azimut auf Stundenwinkel im Durchschnitte 0.6 beträgt, so wird im Mittel ein Fehler von 0ˢ1 auf die Uhrcorrection übergehen. Dieser wird auch nicht wesentlich vermindert durch die Beobachtung einer grösseren Anzahl von Sternen, wenn diese nicht zugleich mit Vortheil für die Sicherung des Azimutes zu verwenden sind. Obgleich nun letzteres nach Möglichkeit wohl geschehen ist, so wird, weil die Declinations-Unterschiede nicht immer bedeutend genug sind, nicht viel gewonnen. Man wird gut thun das Resultat der Zeitbestimmungen im Mittel nicht genauer als etwa ± 0ˢ1 anzunehmen, wenn auch die Uebereinstimmung der Beobachtungen es genauer erscheinen lässt. Dies gilt natürlich nicht von Wien, wo die Sicherheit jedenfalls bedeutend grösser ist.

Hierzu kommt nun der Fehler in der Abschätzung des Ganges der Uhren während des Intervalles zwischen den Zeitbestimmungen und dem Signalwechsel, über welchen sich wohl schwer von vornherein eine Vermuthung aussprechen lässt. Bei den Operationen im Mai 1871 wurde in Brünn durch die Vergleichung je dreier Uhren eine etwas grössere Sicherheit geschaffen. Der Gang der Wiener Uhr war sehr gering und regelmässig. Ich will die günstigste Voraussetzung annehmen, nämlich, dass dieser Fehler relativ unbedeutend wäre, dies jedoch nur, weil er sich einstweilen nicht angeben lässt.

Ferner entstehen Fehler aus der Vergleichung der zur Uebertragung in das Telegraphenamt verwendeten Chronometer mit den Uhren, und Gangstörungen. Bei den Augustreihen waren beide Chronometer auf mittl. Zeit, die Uhren auf Sternzeit regulirt, und doch weiset der

Brünner Chronometer bei den Vergleichungen mit der Uhr, vor und nach dem Signalwechsel, durchschnittliche Differenzen von | 0".12, welche nicht durch den normalen Gang zu erklären sind, und ganz ähnliche der Wiener Chronometer auf. Im Mai 1871 war hier der schon erwähnte Chron. Molyneux in Benützung, und da dieser nach Sternzeit regulirt war, wurde in die Vergleichung die Uhr nach mittl. Zeit eingeschaltet. In der That war diesmal das Resultat hier sehr gut, dagegen nicht so günstig in Wien, wo der (ebenfalls halbe Secunden schlagende) Boxchronometer Kessels Nr. 1443 in Verwendung war, der gegen den Transport sehr empfindlich ist, und (abgesehen von grossen Sprüngen) unangenehme Gangstörungen zeigte. Auch waren Chronometer und Uhr nach Sternzeit regulirt, was der Vergleichung ungünstig ist. Im Ganzen wird der in in Rede stehende Fehler auch bei der zweiten Beobachtungsreihe die früher angegebene Zahl erreicht haben. Gering sind dagegen also die schon besprochenen eigentlichen Signalisirungsfehler. Denn nimmt man auch den grössern Werth von | 0".06 für das Mittel aus 12 Signalen, so verringert sich dieser, da an jedem Tage wenigstens zwei Reihen gegeben wurden auf nahe | 0".04.

Fasst man nun alle diese Grössen zusammen, so wird man also annehmen müssen, dass das Resultat der Längendifferenz an e i n e m Tage mit einem wahrscheinl. Fehler von etwa | 0".2 behaftet sein wird. Da der Schlusswerth aus 10 Tagen folgt, so kann er eine Sicherheit von ungefähr | 0".06 erreichen, ungerechnet etwaige constante Fehler.

I. Operationen im August 1869.

In Brünn gestattete die Witterung nur an den Abenden des 8., 11. und 13. August Zeitbestimmungen, und nur am zweiten Tage eine grössere Anzahl von Passagen, während der Signalwechsel vom 8.—13. (bürgerl. 9. 14.) an jedem Morgen, ungefähr um 20ʰ m. Z. stattfand.

Zu dem im Allgemeinen über das Brünner Instrument Gesagten ist hier noch hinzuzufügen, dass der Collimationsfehler mit Einschluss der täglichen Aberration zu 0".78 | 0".03 bestimmt wurde. Die Axennivellements zeigten an den einzelnen Abenden unbedeutende kaum reelle Veränderungen (z. B. August 11. von 18—20ʰ St. Z.: 3".0, 4".3, 5".2, 4".8, 4".0), da die mittleren Abweichungen ungefähr den Beobachtungsfehlern entsprechen, so dass ich es vorzog für jeden Tag das Mittel zur Reduction zu benützen.

Mit Ausnahme von Θ Aquilae und ζ Sagittarii, welche dort nicht vorkommen, sind die scheinbaren Rectascensionen dem Nautical Almanac entnommen, nach welchem auch die Wiener Beobachtungen reducirt wurden. Für die beiden ersteren habe ich wohl die Connaissance des temps benützt, aber den dort angesetzten Werthen eine kleine, allerdings nur empirische Verbesserung beigefügt. Bekanntlich weichen die Rectascensionen in beiden Jahrbüchern hin und wieder nicht unbedeutend von einander ab, u. zw. in der Art, dass die Ursache nicht in den benützten Constanten, sondern in thatsächlichen Differenzen der Annahme des mittleren Ortes liegt. Diese Unterschiede steigen z. B. bei β Lyrae und ι Argus bis auf 0.1, und stellen sich meist innerhalb gewissen Rectascensionsabschnitten mehr oder weniger constant heraus. Bei den von mir benützten Sternen ist die mittlere Abweichung $N.\,A.\ \ C.\,T. = -0.06$ und diesen Werth fügte ich den Rectascensionen der beiden oberwähnten Sternen aus der Conn. des temps zu.

In der Uebersicht 1 sind die Sternpassagen und die Reductionen, bis auf jene vom Azimut angeführt. Obschon die Rubriken für den Fachmann kaum einer Erläuterung bedürfen, mag erwähnt sein, dass u die auf den Mittelfaden reducirten Uhrzeiten, z und i die Ungleichheit der Zapfen und die Neigung der Libelle (Mittel aus beiden Lagen) und a das Azimut bezeichnen. Da letzteres erst aus diesen Beobachtungen abgeleitet wird, bleiben die Werthe der betreffenden Rubrik vorläufig unbestimmt; k und k' sind die Reductions-Coefficienten für Neigung und Azimut; $c \sec \delta$ ist der Einfluss des Collimationsfehlers, u' die mit diesen Reductionen (exclus. Azimut) versehene Uhrzeit, und da α die scheinbare Rectascension, so ist $\alpha - u'$ die, noch durch den Azimutal-Einfluss zu verbessernde Uhrcorrection. Zur Ermittlung des Azimuts musste wegen des wenn auch geringen Ganges die Reduction r auf einen Moment angebracht werden. Hiezu wurde die Zeit $9^{\mathrm{h}}\ 30^{\mathrm{m}}$ gewählt, welche meist ungefähr in der Mitte der Beobachtungen liegt. Der tägliche Gang, nach welchem r bestimmt wurde, ergab sich durch Vergleichung derselben Sterne an mehreren Tagen.

Um das Azimut zu bestimmen, wurden von den beobachteten nur solche Sterne miteinander verbunden, deren Declinations-Unterschied mindestens 40^{0} beträgt; also β Lyrae mit ζ Sagittarii und mit α Capric., endlich γ Aquilae mit ζ Sagitt. Für den 8. ist die Ableitung des Azimutes unterlassen worden, weil es ohnehin ein allzu geringes Gewicht gehabt hatte, da kein südlicher Stern benützt werden konnte. Jeder einzelnen Bestimmung wurde ein Gewicht beigelegt, welches von vornherein geschätzt ist aus der Anzahl der beobachteten Fadendurchgänge

und den entsprechenden Coefficienten des Azimuts. Werden die an je
einem Tage erhaltenen Werthe nach ihren Gewichten verbunden, so sind
die Resultate

$$\text{Aug. 11. Azimut:} \qquad 8\overset{s}{.}89 \quad \text{Gew.: } 2.8$$
$$\text{,, 13. ,,} \qquad 8.40 \quad \text{,, } 1.0.$$

Dieser Unterschied liegt innerhalb den Grenzen der wahrscheinlichen
Unsicherheit. Nach den bereits erwähnten Erfahrungen über die Stabilität
der Aufstellung kann er kaum als reell angesehen werden, und ich
halte es für das Beste, beide Werthe zu einem Mittel zu vereinigen,
wonach man erhält:

$$\text{Azimut *):} \qquad 8.76 \pm 0\overset{s}{.}14$$

der angesetzte wahrscheinliche Fehler ist nur aus der Beziehung der
obigen zwei Werthe zu dem abgeleiteten gebildet.

Mit diesem Betrage sind nun die Werthe $k'\sigma$ gerechnet und somit
die Uhrcorrectionen der Uebersicht II abgeleitet worden.

Für die Bestimmung der Uhrcorrection zur Zeit des Signalwechsels
habe ich angenommen, dass sich der Gang durch die Form $an + bn^2$
darstellen lasse, wo n die Anzahl Tage von Aug. 8, $9^h\ 30^m$ St. Z.
bedeutet. Diese Annahme ist freilich willkürlich, aber die proportionale
Einschatzung nach dem 24-st. Gang ist es nicht minder, und involvirt
noch dazu die Voraussetzung einer sprungweisen Aenderung. Mit Zugrunde-
legung der in II abgeleiteten Werthe der Uhrcorrection für Aug. 8,
11 und 13 würde sich dann für einen anderen Moment diese ergeben zu

$$x = 27\overset{s}{.}77 - 2\overset{s}{.}801\ n + 0\overset{s}{.}0711\ n^2,$$

Daraus sind die Correctionen (Uebers. III 2. Spalte) für die Mitte der
Signalreihen (1. Spalte) gerechnet worden. Der zur Uebertragung dienende
Taschenchronometer war auf mittlere Zeit regulirt. Vergleichungen durch
Coincidenzen fanden vor und nach dem Signalwechsel statt. Die Resultate
sind ebenfalls in III angegeben.

In Wien wurden an der beim Meridiankreise befindlichen, auf
Sternzeit regulirten Auch'schen Uhr, deren Gang sehr regelmässig und
gering ist, Passagen beobachtet: Aug. 4 μ Herculis, δ Urs. min. α
Lyrae, 51 Cephei U. C., β Lyrae, δ Aquilae; Aug. 11 α_2 Capric. λ
Urs. min. α Cephei; Aug. 12 δ Urs. min., 51 Cephei U. C., α Lyrae,

---

*) Das beträchtliche Azimut rührt daher, dass die Drehung des Instrumentes
unbequem ist. Später wurde eine hohe Correction vorgenommen, wodurch
sich der Werth auf 6 Secunden verminderte, wie man bei auch bei den
folgenden Beobachtungen finden wird. Spontane Veränderungen von dieser
Grösse sind nie vorgekommen.

β Lyrae; Aug. 13 μ Hercul., γ Draconis, δ Urs. min., 51 Cephei U. C.
α Lyrae, β Lyrae; Aug. 14 λ Urs. min. γ Aquilae, α Aquilae,
β Aquilae, ferner noch am 22. und 27. Aug. Am Morgen des 27.
wurde die Axe zur Bestimmung des Collimationsfehlers umgelegt. Der
zur Uebertragung bestimmte Chronom. Molyneux war auf mittlere Zeit
regulirt, und es konnte also die Vergleichung auch mit Coincidenzen
stattfinden. In der Uebersicht III sind unmittelbar 'die mir von Prof.
Weiss mitgetheilten Chronometer-Correctionen angegeben.

Für Brünn wie für Wien wurde aus den beiden Vergleichungen
der Chronometer mit der Uhr, vor und nach der telegraphischen Operation, das Mittel genommen. Die Mitte der zwei Vergleichsepochen fällt
überall mit der Zeit der Mitte des Signalwechsels sehr nahe zusammen,
und überdies sind die merkbar gewordenen Differenzen von der Art,
dass sie nicht dem normalen Gange entsprechen. Eine der Zeit proportionale Vertheilung dieser kleinen Gangstörung wäre also nicht einmal
begründet.

Ueber die Art der Signalisirung ist dem schon früher Bemerkten
hier nichts weiter beizufügen, als, dass am 9., 10. und 13. August in
Wien nebst Prof. Weiss auch Prof. Feigel an demselben Chronometer
die in Brünn gegebenen Signalschläge notirte. In der Uebersicht IV
sind die jedesmal in Vergleich kommenden Beobachter durch ihre Initialen
bezeichnet. In der Spalte „Unterschied der signalisirten Chron. Zeiten"
sind die Mittel aus je einer Signalreihe angegeben. Wird davon der
Unterschied der beiden Chron. Correctionen abgezogen, so ergibt sich
die entsprechende Längendifferenz in mittl. Zeit. In der letzten Spalte
ist diese endlich in St. Z. angesetzt.

Ich lasse hier nun im Zusammenhang die erwähnten Uebersichten
I—IV folgen:

I. Uebersicht der Sternpassagen

in Brünn.

1869 August 8.

Stern		Zahl der Pas.	u			c cos δ	k tg δ	u'	α	α − α'	r	α − α'
β	Lyrae	5	18ʰ 45ᵐ 39.36	+3.91		−0.83	0.650a	41.51	18ʰ 45ᵐ 10.64	−24.90	−0.08	21.98
γ	Aquilae	5	19 40 25.16	+2.69		0.79	0.638−	26.51	19 40 4.69	22.42	+0.02	22.40
α	Aquilae	5	19 44 46.36	+2.62		−0.79	0.659−	47.65	19 44 25.74	21.91	+0.03	21.88
β	Aquilae	5	19 49 15.26	+2.59		−0.78	0.687−	16.47	19 48 54.92	21.55	+0.03	21.52

1869 August 11.

Stern		Zahl der Pas.	u			c cos δ	k tg δ	u'	α	α − α'	r	α − α'
β	Lyrae	5	18 45 46.74	3.91		−0.93	0.380a	41.11	18 45 16.60	−32.84	−0.05	32.92
ζ	Sagittarii	4	18 54 41.75	0.71		−0.90	1.125−	11.35	18 54 19.00	25.53	−0.06	25.59
γ	Aquilae	5	19 44 32.11	2.02		−0.79	0.638−	35.31	19 40 4.08	29.71	+0.02	29.09
α	Aquilae	5	19 44 53.69	2.59		−0.79	0.659−	55.24	19 44 25.73	29.58	+0.03	29.55
β	Aquilae	5	19 49 23.04	2.59		−0.78	0.687−	24.25	19 48 51.91	29.64	+0.03	29.61
θ	Aquilae	5	20 5 2.33	2.17		−0.78	0.770−	3.53	20 4 34.95	28.58	+0.06	28.52
α	Capricorni	3	20 11 16.71	1.63		−0.89	0.808−	17.11	20 10 49.11	28.00	+0.07	27.93

1869 August 13.

Stern		Zahl der Pas.	u			c cos δ	k tg δ	u'	α	α − α'	r	α − α'
β	Lyrae	3	18 45 50.42	3.91		−0.93	0.380a	54.28	18 45 16.58	−36.70	−0.08	36.70
ζ	Sagittarii	5	18 54 49.14	0.71		−0.90	1.125−	18.96	18 54 18.98	29.98		30.02
θ	Aquilae	4	20 5 7.32	2.17		−0.78	0.770−	8.64	20 4 34.95	33.69	−0.05	33.64

II. Reduction der Zeitbestimmungen

in Brünn.

Stern	$\alpha - a' + r$	$k'a$	Uhr-Correction	p	Gang	2 tst. Gang

1869 August 8.

β Lyrae . .	24˙98	2˙89	− 27˙87	2.6		
γ Aquilae . .	22.40	5.59	27.99	1.8		
α Aquilae . .	21.88	5.77	27.65	1,8	− 7˙76	2˙59
β Aquilae . .	21.52	− 6.02	27.51	1.8		

Mittel − 27˙77 ± 0.06

1869 August 11.

β Lyrae . .	− 32.92	− 2.89	35.81	2.6		
ζ Sagittarii .	25.59	9.93	35.52	1.9		
γ Aquilae . .	29.69	5.59	35.28	1.8		
α Aquilae . .	29.55	5.77	35.32	1.8	− 4.46	2.25
β Aquilae . .	29.61	6.02	35.63	1.8		
Θ Aquilae . .	28.52	6.75	35.27	1.2		
α Capricorni .	− 27.93	7.95	35.88	1.1		

Mittel − 35˙53 ± 0.06.

1869 August 13.

β Lyrae . .	− 36.76	− 2.89	39.65	1.5		
ζ Sagittarii .	30.03	9.93	39.96	1.1	−	−
Θ Aquilae . .	− 33.64	− 6.75	− 40.39	1.4		

Mittel − 39˙99 ± 0.14.

Die beigesetzten wahrscheinl. Fehler sind aus der Beziehung der einzelnen Beobachtungen zum Mittel gebildet. Die wirklichen werden etwas grösser sein, da die Unsicherheit im Azimuto auf diese Weise nicht völlig zum Ausdrucke kommt.

137

III. Ermittlung der Chronometer-Correctionen

1869	Brünn								Wien					Unterschied der beiden Chron.-Corr.
	Corr. d. Chr. in m. Z.		Vergl. des Chron. mit der Uhr		Mittel		Corr. d. Chron. g. m. Br. Z.		Corr. des Chron. g. m. W. Z.		Mittel			
	m. Z.		U.-Chr.	m. Z. U.-Chr.		m. Z. U.-Chr.		m. Z.			m. Z.	Chron. Corr.		
August 8.	20^h14^m	-28^s84	19^h36^m	-11^s68	20^h 4^m	-11^s68	-40^s77	19^h36^m	21 1	-6^m23^s1	20^h19^m	-6^m23^s0	-5^m44^s83
" 9.	20 12	31.50	19 40	10.63	20 4	10.78	42.28	19 38	20 41	6 25.1	20 11	6 26.80	5 44.52
			20 28	10.93						6 29.5			
10.	20 13	34.03	19 54	9.16	20 12	9.05	43.08	19 45	20 49	6 29.5	20 46	6 29.85	5 46.77
			20 30	8.95						6 30.2			
11.	20 17	36.42	19 42	17.46	20 8	17.46	53.88	19 46	23 11	6 31.0	21 20	6 31.29	5 37.32
			20 33	17.43						6 31.4			
12.	20 49	38.71	20 18	16.30	20 41	16.08	54.79	20 21	21 7	6 31.9	20 44	6 31.65	5 37.16
			21 4	15.86						6 32.0			
13.	20 53	-40.81	20 21	17.70	20 49	-17.65	-58.46	20 13	21 47	6 32.7	21 0	-6 32.70	5 34.24
			21 17	-17.59						-6 32.7			

IV. Signalwechsel.

Nr.	Datum	Signale Ge-zeichen	Beobachter	An-zahl	Unterschied der sign. Chron. Zeiten Br.—W. m. Z.	Unterschied der Chron. Corr. Br.—W. m. Z.	Differenz m. Z.	St. Z.
1	1869 August 8 . .	Wu. Br. Ws. X.		13	-1^m 49.00	-2^s 42.83	$+4^s$ 53.93	$+4^s$ 52.98
2	, , 9 . .	Wn. Br. X. Ws.		13	49.14	42.83	53.69	53.81
3	, , ,	Br. Wn. Ws. X.		12	50.31	41.52	54.21	54.36
4	, , ,	Wn. Br. X. W.		13	50.33	41.52	53.99	54.14
5	, , ,	Br. Wn. W. F.		11	50.61	44.52	53.91	54.06
6	, , 10 . .	Wn. Br. X. Ws.		13	52.59	46.77	54.18	54.33
7	, , ,	Wn. Br. Ws. X.		12	52.51	46.77	54.26	54.41
8	, , ,	Br. Wn. F. Ws.		12	52.63	46.77	54.12	54.27
9	, , 11 . .	Wn. Br. X. Ws.		13	43.68	37.32	53.64	53.79
10	, , ,	Br. Wn. Ws. X.		12	43.66	37.32	53.72	53.87
11	, , ,	Wn. Br. X. Ws.		11	43.72	37.32	53.60	53.75
12	, , 12 . .	Wn. Br. X. Ws.		11	43.61	37.32	53.71	53.86
13	, , 13 . .	Wn. Br. Ws. X.		12	43.67	37.16	53.49	53.64
14	, , ,	Br. Wn. X. Ws.		13	43.67	37.16	53.55	53.70
15	, , ,	Wn. Br. Ws. Ws.		13	43.57	34.24	53.71	54.02
16	, , ,	Wn. Br. X. F.		13	40.46	34.24	53.87	53.93
17	, , ,	Br. Wn. Ws. X.		13	40.52	34.24	53.78	53.78
18	, , ,	Wn. Br. X. N.		13	40.59	34.24	53.65	53.72
19	, , ,	Br. Wn. Ws. Ws.		12	40.37	34.24	53.87	53.80
20	, , ,	Wn. Br. X. F.		13	$+$ 40.45	-5 34.24	$+$ 53.79	$+$ 53.94

Ehe zur Bildung des Endwerthes geschritten wird, mag nebenher erwähnt werden, dass, wenn man nur die von Weiss und mir notirten Signale in Betracht zieht, und die Mittel aus allen Resultaten Wn. — Br. für sich, ebenso aus den Br. — Wn. nimmt, fast genau das gleiche Resultat erscheint, nämlich Wn. — Br.: 53.96, Br. — Wn. 53.97. Die Umkehrung der Operation zeigte also in diesem Falle keinen merkbaren Einfluss.

Zwischen Prof. Felgel und mir besteht eine ziemlich bedeutende persönliche Gleichung, welche sich zu allen Zeiten da Vergleichungen vorgenommen wurden mit kleinen Variationen constatiren liess. Obschon sie zur Zeit dieser Arbeiten nicht bestimmt wurde, halte ich es doch für gut, da ihr Betrag im Mittel jedenfalls den a priori geschätzten wahrscheinlichen Fehler des Schlusswerthes der Längenbestimmung übersteigt, sie soweit anzubringen, als sie sich aus späteren Vergleichungen herausstellte.

$$F - N$$

Im April und Mai 1871 ergab sich aus 70 Signalen an

5 Tagen . . . . | 0ˢ101

im November 1875 aus 98 Sign. in Gruppen von 14—16 + 0.065

im Dezember 1875 ebenso aus 82 Sign. . . . . . . |+ 0.065

Mittel | 0ˢ08

Setzt man nun voraus, dass die persönliche Gleichung zwischen Felgel und mir im August 1869 ungefähr diesem Betrage gleich kam, so könnte daraus geschlossen werden, dass jene zwischen Weiss und mir sehr unbeträchtlich war. Denn aus den gemeinschaftlichen Notirungen von W. und F. an demselben Chronometer in Wien folgt nämlich

$$F - W$$

1869 Aug. 9 (11 Sign.) | 0ˢ10

,, ,, 10 (12 ,,) | 0.12

,, ,, 13 (12 ,,) | 0.06

,, ,, 13 (12 ,,) | 0.08

Mittel | 0ˢ09

also fast derselbe Werth wie der oben zwischen F. und mir erhaltene. Da der Unterschied so geringfügig ist, dass er durch Vergleichungen dieser Art kaum mit Sicherheit weiter zu constatiren wäre, habe ich auch eine diesbezügliche Reduction der Notirungen von Weiss und mir unterlassen.

Diese Annahmen finden durch die Resultate der Beobachtungen eine thatsächliche Bestätigung. Vergleicht man nämlich ausschliesslich die Resultate jener Reihen, bei welchen F mitbeobachtete in dem Sinne, dass man die Werthe $N.$ $W.$ unverändert lässt, und jene $N.$ $F.$ um den obigen Betrag der pers. Gleichung: $+$ 0ᵗ08 vermehrt, so erhält man aus Uebersicht IV

Nro.	N. W̄s.	Nro.	N. F. $+$ 0ᵗ08
1	54ᵗ14.	5	54ᵗ14
7	54.41.	8	54.35
16	53.93.	17	54.95
19	54.02.	20	54.02
Mittel	54.13		54.12

also eine im Einzelnen, wie im Mittel vortreffliche Uebereinstimmung, nach welcher man wirklich annehmen darf, dass die persönliche Gleichung von 0ᵗ08, welche sich erst aus spätern Beobachtungen ergab, auch damals sehr nahe so bestand.

Es sind demnach bloss die unter Nro. 5, 8, 17, 20 angesetzten Werthe je um $+$ 0ᵗ08 vermehrt, die übrigen aber unverändert gelassen worden.

Hinsichtlich der Ableitung des Schlusswerthes aus dieser ganzen Beobachtungsreihe würde man offenbar Unrecht thun, wenn man aus den auf diese Weise reducirten 20 Beträgen einfach das Mittel nehmen wollte, denn dadurch würden die an einem einzelnen Tage erhaltenen Werthe gerade so behandelt, als ob sie verschiedenen Tagen entsprächen, während durch die Wiederholung an einem Tage doch nur die Signalisirungsfehler herabgedrückt werden, also gerade jene, welche nach den einleitenden Bemerkungen sich ohnehin als die bei weitem kleinsten herausgestellt haben, und die durch die Unsicherheit, mit welcher die Zeit, so zu sagen, zum Telegraphenapparat gebracht wurde, wesentlich überstiegen werden, so dass das Gewicht gar nicht besonders durch die Anzahl der Signale an einem Tage afficirt wird. Ich habe also zunächst alle Beobachtungen eines jeden Tages zu einem Mittel vereinigt. Bei der Verbindung der 6 Tage halte ich es für das Beste, hinsichtlich der Gewichte keine problematischen Combinationen anzustellen. Im Allgemeinen könnte man jenen Tagen grössere Gewichte beilegen, welche den Momenten der Zeitbestimmungen am nächsten liegen und insbesondere jenen, wo die Anzahl der Sternpassagen eine bedeutendere war, wenn nicht diese Vorzüge durch die bei den Chronometer-Uebertragungen wahrgenommenen Störungen theilweise wieder paralysirt würden. In dieser Hinsicht verdienen, wie ein Blick auf die Uebersichten I—IV lehrt, der 11. und 13. August ein überwiegendes Vertrauen. Diesen

beiden habe ich gegen die übrigen Tage das doppelte Gewicht beigelegt*).

Man erhält demnach

		Längendifferenz	Gewicht
1869. August	8.	53.°91	1
„	9.	54.21	1
„	10.	54.36	1
„	11.	53.82	2
„	12.	53.67	1
„	13.	53.96	2
	Mittel	53.°96	

II. Operationen im Mai 1871.

Die Beobachtung der Sterndurchgänge in Brünn fand an demselben
Instrumente und unter ähnlichen Umständen statt, wie im Jahre 1869.
Der Collimationsfehler des Fernrohres wurde, mit Einschluss der täglichen
Aberration   0"79 gefunden. Im Allgemeinen waren die Verhältnisse
insoferne günstiger, als es hier möglich war, an jedem einer Signalreihe
vorhergehenden Abende Passagen zu nehmen, am 3. und 4. Mai sogar
ziemlich viele. Der Signalwechsel begann zwar schon am 30. April
(bürgerlich am Morgen des 1. Mai, aber an diesem Tage fand eine
grosse, viele Sekunden betragende Störung des Wiener Chronometer-
Kessels statt, so dass die diesfälligen Resultate unbrauchbar waren.

Die Rectascensionen der benützten Sterne sind auch diesmal in
Brünn wie in Wien dem Nautical-Almanac entnommen worden, mit
Ausnahme von β Virginis, für welchen die Connaiss. des temps unver-

---

*) Versucht man die Gewichte nach folgenden Gesichtspunkten abzuschätzen:
a) verkehrt den Quadraten der wahrsch. Fehler der Zeitbestimmungen, b) nach
der Annahme, dass die hypothetische Chrocorrection im Verhältnisse des Abstandes
von der nächsten Zeitbestimmung unsicher wird, also die Gewichte sich verkehrt
wie die Quadrate dieser Abstände verhalten, c) hinsichtlich der Chronometer-
Vergleichungen verkehrt der Quadratsummen der halben Chronometerstörungen
in Wien und Brünn, d) der Zahl der Signale an jedem Tage entsprechend;
so erhält man durch Verbindung dieser vier einzelnen Gewichtsreihen, welchen
man eine Einheit zu Grunde legen muss, für die 6 Tage der Reihe nach die
runden Gewichtszahlen 4, 1, 2, 16, 3, 15. Das Schlussresultat wäre 53.°92,
welches vielleicht der Wahrheit wirklich etwas näher liegt. Es lässt sich aber
immerhin Vieles auch gegen diese Gewichtsbestimmung, welche fast einer
Ausschliessung mehrerer Tage gleichkommt einwenden.

ändert benützt wurde, da in dieser Rectascensionsgruppe beide Jahrbücher gut übereinstimmende Werthe geben. Die Anordnung der Uebersicht V ist ganz die gleiche wie die analoge I für 1869, also in dieser Hinsicht nichts weiter zu bemerken. Es wurden auch die Passagen für den 9., 12. und 15. Mai noch aufgenommen, theils weil sie wegen des weiteren Ganges von Interesse sind, theils weil ich sie zur Ableitung des Azimutes mitbenützt habe; die Beständigkeit der Stellung des Instrumentes lässt dies nicht ungerechtfertigt erscheinen. Die einzelnen Passagen wurden diesmal auf den Moment 11^h St. Z. reducirt, mit Ausnahme von April 30 und Mai 5, wo nur je ein Stern beobachtet werden konnte, also auf die Azimutalbestimmung nicht zu reflectiren war.

Das Azimut wurde ganz ähnlich ermittelt, wie bei den August-beobachtungen. Sterne von sehr geringer Declinationsdifferenz habe ich zuvor mit dem schon von früher her sehr nahe bekannten Azimut (6°0) auf einen Ort reducirt und zusammengefasst. In die Azimutal-bestimmung nicht einbezogen wurden die Beobachtungen vom 2. und 12. Mai wegen offenbar grosser Unsicherheit der südlichen Sterne. Für die übrigen Tage erhalte ich folgende Werthe, in Zeit ausgedrückt:

	Azimut	wahrsch. Fehler a priori geschätzt	Gewicht	Abw. vom Mittel
Mai 1	— 6°07	‖ 0°23	2.3	‖ 0°01
,, 3	5.87	0.12	8.5	— 0.19
,, 4	6.37	0.20	3.0	‖ 0 31
,, 9	6.42	0.21	2.6	‖ 0.36
,, 15	— 5.72	0.35	1.0	- 0.34

Diesen entspricht als Mittel, mit Rücksicht auf die Gewichte

Azimut: — 6°06 ‖ 0°07

Damit stimmen auch die Werthe sehr gut überein, welche aus grösseren Beobachtungsreihen im März und Juni desselben Jahres erhalten wurden. Die quantitative Richtigkeit der Abschätzung der im Allgemeinen erreichbaren Genauigkeit, abgeleitet aus den erfahrungsgemässen Beobachtungs-fehlern und deren Einfluss auf den abgeleiteten Azimutalwerth, wird hinterher im Allgemeinen durch die Abweichungen vom Mittel bestätigt, denn aus den letztern folgt der wahrsch. Fehler der Gewichtseinheit zu ‖ 0°34, während er a priori auf ‖ 0°35 geschätzt wurde. (Zufällig hat der Werth am 15. gerade dieselbe Abweichung vom Mittel 0.34, welche als wahrsch. Fehler der Gewichtseinheit aus allen Beobachtungen hervorgeht). Es ist also ersichtlich, dass man ohneweiters diese Unterschiede als reine Folgen von Beobachtungsfehlern betrachten und somit immerhin alle Passagen mit dem Mittelwerthe reduciren darf, was denn auch geschehen ist. In der Uebersicht VI sind die Resultate zusammengestellt, woraus sich die Uhrcorrectionen und der Gang ergeben.

Der Signalwechsel fand auch diesmal am Morgen, meist ungefähr um 20^h mittl. Z, also nahe 12 Stunden nach den Zeitbestimmungen statt. Um über den Gang der Uhr im dem Intervall ein plausibles Urtheil zu erhalten, wurde die nach mittl. Zeit regulirte Uhr mit Quecksilberpendel, ferner der nach Sternzeit gehende auch zur Uebertragung dienende Wiener Chronometer Molyneux, dessen Gang in der Regel sehr constant ist, mit in Betracht gezogen. Es konnten zwar wohl nicht die Zeitbestimmungen zugleich an allen drei Uhren gemacht werden, doch nahm ich an jedem Abende ungefähr um 11^h St. Z., also zur selben Zeit, auf welche später auch die Sternpassagen reducirt worden sind genaue Vergleichungen zwischen der Sternuhr und mittl. Uhr, dann zwischen dem Chronometer und dieser vor, wobei wegen der möglichen Coincidenzen die Beobachtungsfehler äusserst gering ausfielen. Die Uhr nach mittl. Zeit befand sich in einem entfernteren Lokale und es mussten durch Anlage einer electrischen Leitung (deren Einrichtung ich der Freundlichkeit meines Collegen Herrn Professor Fr. Arzberger verdanke, welcher mich auch bei diesen Vergleichungen unterstützte) die Schläge der Sternuhr dahin hörbar gemacht werden. Aus diesen Vergleichungen ergaben sich also auch die Correctionen für die andere Uhr und den Chronometer, sowie deren 24st. Gang. Die Tabelle VII gibt auch diese Grössen, da dort für 11^h eines jeden Tages direct die Unterschiede St. U. — m. U. und St. U. — Chr. angesetzt sind. Genau dieselben Vergleichungen fanden statt vor und nach dem Signalwechsel, und die Mitte der beiden Vergleichungsmomente trifft bis auf wenige Minuten mit dem mittleren Momente der täglichen Signalreihen zusammen. Der Gang der Sternuhr in dem Intervall von den Zeitbestimmungen bis zum Signalwechsel kann also durch dreierlei Annahmen dargestellt werden. Einmal dass man die Gangdifferenz der Sternuhr für sich aus dem 24st. Gang ableitet. Hierbei habe ich wieder nicht proportional, sondern mit Rücksicht auf die höhern Differenzen interpolirt, da die Uhr eine ziemlich beträchtliche Gangbeschleunigung zeigte. Dann, wenn man die mittlere Uhr einbezieht, indem nämlich der Gangunterschied St. U. — m. U. bekannt ist, zu welchem die im Verhältniss des 24st. Ganges genommene Differenz für die mittl. Uhr hinzugelegt wird. Endlich dasselbe hinsichtlich des Chronometers. In der Uebersicht VII findet sich diese Rechnung zusammengestellt. Aus den drei Resultaten für jeden Tag wurde schliesslich das Mittel genommen.

Da wie schon erwähnt die Vergleichungen des Chronometers mit der Uhr, vor und nach dem Signalwechsel, durch Einschiebung der nach mittl. Zeit gehenden Uhr also durch Coincidenzen stattfanden und der Chronometer Molyneux offenbar für den Transport nicht sehr empfindlich ist, so zeigen diesmal die Resultate, welche aus Uebersicht VIII zu entnohmen sind nur geringe, meistentheils dem normalen Gange ziemlich entsprechende Differenzen, so dass die Fehler aus der Uebertragung in Brünn bedeutend herabgedrückt sind.

Hinsichtlich der entsprechenden Operationen in Wien ist zu bemerken, dass Zeitbestimmungen am Meridiankreise und der Auch'schen Sternuhr gemacht wurden: April 26 Kr. W. η Virginis*, β Corvi*. γ Virginis*, α Ursae min. U. C. Mai 2 Kr. W. δ Leonis*, r Leonis*, β Leonis*, $\jmath$ Corvi*, α Ursae min. U. C., α Virginis, α Bootis, α^2 Librae. Mai 3 Kr. O. ι Corvi*, η Virginis*, β Corvi*, α Ursae min. U. C., α Virginis, r Virginis, α Bootis. Mai 8 χ Leonis*, δ Leonis*, β Leonis*, α Ursae maj., α Ursae min. U. C. Mai 13 Kr. O. ι Corvi*, β Corvi*, α Ursae min. U. C., α Virginis.

Der leichtern Orientirung wegen, sind die auch in Brünn benützten Sterne mit einem * versehen.

Der Collimationsfehler wurde durch Umlegung am 3 und 11. Mai gefunden und zwar mit Einschluss der täglichen Aberration

Mai 3 Kreis Ost c	0.267	Kreis West c	0.239
„ 11 „ „	-0.234	„ „	0.206
Mittel „ „	-0.251	„ „	0.223

Die Reductionen geben für den Stand der Uhr:

	Uhrzeit	Correction	Differenz	mittl. 24st. Gang
April 26	$12^h\ 25^m$	$-0^m\ 12.07$		
Mai 2	12 5	20.88	-8.81	-1.47
„ 3	13 1	22.22	-1.34	-1.29
„ 8	11 29	28.42	-6.20	-1.26
„ 13	12 36	$-0\ 33.00$	-4.58	-0.91

Vom 2.—8. erscheint der Gang also so gleichmässig, dass man das Intervall ohne Weiters proportional nehmen kann. Dagegen habe ich für jenen von Mai 1 — Mai 2 nicht dem aus April 26 — Mai 2 folgenden 24stündigen proportional gewählt. Unter Voraussetzung gleichmässiger Gangverzögerung von April 26 — Mai 3 würde sich aus den 3 Daten der Gang darstellen durch $g = -1.621\ n + 0.0253\ n^2$ wo n die Anzahl Tage von April 26, $12^h\ 25^m$ sind. Für Mai 1, $23^h\ 0^m$, d. i. die Mitte des Signalwechsels ist also $n = 5.447$, und hieraus

g = − 806, was mit der Uhrcorrection des April 26 von − 12ˢ07 jene für Mai 1 zu 20ˢ13 gibt.

Für die übrigen Tage ist die Gangdifferenz der Zeit proportional genommen worden, woraus sich für die entsprechenden Zeiten jene Werthe ergeben, welche in der betreffenden Spalte der Tabelle VIII unter Wien angesetzt sind.

Die Vergleichungen des Chronometers Kessel's mit der Sternuhr zeigen am 2. und 3. Mai, vor und nach dem Signalwechsel Differenzen welche schon ziemlich unangenehm sind, sich aber immerhin noch aus der Vergleichung zweier auf dasselbe Zeitmass regulirten Uhren erklären lassen. Dagegen sind am 1. und 4. Mai auch grobe Sprünge vorgekommen, so dass jedesmal auf die eine Vergleichung nicht reflectirt werden konnte*).

Hinsichtlich der Signalisirung ist nur zu erwähnen, dass bei diesen Operationen an einigen Tagen Prof. Fe[i]gel mit mir in Brünn an demselben Chronometer beobachtete. Alle betreffenden Daten ergeben sich aus der Uebersicht IX.

---

*) Es müssen zeitweise sich Zeiten des Steigrades auf einmal übersprungen werden sein. Grobe Ablesefehler können nicht die Ursache sein, denn bei Mai 1 stimmt das Resultat der ersten Vergleichung ganz gut zur Längendifferenz, das der zweiten weicht um mehr als 5 Minuten ab, aber die Vergleichungen an den nachfolgenden Tagen zeigen an dem konstanten Gang, dass auch diese Ablesung gewiss richtig war. Die erste Störung trat schon im Telegraphenamte ein. Nachdem das erste Paar der Signalreihen gegeben war, telegraphirte ich nach einer kurzen Pause, dass ich eine Wiederholung wünschte. Wahrscheinlich war mittlerweile der Chronometer schon aufgenommen, vielleicht auch einige Schritte getragen worden, denn die beiden folgenden Reihen zeigen gegen die ersten schon eine Differenz von 16 Secunden. Ich habe sie natürlich auch nicht berücksichtigt, obwohl man, da es sich doch nur um Vielfache von Chronometerschlägen handeln konnte, diese Differenz immerhin hätte corrigiren können.

Aehnliche, doch viel geringere sprungweise Gangänderungen dieses Chronometers beim Transporte erwähnt Herr Prof. Weiss im LXV. Bande der Sitzb. der k. Akad. d. Wissensch. Jahrg. 1872 gelegentlich der Bestimmung der Längendifferenz Wien — Wiener Neustadt, und ebenda LXXI. Band. Beobachtung des Venusdurchganges etc.

10a

V. Uebersicht der Sternpassagen

in. Brünn.

Stern	Zahl der Pd.	α	k	ki	kn	u'	u	α—u'	r	α—u':r

1871 April 30.

| γ Leonis. | 3 | $10^h 12^m 55^s02$ | +3·20 | —0·38 | —0·84 | 0,512a | 57·60 | $10^h 12^m 51^s80$ | —5·80 | — | — |

1871 Mai 1.

α Leonis.	3	10 1 34.15	2.00	—0,33	0.81	35,81	10 1 30.26	—5.55	—0.03	—5·58
ζ Leonis.	3	10 12 55.92	3.20	—0,38	0.81	57.90	10 12 51.79	6.11	—0,02	6.13
δ Leonis.	4	11 7 19.66	3.25	—0,38	0.84	21,67	11 7 15.37	6.30	0,00	6.30
ρ Virginis.	4	11 44 3.11	2.34	—0,27	0.72	4.39	11 43 59.27	5.12	0.02	5.10
β Corvi.	4	12 3 35.49	1.18	—0,14	0.86	33,67	12 3 30.54	3.13	0.03	3.10

1871 Mai 2.

γ Leonis.	5	10 12 50.98	3.20	—0,38	0.81	38,96	10 12 51.58	—7.10	—0.001	7.02
δ Leonis.	5	11 7 20.62	3.23	—0,38	0.84	22,63	11 7 15.36	7.27	—0.01	7.26
δ Hydrae.	4	11 12 56.53	1.58	—0,18	0.92	57,12	11 12 54.20	2.93	—0.01	2.91
τ Leonis.	4	11 30 25.97	2.23	—0,26	0.75	27.15	11 30 21.59	3.85	—0.01	3.82
β Leonis.	4	11 48 31.11	2.93	—0,34	0.82	30,31	11 48 30.15	6.76	0.04	6.72
β Corvi.	5	12 3 34.57	1.18	—0,14	0.86	35.15	12 3 30.53	3.13	0.06	3.56

1871 Mai 3.

		$10^h 1^m$						$10^h 1^m$				
α Leonis .	5	10 12 56.08	2.80	−0.33	−0.81	0.611a	37.74	10 12 51.23	−7.51	−0.08	−7.59
γ Leonis .	4	10 12 57.89	3.20	−0.38	−0.81	0.512	59.87	10 12 51.76	8.11	−0.06	8.17
ϱ Leonis .	5	10 26 7.03	2.68	−0.31	−0.80	0.612	8.60	10 26 1.43	7.17	−0.05	7.22
χ Leonis .	5	10 58 28.11	2.59	−0.30	−0.81	0.665	29.89	10 58 22.22	7.67	0.00	7.67
δ Leonis .	5	11 7 21.54	3.23		−0.84	0.563	23.55	11 7 15.95	8.20	−0.01	8.19
δ Hydrae .	5	11 12 59.40	1.58		−0.81	0.921	60.19	11 12 54.19	6.00	−0.02	
ε Leonis .	5	11 30 27.16	2.24		−0.79	0.758	28.31	11 30 21.29	7.05	−0.04	
β Leonis .	5	11 42 36.00	2.93		−0.82	0.574	37.77	11 42 29.11	8.33	−0.06	
ϱ Corvi .	5	12 3 35.85	1.18		−0.86	1.020	36.03	12 3 34.53	5.36	−0.08	5.42
η Virginis	7	12 13 24.86	2.23		−0.79	0.758	26.04	12 15 19.22	6.82	−0.10	6.72
β Corvi .	5	12 27 42.81	1.14		−0.87	1.030	42.95	12 27 37.79	5.16	−0.12	

1871 Mai 4.

		10^h						$10^h 1^m$				
γ Leonis .		10 12 0.55	3.59		−0.84	0.512	2.33	10 12 51.75	−10.58	−0.10	−10.65
ϱ Leonis .		10 26 9.59	2.68		−0.80	0.612	11.16	10 26 1.41	9.75	−0.08	9.83
τ Leonis .		10 30 29.49	2.23		−0.79	0.758	30.67	10 30 23.08	9.39	−0.07	9.32
β Leonis .		10 42 38.13	1.18		−0.82	0.578	39.11	10 42 34.14	10.46	−0.09	10.57
ε Corvi .		11 3 38.00	1.14		−0.86	1.020		11 3 34.52	7.90	−0.13	7.53
η Virginis		12 13 27.61	2.23		−0.79	0.758	28.82	12 13 19.21	9.61	−0.16	9.45
β Corvi .		12 27 15.21	1.11		−0.87	1.030	45.35	12 27 37.78	7.57	−0.18	7.39
γ Virginis		12 35 16.54	2.19		−0.79	0.745a	17.70	12 35 8.49	9.28	−0.21	9.07

Leonis .   4   10 13ᵐ 1·35   1 3·20   —0·28   —0·81 0·512a 6·35 10ʰ 12ᵐ5 1ᵗ·4 — 1·61   —

1871 Mai 9.

6 Leonis .	5	11 7 39·62	3·23	— 0·25	0·86,	41,76,	11 7 15·28	—26·18	—0·01 —26.49
8 Hydrae .	5	11 13 16·08	1·58	— 0·12	0·87,	17·63,	11 12 34·10	—23·30	0·03 —23.17
2 Leonis .	5	11 12 33·52	0·93	— 0·23	0·86,	25·10	11 12 29·40	—25·40	0·09 25.91
4 Corvi .	—	12 3 53·86	1·18	— 0·09	0·86,	54·09	12 3 30·18	—23·64	0·13 —23.18

1871 Mai 12.

6 Leonis .	5	10 13 21·12	—3·30	— 0·25	0·622,	26,83,	10 12 51·65	—35·18,	—0·01 —35.29
6 Leonis .	5	11 7 40·02	—3·23	— 0·24	0·803,	31·96,	11 7 15·25	—35·81,	0·01 35.80,
6 Hydrae .	5	11 13 27·22	1·58	— 0·12	0·921,	27·87,	11 12 34·10	—33·77,	0·03 33.81
3 Leonis .	5	11 12 43·26	2·86	— 0·23	0·838,	1·68,	11 12 29·37	—35·31,	0·10 35.21
3 Leonis .	4	11 11 4·21	1·18	— 0·09	1·029,	3·14	11 12 30·46	—32·73,	0·11 32.81
4 Corvi .	12	28 46·01	1·11	— 0·09	0·87,	11·09	12 27 34·24	—33·35,	0·21 —33.14

1871 Mai 15.

6 Leonis .	5	11 7 59·22	3·23	— 0·25	0·84,	1·36,	11 7 15·22	—46·14	0·01 —46.15
6 Hydrae .	3	11 13 37·48	1·58	— 0·12	0·921,	38·13	11 12 54·07	44·06	0·05 44.03
2 Leonis .	5	11 13 13·80	0·93	— 0·23	0·82,	13·68	11 12 29·34	—46·54	0·10 —46.34

VI. Reduction der Zeitbestimmungen
in Brünn.

Stern	α — u'	k'a	Uhr-Correction	p	Gang	24-h. Gang

1871 April 30.

Stern	α — u'	k'a	Uhr-Correction	p	Gang	24-h. Gang
γ Leonis . . .	—	— 3.10	— 8.90	—	. . .	

1871 Mai 1.

Stern	α — u'	k'a	Uhr-Correction	p	Gang	24-h. Gang
α Leonis . . .	— 5.58	3.70	— 9.28	3		
γ Leonis . . .	6.13	3.10	9.23	6		
δ Leonis . . .	6.30	3.05	9.35	4	— 0.42	— 0.41
β Virginis . .	5.10	4.41	9.51	3.3		
ε Corvi . . .	— 3.10	6.18	— 9.28	1		
		Mittel . . .	9.32			
			0.03			

1871 Mai 2.

Stern	α — u'	k'a	Uhr-Correction	p	Gang	24-h. Gang
γ Leonis . . .	7.22	— 3.10	— 10.32	2		
δ Leonis . . .	7.26	3.05	10.31	2		
δ Hydrae *) . .	2.91	5.58	8.49	0	— 0.99	— 0.99
υ Leonis . . .	5.82	4.59	10.41	1		
β Leonis . . .	6.72	3.50	10.22	1.6		
ε Corvi *) . . .	— 4.56	6.18	— 10.71	0		
		Mittel . . .	10.31			
			0.02			

1871 Mai 3.

Stern	α — u'	k'a	Uhr-Correction	p	Gang	24-h. Gang
α Leonis . . .	— 7.59	— 3.70	11.29	1.2		
γ Leonis . . .	8.17	3.10	11.27	0.8		
ρ Leonis . . .	7.22	3.89	11.11	1.0		
χ Leonis . . .	7.67	4.03	11.70	1.0		
δ Leonis . . .	8.19	3.05	11.24	1.2		
δ Hydrae . . .	5.98	5.58	11.56	1.0	1.13	— 1.13
υ Leonis . . .	7.01	4.59	11.60	1.0		
β Leonis . . .	8.27	3.50	11.77	1.2		
ε Corvi . . .	5.42	6.18	11.60	0.8		
η Virginis . .	6.72	4.59	11.31	0.6		
β Corvi . . .	— 5.04	6.24	— 11.28	0.8		
		Mittel . . .	11.44			
			0.05			

*) Das Resultat von δ Hydrae ist offenbar durch einen groben Fehler entstellt, und wurde weggelassen, auch das von ε Corvi nicht in das Mittel einbezogen.

Stern	(α—n')│r	k′a	Uhr-Correction	p	Gang	21 st. Gang

1871 Mai 4.

Stern				p	Gang	21st Gang
γ Leonis	− 10˙68	− 3˙10	− 13˙78	1,1		
ϱ Leonis	9,83	3,89	13,72	1,0		
ν Leonis	9,32	4,59	13,91	1,3		
β Leonis	10,37	3,50	13,87	1,6		
ε Corvi	7,53	6,18	13,71	1,0	− 2˙39	− 2˙39
η Virginis	9,45	4,59	14,04	1,8		
β Corvi	7,39	6,24	13,63	1,0		
γ Virginis	− 9,07	− 4,64	− 13,71	0,8		
Mittel			13,83			
			┤ 0,03			

1871 Mai 5.

γ Leonis	− 14,61	3,10	17,71		−3,88	4,01

1871 Mai 9.

δ Leonis	26,49	− 3,05	29,54	2,0		
δ Hydrae	23,47	5,58	29,05	1,6	11,09	−2,90
β Leonis	25,91	3,50	29,41	1,3		
ε Corvi	23,48	6,18	29,66	1,0		
Mittel			29,40			
			┤ 0,10			

1871 Mai 12.

γ Leonis	35,29	3,10	38,39	2,0		
δ Leonis	35,80	3,05	38,85	2,0		
δ Hydrae	33,74	5,58	39,32	1,6		
β Leonis	35,21	3,50	38,71	2,0	9,49	3,16
ε Corvi	32,84	6,18	39,02	1,0		
β Corvi	33,14	− 6,24	− 39,38	1,3		
Mittel			38,89			
			┤ 0,09			

1871 Mai 15.

δ Leonis	46,13	− 3,05	− 49,18	1,0		
δ Hydrae	44,03	5,58	49,61	0,4	10,60	3,53
β Leonis	− 46,24	− 3,50	49,74	1,0		
Mittel			49,49			
			┤ 0,11			

VII. Ausmittlung der Uhr-Correction in Brünn

für die Zeiten des Signalwechsels.

	Mai 1	Mai 2	Mai 3	Mai 4	Anmerkung
Gang der St. U. von 11ʰ bis 8ʰ hypothetisch interpolirt, aus dem 24st. Gang.	— 0·48	— 0·41	— 0·41	— 0·41	8ʰ. d. i. der mittlere Moment der an jedem Tage gegebenen Signalreihen trifft am
St. U. — m. U. um 11ʰ (m.St.Z. ausgedr.)	+ 29·12	21·52	+ 23·29	+ 24·70	Mai 1 um Br. St. Z. 23ʰ 9ᵐ
, — , , 8ʰ , -	+ 29·65	22·27	23·60	+ 25·30	Mai 3 um Br. St. Z. 23ʰ 13ᵐ
Differenz (d. i. Gang; St. U. gegen m. U. von 11ʰ b. 8ʰ) . . .	— 0·53	— 0·75	— 0·82	— 1·60	, 2 , , , 22 58
Gang der m. U. von 11ʰ b. 8ʰ prop. dem 24st. Gange	— 0·24	0·32	0·41	0·42	, 4 , , , 23 4
Hieraus: Gang d. St.U. v. 11ʰ b. 8ʰ	— 0·31	— 0·43	0·79	2·02	
St. U. — Chron. um 11ʰ	9·38 39·33	9·33 32·20	9·38 26·13	9·58 47·95	
, — , , 8ʰ	9·38 39·34	9·38 35·21	9·38 40·61	9·38 47·36	
Differenz (d. i. Gang; St. U. gegen Chron. von 11ʰ b. 8ʰ) . . .	— 1·87	— 2·71	— 2·48	— 3·71	
Gang des Chron. von 11ʰ b. 8ʰ prop. dem 24st. Gang.	+ 1·56	+ 2·25	+ 1·52	+ 1·71	
Hieraus: Gang d. St.U. v. 11ʰ b. 8ʰ	— 0·31	— 0·46	— 0·76	— 2·00	
Mittel	— 0·31	— 0·44	— 0·80	— 2·01	
Correction der St. U. um 11ʰ. . .	9·39	10·33	— 11·41	10·89	
Correction der St. U. um 8ʰ . . .	9·70	— 10·77	— 12·21	12·90	

VIII. Ermittlung der Chronometer-Correctionen.

1871		Brünn				Wien			Unterschied der beiden Chron.-Corr. Br.—W. St. Z.
	Vergl. d. Chron. mit d. Uhr		Mittel	Corr. des Chron. gegen St. Z. d. Uhr	Vergl. d. Chron. mit d. Uhr		Mittel	Corr. des Chron. gegen St. Z.	
Mai 1									
Mai 8									
Mai 9									
Mai 13									
Mai 1	4								−7 37

¹) Diese bedeutende Störung fand statt, bei dem Rückwege vom Telegraphenamt.

²) Der Sprung um wahrscheinlich 13 Chron.-Schläge ereignete sich beim Transporte zum Telegraphenamte.

IX. Signalwechsel.

Nr.	Datum	Signale gegeben	Signale gehört	Anzahl	Beobachter		Unterschied der sign. Chron. Zeiten St. Z. Br.-W.	Unterschied der Chron. Corr. St. Z. Br.-W.	Differenz St. Z.
1	1871 Mai 1	Wn.	Br.	11	Ws.	N.	$7^h\ 47^m\ 28^s49$	$7^h\ 16^m\ 34^s66$	53.93
2	,, ,, 1	,,	,,	12	Ws.	F.	28.15	34.36	53.80
3	,, ,, 2	Br.	Wn.	11	N.	Ws.	28.10	34.36	53.90
4	,, ,, 3	Ws.	Br.	13	Ws.	N.	$38\ 53.55$	$38\ 0.06$	53.47
5	,, ,, ,,	,,	,,	13	Ws.	F.	53.96	0.06	53.91
6	,, ,, ,,	Br.	Wn.	11	N.	Ws.	53.88	0.06	53.82
7	,, ,, 4	Wn.	Br.	12	Ws.	N.	50.81	$37\ 57.31$	53.50
8	,, ,, ,,	,,	Ws.	13	Ws.	F.	51.21	57.31	53.90
9	,, ,, ,,	Br.	,,	11	N.	Ws.	51.15	57.31	53.81
10	,, ,, ,,	Ws.	Br.	11	Ws.	N.	50.86	57.31	53.55
11	,, ,, ,,	,,	Wn.	12	Ws.	F.	51.11	57.31	53.80
12	,, ,, ,,	Br.	,,	9	N.	Ws.	51.13	57.31	53.82
13	,, ,, 7	Wa.	Br.	13	Ws.	N.	13.09	19.21	53.88
14	,, ,, ,,	Br.	Wa.	12	N.	Ws.	$38\ 13.22$	$-7\ 37\ 19.21$	53.98

Die Resultate welche in der letzten Spalte angesetzt sind, ziehe ich nun wieder so zusammen, dass an jenen, bei welchen Prof. Felgel mitwirkte, dessen persönliche Gleichung gegen Prof. Weiss also 0·09 in dem entsprechenden Sinne angebracht, somit abgezogen, dagegen jene zwischen Weiss und mir aus den schon früher angeführten Gründen nicht berücksichtigt wird. Dann ist von allen Werthen eines Tages das einfache Mittel genommen. Ohne hinsichtlich der Gewichte für die einzelnen Tage auf eine Wiederholung des schon im vorigen Abschnitte Gesagten einzugehen, bemerke ich nur, dass die Verhältnisse diesmal den einzelnen Resultaten ziemlich gleich günstig und im Durchschnitte jedenfalls so, wie an den gewichtigsten Tagen der Augustreihe sind, so dass ich im Vergleiche zu dieser, hier allen Tagen das Gewicht 2 beilege.

Ich will, damit man Alles besser übersehen könne, zu den Schlussresultaten auch jene vom Jahre 1869 nochmals anführen

1869	Länge n. diff.	Gew.	1871	Länge n. diff.	Gew.
August 8 . .	53·91	1	Mai 1 .	53·87	2
„ 9 . .	54.19	1	„ 2 .	53.77	2
„ 10 .	54.34	1	„ 3 . .	53.71	2
„ 11 .	53.81	2	„ 4 . .	53.92	2
„ 12 .	53.67	1			
„ 13 .	53.57	2			
Mittel . .	53.96	8	Mittel . .	53.82	8

Man sieht auf den ersten Blick, dass die Mai-Operationen viel besser übereinstimmende Resultate geben, als jene im August, wie es auch zu erwarten war. Ganz auffallend würde die Uebereinstimmung sein, wenn man sich entschliessen könnte die Resultate Nr. 7 und 10 (Uebersicht IX), wo meinerseits offenbar eine auffallende Präoccupation herrschte, wegzulassen.

Das Mittel aus beiden Resultaten ergibt demnach, dass das Passageninstrument in Brünn sich östlich von dem Meridiankreise der Wiener Sternwarte befinde: 53·89 oder 0ᵐ 13' 28"·4.

Der Unterschied dieses Werthes von den beiden Mitteln der Jahre 1869 und 1871 ist geringer als nach unseren vorläufigen Schätzungen (S. 131) erwartet werden durfte, und dies lässt schliessen, dass ausser den betrachteten Fehlern solche von constanter Art nur insoferne vorkommen, als sie beiden Beobachtungsreihen ganz gleichmässig eigen sind und dies könnten wohl nur sehr kleine sein.

Aus der Beziehung der sämmtlichen 10 Resultate zu diesem Endwerthe würde sich der wahrscheinliche Fehler für eine Beobachtung der

Gewichtseinheit zu | 0'15 und jener des Schlussresultates mit | 0'017 ergeben. Es muss aber noch betont werden, dass die persönliche Gleichung hinsichtlich der Auffassung der Sternpassagen nicht in Berücksichtigung gezogen wurde.

An der obigen Längendifferenz bringe ich die geodätische Reduction für einige Hauptpuncte der Stadt an. Der Rathhausthurm ist in der Mitte der Stadt gelegen und dessen Position wurde auch durch die Landestriangulirung bestimmt. Das Thürmchen auf dem Spielberge ist via Punct des trigonometrischen Hauptnetzes. Die an dem obigen Werthe anzubringenden Reductionen sind:

			Gegenüber gegen d. Wiener Sternwarte
Gebäude der techn. Hochschule, Axe d. Hauptthores	+ 2ˢ.44 oder	+ 0ˢ.465	0ˢ.54405 östlich
Rathhausthurm . .	+ 23ˢ.08 „	+ 1ˢ.587	0 35.43 „
Spielbergthurm	− 8.82	− 0.588	0 53.50 „

Wird die Wiener Sternwarte 0ˢ 56ᵐ 10ˢ8 oder 14° 2' 42".0 östl. von Paris angenommen, so erhält man folgende Längen

östlich von Paris

Brünn, Technik, Passageninstrument . .	0ˢ 57ᵐ 4ˢ.7 oder	14° 16' 10".4
„ „ Hauptthor	0 57 4.9 „	14 16 12.8
„ Rathhausthurm	0 57 6.2 „	14 16 33.5
„ Spielbergthurm	0 57 4.1	14 16 4.6

Der Brünner Rathhausthurm liegt demnach 34° 16' 33".5 östlich von Ferro.

Die österreichische Landestriangulation gibt (16 DS) für diesen Punct 34° 16' 30", welcher Werth offenbar auf eine ältere Annahme für die Länge von Wien gestützt ist, und deshalb ohne Einsicht in die Details der betreffenden Arbeit keine Vergleichung zulässt.

Die Wiener Sternwarte ist mit den Puncten der europäischen Gradmessung: Laaerberg und Türkenschanze, von welchen die Länge des letzteren gegen Paris direct durch die schärfsten Mittel bestimmt wurde, nicht astronomisch verbunden. Die geodätische Reduction ist unzureichend, weil zwischen den Puncten im Westen und Osten der Stadt Wien eine gegen Osten zu abnehmende Lothablenkung constatirt ist. Die astronomische Verbindung der Sternwarte mit dem Feldobservatorium auf der Türkenschanze, wenigstens durch eine entsprechende Reihe von Chronometerübertragungen wäre demnach sehr wünschenswerth*).

---

*) Dass auch durch Chronometerübertragungen auf nicht allzugrosse Entfernungen recht gute Resultate zu erzielen sind beweist unter Anderem die schon citirte von Prof. Weiss vorgenommene Operation zwischen Wien u. Wr. Neustadt.

Aus den Einzelnheiten dieses Aufsatzes ist leicht zu ersehen, dass der grössere Theil der Unsicherheit welche unserem Schlusswerthe noch anhaftet weniger dem Signalwechsel, als den Uhrcorrectionen zufällt. Bei völlig entsprechender Aufstellung des Passageninstrumentes und rascher Folge der Zeitbestimmungen und Signalisirung, würde das Resultat noch wesentlich besser geworden sein. Die Signalmethode würde demnach in vielen Fällen, wo die directe Verbindung der Uhren durch die Drahtleitung oder die Benützung derselben durch längere Zeit, auf Hindernisse stösst, insbesonders zur Einschaltung von Puncten zweiter Ordnung sehr zu empfehlen sein, und es würden dabei auch die kleineren leicht transportabeln Passageninstrumente genügende Dienste leisten. Die Unsicherheit in der Auffassung der Signale liesse sich vermindern, wenn die täglichen Signalreihen mit kleinen Unterbrechungen wiederholt würden, wobei es überflüssig ist die Zahl der Signale einer Reihe gross zu machen. An einem Tage würden z. B. 10 Reihen zu je 10 Signalen weit mehr Sicherheit geben als 2 Reihen zu je 100. Auch der Vorschlag, nur coincidirende Schläge zu notiren wäre vielleicht einer Erprobung werth.

Präcisionswage

mit einer

Vorrichtung zum Umwechseln der Gewichte bei geschlossenem Wagekasten

von

Friedr. Arzberger.

Mitgetheilt in der Jahres-Versammlung am 21. Dezember 1875.

(Hierzu Taf. III.)

Genaue Wägungen wie sie z. B. bei der Vergleichung der Prototyp-Kilogramme der einzelnen Staaten vorkommen, werden insbesondere durch den Umstand sehr zeitraubend, dass die geringsten Temperatur-Differenzen, welche beim Oeffnen des Wagekastens durch die Körperwärme des Beobachters entstehen, in den beiden Armen des Wagebalkens schon fühlbar werden. Die Ausgleichung solch' geringer Temperatur-Differenzen währt aber sehr lange und darum war es wünschenswerth an einer Wage solche Einrichtungen zu treffen, die es möglich machen, nachdem die zu vergleichenden Gewichte nebst anderen kleinen Gewichtchen einmal in den Wagekasten gebracht wurden und dieser verschlossen ist, alle beim Wägen vorkommenden Operationen vorzunehmen, ohne den Kasten zu öffnen um mit den Händen hineinzugreifen.

Ich habe in der Sitzung vom 21. Dezember 1875 eine von mir construirte Wage vorgezeigt, die derart eingerichtet ist, dass man ausser der Arretirungsvorrichtung, die keiner Präcisionswage fehlen darf, auch einen Apparat zum Umwechseln der Gewichte, so wie einer Vorrichtung zum Auf- und Ablegen der nöthigen Zulagegewichte derart in Thätigkeit setzen kann, dass ein Oeffnen des Wagekastens nicht nöthig wird.

Die internationale Metercommission hat bei ihrer letzten Session im Mai d. J. beschlossen nach dem von mir vorgelegten Muster vier

Wagen bauen zu lassen und dieselben bei den vorkommenden Präcisious-
wägungen fernerhin anzuwenden *).

Figur 1 zeigt diese Wage in der Vorderansicht bei abgenommenem
Wagekasten; Fig. 2 ist ein Grundriss mit Hinweglassung der oberen
Theile.

Die beiden Platten P und P', welche durch die Ständer Q, Q verbunden sind, bilden das Fussgestelle, welches auf drei Stellschrauben R
steht. An dem mittlern Zapfen A wird der Arretirungsschlüssel an-
gesteckt, durch dessen Umdrehung wie gewöhnlich die Balken-, Schalen-
und Gehängarretirung bewegt wird.

Am Schalengehänge ist ein um α drehbarer gleicharmiger Hebel
befestigt, an dessen Endpunkten mittelst der kurzen Ketten β, β das
Querstück γ aufgehängt ist. Die beiden steifen Drähte δ verbinden γ
mit der eigentlichen Wageschale S. Die beiden Drähte δ, das Querstück γ und der um α drehbare Hebel liegen in einer Verticalebene,
welche mit der Projectionsebene (Fig. 1) einen Winkel von 45^0 ein-
schliesst; dies ist übrigens auch aus dem Grundriss Fig. 2 zu ersehen,
wo die Drähte δ als schwarze Punkte erscheinen.

Diese Art der Schalenanfhängung gewährt die vollständige Gelenk-
igkeit zwischen Gehänge und Schale, die zur gleichen Druckvertheilung
auf die Endschneide des Wagebalkens nöthig ist, verhindert aber eine
Verdrehung der Schale um eine verticale Axe, welche wie später näher
ersichtlich werden wird, hier nicht zulässig ist. Nachdem, wie noch
gezeigt werden wird, die Masse der eigentlichen Wageschale nicht gleichmässig um ihren Mittelpunkt vertheilt ist, steckt in der Mitte des Quer-
stückes γ eine Schraube horizontal und senkrecht auf die Hauptrichtung
von γ mit einem Gewichtsknopfe, welcher den Schwerpunkt der Schale
in deren Mitte versetzt.

Die Schalenarretirung wird wie gewöhnlich von einem an A be-
festigten Excenter bewirkt, bei dessen Drehung die mondförmigen Stücke
m (Fig. 1) durch je zwei verticale Stäbe g gehoben oder gesenkt werden.
Unter jeder Wageschale liegt ein solches Stück m horizontal, kreisrund
gebogen und über $^2/_3$ des Kreisumfanges sich erstreckend, in dem die
drei Schrauben e stecken, auf welchen die arretirte Schale aufruht
(s. Fig. 1 und 2).

---

*) Bei dem regen Interesse mit welchem die Wage zunächst in einem kleineren
Kreise aufgenommen wurde und bei dem Umstande als unsere Vereinsschriften
die Abhandlungen jährlich in einem Bande bringen, habe ich diese Wage in
Dingler's Journal Bd. 219 kurz nach dem diesbezüglich abgehaltenem Vortrage ebenfalls publicirt.

In Figur 5 ist ein Stück der Schale S sowie eine Schraube r und ein Stück von m (r und m im Durchschnitte) in grösserem Massstabe dargestellt. Die Schale trägt unten drei Stiften p, welche je in eine schwach conische Vertiefung der Schrauben r hineinragen. Diese Einrichtung hat den Zweck, die Schale beim Arretiren genau centrisch zu stellen, falls durch eine etwas excentrische Stellung des Gewichtes ein Schiefhängen im nicht arretirten Zustande eingetreten wäre. Man ersieht hieraus, dass jede der beiden Schalen nach erfolgter Arretirung immer genau in dieselbe Position kommen muss.

Die Schalen S (Fig. 2) bestehen aus einem Dreiviertelkreise, von welchem vier radiale, um 90^{0} von einander abstehende Stäbe gegen das Centrum hineinragen, ohne sich jedoch im Mittelpunkte zu berühren. Zwischen diesen Stäben kann das Kreuz k (in Fig. 2 mit starken Linien ausgezogen) vertical auf und ab bewegt werden. In seiner tiefsten Stellung liegt das Kreuz k innerhalb des Mondes m, weshalb es in Figur 1 nicht sichtbar ist.

Wird dieses Kreuz so hoch gehoben, dass es über die Ebene der Schale S heraustritt, so nimmt es ein auf der Schale stehendes Gewicht von dieser ab und hebt es in die Höhe. Sobald nun das mit dem Gewichte belastete Kreuz auf dem in Fig. 2 punktirt gezeichneten Wege von seiner Lage über der Schale bis über den kreuzförmigen Ausschnitt der Platte d geführt und dann durch diesen Ausschnitt unter die Platte versenkt wird, so bleibt schliesslich das Gewicht mitten auf d stehen. Gleichzeitig wird ein zweites Gewicht mit Hilfe eines zweiten Kreuzes von der anderen Wageschale ebenso auf die Platte d' gesetzt.

Diese beiden Platten d und d' sind gemeinschaftlich mit dem conischen Rade x' an einer um die Mittelsäule der Wage drehbaren Hülse befestigt, und bilden so eine Drehscheibe, welche durch das auf der Welle x festsitzende conische Getriebe in Bewegung gesetzt werden kann. Diese Drehscheibe ist mit zwei Anschlägen versehen, welche derselben blos eine Umdrehung um 180^{0} gestatten, damit man immer leicht die richtige Endstellung trifft. Sobald nun die auf die Drehscheibe gesetzten Gewichte mit dieser um 180^{0} umgedreht und mit den Kreuzen k gerade so auf die Wageschalen übersetzt werden, wie dies früher bei der Uebertragung von den Schalen auf die Drehscheibe geschehen ist, so hat man die Umwechslung der Gewichte bewerkstelligt.

Das Kreuz k, welches, wie erwähnt, in Fig. 1 nicht ersichtlich ist, weil es sich mit m in einer Horizontalebene befindet, ist an einem Hebel a befestigt, welcher am oberen Ende der cylindrischen Welle b festsitzt. Diese Welle passt genau in die Bohrungen der Platten P und

l'', die vertical über einander liegen; es ist somit möglich, *k* nach auf-
und abwärts zu bewegen, sowie auch in einem Kreise um die geometrische
Axe von *b* herum zu drehen. Das Gesagte wird durch einen Blick auf
den Querschnitt in Fig. 3 noch deutlicher werden. Man sieht hier *k*
von einem verticalen Stift getragen, der am Mittelpunkt des Kreuzes
einerseits und anderseits am Hebel *a* befestigt ist. Dieser Stift ist
unter *a* bis *σ* verlängert und geht durch eine Bohrung in der Platte *l''*,
so dass die drehende Bewegung der Welle *b* so lange verhindert wird,
als *σ* in dieser Bohrung steckt; ist aber *k* mit *a* und *b* so weit gehoben,
dass *σ* über die Platte *l''* gekommen ist, dann ist eine Verdrehung
möglich.

Ausser dieser oben besprochenen Bohrung für *σ*, welche genau unter
dem Mittelpunkte der Schale *S* (Fig. 2) angebracht ist, befindet sich
noch eine zweite unter dem Mittelpunkte des kreisförmigen Ausschnittes
der Platte *d*, so dass auch an dieser Stelle die Auf- und Abbewegung
in derselben Weise stattfinden kann. Die Verdrehung des Uebertragungshebels *a* darf aber nur so weit erfolgen, dass nach Vollendung derselben
der Stift *σ* über einer der früher erwähnten Bohrungen steht, damit das
Herabsenken an der richtigen Stelle stattfinden kann. Zur Begrenzung
dieser drehenden Bewegung nach beiden Seiten hin sind die in Fig. 1
schwarz dargestellten Anschläge *t*, *t'* angebracht. Es ist hier *a* das
Ende des Uebertragungshebels. *k* und *σ* haben die gleiche Bedeutung
wie in den anderen Figuren. Hat sich *k* bis in die punktirte Stellung
erhoben, so wird *σ* frei, und es kann die Verdrehung erfolgen, bis *a*
nach *σ'* gelangt ist, wo es an *t'* anstösst, während *a* und *k* sich nach
a', *k'* bewegt haben, wonach das Sinken von *k'*, *a'* und *σ'* anstandslos
erfolgen kann. Es ist selbstverständlich, dass die eben besprochene
Bewegung auch in umgekehrter Richtung möglich ist.

Es soll nun gezeigt werden, wie der Uebertragungshebel von aussen
in Thätigkeit gesetzt wird.

An der Welle *y* (Fig. 1) ist ein Getriebe befestigt, welches in
das Zahnrad z_1 eingreift; durch die Bewegung von *y* werden somit die
Zahnräder *z*, z_1, z_2 und z_3 so gedreht, dass *z* und z_1 stets entgegengesetzte Drehungsrichtung erhalten. Ein Anschlag an einem der vier
Zahnräder gestattet diesen nur eine einmalige Umdrehung um nahezu 360°.

Die Räder *z* und z_3 bethätigen je einen Uebertragungshebel in
der Art, wie Fig. 3 zeigt. An der Welle *b* ist das im Durchschnitt
ersichtliche Ansatzstück *b'* befestigt. Mit diesem ruht der Uebertragungshebel mit seiner ganzen Last auf der Scheibe *f*, welche sammt ihrem
rohrförmigen Fortsatze *f'* lose auf *b* steckt. An ein und derselben Welle

ist das Zahnrad z und die Herzscheibe c befestigt, welche letztere die Scheibe f am Herabsinken hindert. Die Gestalt der Herzscheibe ist in Figur 3 bei c' punktirt dargestellt; es ist hieraus ersichtlich, dass der obere Bogen derselben excentrisch, der untere hingegen centrisch ist. Wird nun die Herzscheibe c durch z gedreht, so wird zunächst f gehoben; durch σ geführt, steigt der Uebertragungshebel vertical hinauf, während f sich unterhalb b etwas verdreht. Hat sich die Herzscheibe so weit bewegt, dass sie das Maximum der Hebung bewirkt hat, dann wird σ frei, und es erfolgt die Drehung des Uebertragungshebels durch Friction, während der centrische Theil von c sich auf f abwälzt — so lange, bis σ an den Anschlag l' anstösst. Von nun an findet wieder ein Gleiten zwischen f und b' statt, welches so lange dauert, bis sich nach Vollendung der ganzen Umdrehung der Herzscheibe die Scheibe f sammt der darauf ruhenden Welle b und dem Uebertragungshebel gesenkt hat, wobei σ abermals die Verticalführung bewirkt. Ganz ebenso geht der Rücktransport des Gewichtes von Statten, wenn man z beziehungsweise c in umgekehrter Richtung dreht.

Die Bewegung erfolgt durch eine an y angesteckte Kurbel, so wie dies bei x der Fall ist. Da sich nun die Wellen x und y beliebig verlängern lassen, ein Gleiches auch beim Arretirungsschlüssel oder der Welle A möglich ist, so kann das Umwechseln und Auswagen der Gewichte von beliebig grosser Entfernung aus geschehen. Es ist selbstverständlich, dass dieses Umwechseln nur bei arretirten Schalen und dann geschehen darf, wenn die Drehscheibe eine der beiden Endstellungen einnimmt.

Die einmal an der Welle y begonnene Bewegung muss allemal ganz zu Ende geführt werden. Wenn man hierbei herumspielt und etwas hinund wieder herdreht, kommt selbstverständlich die Frictionsbewegung in Unordnung. Arbeitet man aber ruhig und führt, wie gesagt, jede eingeleitete Kurbelbewegung zu Ende, bis der Anschlag anstösst, so kann nie ein Fehler vorkommen.

Bei der Vergleichung kleinerer Gewichte, welche zwischen den Radialstäben der Wageschale durchfallen würden, legt man auf jede Wageschale eine möglichst leichte durchbrochene Metallplatte, auf welcher jedes Gewicht gewogen und von einer Schale auf die andere übertragen wird. Selbstverständlich muss auch eine Gewichtsvergleichung dieser Metallplatten für sich erfolgen.

Es erübrigt nun noch zu zeigen, wie das Auf- und Ablegen von kleinen Gewichten bei geschlossenem Wagekasten geschieht.

11a

Grössere Gewichte etwa von 20ᵐᵍ aufwärts werden mit einer Pincette dirigirt, welche aus Fig. 6 ersichtlich ist.

Die vor eine runde Oeffnung im Wagekasten geschraubte Platte r ist aus zwei Theilen zusammengeschraubt, zwischen denen sich eine Kugel gelenkartig nach allen Richtungen herumdrehen lässt. In einer centralen Bohrung dieser Kugel lässt sich das Rohr g aus- und einschieben, an welchem aussen die Rolle ω, innen im Kasten das Stück $\mathfrak{Z}$ befestigt ist. In dem Rohre g ist ein Stab verschiebbar, der links den Knopf r, rechts die Kugel $\mathfrak{Z}$ trägt. Eine Spiralfeder zwischen r und ω drückt den Knopf r aus dem Rohr hinaus, bis $\mathfrak{Z}$ an $\mathfrak{Z}$ anstösst. An $\mathfrak{Z}$ ist die Stahllamelle 1 angeschraubt, welche Fig. 7 in der Seitenansicht zeigt. Mittelst des Zwischenstückes 3 ist eine zweite Stahllamelle 2 an 1 zu einer Pincette zusammengenietet, welche sich durch ihre eigene Federkraft schliesst. An 2 ist die schiefe Ebene s befestigt, welche durch eine in 1 frei gelassene Durchbrechung ohne Anstreifen hindurch geht. Sobald man die Rolle ω zwischen Zeigefinger und Mittelfinger fasst und mit dem Daumen auf r drückt, schiebt sich $\mathfrak{Z}$ vor, drückt auf die schiefe Ebene s und öffnet die Pincette; lässt man mit dem Daumen los, so schliesst sie sich. Durch Verschiebung des Rohres g in der Kugel der Länge nach, sowie durch die Nachgiebigkeit des Kugelgelenkes, lässt sich innerhalb gewisser Grenzen jede beliebige Bewegung mit der Pincette vornehmen; es lassen sich Gewichte aufgeben, abnehmen, auf die Drehscheibe legen und zur anderen Wageschale befördern, wo sie mit einer zweiten gleichen Zange abgenommen und auf die Wageschale gelegt werden können.

Das Aufhängen des Centigrammreiters auf dem Wagebalken ist bei wirklich scharfen Wägungen nicht zulässig; man wiegt auf einzelne Milligramme aus und berechnet die Bruchtheile aus den beobachteten Umkehrungspunkten der Schwingungen, die entweder an der Zungenskale oder besser nach der Steinheil'schen Methode mit Spiegelablesung bestimmt werden. Da nun Gewichte von 1, 2 und 5ᵐᵍ schon sehr klein ausfallen und beim Anfassen mit der Pincette leicht beschädigt werden, so habe ich meiner Wage Reitergewichte beigegeben, die aber nicht auf den Wagebalken, sondern auf dem Querstück γ (Fig. 1) der Wageschale aufgehängt werden.

Diese Reitergewichte hängen in den Einschnitten des Armes h, der mittelst der Säule h' an der Drehscheibe befestigt ist und somit der einen oder anderen Wageschale zugewendet werden kann. In derselben Höhe mit h und γ befinden sich zwei Reiterhaken in Kugelgelenken am Wagekasten so angebracht, dass jeder Haken eine Schale bedienen kann.

Die Reitergewichte wiegen 10, 11, 13, 16 und 20^{mg} und sind, wie in Fig. 8 dargestellt, so gebogen, dass man sie leicht von einander unterscheiden kann.

Folgende Tabelle zeigt den Gebrauch derselben.

Gewicht	Reitergewichte auf der Wagschale	
	links	rechts
mg	mg	mg
1	11	10
2	13	11
3	13	10
4	20	16
5	16	11
6	16	10
7	20	13
8	11	10	13
9	20	11
10	10	
11	11	
12	10	13	11
13	13	
14	10	20	16
15	10	16	11
16	16	
17	20	10	13
18	20	11	13
19	20	10	11
20	20	
21	10	11	
22	20	13	11
23	10	13	
24	11	13	
25	20	16	11
26	10	16	
27	16	11	
28	10	20	11	13
29	16	13	
30	20	10	—
31	20	11	
32	20	10	13	11

Gewicht	Reitergewicht auf der Wageschale	
	links	rechts
mg	mg	mg
33	20 | 13	...
34	10 | 11 | 13	
35	20 | 16 | 10	11

Diese Reitergewichte lassen sich bequem handhaben und erleiden beim Ueberhängen so gut wie gar keine Abnützung, die beim Anfassen der Gewichte mit der Pincette entschieden weit grösser ist.

Notizen

über neue und kritische Pyrenomyceten.

Von G. v. NIESSL.

(Hierzu Tafel IV.)

Die Möglichkeit einer vollständigen systematischen Bearbeitung der *Sphaeriaceen* ist von der sorgfältigen Sichtung eines hinlänglich grossen Materiales abhängig. Wie mir scheint, würde diese Aufgabe gegenwärtig noch nicht ohne grosse Schwierigkeiten und wahrscheinlich ziemlich unvollkommen gelöst werden können. In der That sind ja auch die Bestrebungen in dieser Richtung erst neuesten Datums, soferne nämlich die Gruppenbildung auch nach anderen als bloss habituellen Charakteren vorgenommen wird. Da Nitschke seine vielversprechende Arbeit leider nicht über die Anfänge hinausgeführt hat, kenne ich gegenwärtig kein besseres System der *Pyrenomyceten* als wir in Fuckel's „Symbolae" besitzen, welches in vielen Stücken die Theilnahme Nitschke's verräth. Wenn ich nicht irre, ist der dort eingeschlagene Weg, d. i. nämlich die weitere Ausbildung des meisterhaften Fries'schen Systems, der einzig richtige, und den natürlichen Verhältnissen allein entsprechende. Bei dem universellen Charakter des Fuckel'schen Werkes, welches sich über alle Pilze erstreckt, kann das System der *Sphaeriaceen* für sich in den Einzelnheiten nicht jene Vollendung besitzen, welche einer besonderen monographischen Bearbeitung gegenüber der Kritik zukommen müsste um sich zu behaupten. Da es aber eine ganz vorzügliche Grundlage bildet, so wird man zunächst darnach zu streben haben die Materialien für den Ausbau zu vermehren und soweit als thunlich zu ordnen. Mit den nachfolgenden Notizen beabsichtige ich einige kleine ganz anspruchslose Beiträge in dieser Hinsicht zu liefern. Die vielfältig eingestreuten Ansichten über systematische Gruppirungen sind durchweg als hypothetisch zu betrachten und sollen nur ihre Prüfung, Erprobung oder Verwerfung anregen. Es ist in allen auf Beobachtung gegründeten Wissenschaften von grossem Vortheile, wenn irgend eine Hypothese zur Vergleichung vorliegt. Da ich mit besonderer Vorliebe zweifelhafte Formen beschrieben habe, so bin ich auf das Hervortreten anderer Ansichten gefasst, und werde sie mit eben so viel Freude begrüssen als die Zustimmung. Neben den Beschreibungen der verschiedensten Typen dieser Ordnung, wird vielleicht vielen Mycologen jener Abschnitt, welcher sich speciell mit einer bedeutenden Zahl gemeiner, aber ungenau bekannter Arten der Gattung *Pleospora* beschäftigt nicht unerwünscht sein, und ich hoffe, dass fernere Untersuchungen meine diesfälligen Anschauungen meistentheils bestätigen werden. Hauptsächlich für diese Gattung (deren monographische Bearbeitung sehr lohnend wäre) habe ich wenigstens die Beigabe von Sporenzeichnungen für nützlich erachtet, nicht als ob ich der Eigenschaften der Spore ein ausschliessliches Gewicht beilegen wollte, sondern weil vollständige Analysen die Kosten der Herausgabe dieser kleinen Arbeit weit über ihren Werth erhöht hätten. Bezüglich dieser Zeichnungen bemerke ich, dass sie nicht schematisch ausgeführt sind, sondern, dass einer jeden das natürliche Original vorlag. Freilich zeichnete ich solche Formen, welche mir nach Untersuchung einer hinlänglich grossen Anzahl als die normalen gelten konnten.

Die Belege zu den beschriebenen Arten befinden sich mit Ausnahme von *Phoreys Betulae* (Herb. Schroeter) in meiner Sammlung, und ich stelle sie Jedem mit Vergnügen zur Disposition, der die Beschreibungen etwa nach den Originalen prüfen wollte. Sehr viele dieser Species habe ich bereits befreundeten Mycologen mitgetheilt.

Asteroma. Diese Gattung, wie ich sie auffasse — ich glaube entsprechend der gegenwärtig ziemlich allgemeinen Anschauung — charakterisirt durch die nicht in der Rindensubstanz, sondern im Periderm auf derben oft dendritischen Fibrillen nistenden sehr kleinen (mündungslosen?) Perithecien hat auch Schläuche, und zwar bei den zwei folgenden Arten, welche ich ohne Bedenken für die Gattung in Anspruch nehme, ziemlich genau von der Art wie sie von Fuckel und mir für einige Formen von *Ascospora* beschrieben worden sind. *Asteroma* und *Ascospora* würden sich demnach im Wesentlichen nur durch die Fibrillen unterscheiden.

Asteroma melatenum (*Fr.*). *Sph.* melaena Fries S. M. *131.*
Rabenhrst. mel. Auersw. Myc. eur. Hft. 6, S. 16, F. 65. Perithecia
in phyllis olivo depressius sitentis immersecentibus seu dendriticis,
stratim crustosa pseudostromata e fumentibus, valde aggregata, con-
feria, minutissima (vix 80 dmm.) e basi globosa rectae subovoideo
solida seu diluti, atra, ascis cuneato-fusculatis obovatis, vel subsphaeroideis sessilibus 12—15 lys, 9—10 lts., vel 10—12 dmm., sporidiis conce, quas jacetis, cuneatis, rectis, utrimque rotundatis minu-
tissimis, 6—8 lgs. 5 lts., hyalinis 2 — rarius 4 guttulatis. Paraphyses densae.

An dürren Stengeln von *Astragalus glycyphyllos*, *Coronilla varia*
und *Daucus Carota* bei Brünn. Reift wie es scheint im Juni und Juli.

Es scheint mir nicht ganz überflüssig die Beschreibung dieser Art hier
zu wiederholen, da sie von Auerswald nicht besonders glücklich gegeben
ist. Das Habitbild Fig. 65 ist nicht sehr gelungen, aber da es allgemein bekannt ist, so entfällt eine weitere Bemerkung. Die Schläuche
entsprechen im Allgemeinen dem was auch ich gesehen, nur fand ich
sie häufiger noch breiter. Von den Sporen ist nur die mittlere beiläufig
richtig gezeichnet, indem die beiden Linien oben und unten die Grenzen
der an den Polen der Spore befindlichen Tröpfchen sind. Die beiden
anderen falschen Figuren haben Auerswald zur unrichtigen Deutung:
contra medium aseseptata verleitet. Die Spore hat keine Scheide-
wand und zeigt überhaupt wenig den gewöhnlichen Sphaerellensporen.
Dagegen sind Schläuche und Sporen so übereinstimmend mit der folgenden
Pilzoldillation *Asteroma* und so ähnlich jenen von *Ascospora*, dass
man höchstens im Zweifel sein könnte, ob diese Art zur ersteren oder
letzteren Gattung gezählt werden sollte, da die auf grosse Strecken wie
mit schwarzem Austriche überzogenen Stengel das charakterisirende dendritische Auftreten der Fibrillen nicht deutlich erkennen lassen. Letztere
sind jedoch vorhanden, in den jüngeren Stadien, dann oft an den Rand-
partbien auch strahlig, und so wird die Verwandschaft mit den übrigen
Formen von *Asteroma* entschieden grösser, als mit jenen von *Ascospora* sein.

Asteroma Silenes n. sp. Perithecia plerumque epiphylla
in phyllis expositis stupellosum dendritici radiosa, seriata, interdum
oleo-fuscus rotundatus (10 Million, el altra diam.) formantia, minutissima (vix 80 dmm.), globoso-conoidea, adhata nulla, solida, atra;
ascis cuneato-fasciculatis, obovatis sessilibus 10—18 lgs. 10—11 lts.,
sporidiis 5 glyatiis in aseis langius sarpe subsphaeroideis, cuneatis.

168

utrinque obtusis, rectis, 2–4 guttulatis, hyalinis, 9–11 lgs., 3–4 lts.
Paraph. desunt.

An dürren Wurzelblättern von *Silene nutans* bei Strelitz nächst
Brünn. Mai.

Bildet nach Art der schönsten Asteromen dendritische aschgraue
Flecken, welche wie mit dem Pinsel aufgetragen erscheinen. Fibrillen
und Perithecien bilden sich in der Epidermis. In der Schlauchschicht
ist kein wesentlicher Unterschied von der Vorigen, höchstens dass die
Sporen ein wenig grösser sind.

Epicymatia commutata n. sp. Sphaeria epicymatia Wallr.
part (?). *Perithecia superficialia, gregaria, saepe conferta, minutis-*
sima, globoso-conoidea, atra, coriacea, ostiolo vix visibili, ascis rosu-
late-fasciculatis, oblongo-ovatis vel oblongo-lanceolatis, sessilibus 30–
40 lgs., 13–14 lts., sporidiis 8 farctis, cylindraceis vel parum cune-
atis, utrinque obtuse rotundatis, rectis curvatisve quadricellularibus
non constrictis subhyalinis 12 lgs., vix 3 lts. Paraphyses nunc rdlt.

An den Apothecien von *Lecanora subfusca* in den Karpathen.
Juli. (Kalkbrenner.)

Die von **Fuckel** in den Symb. 118 angeführte *Epicymatia vul-*
garis kenne ich nur aus der Beschreibung. Wenn diese der Wirklich-
keit nur einigermassen nahe kommt, muss sie von der obigen verschieden
sein, denn Fuckel bezeichnet die Sporen als *oblongae didymae*, was seinen
Messungen 13–5 entspricht. Hier sind die Sporen cylindrisch oder keilförmig und constant 4zellig, nur im ersten Entwicklungsstadium findet sich
der Nucleus allein in zwei Theile getheilt, wie Aehnliches ja bei allen
vielzelligen Sporen vorkommt. Obgleich Fuckel die „*Sporidia oblonga,*
didyma" in den Gattungscharakter zieht, ist es doch gerathen unsere Art
wegen der übrigen grossen Verwandtschaft auch in die Gattung zu stellen
und darnach deren Diagnose zu modificiren. Uebrigens scheint es mir,
dass die ganze Gattung richtiger in der Nähe von *Ascospora* und *Aste-*
roma untergebracht wäre, als dort, wohin sie Fuckel stellt. Auch
möchte ich fast vermuthen, dass der von mir als *Sphaerella Hentleri*
(in den Beitr. z. Kenntniss d. Pilze 17) auf *Polytrichum* beschriebene
Pilz in naher Verwandtschaft zur selben Gattung steht. Er hat eben
falls äusserst kleine Perithecien, welche bald ganz frei sind, auch ähnliche Schläuche und Sporen.

Zu unserer Art bemerke ich noch, dass Exemplare, welche mir seinerzeit **Auerswald** als *Sphaeria epicymatia* überschickte, völlig der obigen
Beschreibung auch hinsichtlich der Sporen entsprechen. Taf. IV. Fig. 26.

Ceriospora nov. gen. *Perithecia simplicia in corticis paren-chumate nidulantia ostiolo erumpente; asci 8 spori, membrana interna apice plus minus incrassata perforataque, sporidia fusoidea cumbi-tornia vel lunulata uniseptata utrinque mucronata. Paraphyses vel Pseudoparaphyses distinctae sed mox fugaces.*

Den Typus dieser Gattung bildet *Sphaeria ceriospora Duby* in in Rabh. herb. myc. I. Nr. 1937. *Sphaerella ceriospora Ces.* de Not. schem. sfer. 63. Rbh. f. eur. Nr. 1560 bisher nur auf *Humulus Lupulus* beobachtet. Mit Unrecht wurde sie früher als *Sphaerella* eingereiht, denn sie entspricht vielmehr jener Formengruppe, welche vielfältige Analogien zu den *Diaporthen* unter den einfachen *Sphaerien* darstellt, und deren Glieder bei den *Ceratostomeen* im weitesten Sinne, je nach der verschiedenen Auffassung der Autoren untergebracht werden.

In Ansehung der Schläuche und der sehr ausgezeichneten Sporen-form finden auch die hierher gehörigen zwei Arten eine analoge unter *Diaporthe*, nämlich *D. (Sphaeria) bicalcarata (Ces.)* in Rabh. fungi eur. Nr. 1564 an Blattstielen von *Chamaerops humilis*, welche, ab-gesehen von ihrem deutlich entwickelten scharf begrenztem Stroma voll-ständig der ersterwähnten für *Ceriospora* typischen Art entspricht.

Sphaeria ceriospora Db., für welche ich den Namen *Ceriospora Dubyi* vorschlagen würde, ist als *Sphaerella* von Auerswald in der Mycologia europ. Hft. 6, S. 14 insoferne nicht glücklich beschrieben, als er offenbar einen zweiten ganz verschiedenen Pilz mit braunen zelligen Sporen mit verwechselte. An meinen zahlreichen Exemplaren, deren Sporen auslandslos keimten, habe ich nie etwas derartiges bemerkt.

Ich bin in der Lage aus dieser Gattung noch eine zweite Art zu beschreiben:

Ceriospora fuscescens n. sp. Perithecia in maculis fuscis vel fuscescentibus densissime stipata, seriata, concrescentiaque, tecta, serrata (150—200 diam.), globosa, vel matura pressione angulata, fusca, coriaceo-carbonacea, ostiolo papillaeformi per epidermidis rimam erumpente; ascis clavatis vel subtomentalis in stipitem attenuatis, apice valde obtusis, 8 sporis 100—150 lgs., 16—20 lts., sporidiis fusoideis 2—4 stichis, fusoidis vel lunulatis, utrinque mutis, mucronatis, media septalis, non constrictis, hyalinis 30—36 lgs., (exc. mucr.) 7—8 lts.

An dürren Stengeln von *Artemisia vulgaris* bei Voitsberg in Steiermark. August.

Auf ziemlich grossen, oft mehrere Centimeter langen und breiten Flächen ist die Oberfläche, und von hier aus selbst theilweise die Holz- und Marksubstanz braun oder bräunlich gefärbt. In kleinen, 1—2 mm langen Streifen ist die Epidermis aufgetrieben und am Scheitel gespalten. Darunter befinden sich längliche Näschen dicht gehäufter, und mit ein- ander zu einem stromaähnlichem Ganzen verwachsener Perithecien. Man glaubt eine zusammengesetzte *Sphaeria* vor sich zu haben, wie es auch bei einigen namentlich grasbewohnenden *Leptosphaerien* oft den Ansehein hat. Ein wirkliches Stroma habe ich aber nicht nachweisen können. Schläuche, Sporen und Paraphysen sind jenen der *C. Duby* höchst ähnlich, in vegetativer Hinsicht sind jedoch beide ganz ver- verschieden.

Physalospora *nov. gen. e grege Pleosporaceae. Perithecia sim- plicia sub epidermide nidulantia, tecta, vertice vel ostiolo erumpentia; sporidia simplicia (hinc usque dilute colorata) Paraphyses adsunt.*

Umfasst die einzelligen echten *Pleosporeen*.

Physalospora alpestris *n. sp. Perithecia sparsa in ma- trice immutata, tecta, globosa, minutissima 90—120 dmm., fusce- membranacea, ostiolo punctiformi prominulo, glabra; ascis oblongo- clavatis stipite brevi 84—96 lgs, 25—28 lts., sporidiis 8, furcte 2—3 stichis, ovoideo oblongis vel dactyloideis, inaequilateribus, ca- ralisve, utrinque rotundatis, continuis, dilute luteo virescentibus, 22— 26 lgs., 7—9 lts. Paraphyses superantes tenues simplices.*

An Blättern von *Carex sempervirens* bei Prein in Niederösterreich. An *C. alba* bei Villeneuve in der Schweiz.

Lange Zeit, besonders da mir der Pilz zum ersten Male vorkam war ich versucht ihn für eine ganz unreife *Pleospora* zu halten, ob- gleich verschiedene Umstände darauf schliessen liessen, dass die Ent- wicklung schon eine vollständige sei. Später, als ich Exemplare fand mit theilweise resorbirten Schläuchen und keimenden Sporen, konnte ich den Zweifel als beseitigt ansehen. Es zeigt sich denn auch hier wieder recht hübsch, dass die systematischen Typen niederen Grades den mor- phologischen Entwicklungsphasen eines höheren Typus entsprechen. Die Sporen der Gattung *Pleospora* erscheinen im allerersten Stadium ein- zellig, dann meist zweizellig, endlich mehrzellig und erst zuletzt mit Längswänden, welchen Entwicklungsstufen systematisch — also gewisser- massen historisch — die Gattungen *Physalospora, Didymosphaeria* (in meinem Sinne) *Leptosphaeria* und *Pleospora* entsprechen. Die ganze

Verwandtschaft in welche dadurch im wahren Sinne des Wortes diese Gattungen kommen, ist auch ein ziemlich deutlicher Wink gegen jedes rein karpologische System, nach welchem alle Kernpilze mit einzelligen, alle mit zweizelligen Sporen etc., ohne Rücksicht auf die übrigen Umstände in je eine grosse Gruppe vereinigt werden. Ein System in welchem die eben genannten Gattungen nicht in einer Gruppe beisammen stehen, ist gewiss nicht der Natur abgelauscht.

Hinsichtlich unserer Art bemerke ich nur noch, dass beide Aufsammlungen gut übereinstimmen. Die Schweizer Exemplare haben etwas breitere und mehr regelmässige, die österreichischen mehr keilförmige Sporen. *Sphaerella Festucae Auersw.* Mycol. eur. H. 6, S. 16, T. **8**, F. 11. *Sphaerin Fest. Libert* pl. 6r. ord. 246, würde ich nach ihren Herb. s einzelligen Sporen (ich sah ausser den Libert'schen Originalen Exemplare von Westendorp und Schroeter) wohl zu dieser Gattung stellen, wenn nicht in der Verdickung der inneren Membran des Schlauches eine an die *Cucurbitarien* und *Gnomonica* erinnernde Eigenthümlichkeit läge, welche sich bei echten *Pleosporen* niemals findet. Wie Auerswald eine Verwandtschaft mit *Sphaerella* finden konnte ist mir nicht recht begreiflich.

Bei der Durchsuchung vieler Aufsammlungen nach *Leptosphaerien*, über welche Gattung ich mir eine ausführliche Besprechung vorbehalte, finden sich auch zahlreiche *Pleosporen*. Ich habe, um mich selbst vorläufig zu orientiren, versucht, etliche und besonders kritische Formen dieser sehr vernachlässigten Gattung aus einander zu halten und denke, dass die Mittheilung der wesentlichsten Resultate dieser Untersuchung vielleicht nützlich, zum Mindesten anregend sein, und eine systematische Revision der Gattung vorbereiten könnte. Eine vollständige Bearbeitung war nicht beabsichtigt und ich habe deshalb eine Menge ganz charakteristischer Species fortgelassen, weil sie ohnehin anderwärts gut genug beschrieben sind, habe vielmehr unbekannte, ungenügend beschriebene und schwankende Formen, besonders solche ausgewählt, welche besonders häufig vorkommen. Hinsichtlich der Merkmale welche ich aufgesucht habe um die Arten zu unterscheiden, möge Folgendes bemerkt werden: Die Untersuchung eines grossartigen Materiales aus der nahestehenden Gattung *Leptosphaeria* hat mir gezeigt, dass bei den Sporen die Anzahl der Querwände oder der Zellen mit wenigen Ausnahmen für eine Art constant und charakteristisch ist. Ich habe diesem Punkte auch bei *Pleosporen* nachgeforscht, und habe gefunden, dass, mit geringen Schwankungen, diese Beständigkeit auch hier vorhanden ist, so dass man nebst manchen

anderen oft undeutlich hervortretenden Eigenthümlichkeiten zunächst
diese leicht zu erkennende berücksichtigen wird. Hinsichtlich der Längstheilung ist vor Allem zu erwähnen, dass eigentlich „mauerförmige"
Sporen, in dem Sinne wie „Voll auf Fug'" selten zu finden sind. Den
Charakter der Längstheilung erkennt man zunächst am Besten an jener
Gruppe von Formen, bei welchen ich die Längstheilung *sepimentis in
longitudine imperfectis* bezeichnet habe.

In diesem Falle sind nämlich nur einige Zellen, oft ist nur eine
durch eine Längswand getheilt, welche bei einzelnen Sporen auch ganz
fehlt *). Da dies in der Regel bei solchen Arten vorkommt, welche
schmälere verlängerte Sporen besitzen, so ergibt sich hieraus der An-
schluss an *Leptosphaeria*. Aber auch das Auftreten solcher einzelner
Längswände ist charakteristisch und kann, wenn man von der entsprechenden Form auch nur wenige Proben untersucht, nicht übersehen
werden. In einem höheren Stadium durchzieht die Längswand die ganze
Spore entweder mit Ausnahme der Endzellen, oder auch diese. Fast
durchwegs tritt dies in der Art auf, dass die Längstheilung der an-
stossenden Zelle gewissermassen die Fortsetzung jener der vorigen bildet,
wobei jedoch Brechungen der Richtung und seitliche Verschiebungen
nicht seltene Ausnahmen bilden. In diesem Sinne ist es zu verstehen,
wenn ich die Spore als der Länge nach einmal septirt bezeichne. In
der höheren Entwicklung des Typus treten die Längswände zahlreicher
auf, sie durchziehen die Spore entweder ebenfalls mehr oder weniger
ununterbrochen oder mit Auslassung einiger Zellen. Gewöhnlich sind
dann in den mittleren Zellen mehr, in den polaren weniger Theilungen
d. h. die durchlaufenden Theilungslinien setzten sich mehr oder weniger
weit fort. Die eigentlich mauerförmige Theilung entsteht durch Unter-
brechung und Verschiebung der Wände, und bildet bei den meisten Arten
wohl die Ausnahme.

Die entstehende Spore erscheint fast durchweg nur in dem allerersten Stadium einzellig, sehr bald bildet sich die erste Quertheilung,
welche bei vielen einschlägigen Arten bis in den höchsten Reifezustand
dadurch charakteristisch bleibt, dass sie die tiefste Einschnürung, somit
eine Hauptabtheilung des Umrisses mit sich bringt. Es ist für die

*) Man darf indessen nicht vergessen, dass wenn, wie es bei manchen Formen
oft der Fall zu sein scheint, die Theilungsfläche nur nach einer Richtung
geht, man sie nicht gewahr wird, sobald man senkrecht darauf sieht, diese
Wenden erscheinen Sporen, an welchen man früher keine Längstheilung gesehen
hat oft getheilt.

Sporenform und entsprechend für die Art fast immer bezeichnend, ob diese Haupttheilung in der Mitte oder mehr gegen ein Ende liegt. Das Letztere ist meist der Fall bei den keulenförmigen Sporen, wo sie sich in der Regel aber der Mitte findet und unterhalb der breitesten Zelle. Bei *Pl. domartina* ist das Hauptseptum stets unterhalb der Mitte. Der ersten Quertheilung folgen die weiteren, und Längstheilungen nach, jedoch durchaus nicht in der Weise, dass sich zuerst alle Querwände, dann erst die Längswände bilden. Bei der sehr gemeinen *Pl. vulgaris* folgt zumeist, wenn nicht immer, nach der Viertheilung der Spore die Längswand, dann erst die Sechstheilung. Dasselbe gilt bei vielen anderen Arten mit complicirter getheilten Sporen, bei welchen oft noch im weit fortgeschrittenen Stadium secundäre Querwände entstehen. Dass sich bei unvollkommener Theilung der Länge nach die Wände am häufigsten in den breitesten Zellen bilden zeigt eine natürliche Tendenz; es spricht sich aber dabei doch immerhin ein genereller Typus aus, denn es gibt bei *Leptosphaeria* eingereihte Arten mit sehr breiten Sporen, welche in keinem Stadium eine Längstheilung zeigen.

Viel häufiger noch als die Sporen von *Leptosphaeria* zeigen jene von *Pleospora* dunkle Färbung. Insbesonders bei den alpinen Arten, welche niedrige und lange vom Schnee bedeckte Pflanzen bewohnen, wird die Sporenmembran zuletzt durchaus opak, selbst brüchig, wobei häufig eine Gallertzone auftritt. Analog besitzen auch die wenigen mir bekanten alpinen *Leptosphaerien* oft besonders dunkel gefärbte Sporen. Mit Rücksicht auf anderweitige analoge Beobachtungen scheint es mir, als ob die Vegetation auf Substraten, welche während der Entwicklungsperiode des Pilzes bereits in Verwesung überzugehen beginnen der Bildung schwarzsporiger Arten besonders günstig wäre.

Bei manchen Arten zeigt die Sporenmembran, besonders wenn sie dunkel gefärbt ist, feine, dicht stehende Längsstreifen oder Rippen. Diese Eigenthümlichkeit, könnte in vielen Fällen leicht übersehen, oder als zufällig erklärt werden, wenn sie nicht bei einigen Arten so besonders ausgezeichnet hervorträte. Aehnliches gilt bei verwandten Gattungen noch in ausgeprägterem Maasse. So haben z. B. *Lophiostoma virubarium* Cooke (d. i. *L. macrostomum* F. Areris Westdp. Die Identität mit der Cooke'schen Art ist unzweifelhaft, obgleich in der Beschreibung der Letzteren von diesem charakteristischen Merkmale nicht erwähnt ist) dann eine, alpine *Carices* und *Festuca*-Arten bewohnende *Leptosphaeria*, Sporen, an welchen diese Streifung sehr auffallend hervortritt.

Die Arten von *Pleospora* scheinen grösstentheils sehr substratvag zu sein. Für den grösseren Theil der im Folgenden beschriebenen Arten

konnte ich Beispiele des Vorkommens auf verschiedenen Pflanzen nachweisen, und wo es nicht der Fall ist, wird sich dies häufig noch herausstellen. Es kann wohl zugegeben werden, dass Einige vielleicht noch
als Collectivspecies zu betrachten sind, dies gilt aber nicht für so charakteristische Formen wie *P. coronata, oblongata, dura, Vackeliana* etc.,
welche Jeder auf den ersten Blick wieder erkennt, und die alle an eine
besondere Pflanze nicht gebunden sind.

Von manchen Autoren wird die Bekleidung der Perithecien mit
Borsten, welche oft ein zierliches Büschelchen am Scheitel darstellen, als
ein mehr oder weniger zufälliges Merkmal betrachtet, im Allgemeinen
sehr mit Unrecht. Diese starren Hyphen, mögen sie nun als Conidien-
träger fungiren oder nicht, sind vielmehr stets sehr charakteristisch und
die Eigenthümlichkeit ist stets nachweisbar, auch wenn einzelne Perithecien in sehr vorgerückter Entwicklung kahl geworden sind. Soviel habe
ich wenigstens aus der Untersuchung vieler Hunderter von Ansamm-
lungen entnommen. Dagegen kommt derlei bei den *Leptosphaerien* fast
ausnahmslos nicht vor. Umgekehrt findet sich an nicht wenigen Arten
der letzteren bei kahlen Perithecien eine mikroskopisch zerfaserte Mündung, oder ein Auswachsen der die Substanz der Mündung bildenden
Hyphen in dicht zusammengepresste Borsten, welche für sich makros-
kopisch nicht zu erkennen sind (z. B. an *Lept. modesta* etc.). Dasselbe
fand ich nur an *Pleosp. coronata* und *hispidula*.

Da ich die bisher in den unsichersten Grenzen gehaltene *Pleosp.
herbarum* in einem mehr bestimmten Sinne auffasse, war es natürlich
nothwendig ihre Beschreibung in diesem Sinne hier auch anzunehmen.

Die hier angeführten Formen sind im Wesentlichen in zwei Gruppen
gebracht, je nachdem sich ihre Sporen mehr dem Typus von *Leptosphaeria* nähern, oder mehr die Eiform zeigen. In beiden sind jene mit
kahlen und behaarten Perithecien geschieden. Da ich hier keine über
alle oder auch nur den grössten Theil der Arten erstreckte Untersuchung
liefere, macht diese Gliederung nicht den Anspruch als die natürlichste
zu gelten, und soll vorläufig nur zur leichteren Uebersicht dienen.

   a) Perithecia basi paulum fibrillosa, ceterum **g l a b r a**, sporidia
      e l o n g a t a , c l a v a t a , o b l o n g a v e l s u b c y l i n d r a c e a
      sepimentis in longitudine plerumque imperfectis seu tantum in
      loculo uno alterove.

   Diese Gruppe schliesst sich zunächst an *Leptosphaeria*.

   Pleospora vagans *n. sp.* Perithecia sparsa vel seriata
depresse **globosa**, atro-fusca submembranacea, ostiolo papilliformi conico

ascis clavatis vel oblonge clavatis stipite **brevi, 8 sporsis**, *sporidiis distichis, ex oblongo clavato-fusoideis,* **rectis curvatisve** *cymbiformibus, transverse 5 septatis, in longitudine imperfecte* **1 septatis,** *lutescentibus mellis.*

Auf verschiedenen **Gräsern nicht selten.**

Folgende Abänderungen wären zu unterscheiden.

a) arenaria. Matrix vix nutata vel purpurava fuscescens. Perithecia sanguinia vix erumpentia (250—270 diam.) ostiolo **conico** *crassiusculo,* **apice** *retuso perforatoque, ascis amplis 115—120* **lgs.,** *21—23 lts., sporidiis clavato-fusoideis, inferne attenuatis, rectis,* **loculo** *tertio paulum* **protuberante, 27—30 lgs., 9—10 lts., mellis.** *Paraphyses mollae, valde superne* **articulatae ramosae.**

An *Elymus arenarius* bei Berlin.

Die Schläuche 5—6 mal so lang als breit. Die Sporen sind **meist** ganz **gerade** und auch ziemlich gleichseitig. Längswände finden sich in den mittleren 3—4 Zellen. Die Einschnürung ist unter der 3. Zelle **am stärksten.**

b) pusilla. Matrix haud mutata. Perithecia minuta (150 —180 diam.) ostiolo papillaeformi vel subpapilaeformi; ascis oblongis vel oblongo-clavatis, 60—80 **lgs.,** *18—20 lts, 8 sporis; sporidiis brevis fusoideo-oblongis, vel solidclavatis a loculo tertio protuberante, utrinque obtusis semper inaequilateralibus, plerumque paulo curvatis non cymbiformibus, septis nullis in longitudine paucis, 22—24 lgs., 8 —9 lts., luteescentibus.* **Paraphyses parum** *superantes articulatae vix ramosae.*

An *Calamagrostis silvatica* bei Graz und Berlin. **September.**

Ist charakterisirt durch kurze Schläuche, welche nur 3—4 mal so lang als breit sind, kürzere ungleichseitige oder ein wenig gekrümmte Sporen und die sehr sparsame Längstheilung, welche sich meist nur in 1—2 Zellen, in manchen Sporen auch gar nicht findet. Im letzteren Falle haben Schläuche und Sporen (letztere abgesehen von den 5 Wänden) grosse Aehnlichkeit mit jenen von *Leptosphaeria culmorum,* mit welcher sie sicher oft verwechselt wird. Doch findet man in jedem Perithecium immer leicht Sporen mit deutlich entwickelter Längstheilung.

c) Airae. Matrix saepe paulum fuscescens. Perithecia interdum gregaria **vel seriata, vertice erumpentia, majuscula (220—250**

diam.) ostiolo papillaeformi; *ascis clavatis 75 -90 lgs., 16 18 lts.,*
sporidiis ut in praecedente 21 26 lgs., 8 lts. Paraphyses sparse
ramulosae.

An *Aira* caespit. bei Leipzig (Winter, als *Lept.* euthomum).

Pleosp. vagans ist in diesem Umfange wahrscheinlich eine Collectivspecies, namentlich ist die Form *a)* von den beiden anderen ziemlich
verschieden. Ich würde bei der Theilung jene auf *Calamagrostis* als
die typische betrachten.

Taf. IV. Fig. 1. *a) var. arenaria, b) var. pusilla.*

Pleospora coronata n. sp.

Perithecia sub epidermide haud
mutata plus minus gregaria, depresse *globosa* demum interdum fere
concava, atra, coriacea, 250 350 diam., basi fibrillosa, ceterum
glabra, ostiolo prominulo papillaeformi quasi pertrito, *seu; fasciculo*
setarum microscopico coronato; setae breves 50 60 lgae., dense ste-
patae penicillatae, inferne subopacae superne *fere diaphanae.* Asci
clavati stipite brevi turgido 60 100 lg., 13 18 lti., 8 sp., sporidiis *furcte 2 3 stichis, clavatis, parum curvatis,* vel inaequilateralibus,
6 8 (plerumque 7) *transverse* septatis constrictisque, septimentis
sparsis in longitudine, luteis, melleis vel subfuscidulis, 22 27 lgs.
7 9 lts. *Paraphyses* superautes simplices *guttulatae.*

Sehr gemein an dürren Stengeln verschiedener Pflanzen. Ich fand
sie bisher an *Cychorium Intybus,* Centaurea Scabiosa und Jacea,
Achillea Millefolium, Artemisia campestris, Echium vulgare, Echinos-
permum deflex., *Linaria* genistifol., Farsetia, Galium verum, Reseda
lutea, Atriplex tatarica; aber auch an *Vitis vinifera,* durch das ganze
Jahr, doch zumeist im Sommer.

Von allen mir bekannten Arten ist diese durch den Borstenbesatz
an der Mündung mikroskopisch leicht zu unterscheiden. Dieser hat
einen ganz anderen Charakter als die Behaarung des Scheitels der
Perithecien und der Mündung wie sie sonst häufig vorkommt, es ist
gleichsam eine in einen Pinsel aufgelöste Mündung, und es kann diese
Eigenthümlichkeit mit der Loupe nicht erkannt werden. Je nach den
Standorts-Verhältnissen, insbesonders dem Feuchtigkeitsgrad sind die
Elemente dieses Pinsels steife dunkle convergirende Borsten, oder
weichere, an der Spitze gebogene heller gefärbte Fasern. Doch sind
immer deutliche Uebergänge zu finden. Dieser Borstenbesatz fällt
nicht ab, ausser mit dem Scheitel des Peritheciums selbst, und ist
wenn man ihn einmal kennt, leicht nachweisbar. Ich mache desshalb

darauf anfmerksam, dass sich Gleiches auch an der so gemeinen all-
bekannten *Leptosphaeria modesta* *(Desm.)* *(L. Ciliostii Ces et de Not.)*
findet. Als ich meine „Beiträge z. Kenntn. etc." verfasste war mir
dies unbekannt, da kein Autor diese Eigenthümlichkeit erwähnt und so
kam es, dass ich auf dieselbe hin meine *Leptosphaeria setosa* aufstellte
(Beiträge etc. S. 28). Später fand ich an den Original-Exemplaren
Desmaziéres, sowie an allen anderen mit diesen übereinstimmenden
die gleiche Borstenkrone, und es ist *L. setosa* ohneweiters mit *L. modesta* zu vereinigen. Unter den *Leptosphaerien* gibt es noch etliche
Arten an welchen ich dieses Merkmal später erkannte, so *L. spectabilis*
Nsst. *(L. Penicillus Sacc.)* vielleicht nur eine grosse Form von *L. modesta*, *L. megalospora Auctd. et Nsst.* u. A. Unsere *Pleospora* zeigt
auf den verschiedenen Substraten ziemlich gleiches Verhalten, mit kleinen
Variationen in der Länge der Schläuche und Sporen. Die mittlere Länge
der ersteren ist 70—90, der letzteren 24—25. Die Sporen sind anfangs in der Regel nur 5mal quergetheilt, aber durch sekundäre Wände
theilen sich die grösseren Zellen, gewöhnlich später noch. Die Längstheilung ist unvollkommen, d. h. in manchen Zellen fehlend.

Hierher gehören auch ganz sicher die 4 zelligen oft kreuzweise
getheilten *Stylosporen*, welche Fuckel (Symb. II. Nachtr. p. 24) zu
*Leptosphaeria Artemisiae (Pleosp. helminthospora Fckl. nec Sph.
helminthospora Ces.)* zieht. Sie finden sich auch auf *Achillea* etc.

Taf. IV. Fig 2.

Pleospora oblongata n. sp. Perithecia in matrice hand
nidula sparsa, subsidiosa basi applanata sterilibus externum glabra,
250 diam., depressa, atra, coriacea, ostiolo papillaeforme vel late conico,
brevi; ascis cylindrace-clavatis, interdum subcylindraceis, stipite
brevi, 8 sporis 72—90 lgs., 11—14 lts., sporidiis distichis (rarius per
ascorum extensionem submonostichis) cylindrace-oblongis, vel subcylindraceis, fere semper rectis, atrinque sphaerice-rotundatis 5
(rarius 4) transverse septatis constrictisque, loculo uno altero in longitudine diviso, quarto vel textio plerumque inflato, e melleis fusidulis,
15—19 lgs., 5—7 lts. Paraphyses superantes articulatae simplices.

An dürren Stengeln von *Linum gallicum* aus Frankreich, von
Galium verum bei Brünn und an Hülsen von *Oxytropis pilosa* bei
Znaim. Frühling.

Anf diesen verschiedenen Substraten kommt die durch fast walzen-
förmige Sporen ausgezeichnete Art ohne irgend erheblichen Veränderungen
vor. Der obigen Beschreibung ist nichts weiter beizufügen, als dass

auch hier, wie bei allen Arten mit unvollkommener Längstheilung der
Sporen, diese hin und wieder auch ganz mangelt, wodurch die Annäherung
zum Typus der Leptosphaerien entsteht.

Taf. IV. Fig. 3.

Pleospora Bardanae n. sp. Leptosph. clivensis in Rabh.
fungi eur. 247, non Sph. clivensis Brkl. Br. Perithecia in matrice
fuscescente vel denigrata sparsa, *tecta*, demum apice erumpentia, hemisphaerica, parum depressa, mapuscula (250—300 dimm.) atra, coriacea,
basi pilis fuscis repentibus saepe conidiophoris instructis ceterum glabris, ostiolo **brevi** conico; *ascis* subcylindraceis, *infima* plus minus
elongatis, tabulosis, 75—111 lgs., 15—17 lts., *sporidiis* 8, initio
juvelis, demum late distichis postremum pleramque monostichis, oblongis, inaequilateralibus curvalise, superne obtuse rotundatis inferne
attenuatis obliquisque, *transverse* 3 septatis *et constrictis*, septumeto
in longitudine uno, imperfecto saepe nullo, *17—22 lgs.*, 8—9 lts.,
lateraliibus vel mollis. *Paraphyses superantes, articulatae,* ramosae.

Au Lappa bei Leipzig (Delitsch).

Namentlich durch die Form und unvollkommene Theilung der Sporen
zeichnet sich diese von Verwandten aus. Indem die Spore oben breit
abgerundet, unten dagegen schief verschmälert ist nähert sie sich etwas
der Keulenform. Bei ganz normal entwickelten Sporen ist die Längstheilung in den beiden mittleren Zellen, oder in einer von beiden vorhanden, fehlt aber auch manchmal ganz. Sehr verschiedene Dinge sind
schon als *Sph. clivensis Bkl. et Br.* ausgegeben worden. Vorliegende
Art ist unter diesem Namen sicher nicht gemeint, da dort die Spore
als dunkelbraun und ohne Längswände bezeichnet wird.

Taf. IV. Fig. 4.

Pleospora dura n. sp. Perithecia in matrice haud nudata
vel interdum nigrescente, gregaria, saepe *conferta*, in parenchymati
corticis interioris nidulantia, *tecta*, hemisphaerica, seu planous basi
fibrillosa applanata, parum depressa, dura coriacea reumgana collapsa,
ampla (0.1—0.5 Milllm.) atra, ostiolo granulato, cylindrico, brevi
obtuso, integro, brevi, late perforata; ascis elongato-clavatis in stipitem
attenuatis 120—150 *lgs.*, 15—17 *lts.*, sporidiis 8, jacule 2—3 stichis
clavatis, rectis, inaequilateralibus, curvalise, inferne attenuatis, utrinque rotundatis, transverse pluriseptatis (pleraumque 7—9) supra medium
valde constrictis, in longitudine imperfecte uniseptatis, 24—30 lgs.
8—9 *lts.*, saturale mellis demum *subfuscis*. Paraphyses parum superantes, latae, articulatae, ramosae.

An *Melilotus alba* bei Eisleben (Kunze), *Echium vulgare* und
Galium verum bei Brünn. Mai September.

Die beschriebenen Eigenschaften treten auf den verschiedenen Substraten ganz in gleicher Weise ohne irgend wesentlichen Abänderungen
zu Tage, nämlich: Die grossen festen Perithecien mit kurzer breiter,
abgestutzt cylindrischer kahler Mündung, die gestreckt kenlenförmigen
Schläuche mit meist ziemlich langem Stiel und die kenligen vieltheiligen
Sporen mit sparsamen Längswänden, wodurch eine Aehnlichkeit mit
Leptosphaeria entsteht. In Ansehung der Schläuche und Sporen könnte
sie bloss mit *Pl. coronata* verwechselt werden, von welcher sie sich
jedoch durch die glatte, nicht zerfaserte Mündung ohne Borsten- oder
Flockenbüschel, überdies auch durch die grossen festen Perithecien leicht
und mit Sicherheit unterscheiden lässt.

b) Perithecia setigera, sporidia clavata vel clavate-ob-
longa sepimentis in longitudine saepe imperfectis.

Pleospora setigera n. sp. Perithecia in matrice nigricante
plus minus gregaria, tecta demum erumpentia, angusciula (250—
300 diam.) initio hemisphaerica seu subglobosa basi applanata, mox
collabescentia fere concava, umbilicata, ostiolo papillaeformi, atra,
coriacea, setis rigidis utris instructis, basi pilis laxis longisque ra-
mosis concoloribus obsita; ascis cylindraceo-clavatis stipite brevi
8 sporis 90—120 lgs., 11—14 lls., sporidiis distichis fusoideo- vel
oblongo-clavatis, plerumque parum curvatis utrinque rotundatis 4—5
transverse septatis, in longitudine imperfecte muriseptatis, constrictis,
tertia secunda vel tertio paulo inflata, saturate melleis demum fusci-
datis 22—30 lgs., 8—10 lls. Paraphyses parum superantes latae,
articulatae ramosae.

An dürren Stengeln von *Silene Otites, Centaurea Scabiosa* und
Galium verum, Satria verticillata, sowie an einjährigen Trieben von
Ribes Grossularia bei Brünn vom April bis September.

Die Perithecien dieser Art sind so ziemlich an der ganzen Oberfläche bekleidet, an der Basis mit langen kriechenden Haaren, nach aufwärts mit steifen einfachen Borsten, welche im Alter manchmal abfallen.
Bei der auf *Ribes* vorkommenden Form sind die Borsten sehr sparsam,
sonst aber immer zahlreich und deutlich. Die Sporen sind so charakteristisch, dass sie die Art immer leicht erkennen lassen. Gewöhnlich
ist die 3. und 4. Zelle der Länge nach getheilt, seltener erstreckt sich
die Längswand noch weiter. Häufig fehlt sie auch ganz. In diesem

Falle erinnert der Pilz der Beschreibung nach an die vielgedeutete
Sphaeria clivensis, welche jedoch kahle, fast doppelt so grosse Perithecien und ganz dunkelbraune Sporen hat.

Aeusserlich ist unsere Art Original-Exemplaren der *Sphaeria
echinella Cooke* ähnlich, ich muss aber gestehen, dass ich nicht recht
weiss, was von dieser Art zu halten ist, da die Original-Diagnose
(Handb. p. 906) und die Exsiccaten des Autors in den brit. fungi 267
und Rabh. fungi eur. 1135 alle mit einander nicht übereinstimmen.
Am ersteren Orte werden die Sporen als einreihig 3 septirt bezeichnet
mit der Bemerkung, dass sie jenen der *Sph. putris pyrins* ähnlich seien.
Von einer Längswand ist nicht die Rede. In den brit. fungi sind die
Sporen eiförmig 16—17 lang, 6—8 breit, 3 septirt und die zweite
Zelle ist durch eine Längswand getheilt. Mit den Sporen von *Sph.
putris pyrius* haben sie wenig Aehnlichkeit. In den fungi europ. liegt
ein Exemplar mit ellypsoidischen Sporen wie bei *Pl. vulgaris* und durch-
laufender Längstheilung, in jeder Hinsicht von ganz anderem Charakter.
Eine zufällige Beimengung ist dies kaum, da auf dem Zettel auch richtig
die Bemerkung „*Sporidia muriformia*" steht, was der Original-Diagnose
widerspricht. Die zahlreichen auf *Chenopodiaceen* vorkommenden *Pleosporen* mögen diese Verwirrung verschuldet haben. Ich vermuthe, dass
der Beschreibung im „Handb." ein Exemplar von *Sphaeria calvescens*
zu Grunde lag. Wenigstens ist das Fehlen dieser gemeinen Art im
Cooke'schen Werke auffallend. Der Name *Pleospora echinella* könnte
auf den Pilz in den brit. fungi übertragen werden, welchen der Autor
ohnehin auch citirt, obwohl er freilich zur Beschreibung nicht passt.

Von allen hier erwähnten Formen unterscheidet sich unser Pilz
durch die länglich keulenförmigen 1—5 quergetheilten Sporen.

Die Art scheint ziemlich gemein und nur bisher oft übersehen
worden zu sein.

Taf. IV. Fig. 5.

Pleospora nivalis n. sp. Perithecia in *matrice parum dein-
grata gregaria, saepe stipata, erumpentia, mox libera, majuscula
(0.5 mm. fere aequantia) subglobosa paulum depressa, ostiolo minutissimo, umbilicata sed nunquam collapsa, duriuscula, coriacea, atra,
pilosa; pili concolores interne laxi, superne rimuli elegantissime ra-
diatim divergentes; ascis valde elongatis, angustis, sublabialis,
130—160 lgs., 11—17 lts., stipite brevi, sporidiis 8 distincte obliqui
monostichis, clavato-oblongis ab parum superiore parum prodaberan-
tem, plerumque rectis sed saepe inaequilateralibus, utrinque acutius*

culis vel aculis, transverse (muluris) 7 septatis medio valde constricts, septmenta in longitudine una serpe impartita, 22 26 lgs., 9 10 lts., saturate mellec deminte subfuscis. Paraphyses parum superantes tenellae articulatae ramulosae.

An *Alsine sedoides* im Engadin (Burnat).

Die Perithecien dieser Art gehören zu den grössten der Gattung, was im Hinblick auf die zarte Substratpflanze ganz eigenthümlich ist. Sie treten denn auch sehr bald aus der Epidermis hervor und erscheinen dann frei aufsitzend, allseitig behaart, am flachgedrückten Scheitel mit horizontal divergirenden oder fast zurückgekrümmten Borsten. Die Schläuche sind langgestreckt und schmal, die Sporen typisch einreihig, und ebenfalls verhältnissmässig schmal, zuerst 5 mal und zuletzt 7 mal quergetheilt mit einer, gewöhnlich kaum die ganze Spore durchlaufenden Längswand. Sie sind in der Mitte ziemlich stark eingeschnürt, an den Enden meist spitzlich, von dunkel honigbrauner oder sattbrauner Farbe, an meinen Exemplaren aber niemals schwarzbraun und opak.

Wegen der auffallend grossen Perithecien könnte sie mit keiner der hier beschriebenen alpinen Arten verwechselt werden, dagegen ohne Vergleichung allenfalls mit *P. hispida*. Doch hat letztere, abgesehen von den später schüsselförmig zusammenfallenden Perithecien typisch zweireihige Schläuche, welche dem entsprechend breiter und kürzer sind, breitere stumpfe Sporen mit 2 Längswänden.

Taf. IV. Fig. 19.

c) Perithecia basi fibrillosa ceterum glabra, sporidia ovata, oblonge-ovata, ellipsoidea vel parum cymbiformia.

Perithecia exigua, plerumque totum innata, ostiolo minutissimo.

Pleospora microspora n. sp. Perithecia disseminata in *mollior una dealbata uns conrescula, innata, subslobosa, exima trix (ut dum.) satmembranacea, atrofusca, basi fibrillosa, ostiola punctiformi prominulo; ascis subcylindraceis vel parum rostratis, stipite brevi 68 70 lgs., 12 13 lts. sporis, sporidiis laete distichis varius per ocenum extensonem obliqui monostichis oblongo-ovatis, subinaequilateralibus, plerumque inaequilate osillum, transverse 3 septatis donum interdum septmorlis secundariis 5 divisis, constrictusque, loccata secunda parum inflata, locula medius in localibus 1 septatis, e mello fuscidulis, episporio tenuissime striolo plicata. Paraphyses copiosae parum superantes sparse ramulosae.*

Pycnidia disseminata, seriata, subglobosa fusca-atra membrana-cea, ostiolo punctiformi; macrostylosporis ovato-oblongis vel subpyri-formibus 13 15 lgs., 7 lts., transverse 3 septatis nonnunquam in longitudine divisis, fuscis.

Auf dürren Halmen und Scheiden von *Phragmites* bei Eisgrub in Mähren.

Die Pycniden wachsen gesellig mit den schlauchführenden Peri-thecien und gehören ganz sicher dazu.

Diese wäre zunächst mit *Pl. infectoria Fckl.* zu vergleichen, unterscheidet sich aber abgesehen von den angegebenen mikroskopischen Merkmalen schon durch andere Wachsthumsverhältnisse. Auf dem aus-gebleichten Substrate erscheinen die kleinen durchbrechenden Mundungen als ausgesäte schwarze Pünktchen. Die für *Pl. infectoria* ziemlich charakteristische bräunliche Färbung ist nicht vorhanden, der Habitus ist vielmehr der einer auf *Phragmites* sehr gemeinen, vor der Hand namenlosen*) *Leptosphaeria* mit spindelförmigen 4 zelligen Sporen.

Die Streifung der Sporenmembran ist zwar undeutlich und leicht zu übersehen, in einem gewissen Stadium jedoch ganz bestimmt.

Taf. IV. Fig. 7.

Pleospora Andropogi n. sp. Perithecia in matrice haud undula sparsa, tecta, minuta (150 — 170 diam.) depresse globosa, glabra, atro-fusca, membranacea, ostiolo punctiformi erumpentia; ascis clavato-oblongis superne late rotundatis, stipitatis, 90 96 lgs. (stip. 6 8), 24 27 lts. 8sporis; sporidiis laxe distichis, oblique ovoideis seu in-aequilateralibus, utrinque rotundatis media constrictis, transverse 3 sep-tatis localis mediis in longitudine 1 septatis, 18 21 lgs., 10 12 lts., luridis. Paraphyses supernceis simplices vel laxe ramosae, guttulatae.

Pycnidia gregaria, tecta, depressa, haud ostiolata, submembranacea 200 diam., atro-fusca, stylosporis cylindraceo-oblongis rectis, utrinque rotundatis, media septatis, non constrictis 1 nucleatis, melleis 18 21 lgs., 4 lts.

An *Andropogon Allionii* bei Meran.

Von den grasbewohnenden Arten, mit ähnlich gestalteten Sporen, z. B. *Pl. infectoria Fckl.* und Verwandten, unterscheidet sich diese Art durch die kastanienbraune Färbung und geringe Theilung derselben;

---

*) Diese *Leptosph.* hat Auerswald allerdings mit dem Namen *L. perpusilla Duv.* versehen im Tauschvereine ausgegeben, aber nicht beschrieben. Die *Sphaeria perpusilla Desm.* ist jedoch etwas ganz Anderes.

auch sind die Schläuche auffallend breit. Die Zusammengehörigkeit der Pycniden mit der Schlauchform ist hier zweifellos. Erstere sind grösser aber von zarterer Substanz als die Perithecien.

Taf. IV. Fig. 6.

Pleospora pyrenaica n. sp. Perithecia in matrice canescente sparsa, tecla, demum erumpentia, subglobosa, minuta (160—190 diam.) atra, membranaceo-coriacea, glabra, nitida, ostiolo papillaeformi; ascis oblongis, stipite brevi 60—70 lgs., 15—17 lts., sporidiis 8, distichis, oronteis, obtuse rotundatis, sed inferne partim alternatis, transverse 4, in longitudine 1-septatis, atro fuscis, episporio subopaco obscure striata 18—20 lgs., 10 lts. Paraphyses perсporum superantes simplices guttulatae.

An dürren Blättern von *Draba tomentosa* aus den Hochpyrenäen.

An den kleinen Schläuchen und Sporen, welch' letztere eine zart gestreifte Membran besitzen leicht zu erkennen. Die Anzahl der Quertheilungen ist constant 4. Gewöhnlich durchzieht nur die mittleren Zellen eine Längswand.

Taf. IV. Fig. 8.

Pleospora donacina (Fries?) Sphaeria donacina Fries sec. Castagne. Perithecia in matrice expallide vel canescente disseminata, parenchymate innata, perexigua (150—200) subglobosa, atra, coriaceo-membranacea, glabriuscula, ostiolo papillaeformi distincto erumpente; ascis late claratis stipite brevi, 8 sporis 105—140 lgs., 21—24 lts., sporidiis semper distichis, oblique oblongis, inaequilateralibus vel parum aequibiformibus, colore dilata e virescente lutea, transverse 5—6, in longitudine 1—2 septatis, infra medium ralde constrictis, 26—29 lgs., 10—11 lts., membrana diaphana. Paraphyses parum superantes confertae subconfluae simplices vel sparse ramulosae.

An Blättern von *Arundo Donax bei Marseille* (Castagne).

Ob dies wirklich die Fries'sche Sphaeria donacina ist, vermag ich nicht zu entscheiden, da ich keine Original-Exemplare kenne. Die Habitusbeschreibung passt begreiflicher Weise noch auf eine Menge anderer rohrbewohnender Arten. Castagne hatte sie unter obigem Namen in seinem Herbar, aus welchem ich sie durch Lenormand erhielt. Die Sporen der Art sind recht charakteristisch. Sie zeichnen sich durch ihre helle grünlichgelbe Färbung, dann durch die Eigenthümlichkeit aus, dass die einzelnen Theile des Inhaltes durch ungewöhnlich grosse Zwischenräume (dicke Wände?) getrennt sind. Auch ist ganz charakteristisch, dass sich die Haupteinschnürung constant unterhalb der Mitte befindet. Die obere breitere Hälfte ist also auch ein wenig länger als die untere. Gewöhnlich sind die Zellen der unteren Parthie der Länge nach nur einmal, jene ober der Mitte oft auch zweimal getheilt. Doch finden sich manche Abweichungen. Im Vergleiche zu anderen Arten ist auch die farblose Membran bezeichnend.

Taf. IV. Fig. 9.

Pleospora punctiformis n. sp. *Perithecia in matrice vix nadula sparsa vel approximata, minutissima, globosa, demum collapsa (100—120 diam.) membranacea, atra, glabra, ostiolo exiguo; ascis oblonge-clavatis stipite brevi abrupto, 80—100 lgs., 21—24 lts., 8 sporis, sporidiis distincte distichis, oblongis, paulum curvulis, seu parum cymbiformibus, transverse 7 septatis constrictisque, in longitudine plerumque sepimento uno subpercurrente rarius 2, loculo quarto paulo inflato, ladiis, epesporio tenuissime obscure striato, 23—25 lgs., 9—11 lts. Paraphyses superantes latae, articulatae simplices vel sparse ramosae.*

An Blättern von *Brachypodium pinnatum*. Prag.

Ist der *Pl. discors* äusserlich zwar ähnlich, jedoch durch die ganz anders gestalteten Sporen leicht zu unterscheiden. Diese sind nämlich oblong und nicht eiförmig, meist gekrümmt, die obere Hälfte ist nicht wesentlich anders gestaltet, als die untere, nur das die 4. Zelle etwas breiter ist, und die Einschnürung in der Mitte ist kaum stärker als an den anderen Scheidewänden. Die sehr feine Streifung der kastanienbraun gefärbten Membran wird man nur bei einiger Uebung und sehr scharfer Einstellung bemerken.

Pl. discors hat Sporen wie sie Taf. IV. Fig. 11a für *P. herbarum* abgebildet sind. Man vergleiche damit Fig. 10.

Pleospora discors *(Montgn.) Ces. de Not. schem. sfer. 11. Sphaeria discors Montgn. fl. Alger. I. 539. Sylloge 243. Perithecia sparsa in matrice vix nudata, pleramque epiphylla, globosa exigua (100—120 diam.) fragile coriacea vel membranacea, basi fibrillosa, ceterum glabra, tecta, demum cortice erumpentia, ostiolo mox punctiformi mox papillaeformi; ascis paucissimis, amplis, ex oblongo subclavatis, stipite brevi obrupto, curvato, 8 sporis, 120—140 lgs., 27—32 lts., sporidiis luxe distichis interdum submonostichis, oblonge-ovoideis, seu parte inferiori oblonga subaequali, superiori ovoideo-inflato, utrinque obtuse rotundatis, rectis vel inaequilateralibus, medio valde* *constrictis, transverse 7 septatis, in longitudine 1—4 divisis, e mellco faseidatis vel subfuscis, 27—35 lgs., 13—16 lts., plerumque (an semper?) strato gelatinoso cinctis; episporio saepe tenuissime obscure striato. Parapbyses fugaces, stipatae.*

An den Blättern verschiedener Carex-Arten, wie es scheint besonders in den Alpen. Mit verschiedenen kleinen Abänderungen liegen mir Exemplare vor, auf *Carex alpestris* von Neuchâtel und Nancy, *C. firma* bei Bozen, aber auch an *C. nitida* bei Wien und *C. arenaria* bei Hermanville (Calvados) von Roberge als *Sph. herbarum*. Einige vom gewöhnlichen Typus mehr abweichende Formen werde ich später anführen.

Als die eigentlich typische Form muss zunächst jene auf *Carex alpestris (ggpodasis)* bezeichnet werden, auf welchem Substrat sie Montagne selbst aus Algier erhielt. Sie scheint darauf überhaupt gar nicht selten, und nur bisher übersehen worden zu sein. Von *P. herbarum* unterscheidet sie sich im Wesentlichen eigentlich nur durch die in der Regel fast punktförmigen zarten Perithecien, die unbedeutenden Mündungen und die, wie es scheint im reifsten Zustande etwas dunkleren Sporen. Die Gallertzone um die Sporen findet sich zuweilen bei *Pl. herbarum* (z. B. ziemlich beständig bei der Form auf *Rumex*) auch, besonders an noch nicht ganz ausgereiften.

Auf *Carex nitida* sind die Mündungen deutlich konisch und hervorbrechend, die Sporen etwas schlanker, nach abwärts etwas mehr verschmälert als bei jener auf *C. alpestris*, wo die untere Hälfte oblong oder fast cylindrisch ist. Auch hat die Sporenmembran eine sehr undeutliche feine Streifung.

Noch mehr abweichende Formen sind:

var. b) valesiaca. Peritheciis fere duplo majoribus 170—210 diam., ostiolo brevi cylindrico, sporidiis magis elongatis 33—40 lgs., 13—14 lts., plus minus attenuatis, medio minus constrictis, colore mellco, minus saturata.

An *Carex hispidula* bei Zermatt (Favrat).

Also durch die längeren und verhältnissmässig schmäleren (Verhältniss $\frac{3}{1}$) an beiden Enden mehr verjüngten Sporen, mit weniger scharf abgesetzten und vortretenden Obertheil verschieden. An den einzelnen Querwänden sind fast ebenso starke Einschnürungen als in der Mitte. Die Färbung ist lichter. Die Schläuche erreichen bei 120—135 Länge eine Breite von 40—45, und die Sporen liegen sehr locker, oft zu dreien nebeneinander. Ich möchte sie unbedenklich als Art anführen, wenn sich an verschiedenen Aufsammlungen diese Eigenthümlichkeiten als constant herausstellen würden.

var. c) microspora. *Perithecius basi pilis paucis, strictis; ascis sporidiisque minoribus.* Asci 90 105 lgi., 18 – 21 lti., spor. 21 24 lgi., 10 12 lti.

An *Carex aterrima* vom Grossglockner.

Auch hier gilt die oben gemachte Bemerkung. Das mir vorliegende Material besteht nur aus einigen Blättern.

Wahrscheinlich ist demnach, dass von den im Vorstehenden angeführten Substratformen bei sorgfältiger weiterer Beobachtung sich die Eine oder Andere wird gut abtrennen lassen. Dagegen scheint mit der typischen ziemlich genau zusammen zu fallen: *Pl. heterospora* de Not. sfer. ital. Nr. 81. T. 81. 1 6 auf *Carex foetida* vom Mont Cenis. Die dort vom Autor als Ausnahmen angeführten mitunter doppelt so grossen Sporen in denselben Perithecien, kann man fast bei allen *Pleosporen* beobachten, besonders in Schläuchen wo wenige zur Entwicklung gelangten. Sie verrathen sich eben immer als Abnormität.

Pleospora socialis Nssl. et **Kunze** n. sp. *Perithecia dense gregaria vel caespitosa sub epidermide turgida maculiformi fuscata nidulantia, depresse globosa, minuta (200 diam.) atra, membranaceo-coriacea, basi fibrillosa,* ecterum *glabra, ostiolo papillaeformi; ascis* valde elongatis, *clavato-cylindraceis, subclabatosis in stipitem attenuatis,* 8-sporis, 140- 160 lgs 12 14 lts., *sporidiis monostichis, oblongis vel ellipsoideis,* utrinque late rotundatis, plerumque rectis, transverse 5-septatis constrictisque, septimento in longitudine uno, 18 – 25 lgs, 9 11 lts., pallide aureis vel luteis, membrana dilute colorata. Paraphyses haud superantes latae, articulatae, ramosae.

An dürren Schäften von *Allium Cepa* bei Eisleben (Kunze), in Gesellschaft von *Pl. herbarum Allii,* von der sie indess auf den ersten Blick schon habituell leicht zu unterscheiden ist. Auf 1 3 Millim. grossen Flecken ist die Epidermis durch ein darin und unterhalb nistendes derbes Hyphengeflecht gebräunt oder geschwärzt und ein wenig aufgetrieben. Die Perithecien sind dicht gehäuft, bedeckt; nur die Mündungen bohren sich ein wenig durch. Die Schläuche sind sehr lang gestreckt, die Sporen haben viele Aehnlichkeit mit jenen von *Pl. vulgaris,* mit der diese Art überhaupt bis auf den Habitus Vieles gemein hat. Noch mehr verwandt ist sie mit der grasbewohnenden *Pl. infectoria*

Fett, und könnte je nach der Auffassung auch als eine Substratform von dieser gehalten werden. Bei der letzterwähnten stehen jedoch die Perithecien entweder einzeln ganz zerstreut, oder einige wenige neben einander in einer Reihe und reissen dann bei weiterer Entwicklung die Epidermis spaltenförmig auf. Uebrigens sind auch die Sporen bei *Pl. infectoria* gewöhnlich mehr schmutzig honigbraun, bei der hier beschriebenen hingegen ziemlich rein gelb oder hell goldfarben.

Perithecia minuta majuscula, coriacea, ostiolo crassiusculo, papillaeformi vel subconico, erumpentia.

Pleospora vulgaris n. sp. *Perithecia sparsa in matrice haud mutata vel fuscescente sub epidermide nidulantia, depresse globosa basi applanata, mox collabescentia, minuta (250 diam.) glabra, basi fibrillosa, atro-fusca, brunne coriacea, ostiolo papillaeformi; ascis subcylindraceis, cylindraceo-clavatis vel subclavatis in stipitem attenuatis 80—110 lgs., 10—15 lts., sporidiis 8, plerumque monostichis vel versus asci apicem laxe distichis, vel maxime distichis, ovali-ellipsoideis, obtuse rotundatis, plerumque parum inaequilateralibus 15—21 lgs., 8—10 lts., transverse 5 septatis constrictisque, maxime medio, loculis 1 mediis in longitudine 1 septatis, loculis ultimis plerumque mitioris, olivaceo-fuscescentibus vel saturate melleis, demum saepe fuscidulis. Paraphyses supra curtae, articulatae simplices vel sparse ramosae.*

a) monosticha. Asci elongati, tubulosi 110—140 lgs., sporidia monosticha vel versus apicem laxe disticha.

An *Solanum tuberosum, Eryngium odoratum, Anrostemma Githago, Dianthus Armeria, Verbascum, Alliaria, Arabis sagittata* bei Brünn. *Pleospora herbarum forma Rumicis* in Rabh. F. eur. 1332 aus *Rumex Acetosa* Stralsund (Fischer) stellt in meinen Exemplaren der Mehrzahl nach diesen Pilz dar. Freilich kommt die Rumexform der echten *Pl. herbarum* auch zerstreut darauf vor.

b) disticha. Asci breves, clavati 75—90 lgi., sporidia disticha.

Auf *Galium Aparine, verum* und *Mollugo, Lappa major, Rumex sanguineus* bei Brünn, *Eryngium campestre* bei Treviso (Saccardo). Diese sehr gemeine Art unterscheidet sich von *P. herbarum* durch die nur 5 mal quergetheilten doppelt so kleinen Sporen und die schmalen Schläuche mikroskopisch auf den ersten Blick, und selbst äusserlich schon

durch die bedeutend kleineren Perithecien. Sie entwickelt sich gewöhnlich etwas früher als *Pl. herbarum*, mit welcher sie sich sehr oft auf
demselben Substrat findet. In diesem Falle sind bei Eintritt der Sporen-
reife der *Pl. vulgaris* die Schläuche der *Pl. herbarum* gewöhnlich noch
wenig entwickelt. Irgend einen Uebergang von einer zur anderen habe
ich bei dem häufigen geselligen Vorkommen nie bemerkt, und es ist
die Vorstehende von *Pl. herbarum* sicher verschieden, jedoch wahrscheinlich noch eine Collectivspecies.

Was die beiden Formen mit ein- und zweireihigen Schläuchen
betrifft, so stellen sie sich in einzelnen Fällen zwar sehr exact heraus,
in vielen anderen bleibt man im Zweifel, ob nicht später eine Verlängerung der Schläuche noch stattfinden mag. Charakteristisch ist z. B.,
dass die Form auf *Rumex Acetosa* stets nur einreihige, jene auf *R. sanguineus* nur zweireihige Sporen und demgemäss sehr kurze Schläuche hat.
Auf *Galium verum* fand ich aber zweifelhafte Mittelstadien.

Taf. IV. Fig. 11.

Pleospora media n. sp. *Perithecia in matrice vix nidula
vel paulum denigrata plus minus gregaria, tecta, depresse globosa demum collapsa, fusco atra, coriacea, dariuscula (250—300 diam.)
ostiolo papillacformi, basi fibrillosa, ceterum glabra; ascis oblongo-
clavatis sporidiis distichis, interdum per extensionem clavatis vel sub-
tubulosis, spar. fere monostichis, stipite brevi* 80 — 100 *lgs., 15 — 18
lts., sporidiis oblonge- vel ellipsoideo-ovatis, rectis, inaequilateralibus
utrinque late rotundatis, transverse 5 septatis, medio plus minusve
constrictis, sepimento in longitudine uno, percurrente, 18 — 23 lgo.,*
10 — 11 *lts., ex aureo fuscis. Paraphyses articulatae simplices vel
sparse ramosae.*

An *Galium Mollugo* und *verum*, *Echium vulgare* und *Ballota
nigra* bei Brünn. Juni — September.

Diese Art hat die dunkeln Sporen von *P. phaeocomes* und die
kahlen Perithecien von *P. vulgaris*. Von der Ersteren ist sie deshalb
bei einiger Uebung leicht, schwieriger dagegen von jenen Formen der
Letzteren zu unterscheiden, bei welchen die Sporen zumeist zweireihig
im Schlauche liegen. Kennt man aber einmal beide, so wird man sie
nicht wieder verwechseln. Während die Farbe der Sporen bei *P. vulgaris* manchmal aus dem honiggelben in's bräunliche geht, sind diese
hier zuletzt schön dunkel kastanienbraun, auch etwas grösser, namentlich breiter, und sehr gedrängt in den kurzen breiten Schläuchen. Die
Längstheilung der Spore ist kräftiger entwickelt, und geht oft durch

beide Endzellen, was bei *P. vulgaris* fast nie der Fall ist. Die Perithecien sind meist ein wenig grösser und fester als bei *P. vulgaris.*
Taf. IV. Fig. 12.

Pleospora herbarum Rabh. emend. *Perithecia plerumque
disseminata, sparsa vel interdum approximata in matrice haud mutata epidermide tecta denique liberata, depresse globosa basi applanata
majuscula (250—450 diam.) mox collabescentia plana vel concava,
umbilicata, praeter basin ..., plus minus fibrillosa, glabra, atra,
coriacea, ostiolo papillaeformi vel conico, retuso, rarius paulum elongato; ascis initio subovatis denum ex oblongo clavatis, stipitatis, 8 sporis
90—165 (plurimis 120—150) lgs., 24—40 (plerumque 27—30) lts.;
sporidiis distichis, ovato-oblongis seu parte superiori plus minus ovoideo
inflato, parte inferiori oblongo, utrinque obtuse rotundatis rarius superne paulum attenuatis, 7 transverse septatis constrictisque, maxime
ovalis, 2—3 septatis in longitudine, luteis, subaureis, plerumque e
... fuscedulis vel subfuscis et fuliginosis, membrana diaphana num-
... opaca, 24—40 (pler. 27—35) lgs., 12—16 (pler. 13—15) lts.
Paraphyses parum superantes latae, articulatae simplices rarius ramosae.*

Auf dürren Stengeln der verschiedensten dicotyledonen Pflanzen,
auch an Blättern der Bäume und Sträuche sehr gemein und unter normalen Verhältnissen gewöhnlich gegen Ende des Frühlings reifend.

Mancherlei Abänderungen lassen sich unterscheiden aber kaum
begrenzen. Gewöhnlich sind die Perithecien gross (350—450), aber
auf zarten Pflanzen, z. B. an *Arenaria serpillif., Linum catharticum*
etc. oder selbst auf feinen Theilen krautiger Pflanzen oft viel kleiner,
(manchmal selbst unter 200). Die später flache, oft concave Form ist
Allen eigenthümlich. Die in der Jugend eiförmig oder oblong angelegten
Schläuche verlängern sich später in's keulenförmige. Das gewöhnliche
Verhältniss ist, dass die Schläuche 4—5mal so lang als breit sind.
Die normale Anordnung der Sporen ist zweireihig. Ausnahmsweise durch
besondere Streckung der Schläuche, kommt auch die einreihige Lage vor.
In der Form der Sporen lassen sich hauptsächlich zwei, durch viele
Abstufungen verbundene Extreme unterscheiden. Eine gedrungene, verhältnissmässig breitere (etwa 2mal so lang als breit), mit sehr breit
abgerundeten Polen und ziemlich stark vorspringendem Obertheil, welche
so ziemlich die normale ist, dann die mehr verlängerte schlankere (2½
oder fast 3mal so lang als breit), wobei das obere Ende minder stumpf
und der Obertheil von dem unteren weniger stark abgesetzt ist, welche

sich an *Lychnis, Dianthus, Pisum* etc meist vorherrschend findet. Doch
kommen beide Sporenformen nach Umständen auch in einem Perithecium
vor. Die gewöhnliche Farbe ist satt honiggelb, also braungelb bis in
bräunliche, aber nie dunkel- oder kastanienbraune. Grünlichgelbe, gelbe
oder hell goldfarbige Sporen fand ich an *Glaucium, Medicago* und *Ra-
pistrum*. Es waren aber in allen diesen Fällen überwinterte, offenbar
schon im vorigen Herbst gereifte Exemplare.

Eine von den gewöhnlichen Abänderungen ziemlich abweichende
Form fand sich auf *Clematis Vitalba*, mit meist sehr kurzen eiförmigen
Schläuchen (60—90) und zuletzt dunkel gefärbten Sporen. Auch finden
sich an der Oberfläche des Perithecium mehr oder weniger zerstreut
oder dicht stehende Fibrillen.

Pleospora Armeria (Corda) unterscheidet sich, so viel ich finden
konnte nur durch etwas breitere Sporen, (15—18) und Schläuche (15).
Doch werden letztere durch Strekung später auch schmäler. Dagegen
hat *Pl. Pisi (Sow.)* wieder schlankere Sporen. Die gleichen finden sich
auf *Vicia Faba, Lychnis* etc. Beide Arten wüsste ich von *Pl. herb.*
in der obigen Begrenzung kaum zu unterscheiden. Dasselbe gilt aber
auch von *Pl. Asparagi* und *Allii (Rabh.)*. Erstere hat die schlankere
Sporenform, letztere die gedrungene, auch ist bei dieser die Farbe eine
hell goldgelbe. Auf Taf. IV. Fig. 14 sind unter a und b die beiden
erwähnten Extreme der Sporenform dargestellt.

Pleospora Anthyllidis *Auersw.* im Tauschverein. *Perithecia
in matrice immutata vel dealbata sparsa, tecta, demum vertice erumpentia, majuscula (300—400 diam.) hemisphaerica, interdum subdepressa, atra, glabra, coriacea, ostiolo conico, brevi; ascis oblongo-
clavatis stipite brevi curvato, 120—150 lgs., 30—33 lts., sporidiis
distichis, ovato-oblongis, seu oblongis parte superiori acute-inflato, recta
vel parum inaequilateralibus utrinque obtuse rotundatis, transverse
pluri- (13—15) septatis, sepimentis in longitudine 3—4, 30—38 lgs.,
13—18 lts., atrofuscis subopacis. Paraphyses superantes, crassae
articulatae moniliformes.*

An dürren Stengeln von *Anthyllis montana* Pena de Oroel in Spanien (Willkomm), Mont saléve bei Genf (Rosa Masson im helvetischen
Tauschverein) und Wien (N.) Alle im Juni zur Blüthezeit der Substratpflanze.

Dies ist eine der wenigen Arten unserer Gattung, welche mit den
beschriebenen höchst auszeichnenden Merkmalen bisher stets nur auf
derselben Unterlage, und an weit von einander entfernten Lokalitäten

ohne erheblichen Abänderungen gefunden worden. Zu den breiten Schläuchen und den vieltheiligen schwarzbraunen fast undurchsichtigen Sporen gesellt sich noch eine merkwürdige Eigenthümlichkeit. Die sehr breiten robusten Paraphysen vorwachsen oberhalb den Schläuchen und bilden dort ein zusammenhängendes zelliges Stratum, wie das Receptaculum einer *Dis-comycen*, welches sich wahrscheinlich erst im höchsten Reifezustand auflöst.

Taf. IV. Fig. 13.

Pleospora rubicunda n. sp. Perithecia in parenchymate rubro tincto plus minus gregaria, epidermide tecta, demum vertice erumpentia hemisphaerica, paulum depressa sed numquam collapsa, angusculta (350 dmm.) atra, glabra, dure coriacea, ostiolo crasso, conico retuso, perjacata: ascis claralis, stipite brevi 110–160 lgs., 18–22 lts., sporidiis 8, versus asci apicem distichis, inferne monostichis inter-dum per ascorum extenuorum submonostichis ex ovate-oblongo cymbi-formibus, utrinque attenuatis, dilute-ochraceis, transverse 10–11 sep-tatis constrictisque, septimatis in longitudine 2–3, melleis, 30–33 lgs., 11–13 lts. Paraphyses nullae, valde superantes, articulatae laxe ramosae.

An dürren Stengeln von *Sambucus Ebulus* bei Brünn. September.

Auf verschieden grossen Strecken ist die Rinde und zuweilen selbst die Holzsubstanz hellpurpurn gefärbt, und zwar unbegrenzt, verwaschen, wie bei *Raphidophora rubella* und einigen *Leptosphaerien*. Die Peri-thecien sind von derber Substanz, mit deutlich konischer, abgestutzter, glatter und kahler Mündung, welche einen ziemlich weiten Porus hat. Die Sporen, im Umrisse ungleichseitig, meist gekrümmt und kahnförmig, sind gewöhnlich oder der Mitte etwas verbreitert. Im Habitus ist sie der *Pl. dura* ein wenig ähnlich, hinsichtlich der Sporen jedoch ganz verschieden. Von schmalsporigen Formen der *Pl. herbarum* unterscheidet sie sich schon äusserlich durch die Wachsthumsverhältnisse und Peri-thecien, überdies durch die grössere Zahl der Querwände in der Spore.

Taf. IV. Fig. 15.

d) Perithecia setigera vel vertice saltem fasciculo setarum instructa, sporidia ovata, oblongo ovata vel ellipsoidea.

Pleospora helvetica n. sp. Perithecia sparsa, tecta, in matrice immutata, minuta (180–200) hemisphaerica, atra, sub-membranacea basi pilosa, vertice erumpente pilis rigidis concolo-ribus

instructa, ostiolo papillaeformi; ascis clavatis, stipitalis 90—120 lgs.,
18—21 lts., sporidiis 8, distichis, oblongo-ovatis, plerumque obtuse
rotundatis sed interdum superne parum acutiusculis rectis vel haud
inaequilateralibus, transverse 7 septulis, septimentis in longitudine 1—2,
media valde constrictis, atrofuscis episporio demum subopaco, 21—24
lgs., 9—11 lts. Paraphyses parum superantes apice ramulosae.

An dürren Stengeln von *Androsace Chamaejasme* aus den Berner
Alpen und solchen von *Artemisia spicata* auf dem Gross-Venediger.

Diese Art kommt der *Pl. phaeocomes* nahe, unterscheidet sich
aber bestimmt durch die stets 7 mal quer-, und auch der Länge nach
mehr als einmal getheilten Sporen. Mit *Pl. hispida* kann sie wegen
der ganz anderen Perithecien nicht verwechselt werden.

Taf. IV. Fig. 18.

Pleospora hispidula n. sp. Perithecia sparsa in matrice
vix mutata, tecta, globosa, exigua (100—130 diam.) coriaceo-membranacea, atra, basi fibrillosa, vertice setis rigidis, sparsis, rectis atris
(15 circa lgs.) instructa, ostiolo minutissimo papillaeformi fimbriato
vel penicillato; ascis multis, oblongo-clavatis 90—95 lgs., 18—22 lts.,
stipite brevi curvato, 8 sporis, sporidiis forete distichis, elongato-ovoi-
deis, utrinque obtuse rotundatis, plerumque rectis 24—29 lgs., 11
12 lts., transverse 7 septatis, media non valde constrictis, in longitudine 1—3 septatis, atro-fuscis, episporio tenuissime obscure striato.
Paraphyses distinctae, multae, superantes, laxe ramulosae.

An *Carex ustulata*: Valée des baignes, Schweiz.

Von *Pl. discors* und *punctiformis* leicht zu unterscheiden durch
die am Scheitel der Perithecien stehenden vereinzelten Borsten und die
gefranzte Mündung, von der ersteren überdiess noch durch die anders
geformten ganz schwarzbraunen Sporen. Die untere Sporenhälfte bildet
nämlich mehr die Verlängerung der obern und letztere ist minder auf-
geblasen und von der untern abgesetzt als bei *Pl. discors*. Während
ich bei *Pl. discors* in der Regel nur sehr wenig Schläuche in jedem
Perithecium fand, sind hier ihrer viele, 20, und mehr.

Pleospora phaeocomes Ces. de Not. schem. sfer. 11.
Sphaeria phaeoc. Berk. et Br. brit. fung. Nr. 207. Perithecia sparsa
in matrice haud mutata vel parum denigrata sub epidermide nidulantia demum saepe libera, depresse-globosa, mox collapsa, media
magnitudine (250 diam.) atra, coriacea, basi valde fibrillosa, versus
apicem setigera. Setae nunc divergentes nunc connatae, rigidae, sim-

plices opacae atrae; ascis *clavatis dein* *clavato-cylindraceis* *8-sporis,*
stipite *brevi,* 75—115 *lgs.,* *15—18 lts., sporidiis initio distichis de-*
mum *plerumque* *oblique monostichis,* *oblongo- vel ellipsoideo-ovatis,*
rectis, interdum inaequilateralibus, utrinque *late rotundatis,* *trans-*
verse 5-septatis, medio plus *minus constrictis, sepimento in longitudine*
uno percurrente, ex aureo *saturate fuscis infima subaequale* 18—21 *lgs.,*
11 lts. Paraphyses sparse *ramosae.*

An abgeschnittenen Ranken von *Vitis vinifera* bei Brünn von
Mai—Juni gemein. An *Libanotis montana* bei Voitsberg, *Seseli glaucum*
bei Brünn, *Pastinaca* und *Peucedanum* bei Graz im August.

Wie fast alle *Pleosporen* kommt auch diese auf verschiedenen
Pflanzenarten vor. Während *Vitis* das Originalsubstrat ist, von welchem
sie die berühmten englischen Autoren zuerst beschrieben, fand ich sie
ausserdem und ganz unverändert auf *Umbelliferen*, welche sie ganz besonders zu lieben scheint. Es ist eine recht hübsche, durch den Haar-
schopf und die dunkeln kleinen Sporen recht ausgezeichnete Art.

An *Salsola Kali* sowie an *Atriplex* und *Chenopodium*-Arten findet
sich eine sehr ähnliche mit etwas heller gefärbten Sporen. Ob sie auch
hierher gehört, oder etwa mit *Pl. Penicillus* Fckl., welche ich nicht
aus Autopsie kenne näher verwandt ist, will ich vorläufig nach dem mir
vorliegenden zu geringem Materiale nicht entscheiden. *Pl. Salsolae* Fckl.
ist jedoch eine ganz andere, meiner Meinung nach zu *Pl. herbarum*
gehörige Form.

Als Bild der Sporenform kann auch jenes von *Pl. media* dienen.

Pleospora hispida n. sp. *Perithecia gregaria in matrice*
inserente vel canescente sub epidermide *subdilatata vertice erumpen-*
tia, depresso-globosa collabescentia, ab ostiolo papillaeformi umbilicata,
minuscula (300—350 diam.) atra, coriacea, basi fibrillosa, superne
ceteris sparsis brevibus rigidis simplicibus atris instructa; ascis oblongo-
clavatis stipite brevi, 8-sporis, 90—130 *lgs.,* 18—22 *lts., sporidiis*
distichis, interdum per *extensionem ascorum submonostichis, oblongo-*
ovatis rectis vel inaequilateralibus, rotundatis, vel superne parum
acutioratis, transverse 7-septatis, medio constrictis, in longitudine
1—2 septatis 21—27 *lgs.,* 10—13 *lts., fuscis. Paraphyses sparse*
ramosae.

Auf dürren Stengeln von *Artemisia vulgaris* bei Brünn. An
einer *Umbellifere* bei Graz. September.

Abgesehen von den Grössenverhältnissen ist diese von *Pl. phaeo-*
comes auch noch leicht durch die constant mit 7 Querwänden versehenen

und auch der Länge nach mehr getheilten Sporen verschieden. Sie verhält sich zu ihr ungefähr wie *Pl. herbarum* zu *Pl. vulgaris.*

Taf. IV. Fig. 17.

Pleospora Fuckeliana. *Pl. Androsaces Fckl. fungi rhen.*
Nr. 2650. Symb. 3. Nachtr. 19. *Perithecia sparsa in matrice nummulata nidulantia densae vertice erumpentia, minuta (150—200 diam.)* *subglobosa, coriaceo-membranacea, atra, ostiolo papillaeformi exiguo, setis rigidis divergentibus, crassis, simplicibus ornata; ascis amplissimis ovato-oblongis stipite brevissime 110—116 lgs., 36—54 lts., sporidiis 8. grandiusculis, initio farcte 3—4 stichis, demum distichis, ovato-pyriformibus superne late rotundatis, inferne attenuatis, inaequialiteralibus, rectis, interdum inaequilateralibus, media paulo vel vix constrictis, transverse 7—9 septatis, septimentis in longitudine 1—3, atro fuscis demum subopacis, episporio tenuissime ruguloso, fragili. 38—45 lgs., 21—25 lts.*

An alpinen *Androsace*-Arten zuerst von Fuckel gefunden. An *Silene acaulis* bei Bozen (Hausmann in Dr. Winter's Herbar, mit *Leptosph. Hausmanniana Auersw.*).

Das Vorkommen auf *Silene* ist genau dasselbe, wie auf *Androsace*. Auch auf den Exemplaren in den Fungi rhen. konnte ich die oben beschriebenen Schläuche auffinden. Da überdies auf *Androsace* noch andere *Pleosporen* vorkommen, habe ich mir erlaubt den Namen zu ändern.

Die Schläuche sind in der ersten Anlage sehr breit und kaum doppelt so lang, fast eiförmig; die Sporen liegen dicht zusammengeballt zu 3—4 nebeneinander. Oft bleibt dies unverändert, häufiger jedoch strecken sich die Schläuche, werden schmäler und die Sporen liegen dann zweireihig. Die Form der letzteren ist sehr ausgezeichnet die eines nach unten stark zugespitzten Eies mit geringer Einschnürung in der Mitte, so dass die untere Hälfte von der obern wenig abgesetzt ist. Wie gewöhnlich, laufen die Längswände nicht ganz durch, so dass sich deren in den mittleren Zellen 2—3, in den äussersten nur eine befindet. Die ziemlich derbe Sporenmembran zeigt sehr feine Runzeln und wird endlich so undurchsichtig, dass die Structur der Spore nicht mehr erkennbar ist. Die Sporen gehören zu den grössten und namentlich breitesten der Gattung.

Saccardo vereinigt (N. G. bot. ital. VII 309) die *Pl. Androsaces Fckl.* mit der von mir früher beschriebenen *Pl. comata Auersw. et Nssl.* (Beiträge etc. 30). Diese Anschauung kann ich nicht im entferntesten theilen. Nicht nur, dass die Sporen von *Pl. comata* eine andere, beiläufig dem Typus von *Pl. herbarum* entsprechende Gestalt

andere Structur (zu den anfänglich vorhandenen 7—9 Querwänden kommen
später secundäre Septa, so dass ihrer zuletzt 11—13 und noch mehr
sind) und Membran besitzen, ist auch ihre Entwicklung in den Schläuchen
ganz verschieden. Sie sind vom Anfang an zweireihig, wie bei *Pl. herbarum*, angelegt und zwar sehr locker, oft schief und hin und wieder
zuletzt fast einreihig. Interessant wäre es auch zu wissen, wohin die
von Saccardo gleichfalls bei *Pl. comata* untergebrachten Formen auf
Arenaria, *Arabis* und *Silene alpestris* gehören.

Taf. IV. Fig. 16.

e) Perithecia setigera, sporidia oblonga, rhomboidea fusoidea vel
lanceolata.

Pleospora phaeospora (Duby) *Ces. et de Not. schema s[..]
44 — Sphaeria phaeosp. Duby in Rabh. herb. Mycol. ed. II. 1931.
Pl. Venzinus Sacc. Nuovo giornale bot. VII, 208. Perithecia sparsa,
in matrice haud [..]data vel plus minus denigrata erumpentia, subglobosa, atra, minuta (150—200 diam.) submembranacea, basi phae-
losa, superne setis nigris rigidis divergentibus instructa, ostiolo exiguo;
ascis initio ovato oblongis denum saepe oblonge-clavatis, amplis stipite
brevi abrupto, 60—110 lgs., 20—30 lts., sporidiis 8 e rhomboideo
fusoideis vel lanceolatis, rectis, curvatisve, utrinque plerumque plus
minus attenuatis, transverse 7—, in longitudine 2—4 septatis, atro
fuscis, membrana intima subopaca subfragili, 27—42 lgs., 13—15 lts.
Paraphyses paucae superantis tenuitae simplices.*

*a) megalospora sporidiis elongatis fusoideo-lanceolatis acutis,
plerumque curvatis medio haud vel vix constrictis, 30—42 lgs., 13—
15 lts..*

Von Duby auf einem *Sempervivum* am Mont-Cenis, von mir selbst
auf *Tucchinia lanceolata* in Tirol gesammelt. Völlig übereinstimmend
auf beiden Substraten.

*b) brachyspora sporidiis abbreviatis rhomboideo-fusoideis, saepe
oblasiusculis, plerumque rectis, medio constrictis, 27—34 lgs., 13—
15 lts.*

Von Venzo auf *Tucchinia lanceolata* (teste Saccardo) in Italien,
von mir auf *Arenaria ciliata* aus der Schweiz und Steiermark gefunden.

Vergleicht man die Figuren (Taf. IV, 20), welche die Sporenform
von *a* und *b* darstellen, so möchte man wohl geneigt sein beiden Formen

13a*

ebensogut eine specifische Geltung beizumessen als vielen anderen. Aber
zwischen diesen Typen finden Uebergänge statt, welche eine strengere
Scheidung sehr erschweren. Auffallend ist wohl, dass die Form α
auf zwei so verschiedenen Substraten im Allgemeinen nahezu constant
bleibt, andererseits ist es mir nach der sehr genauen Beschreibung
Saccardo's unzweifelhaft, dass seine *Pl. Venzianae*, ebenfalls auf *Pla-
chinia*, auch hieher gehöre, und diese ist kurzsporig. Die beiden Aufsammlungen von *Arenaria* zeigen an den Sporen eine Eigenthümlichkeit,
welche sich bei manchen namentlich alpinen Formen mehr oder minder
ausgeprägt findet, nämlich eine äusserst feine Punktirung und Streifung
der übrigens sehr derben Membran, welche bei Behandlung mit Reagen-
tien etwas deutlicher wird. Da ich derartiges bei den anderen Proben
nicht bemerkte will ich sie der weitern Aufmerksamkeit empfehlen, und
möchte nur bemerken, dass Jeder, dem die Durchsicht eines grösseren
Phanerogamenherbars möglich ist, mit einiger Sicherheit darauf rechnen
kann an einem oder dem anderen Rasen der genannten *Arenaria* unsere
Form aufzufinden.

Schliesslich noch die Bemerkung, dass es mir zweifelhaft erscheint,
ob dieser Pilz nicht vielleicht die *Venturia Dianthi* de Not. sfer. II.
Nr. 82 darstelle. Dass diese eine *Pleospora*, ist ganz sicher. In der
Beschreibung stimmt Manches mit der Art Duby's überein, die Sporenform streng genommen nicht durchweg, und die Theilung derselben, wenn
Fig. 9 nicht bloss schematisch gezeichnet ist noch weniger, da die
Zeichnung 10 Querwände erkennen lässt was hier nie vorkommt. Da
übrigens de Notaris ohnehin auch eine *Pl. Dianthi* beschrieben hat
so könnte die Bezeichnung von Duby für alle Fälle beibehalten werden.

Lasiosphaeria **gracilis** n. sp. Perithecia superspeciosa in
strata tenuissime fibrillosa effusa insidentia, globosa, membranacea, atra
fusca, minuta (150—180), setis rigidis divergentibus diametro perith.
subaequantibus ornata, ostiolo haud visibili, ascis anguste-clavatis
vix stipitatis, flexuosis, 110—150 las., 9—10 lts., sporulis 8, paral-
lele stipatis, filiformibus, tenuissimis, fere ascorum longitudine, crassitis.
2 lts., flexuosis vel involutis, obscure multiseptatis guttulatisque, subhyalinis. Paraphyses superantes tenuissimae ramulosae.

An stark faulenden Blättern von *Iris Pseud'Acorus* bei Brünn
und bei Rastatt in Baden (Dr. Schroeter) Juni, Juli.

Die braune Hyphenschichte, auf welcher sich die Perithecien bilden,
ist ganz oberflächlich, oft weit verbreitet, manchmal undeutlich, sich
sehr zart, einem leichten Anfluge vergleichbar, doch ganz ausgezeichnet

und sie lasst sich selbst von der Epidermis abziehen. Dies und die ganz freie Bildung der Perithecien lassen nicht den geringsten Zweifel, dass der Pilz, trotz einiger Aehnlichkeit der Sporen, nicht zu *Rhaphidophora* gehöre, sondern in die obige Gattung, wenn man ihm nicht wegen der zarten Perithecien einen gesonderten Platz anweisen will. Letztere sind überall dicht mit divergirenden einfachen schwarzen Borsten bekleidet, deren Länge oft die Grösse des Perithecien-Durchmessers erreicht. Der Habitus ist also in der That auch der einer minutiösen *Lasiosphaeria*. Die Schlauchschichte zeigt, wie schon bemerkt, viele Aehnlichkeit mit jener bei *Rhaphidophora*. Die Sporen sind eben so lang als die Schläuche, und da sie zu einem seilartigen Bündel spiralig zusammengedreht im Schlauche liegen, aufgerollt fast noch länger. Sie gehören zu den dünnsten und enthalten zahlreiche Tröpfchen, jedoch auch, allerdings schwer wahrnehmbare Abtheilungen.

Die Aufsammlungen von Brünn und Rastatt sind ganz identisch.

Clypeosphaereae. Unter den einfachen *Sphaerien*, welche Theile abgestorbener krautartiger Pflanzen und Gräser bewohnen oder aus der Rinde von Bäumen hervorbrechen, gibt es eine Anzahl Formen, die habituell dadurch auffallend sind, dass die Perithecien von einer dunkeln, oft glänzenden, manchmal scharf rundlich abgegrenzte, oft aber allmälig verlaufende Schichte derbwandiger zu einer festen Masse gewissermassen verschmolzener und gleichsam ein dünnes überlagerndes Stroma darstellender Hyphen bedeckt sind. Gewöhnlich hat jedes Perithecium diese Decke für sich, aber wo sich mehrere sehr nähern, fliessen auch die überlagernden Scheibchen oft zusammen, so dass die Aehnlichkeit mit einem wirklichen Stroma noch grösser wird. In der Regel besitzen diese zugleich je nach der Beschaffenheit des Substrates mehr oder weniger spröde, kohlige, oft gleichsam derbholzige Perithecien (auf sehr derbem Substrat) und sehr häufig dunkelgefärbte manchmal fast opake Sporen.

In meinen „Beiträgen etc." S. 58 u. w. habe ich eine Reihe solcher Arten mit einzelligen Sporen angeführt, und, indem ich damals durch einige auffallende Formen verleitet, diese Schichte als Stroma deutete, hielt ich sie für Arten der Gattung *Anthostoma*. Sehr bald darnach gab ich diese Ansicht jedoch auf, indem mir nach und nach ein reiches Material, und die Analogie mit verwandten Formen (*Clypeosphaeria* etc.) ihre Unhaltbarkeit lehrte. Da mir der Typus jedoch ganz entschieden und auffallend erschien, habe ich derlei *Sphaerien* im brieflichen Verkehr und auf Exsiccaten mehrfach als einer besonderen Gattung der *Sph.* angehörend mit dem Namen *Micrinia* bezeichnet, jedoch

nicht publicirt. Saccardo hat (im Conspectus generum etc. S. 8) dieselbe Formengruppe als *Anthostomella n. g.*, aber wirklich beschrieben,
und zwar wie folgt charakterisirt: *Sporidia ovoidea vel subnavicularia
continua nigricantia. Perithecia epidermide adhaerente et circa ostio-
lum vix erumpens nigrificata tecta.* An diesem Orte und später hat
der Autor folgende Species als Beispiele angeführt: *A. limitata Sacc.,
tomicoides Sacc., Sphaeria perfidiosa de Not.*, *A. nitidula Sacc., Sph.
clypeata de Not., deletiescens de Not. Unedonis de Not., lugubris Rob.*
Ich kann zu diesen noch hinzufügen *Sphaeria punctulata Rob.* und
Sph. phaeosticta Berk., welche der Vorigen sehr nahe verwandt, wenn
nicht mit ihr identisch ist, *Sordaria palmicola Auersw.*, im Reiseverein
1866, Nr. 58, S. *Smilacis Auersw.*, ebenda, *Sph. theophila Desm.
(Sphaerella Auersw.*, in Mycol.), *Sph. tumulosa Rob., Sph. appendi-
culosa Brkt. et Br.*, mit geschwänzten Sporen etc., welchen sich endlich
Sph. ambrosella de Not., Micr. Dec. IX. 5 auf's natürlichste anschliesst.
Die Gattung scheint mir sehr gut begründet, und es hat schon de Notaris
eben in den „Micromycetes" bei Gelegenheit der Beschreibung seiner
Sph. Unedonis auf die verbindenden Merkmale aufmerksam gemacht,
allerdings nicht in diesem Umfange. Indessen wird noch eine Eigenthümlichkeit der Schläuche zu beachten sein. Unter den oben angeführten
Beispielen finden sich Arten, bei welchen die innere Schlauchmembran
an der Spitze verdickt und durchbohrt (Schlauchtypus von *Gnomonia,
Ceratostoma, Diaporthe* etc. etc.) dagegen andere, bei welchen dies nicht
der Fall ist (Typus der *Pleosporeen, Massarien* etc.). Vielfache Erfahrung hat mich überzeugt, dass dieser Unterschied in allen systematischen Entwicklungsstadien der *Pyrenomyceten* eine wichtige Rolle spielt
und einen gewissen Parallelismus darstellt. Ich würde es für zweck-
mässig finden dieses Kriterium nicht zu übersehen, vielmehr durch sorgfältige Verfolgung desselben die weiteren Consequenzen aufzusuchen.
Demnach möchte ich den von mir schon einmal gebrauchten Namen
Maurinia für jene entsprechenden Formen beibehalten, bei welcher die
Schlauchmembran an der Spitze verdickt ist. Wir hätten also zu unterscheiden, unter Voraussetzung der Diagnose des ganzen Tribus:

*Anthostomella Sacc. emend. Ascorum membrana interna apice
integra. Paraphyses distinctae sporidia continua nigricantia.*

Maurinia. *Ascorum membrana interna apice incrassata perforataque. Paraphyses distinctae sporidia continua plerumque nigricantia vel fasciculata.* Ein Beispiel findet sich u. A. an *Sphaeria
lugubris Rob.*, welche ich in meinen „Beiträgen" (S. 58, Taf. VII,
Fig. 17) als *Anthostoma* beschrieben und abgebildet habe. Nach dieser

Andeutung kann ich die Vertheilung der oben beispelsweise angefuhrten
Arten dem Leser überlassen.

Ich komme nun auf die Formen mit zweizelligen Sporen. Auch hier
hat Saccardo (fungi veneti Ser. IV. S. 2) sehr mit Recht auf die grosse
Analogie zwischen gewissen *Didymosphaerien Fuckel's* und *Clypeosphaeria* aufmerksam gemacht, eine Analogie, welche dem Geübten kaum
in einem Falle entgehen, und selbst dem Anfänger bei einigen Formen
(z. B. *Sphaeria palustris Brkl. et Br.* mit zweizelligen geschwänzten
Sporen, dann einigen von de Notaris beschriebene *Amphisphaerien*,
minder ausgeprägt doch noch sehr deutlich an *Didymosphaeria brunneola Nssl.*, selbst an *D. minuta Nssl.*) auffallen wird. Holzbewoh-
nende Arten solcher Constitution habe ich früher im brieflichen Verkehr
unter dem Gattungsnamen *Massariopsis* zusammengefasst, habe aber
später die Ueberzeugung gewonnen, dass die erwähnten *Didymosphaerien*
sich generisch davon nicht trennen lassen. Da Fuckel die hervor-
gehobene Eigenthümlichkeit in seiner Charakteristik der Gattung nicht
erwähnt, diese vielmehr im Allgemeinen als ein Analogon von *Pleospora*,
mit zweizelligen Sporen auffasst, so möchte ich den von mir gewählten
Namen umsoweniger aufgeben, als es wirklich Arten vom *Pleosporeen-*
Typus mit zweizelligen Sporen gibt, welche der Gattung *Didymosphaeria*
entsprechen. (Siehe: G. v. Niessl, Neue Kernpilze, in Oesterr. bot. Zeitschrift 1875, S. 46 mit Ausnahme der im Folgenden Erwähnten.) In
der Gruppe würde die Gattung charakterisirt sein durch: *Ascorum
membrana interna apice integra, sporidia didyma, mellea fuscidula
vel nigrinantia. Paraphyses distinctae.* Es gehören dazu beispielsweise: *Didymosphaeria brunneola Nssl.* (mit *D. Galiorum Fckl.)
epidermidis Fckl.*, *albescens Nssl.* welche vielleicht alle 3 in eine
Art zusammen zu fassen wären , *minuta Nssl., Sphaeria palustris
Bckl. et Br.* (Exsicc. in Rabh. f. eur. 1936), *Amphisphaeria subtecta
Auersw.* (*Didymosph. acerina Rehm*). *Amph. umbrina, papillata de
Not., Posidoniae Ces.* (Rabh. f. eur. 848) und Andere.

Analoge Formen mit an der Spitze verdickter inneren Membran
werden sich bei eingehender Revision der hieher gehörigen Materialien
sicher ebenso nachweisen lassen, wie bei den entsprechenden Arten mit
einzelligen Sporen. Ich glaube ein Beispiel gefunden zu haben, welches
ich weiter unten beschreibe, bediene mich hier aber absichtlich eines
unbestimmten Ausdruckes, weil bei der Kleinheit der mir zur Untersuchung mitgetheilten Probe völlige Sicherheit hinsichtlich der habituellen
Verhältnisse sich erst nach Auffindung reichlicherer Belege ergeben wird.
Für diese Gattung würde ich vorschlagen die Bezeichnung:

Phoreys. Ascorum membrana interna apice incrassata perforataque. Paraphyses distinctae. Sporidia didyma, (hac asqua) fusca vel nigricantia.

Von den mit *Massariopsis* zu vereinigenden *Amphisphaerien* muss man jene Formen unterscheiden, bei welchen die Perithecien ohne die erwähnte Decke aus der Rinde hervorbrechen, sich erheben und im entwickelten Zustande nur mehr halb oder an der Basis eingesenkt sind, daher viele Aehnlichkeit in den Wachsthums-Verhältnissen mit *Lophiostoma* besitzen. Arten mit einzelligen Sporen wären nachzuweisen. Solche mit zweizelligen, betrachte ich als die typischen *Amphisphaerien*. Jene mit mehrzelligen Sporen würden die Gattung *Metovastia* Nitschke darstellen. Der ganze Tribus könnte als *Amphisphaeriaceae* bezeichnet und neben den *Lophiostomaceae* gestellt werden.

Um den Umfang der Gattung *Amphisphaeria* im Sinne von Cesati und de Notaris (Schema etc.) zu erschöpfen, wären noch jene Arten zu erwähnen, deren Perithecien sich an der Oberfläche des Holzes seltener der Rinde bilden und darnach wahre *Sph. liberae* darstellen. Sie gehören zu den *Melanommaceae*, und sind wo sie bisher beschrieben wurden meist mit *Melanomma* vereinigt worden. Ich würde es für consequent halten auch hier die Arten mit zweizelligen Sporen abzutrennen und möchte dafür den Namen *Melanopsamma* vorschlagen.

Nach dieser Abschweifung auf den ersten Gegenstand zurückkommend halte ich es nun für natürlich, die in ihren Wachsthums-Verhältnissen so sehr übereinstimmenden Formen in einen Tribus zusammen zu fassen mit der Bezeichnung:

Clypeosphaeriaceae. Perithecia in corticis vel foliorum parenchymate immersa, strato tecta, cellulose, quasi pseudostromatica atro, fusca vel badio, plerumque nitida, max clypeiforme rotundato vel elliptica, max minus limitata.

Nebst den früher charakterisirten Gattungen entsprechen diesem Vegetationstypus noch eine Anzahl Formen, welche hinsichtlich der Schläuche sowie der farblosen Sporen, der mangelnden oder rudimentären Paraphysen den *Gnomonien* und *Ceratostomeen* analog sind, deren nähere Besprechung ich mir für eine andere Gelegenheit vorbehalte. Unter diese gehört wohl auch *Linospora Fckl.*[*]). Sie würden, wenn man nicht

---

[*]) Zu dieser Gattung gehören nebst den von Fuckel beschriebenen Arten noch *Sphaeria ochracea* Desm.! an *Sorbus* und *Pirus*, *Sph. scirpothrix* Desm.! et *Fagus* und *Sph. cryptolecis* Lev. (*Sph. Lingotheca* Desm.! Hothisten populina West.!) an *Populus alba*.

ihre **Vereinigung** mit den *Clypeosphaeriaceae* verzieht, eine nahe **stehende**
Gruppe bilden.

Anthostomella Poetschii n. sp. *Amphisphaeria umbrinella Fckl. Symb. S. 159 fungi chun. 2028 sec de Notaris' Perithecia sparsa, numerosa, dense erumpentia, strato pseudostromatico
... elevato apice retuso dense pertusa, atra fascia pridatis tecta,
majuscula, (0,8 millim. diam.) globosa, fragila carbonacea, ostiolo con
... ascis tubulosis, stipite brevi 140 180 lgs., 12 lts., sporidiis 8
monostichis, oblongo-ovalis rotes, unicellularibus, atro-fuscis, episporio
fragile subopaco, autre appendicula brevi conico hyalino, 21 24 lgs.,
10 12 lts. Paraphyses molles, tenues guttulatae, simplices vel sparse
ramosae.*

An Ahornrinde bei Kremsmünster im April (Dr. Poetsch)

Dass dies nicht die echte *Sphaeria umbrinella de Not.* Microm.
dec. IX 5 auf *Castanea* ist, unterliegt wohl keinem Zweifel, da dort
ausdrücklich die Sporen mit Anhängsel an beiden Polen beschrieben
und gezeichnet werden. Die von Fuckel ausgegebene wächst ebenfalls
auf *Acer*, und so mag die Art vielleicht wie das schöne *Lophiostoma
evidarium Cooke (Sph. macrostoma Acris Westendorp!)* diesem
Substrat eigenthümlich sein. Soferne man in dieser Gruppe zwischen
ein- und zweizelligen Sporen unterscheiden will, was man ja sonst auch
thut, gehört sie potentialis richtiger hieher als zu *Amphisphaeria*, da
die Sporen in keinem Altersstadium zweizellig sind, sondern entweder
nur einen ungetheilten Nucleus oder einige kleinere Tröpfchen enthalten.

Amphisphaeria alpigena Fckl. dürfte wohl auch in diese Gattung
zu rechnen sein.

Phorcys Betulae n. sp. *Perithecia sparsa, innata, pridem-
... turgida tecta, ampla (³⁄₄ millim. diam.) ellipsoidea, carbonacea,
atra, ostiolo minuto parum erumpente, ascis valde elongatis, tubulosis, membrana interna apice incrassata perforatorque, stipite brevi
200 250 lgs., 20 lts., sporidiis 8 oblique monostichis, oblongis vel
cylindraceo-oblongis media septatis constrictisque, rectis, atrinque obtuse rotundatis, atro-fuscis subopacis 23 26 lgs., 8 9 lts. Paraphyses crassae guttulatae simplices.*

An einem Birkenzweige bei Rastatt (Schroeter).

Nur ein kleines Zweigstückchen, welches von dem Pilze besetzt
ist, wurde mir von Herrn Dr. **Schroeter** zur Ansicht mitgetheilt. Ich

verweise deshalb auf den bei Besprechung der Gattung erwähnten Vor
behalt und gebe die Beschreibung nur zur Nachforschung anzuregen

Die Schläuche haben grosse Aehnlichkeit mit jenen vieler *Sordariceae*, auch in der Hinsicht, dass sie durch Einsackung der inneren Membran in mehrere Kammern getheilt sind. Die habituelle Erscheinung entspricht dagegen so ziemlich den Arten von *Massariopsis*.

Ueber *Ceratostomeae*. Die Gattung *Ceratostoma* wird von Fries s. v. 396 im Wesentlichen so definirt: „*Perithecium membranaceum molle, ostiolo subulato-rostrato apice penicillata, ascis uni-diffluentibus, sporis simplicibus.*" Unter den *Sphaerien* ist ferner 392 die Abtheilung der *Ceratostomae* charakterisirt: „*a genere Ceratostomae, infra, vix rite limitandae. Perithecia demum fere nuda, sed in plerisque primitus immersa.*"

Mit der Zeit ist eine allmälige in diesem Citat schon gewissermassen vorausgesehene Modification des Gattungsbegriffes eingetreten, indem mehrere Arten von *Ceratostoma* mit Anderen zu *Melanospora* vereinigt, dagegen etliche *Sphaerien* der Abtheilung *Ceratostomae* ohne weiters als *Ceratostoma* betrachtet wurden. Eine Charakterisirung in dem neueren Sinne, namentlich hinsichtlich der Schlauchschläuche entbehrt aber die Gattung nun. Indem ich mich gleichfalls Jenen anschliesse, welche einen Theil der Arten (so ziemlich alle von Ces. et de Not. in der Schema S. 54 angeführten) zu *Melanospora* ziehen, will ich es zwar auch nicht unternehmen den Rest der Gattung *Ceratostoma* völlig zu behaupten, jedoch versuchen ob meine Anschauung durch weitere Untersuchungen von anderen Seiten sich etwa bestätigen lässt.

Dem Charakter der *Sphaeriae Ceratostomae* entsprechen einmal eine Anzahl Formen mit einzelligen Sporen, und soferne sie sonst die Eigenthümlichkeiten von *Ceratostoma* theilen, nämlich das zartere Perithecium, die meist verlängerte Mündung, vergängliche Schläuche etc. betrachte ich sie als Arten der Gattung *Ceratostoma*. Dabei wird vielleicht noch Ungleichartiges vereinigt sein; es ist jedoch die Anzahl der bekannten Formen vorläufig sehr gering, und zudem sind sie schwer in vollkommenem Zustande aufzufinden, so dass ich mich hier zunächst nur mit der Andeutung begnügen möchte, dass es mir recht wesentlich erscheint ob die innere Schlauchmembran an der Spitze verdickt, und ob Paraphysen vorhanden sind oder nicht.

Dem allgemeinen Typus von *Ceratostoma* entspricht aber noch eine Menge anderer Arten mit getheilten Sporen. Eine der ausgezeichnetsten ist die *Sphaeria* (*Ceratostoma* *leucopodopheca* Bkl. et Br. befr.

fungi **Nr.** 882. Da die **Art** selten zu sein scheint und meine **Analyse** hinsichtlich der **Sporen** nicht ganz mit der Originalbeschreibung über-einstimmt, will ich sie in kurzem **charakterisiren**. Ich besitze das Exemplar von **Broome** in Rabh. fungi cur. 139, welches demnach als ein Original betrachtet werden kann (an *Ulmus*) und ein von **Dr.** Schröter bei **Rastatt** an *Carpinus* gesammeltes. Beide stimmen im Wesentlichen gut mit einander überein. Die sehr grossen, oft 1 Millim. im Durchmesser messenden Perithecien brechen gesellig, oft rasenförmig, manchmal vereinzelt aus dem Holze. Sie sind kuglig, **schwarz**, kahl und von ziemlich weicher Substanz. Die **Mündungen** sind manchmal sehr verlängert (bei der Rastatter bis 3—4 Millim.) gekrümmt und an der Spitze, wie dies für die *Ceratostomeen* so charakteristisch ist, fast häutig und durchscheinend. Bei dicht gedrängtem Vorkommen entsteht eine **habituelle Aehnlichkeit** mit *Melogramma* etc. Die Schläuche sind sehr schmal und gestreckt 180—220 lang, 9—12 breit, die Sporen schmal spindelförmig, **stumpflich**, bei den englischen Exemplaren 48—54 lang, 4—3½ breit, bei den deutschen 60—70 lang, 4—4½ breit, fast wasserhell und 5—7mal quergetheilt. Die Autoren zeichnen die Spore mit **12** Septa, aber diese kann ich auch an den reifsten nicht finden, was übrigens vorläufig gleichgiltig ist. Die innere Membran der ziemlich vergänglichen Schläuche findet sich bei beiden Aufsammlungen an der Spitze verdickt und durchbohrt, die Paraphysen sind zahlreich und ausgezeichnet.

Diese **Art** betrachte ich als den Typus einer *Ceratostomeen*-Gattung mit vielzelligen quergetheilten Sporen, die ich demnach so charakterisire:

Ceratosphaeria n. gen. *Perithecia primitus immersa demum erumpentia, molle coriacea vel submembranacea, plus minus rostrata, asci membrana interna apice incrassata, debita, sporidia elongata, transverse pluriseptata subhyalina (in semper?), paraphyses distinctae.* Spec.: *Ceratosph. lampadophora* (Bkl. et Br.)

Eine andere den *Ceratostomeen* entsprechende **Form**, welche weiter unten beschrieben wird, hat mauerförmig getheilte **Sporen** und da sie nicht so ausgezeichnet verlängerte **Schnäbel** hat, wie die vorerwähnte, so könnte sie allerdings nur bei oberflächlicher Betrachtung für eine *Teichospora* mit hyalinen Sporen und stärker entwickelten Mündungen gehalten werden; sagt doch auch schon Fries von seiner Gruppe der *Ceratostomeen*: *summa autem affinitas cum Pertusis, Platystomis et Mucedis* (Syst. 171.) Berücksichtigt man die Eigenthümlichkeiten der Schläuchschichte, insbesondere die höchst vergänglichen Schläuche, mit

an der Spitze verdickter Membran, und die zarte Substanz der Perithecien,
so muss man sogleich erkennen, dass sie mit der Gruppe, welche *Teichos-*
pora etc. angehören, wenig verwandt sei. Diese betrachte ich als den
Typus einer *Ceratostomeen*-Gattung mit mauerförmigen Sporen, welche
definirt wird:

Rhamphoria *n. gen. Perith., asci, paraph. ut in Cerato-*
phaeria; sporidia oblonga, ellipsoidea ovatave, muriforme divisa, hya-
lina. Die Beschreibung der Art folgt später.

Eine vierte Formengruppe umfasst endlich Jene mit ausgesprochenen
Sporidia didyma, von welchen ich ebenfalls zwei Arten beschreibe.
Hinsichtlich dieser will ich gleich vorweg bemerken, dass die Schnäbel
bei beiden Arten sehr verkürzt sind und gleichsam nur den konischen
Perithecienscheitel darstellen, dass also der Einwurf zulässig ist, es fehle
hier ein Hauptkennzeichen der *Ceratostomeen.* Dies kann mich aber
nicht irre machen. Wer einige Erfahrung hat, wird nicht der vergeb-
lichen Bemühung nachhängen die Gruppen nach einem einzelnen Kenn-
zeichen zu begrenzen. Es muss die allgemeine Verwandtschaft, dargestellt durch die Uebereinstimmung verschiedener Eigenthümlichkeiten
in Betracht gezogen werden, und da kommt es wohl vor, dass eine oder
die andere minder hervortritt. Aehnliche Verhältnisse finden sich bei
gut definirten Gruppen, z. B. den *Gnomonieen, Diaportheen* etc. wo überall sehr kurzschnäbelige Formen vorkommen. Die Gattung wäre demnach zu diagnosticiren:

Lentomita *n. gen. Perithecia immersa, demum erumpentia*
vel libera, molle coriacea vel submembranacea in rostro plus minus
distincto saepe abbreviato attenuata, asci tenues, membrana interna
apice incrassata, sporidia didyma, hyalina, paraphyses distinctae.

Schliesslich möchte vielleicht die Bemerkung nicht überflüssig sein,
dass damit der Typus der *Ceratostomae* im Allgemeinen noch keineswegs
abgethan ist. Er findet ausser in den *Gnomonieen* noch seine Vertreter
in Formen, welche den *Diaportheen* analog sind und nicht ganz mit
Recht von Einigen zu *Gnomonia* gezogen werden, sowie in anderen
Arten der *Cauliculae,* welche einen gewissen Parallelismus mit *Pleospora*
zeigen etc. Es mangelt aber hier noch an dem nöthigen Material, um
mit einiger Aussicht auf Erfolg den leitenden Faden zu suchen. Wohl
nur in Folge eines Uebersehens ist bei Fuckel die Gattung *Rhaphido-*
phora unter die *Ceratostomeen* gekommen, mit welchen sie nichts weiter
gemein hat als die gewöhnlich verlängerte Mündung. Diese findet vielmehr ihre Verwandten offenbar unter den *Pleosporeen* in den *Lepto-*
sphaerien, wie denn auch Fries die ihm bekannten Arten schon in dem

Sinne gruppirt hat. Alles, ohne Ausnahme, auch die Pycniden etc. rechtfertigt diese Stellung.

Lentomita brevicollis n. sp. *Perithecia gregaria e ligno* *decollato erumpentia dein libera, nuda, glabra, atra, minuta (130* *150 diam.) conoidea, basi applanata vertex apicem in obtusum lare-* *tem conicum attenuata, substantia coriaceomembranacea, infimo ple-* *rumque collapsa; ascis e clavato subcylindraceus in stipitem brevem* *coarptatis, non transeutibus, membrana interna apice partim in-* *crassata, 70 75 lgs., 10 12 lts., 8-sporis, sporidiis initio distichis* *dein monostichis, ellipticis vel oblongis, obtusis, didymis ligatiotis,* *medio vix vel haud constrictis, hyalinis 9 13 lgs., 6 8 lts. Para-* *physes distinctae, ascos paulo superantes ramulosae guttulatae.*

An abgestorbenem Holze einer Linde bei Czeitsch in Mähren. Juni.

Obwohl die sehr verkürzte, meist nur eine kleine Verlängerung des konischen Scheitels darstellende Mündung dieses Pilz keineswegs beim ersten Anblick als Ceratostomae erkennen lässt, ist dessen Zugehörig-keit zu dieser Gruppe wegen der sonstigen zusammenstimmenden Eigen-thümlichkeiten kaum zu bezweifeln. Im Uebrigen füge ich der Be-schreibung noch bei, dass ich hier auch die entsprechenden Spermogonien aufgefunden habe. Sie sind äusserst klein, mit freiem Auge nicht sichtbar, brechen aus der weiss gewordenen Holzfaser zwischen den Perithecien hervor und enthalten kleine stabförmige 2 Millim. lange, 0.5 breite hya-line zweitropfige Spermatien. Uebrigens könnte nach Analogie mit vielen anderen Pyrenomyceten diese Form auch für die Pycnide mit Microstyl-losporen gelten.

Vorliegende Art ist hinsichtlich der Schlauchschichte der *Sphaeria* *pomiformis* ähnlich, unterscheidet sich dagegen schon oberflächlich durch die doppelt so kleinen nach aufwärts in den kurzen konischen Hals über-gehenden Perithecien von noch zarterer schlafferer Substanz, welche in keinem Stadium die so charakteristische Form jener der *Sph. pomif.* darstellen. Endlich sind die Schläuche mehr cylindrisch, bei jener keulen-förmig, und die Sporen nur Anfangs etwas zweireihig, also eigentlich typisch einreihig. Die Oberfläche der Perithecien ist bei *Sph. pomi-* *formis* zart granulirt, was wenn sie befeuchtet werden noch deutlicher hervortritt.

Nebenher bemerkt, bin ich der Ansicht, dass *Sph. pomiformis* bei den übrigen als *Melanosma* bezeichneten Arten nicht natürlich untergebracht ist, sondern auch in die Gattung *Lentomita*, also zu den *Ceratostomeen* gehöre, trotz der unbedeutenden Mündungen, da die Schläuche etc. ganz gleichen Bau haben mit anderen Formen dieser Abtheilung. Die Gattung *Melanomma* ist bekanntlich zuerst unter Nitschke's Autorität in Fuckel's Symbolae S. 159 angeführt, aber nicht definirt. Manche dort angeführte Art dürfte wohl besser anders wohin zu stellen sein. Ich betrachte als typische Formen dieser Gattung: *Sph. pulla pyrina, Aspegrenii* etc., welche mit *Sph. pomiformis* sehr geringe Verwandtschaft zeigen.

Lentomita caespitosa n. sp. Perithecia dense gregaria vel caespitosa, libera, hemisphaerico-conoidea, ostiolo conico saepe abbreviato, glabra, tenua, fragilia, inaperulato (300—350 diam.) atra; ascis valde elongatis, tubulosis, in stipitem attenuatis, 170—180 lgs., 11—15 lts., membrana interna apice incrassata, sporidiis oblique monostichis oblongo-ovatis rectis, medio septatis valde constrictisque, parte superiori paulo inflata late rotundata, inferiori attenuata, 17—19 lgs., 8 lts. hyalinis. Paraphyses multae, tenues, parum superantes apice ramulosae.

An entrindeten Aesten von *Crataegus Oxyacantha* bei Graz. Septbr.

Die Perithecien stehen in kleinen Gruppen dicht rasenförmig beisammen, haben eine kleine konische, oft sehr verkürzte, leicht abfallende Mündung, sind gebrechlich, und später gefaltet und zusammengedrückt. Die Schläuche sind sehr langgestreckt, mit an der Spitze deutlich verdickter Membran. Die Sporen gleichen jenen von *Didymosphaeria* und manchen *Sphaerellen*. Bei oberflächlicher Untersuchung könnte der ganze Pilz als *Otthia* mit ausnahmsweise hyalinen Sporen gelten. Die charakteristische Verdickung der inneren Schlauchmembran im Zusammenhalte mit den übrigen Eigenthümlichkeiten lassen ihn aber als wesentlich verschieden von jener Pilzgruppe welcher diese Gattung angehört erkennen. Auch *Sphaeria leucapidophora*, welche doch so entschieden den Typus von *Ceratostoma* darstellt zeigt oft so dicht beisammenstehende Perithecien, dass man an ein Stroma denkt und ein *Melogramma* od. dgl. vor sich zu haben glaubt.

Rhamphoria delicatula n. sp. Perithecia in ligno denudato erumpentia dein libera, minuta, atra, subcoriacea, rostro conoideo-cylindraceo perithecii diametro subaequante, saepe curvulo; ascis elongato-clavatis vel subcylindraceis stipitatis, membrana interna apice incrassata, 130—140 lgs., 12—13 lts. (stip. 20—30), sporidiis monostichis, oblongis, ellipsoideis, vel parum ovoideis, utroque rotun-

foliis *valde irregulare* *muriformibus, loculis* *12—18 lgs , 9   10 lts.,*
circulo gelatinoso cinctis. Paraphyses simplices articulatae *articulataeque.*

An faulendem Holze bei Brünn.

Hat den Habitus einer *Ceratostoma* mit kurzen Mündungen.
Letztere sind oft gekrümmt. Die Perithecien sind von weicher Substanz,
zuerst mehr oder weniger eingesenkt, dann frei. Die Schläuche sind
höchst vergänglich, die Sporen in Gestalt und Theilung sehr veränderlich,
manchmal rundlich-eiförmig wenig länger als breit, dann wieder oblong,
doppelt so lang. Die ganz unregelmässig mauerförmige Theilung, lässt
kein bestimmtes Gesetz in der Anzahl der einzelnen Zellen erkennen.

Teichospora obliqua Karst. Myc. fenn. 69 an *Pinus* ist wohl als
Art sicher von diesem Pilz verschieden, da die hyalinen Sporen 3—5
quer- und einmal längsgetheilt, 22   30 lang, 10   12 breit beschrieben
werden, dürfte aber eher zur obigen Gattung als zu *Teichospora* gehören.
Karsten macht selbst die Bemerkung: „*Species singularis.* *Primitus*
nihil aliud quam rostrum visibile", und dann ist es auffallend, dass
die Schläuche nicht beschrieben werden, was doch bei den anderen Arten
geschieht. Sie sind also dort wahrscheinlich ebenfalls sehr vergänglich.

Taf. IV. Fig. 21.

Delitschia moravica *n. sp. Perithecia subtilibera, plus*
minus gregaria, minuta (vix 200 diam.) subglobosa, cum ostiolo
brevi crassoque conoideo saepe curvata confluentia, atra, basi fibrillosa,
vertice setis brevibus (35   60 lgs.) rigidis atris instructa carnoso-
coriacea; ascis tubulosis rarius parum clavatis, stipitatis 120   150 p.
p. 20   28 stip. lgs., 10   11 lts., sporidiis 8, oblique monostichis,
interdum irregulare distichis, oblongis vel ellipsoidis, rectis, medio
septatis valde constrictisque, utrinque apicula verruciformi dilata vel
subhyalino, strato gelatinoso cinctis, atro-fuscis, subopacis 20   21
lgs., 8 lts. Paraphyses crassae articulatae valde superantes simplices
vel sparse ramosae.

Auf Hasenkoth bei Brünn mit *Sporormia intermedia, Sordaria*
macrospora und *discospora*, welch' Letzterer sie habituell sehr ähnlich
ist, im September an verschiedenen Orten.

Ist eine recht ausgezeichnete Art. Ich hielt sie anfangs für die
D. minuta Fckl., ungeachtet die borstigen Perithecien und die spitz-
lichen Sporen dagegen sprachen. Mein geehrter Freund Fuckel, dem
ich eine Probe mittheilte, erklärte sie jedoch sogleich als ganz verschieden von seiner Art. Mit irgend welchen anderen bisher beschriebenen kann sie nicht verwechselt werden.

Die beiden Sporenhälften trennen sich hier nicht so leicht als bei den verwandten Formen.

Taf. IV. Fig. 22.

Delitschia graminis n. sp. *Perithecia in culmis nigrescentibus vel fuscescentibus sparsa, erumpentia, angiuscula (250—400 diam.) globosa, demum depressa, atro-fusca, carnoso-coriacea, glabra, ostiolo rimoso perithecii semidiam. subaequante; ascis e numrosis, polynnorpho-claratis, superne inferneque attenuatis, stipitalis 200—300 lgs., 21—46 lts., membranm interm apice incrasata, sporidiis 8, laxe distichis vel monostichis, oblongis, rectis, utrinque obtusiusculis, medio uniseptatis bigutulatis utra fuscis, opacis, strato gelatinoso cinctis 33—36 lgs., 12—15 lts. Paraphyses multae, parum superantes, tennes, ramosae.*

An Halmen von Avena *Parlatorii* auf Kalkalpen bei Liezen in Steiermark. August.

Diese merkwürdige, durch die grossen Schläuche und Sporen ausgezeichnete Art, zeigt in so vielen Merkmalen Analogien mit den echten *Sordariae*, dass ich sie trotz ihres Vorkommens auf Halmen, freilich mit Vorsicht, zu *Delitschia* stelle, wo sie, wie ich denke, im Allgemeinen ihre nächsten Verwandten hat. Die etwas fleischige Substanz und die Bildung der Wände der Perithecien, die eigenthümlichen Schläuche mit ihren vagen veränderlichen Umrissen und der an der Spitze verdickten inneren Membran, selbst die Paraphysen erinnern lebhaft an manche *Sordarien*. Auch die bei vielen Arten dieser Gattung vorkommende (allerdings auch bei manchen *Rosellinien* angedeutete) Eigenthümlichkeit der Schläuche, dass sie durch eine Querwand der inneren Membran vom Anfang an bis zur völligen Entwicklung in ungefähr soviele Kammern getheilt sind, als Sporen vorhanden, ist hier sehr deutlich ausgeprägt. Die Sporen selbst, sind nach der veränderlichen Gestalt der Schläuche sehr unregelmässig gelagert, werden sehr bald undurchsichtig, enthalten in jeder Zelle je einen glänzenden Tropfen, und sind häufig (oder immer?) an den Enden mit einem flachen hyalinen Segmentchen versehen. In der obigen Beschreibung habe ich diesen Umstand nicht erwähnt, da mir seine Beständigkeit vorläufig noch zweifelhaft ist. Der Gallertsaum ist schmal aber bestimmt. Nach Beschreibung und Zeichnung zu urtheilen scheint unser Pilz der von Saccardo beschriebenen *Amphisphaeria culmicola* (Mycol. Ven. 113. XI. f. 26—29) auf *Cynodon* ähnlich zu sein, ist aber jedenfalls durch die besonderen Dimensionen der Schläuche und Sporen sehr verschieden. Taf. IV. Fig. 23.

Lophiostoma **pinastri** *n. sp. Perithecia laxe gregaria in ligno atrato immersa, globosa, majuscula (300 circa diam.) fragilia, atra, ostiola basi prominula lineari anguste-compresso; ascis clavatis in stipitem attenuatis 160—200 lgs., 11—20 lls., sporidiis 8, initio pleramque distichis deinum inordinate rel oblique monostichis partim-monosticchis, rectis rotundatis, inferne attenuatis, transverse 5 septatis separatis in longitudine nulla, medio rel supra medium plus minusve constrictis 24—28 lgs., 8—10 lls., fuscis, guttas 1—5 foventibus. Peridium(?) valde superatus guttulatus laxe ramosae.*

An einer Strassenbarriere aus Nadelholz (wahrscheinlich Fichte) bei Lautschitz in Mähren. Mai.

Die bei den meisten *Lophiostoma*-Arten vorkommende Schwärzung oder Bräunung des Substrates tritt hier in ausserordentlicher Entwicklung auf, indem die Holzoberfläche mit einer papierdicken Kruste überzogen ist, welche man beim ersten Anblick fast für das Stroma einer *Eutypa* halten möchte. Ausserdem sind die ganz versenkten Perithecien und die kaum hervorragenden fast linienförmigen Mündungen charakteristisch. Von *Lophiostoma compressum*, der die Art vielleicht am nächsten steht, unterscheidet sie sich ausser den erwähnten Eigenthümlichkeiten durch die niemals längsgetheilte Spore. Ich glaube es ist dies die erste Art von den bisher beschriebenen, welche Nadelholz bewohnt.

Taf. IV. Fig. 24.

Diaporthe (Chorostate) nidulans n. sp. Stroma corticis parenchymate immutato formantia, haud circulata e peridermio fissa erumpens. Perithecia 4—9 vix ordine monostiche stipata rel subcircinantia, in corticis parte interiori nidulantia, subglobosa, compressa, ostiolis convergentibus dense stipatis rel concrescentibus non elongatis una abbreviatis cylindraceis angustis, ascis lanceolatis subsessilibus, 24—30 lgs., 6 lls., sporidiis 8, distichis cuneate-fusoideis seu inferne attenuatis, pleramque curvatis, utrinque obtusis, uninucleatis, non constrictis, 1 guttulatis, minutis, hyalinis 8—10 lgs., 2½ lls.

An dürren Zweigen von *Rubus Idaeus* und *fruticosus* bei Graz. August.

Diese in jeder Hinsicht sehr ausgezeichnete Art besitzt den Habitus der „*circinatae*" von Valsa, gehört also einem ganz anderen Subgenus an, als die Brombeeren bewohnenden *D. rostellata*, *reperis* und *insignis*. Die einzelnen Stroma ohne Saumlinie erheben sich nur wenig über die Rindenoberfläche, spalten bald das Periderm meist der Länge nach, sehr kleine Pusteln bildend. Ein ziemlich differentes habituelles Bild gewähren

die Mündungen, je nachdem die Schnäbel verkürzt oder verlängert sind.
Im ersten Falle bilden sie dicht zusammengedrängt ein kleines, das
Stroma nur wenig überragendes Scheibchen, im andern je nach der Anordnung der Perithecien Bündel oder Streifen haardünner Spitzchen.
Die erstere Form traf ich an *R. Idaeus*, die letztere an *R. fruticosus*.
Ob die Abweichung durch Substrat- oder Standortsverhältnisse bedingt
ist, mag dahingestellt bleiben. Beim Abziehen der Rinde bleiben die
Perithecien an dieser haften, wie bei den erwähnten Valsa-Arten, man
findet sie in kleinen länglichen Gruppen dicht nebeneinander mit con-
vergirenden Hälsen. Schläuche und Sporen gehören zu den kleinsten
der Gattung, letztere sind ein wenig gekrümmt finger- oder keilförmig
ohne Spur einer Einschnürung und Abtheilung in der Mitte, mit vier
von oben nach unten an Grösse abnehmenden Kernen. Die haardünnen
sehr kurzen Spitzchen an beiden Enden sind nur bei sehr scharfer Einstellung wahrnehmbar.

b) exigua. Viel kleiner und zarter als die Normart, zu welcher
sie sich ungefähr so verhält wie *Diaporthe repris* zu *D. inshitalis*.
Die Mündungen nicht vortretend, kaum wahrnehmbar. Sporen 6—7 lang.
2 breit.

An *Rubus caesius* bei Voitsberg. August.

Durch die gehäuften oder peripherisch gestellten Perithecien und
die zu einem punktförmigen Scheibchen vereinigten Mündungen unterscheidet sie sich leicht von *D. repris*.

Diaporthe (Chaerostoma) Helicis n. **sp.** *Stroma dae-
trypeum, basi effusa ligno immersum, in coque superpeie crustaceo-
expansum, medio elevatum, patrinalum, apice cortici interiori adnatum,
fere hetum vix erumpens, minutum, sordide atrum, intus albidum.
Perithecia pauca (2—4) in singulo stromate, globosa, majuscula
(0.5 mm.) ostiolo brevi, fragile coriacea subcarbonacea, in humore
diaphana colore sordide violaceo; ascis lanceolatis stipite brevi, 45—55
lgs., 7—9 lts., sporidiis farcte distichis, fusoideo-oblongis, rectis, inaequilateralibus vel parum curvatis, obtusiusculis, medio constricta
4 septatis 4 guttulatisque hyalinis. 10—12 lgs., 3—4 lts.*

An *Hedera Helix* bei Eisleben (Joh. Kunze.)

Wenn ich diesen Pilz auf eine allerdings nur kleine Probe hin
beschreibe, geschieht es, weil er sich nach den angegebenen Merkmalen
immerhin sehr gut von anderen in dieser Gruppe gehörigen Arten unterscheiden lasst. Wohl nur zufällig wird man ihn auffinden, wenn die

Rinde nämlich bereits gelockert und theilweise angestossen ist, was, wie es scheint im Reifezustand gewöhnlich geschieht. In diesem Falle bleibt an der Oberfläche der Holzschicht die Basis, seltener das ganze Stroma, welches mit dem Scheitel der Rinde anhaftet. Aeusserlich sind die Spuren des Pilzes nur wenig zu erkennen. Durch sehr kleine Spalten ragen die Scheitel der Perithecien auf der Spitze des Stromas hervor. Die Anzahl der Perithecien in einem Stroma ist an meinen Exemplaren sehr gering. Die erwähnte Färbung ihrer Substanz im durchfallenden Lichte ist nicht intensiv, aber von der gewöhnlichen doch abweichend. Die Schlauchschicht hat keine besondere Eigenthümlichkeit.

Diaporthe (Tetrastagon) conjuncta *n. sp. Stroma discretum subatrum, sed e corticis parenchymate pallescente, strato angusto cincta, formatum, semiimmersum, subpustulatum. Perithecia 5—12 in singulo stromate, aggregata, innata, subglobosa vel mutua pressione angulata, mediocria (circa 500 diam.) collis brevibus (perithecii diam. paulo longioribus) ostiolis minutis vix superantibus, orae disciforme cumpositum, none solitariis; ascis lanceolato-clavatis, subsessilibus 61—80 lgs., 8—9 lts., sporidiis 8, distichis clavato-fusoideis, rectis sed saepe inaequilateralibus, medio vix constrictis, 4 cellularibus, hyalinis, utrinque obtusiusculis, mucronatis 13—15 lgs., 4 lts.*

An *Ulmus campestris.* Das betreffende Exemplar wurde mir von Herrn Dr. Rabenhorst mitgetheilt.

Diese ist eine der wenigen Arten der Untergattung *Tetrastagon,* in welchen sich hinsichtlich des Stromas eine Analogie mit *Leucostoma* von *Valsa* ausspricht. Das Stroma ist nicht weit ausgebreitet, sondern klein, abgegrenzt, kaum 2 Millim. im Durchmesser und wird nur hin und wieder durch Zusammenfliessen etwas grösser. Abgeschlossen ist es allseitig durch die schwarze Saumschicht in der es wie in einem besonderen Behälter liegt. Da es sich auch halb über die Rindenfläche erhebt, erhält es im Ganzen den Valseentypus. Das Stroma selbst bildet die blass oder weisslich gewordene Rindensubstanz. Die Perithecien stehen gewöhnlich ziemlich nahe beisammen, in der Regel einreihig, seltener concentrisch. An dem Scheitel der kleinen Pustel, welche das dem Stroma enge anschliessende Periderm bildet, zerreisst dieses nur ein wenig sternförmig und die Mündungen erscheinen, entweder einige neben einander oder vereinzelt, ohne weiter hervorzuragen.

Hinsichtlich der Schläuche und Sporen ist keine besondere Eigenthümlichkeit anzuführen. *Diaporthe farcta (Berkl et Br.) brit. I. 631,*

14a*

welche mir gut bekannt, gleichfalls Ulmen bewohnend, ist ein ganz
anderer Pilz mit weit ausgebreitetem Dyatripeen-Stroma, und ganz einzeln und sparsam stehenden grösseren Perithecien.

Diaporthe (*Euporthe*) **trinucleata** *n. sp. Stroma macu-
laeforme, plerumque elongatum, endium superficiem nigrifuscus, parte
interiori a parenchymate vix diversum. Perithecia plus minusve stipata,
saepe seriata, ligni strato extimo immersa, depresse glabosa, rostrata,
atra, dermiscula. ⅓ mm. circa diametro. Ostiola e basi conoidea
subcylindrica vertice conica, perithcciorum diametro aequantia vel su-
perantia; ascis clavatis sessilibus 8-sporis l., 54 lgs., 8—9 lts., sporidiis distichis, oblongis, plerumque paruta curvatis, seu inferne paulum
attenuatis, inaequilateralibus saepe fere cymbiformibus, rarissime subrectis, utrinque obtusiusculis ta ce maeronatis hyalinis 2-septatis vix
constrictis, trinucleata. 13—15 lgs., 1—1½ lts.*

An dürren Stengeln von *Eupatorium cannabinum* bei Graz.
August.

Wegen der ungewöhnlichen Theilung der Sporen in 3 Zellen oder
Kerne liegt die Vermuthung nahe, dass man es hier mit einem abnormen
Vorkommen zu thun habe, umsomehr, als sich auf *Eupatorium* auch
eine zwischen *D. ethocerus* und *D. linearis* stehende *Diaporthe* mit
den gewöhnlichen Sporen dieser Gattung findet. (Auf den in Westendorp
et Wallays herb. Cr. belge Nr. 1111 unter *Sphaeria nyuta* ausgegebenen
Stücken.) Ich führe sie demnach zwar nicht ohne Bedenken hier an,
habe aber doch zweierlei Umstände erwogen. Einmal, kommt sie nicht
sparsam vor, sondern ich fand sie an verschiedenen Plätzen, konnte sie
in Menge sammeln und vielen Freunden mittheilen; auch habe ich bei
Untersuchung zahlloser Perithecien niemals Uebergänge hinsichtlich dieser
abnormen Sporentheilung gefunden. Ferner sind, neben dieser Eigenthümlichkeit doch auch noch Grösse und Gestalt der Spore massgebend.
Dies gilt namentlich in Hinblick auf *D. orthocerus* und ihre Verwandten,
welche kürzere, und besonders schmälere Sporen besitzen. Auch ist bei
jenen unserer Art die Keilform stets mehr oder weniger ausgeprägt, und
sind die borstenähnlichen Anhängsel dauerhafter, als bei nahestehenden
Arten, wo sie selbst ein so geübter Beobachter, wie Nitschke manchmal übersah.

So lange der Stengel mit der Epidermis und Rinde bekleidet ist,
bemerkt man in der Regel nur die etwas vorstehenden Mündungen, welche
kleine Gruppen oder Reihen bilden, wodurch eine habituelle Annäherung
an *D. linearis* entsteht. Wird die Oberfläche der Holzsubstanz bloss-

gelegt, so findet man die, längliche schwarze kleine Flecken bildenden Stromata, welche sich durch Vereinigung auch ausbreiten. So weit ausgeflossene Stroma wie bei der auf *Achillea* vorkommenden *D. orthoceras* sah ich jedoch nie, es ist vielmehr stets die Tendenz nach Streifen vorwaltend. Die Perithecien sind bald mehr, bald weniger, zuweilen nur dem Stroma eingesenkt, die Mündungen meist nicht sehr lang, gerade und robust.

Von *D. linearis* unterscheidet sie sich demnach ausser durch die Sporen auch noch durch das Stroma. Hinsichtlich der Sporen ist vielleicht noch die Bemerkung am Platze, dass sie an den untersuchten Exemplaren völlig reif, an vielen auch die Schläuche bereits zerstört sind. Taf. IV. Fig. 26.

Valsella minima n. sp. Caespitula minutissima (0,5— 0,8 mm. vix aequantia) lentiformia corticis interiori adnata et totum immersa, dura, sordide atra; stromata albula vel alba, vix clerata, disculo exiguo atro coronata. Perithecia pauca (3—5) in singulo stromate, circinantia vel stipata, globosa vel compressa, membranacea ostiolis brevissimis haud distinctis, punctiformibus, vix superantibus; ascis anguste clavatis 36—44 lgs., 6—7 lts., polysporis, sporidiis lateis cylindricis, curvatis, unicellularibus, subhyalinis 8—10 lgs., 2 lts.

An abgestorbenen Zweigen von *Viburnum Lantana* bei Voitsberg. October.

Dieser nette Pilz sieht einer verkleinerten *Valsa area* habituell ein wenig ähnlich. Man bemerkt — da das Stroma sich kaum erhebt — auf der rauhen Rinde nur feine weissliche Pünktchen, die mit freiem Auge jedoch auch leicht zu übersehen sind. Erst bei stärkster Loupenvergrösserung findet man, gewöhnlich am Rande einzelne minutiöse Mündungen. Beim Abziehen der Rinde erkennt man an deren unterer Fläche die mattschwarzen Conceptacula.

Valsella (*Valsa*) *Laschii* (*Nitschke*) *Fckl.*, welche ihr nahe steht, und die mir wohlbekannt ist, unterscheidet sich schon oberflächlich leicht. Bei dieser schimmert nämlich das oben ganz flachgedrückte mit ringförmigem Rande versehene Conceptaculum durch das Periderm, so dass man mit freiem Auge scharfbegrenzte schwarze Scheibchen sieht, ähnlich den Perithecien einer einfachen *Sphaeria*, in deren Mitte die kleine Scheibe für die Mündung gehalten werden kann. Bei *Valsella minima* ist von all' dem nichts zu sehen, sondern wie erwähnt nur das punktförmige weisse Scheibchen. Die Schläuche sind schmäler, die Sporen kürzer und ebenfalls schmäler.

Es unterliegt keinem Zweifel, dass die alte *Sphaeria graminis* verschiedene grasbewohnende Arten umfasst. Zu den von Fuckel bereits unterschiedenen kann ich noch folgende zwei sehr gut definirte hinzufügen.

Phyllachora didyma n. sp. *Stromata gregaria, elongata, angustata, nigra, loculis paucis, globosis, ostiolis saepe protuberantibus, umbilicatis, perforatis, ascis cylindraceis 75—80 lgs., 9—10 lts., stipite brevissimo, sporidiis 8, monostichis, ellipsoideis, medio distincte constrictis et obscure septatis, seu didymis, hyalinis, strato gelatinoso cinctis, 10—12 lgs., 7—8 lts. Paraphyses angustae, Spermogonia in stromatis ambitu, spermatiis filiformibus tenuissimis, flexuosis, hyalinis, ut videtur continuis sed guttulatis, 15 circa lgs., rix 1, lts.*

An *Andropogon Gryllus* bei Deutsch-Altenburg im Marchfelde.

Von der häufigen und in der That auch sehr substratvagen *Ph. graminis* unterscheidet sie sich bestimmt durch die nicht eiförmigen, sondern elliptischen, in der Mitte stets mehr oder weniger eingeschnürten Sporen und die Abtheilung. Auch bei den Sporen der ersterwähnten kommen hin und wieder unregelmässige Theilungen des Inhaltes vor, dagegen wird bei dieser Art auch wenn das Septum nicht immer deutlich ist, das Charakteristische der Theilung in der Mitte und an der Einschnürung stets erkennbar sein. Die beiden von Fuckel beschriebenen Arten mit getheilten Sporen unterscheiden sich durch die zweireihige Anordnung der letzteren.

Phyllachora Cynodontis n. sp. *Stromata sparsa vel confluentia, subcuticularia, vel angularia, atra, tuberculata, pertusa seu loculis minutis, ostiolis clandestinis; ascis clavatis, stipite longo, angusto, 65—75 lgs., p. sp: 45—50, 13—16 lts., deorsum saepe elongatis angustatisque, sporidiis plerumque dense conglobatis 2—3 stichis, interdum oblique monostichis, ovatis, nucellularibus, dilutissime luteis, 8—10 lgs., 5—6 lts. Paraphyses superiores, angustae, ramulosae, paucae. Spermatia in stromatis parte peripherica nata, filiformia, flexuosa, tenuissima, guttulata, hyalina 9—12 lgs., rix 1, lts.*

An *Cynodon Dactylon*, Malta (Bremer) bei Marseille (Castagne).

Ist habituell charakterisirt durch das mehr kreisförmige oder breit rhombische Stroma, sonst aber ganz besonders durch die typisch 2—3 reihig angelegten, oft auf einen kleinen Raum des Schlauchbauches zu-

sammengeballten Sporen. Obschon sich Schläuche mit einreihiger Anordnung auch vorfinden, ist bei eingehender Untersuchung wohl zu
erkennen, dass dies nicht die Regel ist. An zahlreichen Exemplaren
der *Ph. graminis*, von verschiedenen Substraten fand ich stets einreihige
Schläuche.

Myrmaecium megalosporum (Auersw.). *Valsaria megalospora Auersw.* im Tauschverein. *Stroma plus minus discretum,
roliceum, hemisphaerico vel rotundato-pulvinatum in peridermum eruc-
tum subtectaceum, tipatum raritu confluens, extus atra fuscum haud
pruinosum, intus fuscum. Perithecia in singulo stromate 3–5 plerumque 1, monostichu, globosa, vel mutua pressione angulosa, collis
crassis, brevibus, vertice canalis parum compressis, prominulibus et
convergentibus; ascis grandioribus subcylindraceis inferne attenuatis
et pedicellatis 230–250 tgs., p. spor. (stip.: 50–70) 24–26 lts.,
sporidiis monostichis, cylindraceo-ellipsois, utrinque sphaeroideo-rotun-
datis, rectis, medio subseptatis vix constrictis, saturate fuscis 33–42
tgs., 14–15 lts. Paraphyses crassae simplices articulatae et guttulatae.*

An Erlenrinde bei Leipzig (Auerswald).

Die kleinen pustelförmigen, wenig über 1–1.5 Millim. messenden
Stromata sind mehr oder weniger genähert, manchmal an der Basis zu-
sammenfliessend, nur am Scheitel aus der dicht anschliessenden Rinde
hervortretend, aussen schwarzbraun und hin und wieder purpurbraun
bereift, (niemals roth bestäubt wie bei *M. rubricosum*. Der ganze
Pilz hat etwa den Habitus einer Form von *Authostoma turgidum* mit
ein wenig mehr vortretendem Stroma. Die gewöhnliche Anzahl der
Perithecien ist 1, welche häufig ziemlich regelmässig kreuzweise stehen.
In diesem Falle bilden die am Scheitel des Stromas hervorbrechenden
stumpf konischen, breiten, zusammenneigenden, schwarzen Mündungen
ebenfalls ein fast regelmässiges Kreuz. Abgesehen von diesen habituellen
Merkmalen ist die Art noch ausgezeichnet durch ausserordentlich grosse
Schläuche und Sporen, so dass irgend eine Vergleichung mit anderen
Arten füglich entfallen kann.

*Diatrypella enggroides n. sp. Stromata perithecigera,
tubercula formata, cum subortu dura (in cortice) nunc ellipsoidea
vel elongata (in ligno), convexa, dem in confluentia, dipata, gregaria
vel seriatim disposita, interdum effusa, superficialia vel paene innata,
angulosa, extus intusque atra. Perithecia 2–10, nunc in stromata
propria nunc in ligno vel corticis parte externo, plerumque irregulare*

monostiche nidulantia densceque stipata, globosa, majuscula (300—450 diam.). rostra perithecii diametro vix aequante supra stromatis super- ficiem haud superante, crasso, ostiolo obscure sulcato vel integro; ascis anguste clavatis longe pedicellatis 130—180 lgs. (p. spor.; 80—100) 10—12 lts., sporidiis numerosis, cylindraceis, curvatis, obtusis, uni- cellularibus, dilute fuscescentibus, 7—10 lgs., 1½ lts. Paraphyses filiformes superantes.

An theilweise entrindeten Ulmenästen bei Lautschitz in Mähren April.

Nach den, die bekannten Arten umfassenden Beschreibungen Nitschke's kann wohl kaum ein Zweifel darüber bleiben, dass die vor- liegende Art zu keiner der in den *Pyren. germ.* angeführten gehöre, und man könnte mit Rücksicht auf den, vielen *Eutypen* z. B. *E. scabrosa* entsprechenden Habitus höchstens vermuthen, dass sie viel- leicht eher zu *Cryptovalsa* zu ziehen wäre. Dagegen spricht jedoch die Schlauchschichte, insbesonders auch das reichliche Vorkommen von Paraphysen, welche bei dieser Gattung constant zu fehlen scheinen.

Die einzelnen Stroma sind kaum über 1 Millim. gross, auf der Rinde rundlich, auf dem Holze gestreckt, bilden jedoch, indem sie zu- sammenfliessen grössere Gruppen und auf der Holzoberfläche entlang den Fasern, streifenartige Krusten von mehreren Centim. Länge. Sie sind an der Oberfläche gerunzelt und mattschwarz, im Innern ebenfalls schwarz, wodurch sich dieser Pilz schon allein von Formen der *D. verruciformis* und *faracea* mit mehr ausgebreitetem Stroma unterscheidet. Die unregel- mässig einreihigen Perithecien sind im Stroma, häufiger noch in der oberen Substratmasse eingesenkt, oft gedrängt und deformirt. Ihre An- zahl in jedem gesondertem Stroma ist in der Regel gering. Die Mün- dungen sind kurz und robust, dort wo sie stärker vorragen undeutlich gefurcht oder gefaltet. Die längsten, und dann breit konischen Schnäbel erreichen ½—¾ Millim. Die allgemeine Form der Schläuche nähert sich oft dem Cylindrischen, mit einer kleinen Erweiterung in der Mitte des sporenführenden Theiles, und ansehnlichem Stiele. Die Sporen sind verhältnissmässig lang und schmal und ziemlich dunkel gefärbt.

Eben als der Druck dieser Abhandlung zum Abschlusse gelangte, erhielt ich die nicht minder schmerzliche als unerwartete Nachricht von dem Tode Leopold Fuckel's. Die bleibenden Verdienste, welche sich dieser ausgezeichnete Mann namentlich um die Systematik in der Mycologie durch vieljährige ununterbrochene Studien erworben hat, werden wohl an einem passenderen Orte von berufener Seite gewürdigt werden. Es ist mir jedoch unter dem Eindrucke der Nachricht unmöglich meine kleine Arbeit zu schliessen, ohne an diesem frischen Grabe hervorzuheben, wie viel ich dem Hingeschiedenen während unseres durch eine lange Reihe von Jahren geführten brieflichen Verkehres zu danken hatte.

Gleich Fries in seiner „summa vegetabilium" hat Fuckel, wie man weiss, unter dem bescheidenen Titel von „Beiträgen zur Kenntniss der rheinischen Pilze" Arbeiten von grossem allgemeinem Werthe veröffentlicht. Bei dem gegenwärtigen unfertigen Zustande der Mycologie ist nicht darauf zu rechnen, dass Anschauungen von heute für lange Zeit durchweg unverändert ihre Geltung behalten sollten. Man macht aber nicht den zweiten Schritt vor dem ersten und die Freunde der Mycologie wissen recht wohl, dass namentlich hinsichtlich der Micromyceten Fuckel's Arbeiten eben so wichtig sind, als die Fries'schen für die Mycologie im Allgemeinen epochemachend waren. Ehre seinem Andenken!

Erklärung der Tafel IV.

Sporenzeichnungen, sämmtliche in $\frac{650}{1}$

Uebersicht

im Jahre 1875

in Mähren und österr. Schlesien, sowie zu Freistadt in Ober-Oesterreich

angestellten phänologischen Beobachtungen.

Die nachfolgenden Daten lieferten:

In Bärn Herr Johann Gaus; in Znaim Herr Professor Adolf Oborny; in Freistadt Herr Professor Urban

I. Pflanzenreich.

1. Bäume und strauchartige Gewächse.

a) Laubentfaltung.

Bärn.

Acer platanoides 18.5, Aesculus Hippocastanum 14.5, Alnus glutinosa 22.5, Betula alba 17.5, Corylus Avellana 12.5, Fagus silvatica 17.5, Fraxinus excelsior 22.5, Pinus Larix 17.5, Prunus Padus 13.5, Ribes Grossularia 4.5, R. rubrum 4.5, Robinia Pseud' Acacia 28.5, Rosa canina 12.5, Rubus Idaeus 18.5, Sambucus nigra 13.5, Syringa vulgaris 4.5, Tilia grandifolia 20.5, T. parvifolia 22.5.

Znaim.

Acer platanoides 28.4, Aesculus Hippocastanum 20.4, Betula alba 5.4, Crataegus Oxyacantha 20.4, Cytisus Laburnum 1.5, Daphne Mezereum 1.5, Evonymus europaeus 20.4, E. verrucosus 1.5, Juglans regia 10.5, Ligustrum vulgare 21.4, Pyrus communis 21.4, Ribes aureum 25.4, Robinia Pseud' Acacia 10.5, Salix fragilis 21.4, Sorbus Aucuparia 25.4, Syringa vulgaris 21.4, Tilia grandifolia 25.4, Ulmus campestris 19.4, U. effusa 23.4, Vitis vinifera 12.5.

b) Blüthe.

Beobachtete Pflanze	Barn	Freistadt (Ob. Oesterr.)	Znaim	Brünn
Acer platanoides .	17.5	21.5	2.5	
Aesculus Hippocastanum . .	30.5		15.5	12.5
Alnus glutinosa	. .	16.1	6.4	—
Berberis vulgaris	1.6	26.5	19.5	..
Betula alba		..	27.4	—
Cornus mas	—	—	30.1	—
„ sanguinea .			8.5	—
Corylus Avellana . .	12.4	10.4	3.1	1.4
Crataegus Oxyacantha . .	9.6		20.5	
Cytisus Laburnum . . .		26.5	19.5	
Daphne Mezereum	19.4	16.1		
Evonymus europaeus . . .		—	8.5	—
Genista germanica		..	31.5	—
„ tinctoria . . .		.	2.6	—
Ligustrum vulgare		..	10.6	.
Lonicera Caprifolium . . .			27.5	
„ Xylosteum . . .	31.5		12.5	—
Morus alba				—
Philadelphus coronarius . .	16.6	12.6	6.6	--
Pinus silvestris	7.6		19.5	—
Populus pyramidalis	8.5	28.4	..	—
„ tremula . . .	30.4	12.4	10.1	—
Prunus Armeniaca	..	..	29.4	—
„ avium .	19.5	11.5	3.5	1.5
„ Cerasus	—	—	10.5	
„ domestica			7.5	
„ Padus . . .	21.5	11.5	8.5	9.5
„ spinosa . . .			8.5	
Pyrus communis . . .	25.5	6.5	6.5	
„ Malus	24.5		9.5	
Rhamnus Frangula . . .	14.6		28.5	
Ribes aureum	—		8.5	
„ Grossularia . . .	8.5	6.5	26.4	
„ rubrum . . .	10.5		6.5	
Robinia Pseud' Acacia . .	18.6	15.6	2.6	5.6
Rosa canina	9.6		2.6	
Salix Caprea	16.5		13.1	
„ fragilis			9.5	—
Sambucus nigra	19.6	6.6	3.6	30.5
„ racemosa .	..	16.5	12.6	
Sorbus Aucuparia	5.6			
Syringa vulgaris . . .	1.6	22.5	12.5	.
Tilia grandifolia . . .	29.6	.	18.6	20.6
Ulmus campestris . . .	7.5		19.4	—
Vaccinium Myrtillus . . .	18.5		10.5	—
Viburnum Opulus . . .	14.6		23.5	
Vinca minor			6.5	

Ausserdem wurden notirt in

Barn:

Calluna vulgaris 8.8, Fagus silvatica 1.6, Juniperus communis 2.6, Lonicera nigra 31.5, Prunus Mahaleb 27.4, Rosa alba 26.6, R. lutea 24.6, R. ...

folia 20.6. **Rubus caesius** 21.6, **Spiraea Ulmaria** 27.6, **Tilia parvifolia** 11.7.

F r e i s t a d t :

Fraxinus excelsior 3.5, Lycium barbarum 30.5, **Populus nigra** 28.4, **Salix** amygdalina 16.5.

Z n a i m :

Acer campestre 7.5, **Cydonia vulgaris** 20.5, Daphne cneorum 1.5, Evony-mus verrucosus 20.5, Fraxinus excelsior 8.5, **Juglans** regia 19.5, **Juniperus** communis 20.5, Lycium barbarum 17.5, Persica **vulgaris** 27.4, Populus canescens 7.4, Prunus Mahaleb 8.5, Quercus pedunculata 19.5, Rosa pimpinellifolia 27.5, Sorbus torminalis 21.5, Staphylea pinnata 20.5, **Tilia** parvifolia 4.7, Ulmus effusa 16.4, Viburnum Lantana 19.5, **Viscum album** 17.4, Vitis vinifera 19.6.

c. Fruchtreife und weitere Beobachtungen.

B a r n.

Aesculus Hippocastanum 25.9, Berberis vulgaris 25.9, Corylus Avellana 20.8, **Crataegus** Oxyacantha 18.9, Fagus silvatica 21.9, Populus tremula 5.6, **Prunus Cerasus** 15.7, Pr. Padus 28.7, **Pr.** domestica (Zwetschke) 15.9, Pr. spinosa 15.9, **Pyrus communis** 30.8, P. Malus 20.8, **Rhamnus cathartica** 21.9, Ribes Grossularia 8.7, R. rubrum 9.7, **Rosa canina** 2.9, **Rubus Idaeus** 15.7, R. agrestis 11.8, **Sambucus** nigra 2.9, **Sorbus Aucuparia** 30.9, **Ulmus campestris** 20.6, **Vaccinium** Myrtillus 30.6, V. Vitis Idaea 9.8.

Z n a i m :

Am 16. März erschienen die ersten Frühlingsboten: Anemone Pulsatilla und Galanthus nivalis, bald darauf folgte Frost, Schnee und bedeutende Kälte, so dass das Wiedererwachen der Natur erst am 5. April mit dem Blühen von Anemone **hepatica** notirt wurde.

2. Krautartige Gewächse.

Die mit einem Sternchen bezeichneten Arten sind im Garten cultivirt.

a) Blüthe.

Beobachtete Pflanze	Barn	Freistadt	Znaim
Achillea Millefolium	20.6		2.6
Adoxa Moschatellina			1.5
Agrostemma **Githago**			19.6
Ajuga genevensis			18.5
„ reptans	12.5	6.5	14.5
Alopecurus pratensis			19.5
Anemone Hepatica	10.4	16.4	5.4
„ nemorosa	23.4		21.4
„ Pulsatilla	—	—	16.3

a) Blüthe.

Beobachtete Pflanze	Bara	Freistadt	Zwettl
Anemone ranunculoides			24.3
Anthemis tinctoria			8.6
Aquilegia vulgaris			1.6
Asarum europaeum	6.5		16.4
Asperula odorata	6.6	--	20.5
Barbarea vulgaris		16.5	14.5
Caltha palustris	27.4		1.5
Cardamine pratensis		6.5	10.5
Centaurea Cyanus	11.6		2.6
Cerastium arvense			12.5
Chelidonium majus	21.5	11.5	9.5
Chrysanthemum Leucanthemum	12.5		27.5
Chrysosplenium alternifolium	20.4		1.5
Convallaria majalis	27.5		21.5
Corydalis digitata			15.4
Cichorium Intybus	12.7		6.4
Dianthus Carthusianorum			28.5
*Diclytra spectabilis	20.5		29.5
Draba verna	4.5	3.5	14.4
Echium vulgare	12.6		8.9
Euphorbia Cyparissias			1.5
Fragaria elatior	26.5		10.5
„ vesca	12.5	6.5	1.5
*Fritillaria Imperialis	13.5		3.5
Gagea arvensis	28.1		10.4
„ lutea			15.4
Galanthus nivalis			10.3
Galeobdolon luteum	22.5	15.5	12.5
Galium verum	18.6		21.5
Geum urbanum	9.6		20.5
Glechoma hederacea	10.5		20.5
Gnaphalium dioicum			13.5
Helianthemum vulgare	7.6		
Hieracium Pilosella	11.6		18.5
Holosteum umbellatum			27.4
Hypericum perforatum	30.6	18.6	12.6
Lamium album	18.5		12.5
„ maculatum			4.5
„ purpureum			4.5
Lathraea squamaria			27.4
*Lilium bulbiferum	18.6		10.6
Linaria vulgaris	9.6		8.5
Lithospermum arvense	11.5		
Lychnis Flos cuculi	6.6	21.5	27.5
„ Viscaria	5.6	21.5	13.5
Lysimachia Nummularia	21.6		8.5
Myosotis silvatica			20.4
Orchis Morio			17.5
Orobus vernus			9.5
Oxalis Acetosella	12.5	3.5	30.4
*Paeonia officinalis			27.5
Pedicularis palustris			

a) Blüthe.

Beobachtete Pflanze	...	...	...
Pisum sativum	—		24.5
Plantago lanceolata	20.5	16.5	21.5
Platanthera bifolia		—	9.6
Polygala vulgaris	30.5		21.5
Polygonum Bistorta			
Potentilla anserina	3.6		21.5
„ verna		25.1	10.1
Primula elatior			30.4
„ officinalis	28.4		24.4
Pulmonaria officinalis	2.5		19.1
Ranunculus acris	22.5	11.5	10.5
„ Ficaria	30.4		20.4
Rumex Acetosa			7.5
Salvia pratensis			17.5
Saxifraga granulata	29.5		7.5
Scrophularia nodosa	17.6		19.5
Secale cereale	25.6	23.6	25.5
Sedum acre	19.6	6.6	29.6
Senecio Jacobaea	6.7		30.6
Solanum Dulcamara	17.5		9.6
Stellaria Holostea	19.5		7.5
Symphytum officinale	29.5	16.5	16.5
Taraxacum officinale	11.5	—	1.5
Trifolium pratense	8.6		15.5
„ repens	—		24.6
Triticum vulgare	7.7*		14.6
Turritis glabra			22.5
Tussilago Farfara			9.4
Urtica urens			8.6
Veronica agrestis	20.4		
„ Chamaedrys			12.5
„ triphyllos			27.1
Vicia sativa	27.6		14.6
Viola odorata	27.1	12.4	19.1

* aestivum.

Ausserdem wurden notirt in

Bärn.

Aconitum Lycoctonum 25.6, A. Napellus 10.7, Agrimonia Eupatorium 12.7, *Agrostemma coronaria 1.7, Alchemilla vulgaris 7.5, Althea officinalis 9.8, Anthemis Cotula 10.6, A. tinctoria 27.6, Aquilegia vulgaris 4.6, Arctium Lappa 27.7. *Asclepias cornuti 11.7. *Aster chinensis 31.7, Astragalus glycyphyllos 26.5, Avena sativa 8.7, Bellis perennis 5.4, Briza media 22.6, Bromus arvensis 3.7, *Calendula officinalis 6.7, Carex praecox 5.5, Carlina acaulis 31.7, Carum Carvi 5.6, Centaurea Jacea 2.7, C. Scabiosa 7.7, Cirsium rivulare 10.6, Clematis Vitalba 29.7, Colchicum autumnale 20.8. Convolvulus arvensis 26.6, Corydalis bulbosa 1.5, Cuscuta europaea 9.7, Dactylis glommerata 21.6, *Delphinium Ajacis

28.7, Dianthus plumarius 20.6, Equisetum arvense 7.5, Euphrasia officinalis 15.7, Galeopsis Ladanum 10.7. Galium Mollugo 23.6, Genista germanica 6.6, Gentiana ciliata 20.8, *Georginia variabilis 19.7, Geum rivale 23.5, Gladiolus communis (?) 26.6, Gnaphalium dioicum 20.5, *Helianthus annuus 9.8, *Hesperis matronalis 8.6, Hordeum distichon 5.7, Impatiens noli tangere 13.7. Lathyrus heterophyllus 22.6, Lepidium campestre 10.5, *Lilium candidum 10.7. Linum usitatissimum 15.7, *Lychnis chalcedonica 2.7. L. Githago 23.6, Majanthemum bifolium 13.6, Melampyrum arvense 4.7, M. silvaticum 13.6, Menyanthes tri-foliata 28.5, *Narcissus poeticus 22.5, *N. Pseudo-Narcissus 1.5, Onopordon Acanthium 3.7, Orchis maculata 25.5. Papaver somniferum 11.7, Parnassia palustris 11.8, Pedicularis palustris 21.5, *Phlox hybrida 11.8, Poa pratensis 16.6, Paeonia officinalis 8.6, Polygonum aviculare 18.7. P. Hydropiper 8.8, P. Convolvulus 8.7, Prenanthes purpurea 9.7, *Primula Auricula 2.5. Scabiosa ar-vensis 21.6, Sedum villosum 17.6, S. Telephium 29.7. Solanum tuberosum 5.7, Solidago Virgaurea 30.9, *Tagetes patula 18.7, Tanacetum vulgare 14.7, Thlaspi perfoliatum 6.6. Thymus serpyllum 23.6, Tormentilla erecta 26.5, Tragopogon pratense 10.6, *Trapaeolum majus 28.7. Tussilago Petasites 22.4, Verbascum nigrum 29.6. Veratrum album 13.7, Vicia lathyroides 2.6, Vinca minor 8.5, Viola arvensis 2.5, V. palustris 13.5, V. silvestris 25.5.

Freistadt:

Anthriscus silvestre 16.5, Arnica montana 5.6, Campanula patula 22.5, C. persicifolia 21.6, C. rapunculoides 20.6, Cardamine amara 15.5, Carum carvi 23.5, Centaurea cyanus 4.6, Chenopodium bonus Henricus 6.5, Convolvulus ar-vensis 10.6, Dianthus deltoides 21.6, Jasione montana 18.6, Lychnis diurna 6.5, Menyanthes trifoliata 16.5, Narcissus poeticus 6.4., Phyteuma nigrum 25.5, Po-tentilla verna 25.4. Ranunculus bulbosus 21.5. R. lanuginosus 16.5, Soldanella montana 25.4, Symphytum tuberosum 15.5, Valeriana dioica 15.5.

Znaim:

Anchusa officinalis 12.5, Anthoxanthum odoratum 12.5, Asparagus offici-nalis 26.5, Arabis arenosa 1.5, Campanula rotundifolia 27.5, Carum carvi 1.5, Cerastium triviale 18.4, Ceratocephalus orthoceras 9.4. Convallaria Polygonatum 10.5, Delphinium Consolida 1.6. Epilobium angustifolium 9.6, Farsetia incana 23.5, Geranium Robertianum 22.5, Hyoscyamus niger 26.5, Jasione montana 1.6, Iris germanica 20.5, Onobrychis sativa 29.5, Papaver Rhoeas 19.5. Sisymbrium Alliaria 8.5. Solanum tuberosum 8.6.

b) Fruchtreife.

Bärn:

Ervum lens 20.8. Fragaria vesca 13.6, Hordeum vulgare 11.8, Leontodon Taraxacum 4.6, Pisum sativum 20.8, Secale cereale aestivum 8.8, Sec. hybernum 28.7, Tussilago farfara 30.5,

Freistadt:

Fragaria vesca 8.6, Taraxacum officinalis 11.5. Heumahd 4.6.

II. Thierreich.

	Erstes Erscheinen		Erstes Erscheinen
Bärn.		Acridium stridulum . . .	12 7
Aves.		**Arachnida.**	
Alauda arvensis	13.3	Phalangium Opilio . . .	4 7
Cuculus canorus . . .	7 5		
Fringilla coelebs . . .	5.1	**Freistadt.**	
Gallinula crex	28 6		
Hirundo rustica	7 5	**Aves.**	
Motacilla alba	5 4		
Ruticilla Phoenicurus . .	10.1	Coturnix dactylisonans .	17 5[2]
Turdus musicus . . .	4 5	Crex pratensis	30 5[2]
		Cuculus canorus . . .	9.5[2]
Reptilia.		Cypselus apus	6 5
Lacerta agilis	29.4	Fringilla serinus . . .	15 4
		Hirundo rustica . . .	10.1
		„ . . .	21.4[4]
Insecta.		Jynx torquilla	10 5[3]
Aphodius fimetarius . .	1.5	Motacilla alba	2.3
Cicindela campestris .	5 5	Oriolus galbula	16 5[2]
Coccinella 7punctata . .	2 5	Sturnus vulgaris . . .	7.3
Melolontha vulgaris . .	23.5	„ . . .	30.5[3]
Necrophorus Vespillo .	12 5	Sylvia hortensis . . .	10.5[3]
Pterostichus cupreus . .	12 4	„ tithys	2.4
Rhizotrogus solstitialis .	27.6		
		Insecta.	
Arge Galathea	1.7	Aglia Tau (♂)	16.5
Argynnis Aglaja	10.7	Anthocharis Cardamines .	15.5
Coenonympha Pamphilus .	23 6	Atychia Statices . . .	21.6
Gonepteryx Rhamni . .	29.4	Cossus ligniperda . . .	10 6[5]
Papilio Machaon	20 7	Gonepteryx Rhamni . .	6.4[1]
Pieris Brassicae	11.5	Hipparchia Janira . . .	12 8[3]
Plusia Gamma	22 6	„ Maera . .	21 6
Vanessa Antiopa	22 4[1]	Lasiocampa lanestris . .	5 4[1]
„ „ . . .	27.7[2]	Macroglossa bombyliformis .	15.5
„ Jo . . .	8 5[1]	Polyommatus phlaeas . .	9.5
„ „ . .	13.7[2]	Papilio Podalirius . . .	22.5
„ Urticae . .	10 4[1]	Psyche graminella (♂) . .	16.5
Zygaena Filipendula . .	26.6	Smerinthus Populi . . .	18.5
		„ Tiliae . . .	12 6
Bombus terrestris . . .	30.4	Thecla Rubi	15.5
Vespa vulgaris	21 5	Vanessa Antiopa	19.4
		„ C album . . .	10.4
Scatophaga stercoraria . .	29 4	„ Jo	6.4
		„ Urticae . .	14.3
Libellula Virgo	21.6		
„ grandis . . .	29 6	Astynomus aedilis . . .	15.4
		Chalcophora Mariana . .	4.6

[1] Ueberwintert. [2] Sommergeneration. [3] Erster Ruf. [4] Am Nestplatze. [5] Flügge Junge. [6] Die Raupe. [7] ♂ und ♀ in Menge.

	Erstes Erscheinen		Erstes Erscheinen
Cicindela campestris	19.4	Upupa epops	13.4 [7]
Melolontha vulgaris	17.5	Luscicola luscinia	8.5 [7]
Rhizotrogus solstitialis	18.6	**Reptilia.**	
Apis mellifica	10.4	Lacerta agilis	8.5
		„ viridis	8.5
Chironomus plumosus	30.4 [1]	Tropidonotus natrix	24.4
Gryllus campestris	15.5 [2]	**Insecta.**	
		Colias Rhamni	5.4
Machylis polypoda	6.1 [3]	Pontia Cardamines	11.5
		Vanessa Urticae	30.4
Lygaeus apterus	5.4 [3]		
		Amphimallus solstitialis	25.4
Zuaim.		Dorcadion rufipes	15.4
Aves.		Lucanus cervus	1.6
		Melolontha vulgaris	2.4
Alauda arvensis	5.4 [5]	Oryctes nasicornis	27.5
Cuculus canorus	14.4 [6]	Staphylinus erythropterus	13.4

[1] Schwärmend. [2] Zirpt in Menge. [3] Sich sonnend. [4] Mehrfach in copula. [5] Erster Sang. [6] Erster Ruf. [7] Erscheint in der Regel viel früher A. T.

Meteorologische Beobachtungen

aus Mähren und Schlesien im Jahre 1875.

Zusammengestellt, mit Unterstützung mehrerer Mitglieder,

von Joh. G. Schoen.

Beobachtungs-**Stationen.**

Name	Länge von Ferro	Breite	Seehöhe in Meter	Die Station besteht seit dem Jahre	Beobachter	Seit dem Jahre
Barany	35° 10′	49° 35′	651·0	1875	Herr Theodor Langer.	
Ostrawitz	36 3	49 29	420·1	1872	„ Joh. Jackl.	
Gross-Karlowitz	35 53	49 24	545·1	1875	„ A. Johnen.	
Spentsch	35 25	49 32	356·6	1865	„ A. Schwarz.	
Mähr. Weisskirchen	35 23	49 33	266·4	1871	„ Dr. G. Hassler.	
Bistritz am Hostein	35 25	49 24	344·4	1865	„ Dr. Leop. Toff.	
Prerau	35 7	49 35	217	1874	„ L. Jehle.	
Koritschan	34 50	49 6	2728	1875	„ Franz Pataniček.	
Kameron-Chwalkowitz	34 30	49 11	237·4	1875	„ Carl Rauch, später J. Neusser.	
Göding	34 18	48 51	168·8	1875	Herren Franz Hahn und K. Fleischhacker.	
Bärndorf	34 11	50 23	2623	1870	Herr Dr. Pagels.	
Schönberg M.	34 18	49 58	327·1	1875	„ Jos. Paul. jun.	
Brünn	34 17	49 12	2190	1848	„ Dr. Olexik.	
Zwittan (Bemghuben)	34 10	49 43	418·5	1875	„ Jos. Kleiber.	
Grussbach	34 4	48 49	167·3	1874	„ Dr. C. Briem.	
Rožinka	33 53	49 29	483·3	1874	„ Jos. Stursa.	
Znaim	33 43	48 51	260·0	1872	„ V. Bartel.	
Schelletau	33 20	49 8	555	1874	„ Carl v. Kammel.	
Iglau	33 11	49 23	512·4	1874	Herren Prof. A. Rousig und Grawl.	

15a*

Beobachtungs-Stunden:

7 Uhr Morgens. 2 Uhr Nachmittags, 10 Uhr Abends:
Bistřitz am Hostein und Znaim (I—III und X—XII).

6 Uhr Morgens, 2 Uhr Nachmittags, 10 Uhr Abends:
Barany, Ostrawitz, Speitsch, Mähr.-Weisskirchen, Koritschan, Komorau.
Barzdorf, Brünn und Znaim (IV—IX).

7 Uhr Morgens, 2 Uhr Nachmittags, 9 Uhr Abends:
Gr.-Karlowitz, Prerau. Göding, Schönberg, Zwittau, Grussbach. Rožinka.
Scholletau.

8 Uhr Morgens, 2 Uhr Nachmittags, 9 Uhr Abends:
Iglau.

Im Jahre 1875 kam als neue Station hinzu: Prerau. Der Beobachter
L. Johle war so freundlich auch noch seine Aufschreibungen aus dem
Jahre 1874 dem Vereine zu Gebote zu stellen. Diese sind in einem
Anhange beigefügt.

In Grussbach hat Herr Dr. C Briem die Beobachtungen über
Bodentemperatur fortgesetzt und durch solche über Bodenfeuchtigkeit
wie auch über die Temperatur des Teiches ergänzt. Herr Oberförster
A. Johnen hat wieder vergleichende Niederschlagsmessungen vorge-
nommen und mit Beginn des laufenden Jahres auch die Temperatur des
Beczva-Flusses regelmässig beobachtet.

Notirungen über Verdunstung liegen vor, von Gross-Karlowitz.
Prerau und Grussbach.

Abgefallen ist in diesem Jahre keine Station, doch sind in Komorau-
Chwalkowitz und Znaim die sämmtlichen Beobachtungen unterbrochen
worden und haben jene über Luftdruck durch Beschädigung des Baro-
meters eine Störung erlitten.

Herr C. Rauch hat Komoran verlassen, doch werden die Beobachtungen von seinem Nachfolger Herrn Verwalter J. Neusser nun fortgesetzt.

Luftdruck

Monat	Ostrawitz				Spettsch			
	6 Uhr	2 Uhr	10 Uhr	Monats-Mittel	6 Uhr	2 Uhr	10 Uhr	Monats-Mittel
Jänner	721.11	721.78	721.17	721.79	730.6	729.8	730.8	730.4
Februar	23.18	23.35	23.88	23.40	29.5	29.8	30.0	29.8
März	24.65	24.81	25.26	24.91	32.0	31.6	31.3	31.6
April	22.97	22.87	22.80	22.90	28.5	28.5	28.5	28.5
Mai	24.97	24.93	24.83	24.91	29.7	31.3	29.5	30.2
Juni	23.98	23.76	24.04	23.93	28.5	28.9	27.9	28.2
Juli	23.15	23.13	23.25	23.17	27.3	27.2	27.4	27.3
August	25.11	25.20	25.62	25.41	29.5	29.2	29.1	29.4
September	26.26	26.11	26.40	26.26	30.8	30.2	30.7	30.6
Oktober	24.18	24.18	24.79	24.38	27.0	27.1	27.5	27.0
November	19.78	19.76	19.48	19.68	25.1	25.3	25.2	25.3
December	721.04	722.70	721.47	721.66	730.2	730.6	730.6	730.4
Jahr .	723.67	723.63	723.88	**723.72**	729.0	729.1	729.0	729.0

in Millimeter.

Bistritz am Hostein				Barzdorf				Mährisch-Schönberg			
7 Uhr	2 Uhr	10 Uhr	Monats-Mittel	6 Uhr	2 Uhr	10 Uhr	Monats-Mittel	7 Uhr	2 Uhr	9 Uhr	Monats-Mittel
728.51	727.27	728.59	728.22	739.81	740.08	740.49	740.13	733.50	733.42	733.59	733.60
27.32	25.78	26.17	26.69	40.58	40.30	40.62	40.50	31.70	30.94	31.78	31.47
28.59	27.23	28.02	28.31	41.18	41.07	41.58	41.28	33.45	33.30	33.84	33.52
26.02	25.41	25.89	25.74	38.73	38.48	38.79	38.67	31.38	30.81	31.17	31.13
26.48	26.15	26.04	26.22	40.40	40.14	40.19	40.24	33.44	32.73	32.64	32.84
24.78	23.98	24.26	24.49	38.90	38.53	38.80	38.75	31.74	31.32	31.40	31.49
23.59	23.21	23.67	23.48	38.23	37.83	38.03	38.06	31.09	30.67	30.73	30.83
			—	40.39	40.23	40.30	40.31	33.54	33.24	33.36	33.37
			—	41.68	41.54	41.03	41.53	34.42	33.99	34.35	34.25
			—	36.84	36.78	37.27	36.95	29.16	29.06	29.48	29.23
			—	35.52	35.04	34.89	35.15	27.98	27.47	27.60	27.68
			—	740.21	739.88	740.82	740.30	732.54	732.25	732.88	732.55
		—		739.37	739.34	738.45	739.32	731.96	731.59	731.92	731.53

Luftdruck

Monat	Brünn				Genssbach			
	6 Uhr	2 Uhr	10 Uhr	Monat-Mittel	7 Uhr	2 Uhr	9 Uhr	Monat-Mittel
Jänner	746.09	743.03	743.22	743.56	749.79	749.70	730.00	748.27
Februar	41.08	42.03	41.19	42.10	48.24	47.00	47.70	47.96
März	41.29	41.42	41.52	41.08	—			
April	41.03	41.50	41.10	41.40	45.77	45.00	45.04	45.18
Mai	43.10	43.15	42.27	42.86	47.28	46.30	46.30	46.60
Juni	42.29	41.34	40.51	41.32	45.30	44.20	43.70	44.40
Juli	40.60	39.41	39.88	39.88	44.30	43.20	43.80	44.00
August	41.50	45.04	41.04	41.00	46.00	40.30	46.20	39.30
September	44.58	43.94	43.72	44.07	48.00	47.10	48.20	48.10
Oktober	39.23	39.25	38.51	39.00	45.30	45.10	43.70	44.30
November	38.03	38.45	37.87	38.11	42.00	41.80	42.10	42.20
Dezember	743.20	744.35	743.19	743.63	748.40	748.50	749.00	748.50
Jahr	742.10	742.12	741.63	**741.96**	—			

in Millimeter.

	Znaim				Schelletau				Iglau		
7 Uhr	2 Uhr	10 Uhr	Monats-Mittel	7 Uhr	2 Uhr	9 Uhr	Monats-Mittel	8 Uhr	2 Uhr	9 Uhr	Monats-Mittel
710.3	710.1			712.98	713.11			716.40	716.28		
		710.8	740.50			713.60	713.37			716.85	716.52
38.1	37.8			11.11	10.95			11.32	14.09		
		38.0	38.97			11.09	11.05			11.06	11.16
40.2	40.9			13.48	13.25			16.22	16.06		
		40.1	40.27			13.61	13.46			16.39	16.22
37.8	37.2			11.98	14.21			14.38	13.93		
		37.4	37.47			11.89	11.92			14.15	14.15
38.9	39.2			14.28	14.20			16.56	16.0		
		38.1	38.73			11.10	11.20			16.1	16.2
37.8	37.1			13.40	13.10			15.46	15.90		
		36.8	37.23			12.50	13.00			11.82	15.40
				12.10	12.00			15.00	11.50		
						11.80	12.10			14.40	14.70
	730.3			11.80	11.20			17.20	16.90		
		730.5	730.73			13.70	14.60			17.0	17.05
710.5	710.2			15.20	14.50			18.10	17.50		
		710.7	740.47			14.80	15.00			17.80	17.80
				8.80	6.80			21.9	21.8		
						9.20	8.90			22.0	21.9
				7.30	6.75			14.1	13.1		
						6.00	7.30			13.0	13.5
				712.07	712.11			715.53	711.08		
						712.05	712.08			711.90	715.11
		—		712.34	711.12	711.55	711.67	716.3	715.9	716.0	716.0

234

Luftdruck-Extreme.

Höchster und tiefster Stand des Luftdruckes während je eines Monates d. J. in
Millimeter ausgedrückt. Die Zahlen, welche unter den angesetzten Werthen für
den Barometerstand stehen, geben den entsprechenden Monatstag an.

Monat	Ostra- witz	Spittau	Bielitz am Hastein	Barz- dorf	Schön- berg	Braun	...koch	Znaim	Schelle- tau	Iglau
Höchster Stand Jänner . . . **Tiefster Stand**	736,0 28 705,9 22	741,2 28 710,4 22	737,08 28 705,91 22	753,57 28 716,90 22	745,5 28 711,7 22	758,98 28 722,13 22	761,61 28 728,10 22	752,3 28 719,1 22	725,00 31 691,42 22	728,4 31 702,8 22
Februar . .	733,3 1 713,1 4	737,8 1 719,5 4	735,83 1 715,75 4	749,77 1 728,16 5	741,3 1 721,4 3	752,13 1 731,46 3	758,21 1 738,11 3	749,2 1 720,2 3	721,77 1 702,62 3	721,5 1 701,0 3
März . . .	733,9 15 711,2 20	739,7 15 718,0 20	736,93 16 713,11 20	750,00 15 725,61 20	742,1 7,16 718,9 20	752,98 8 731,20 20	—	748,5 18 726,3 20	721,94 3 700,32 20	721,1 18 702,3 20
April . .	729,5 14 714,1 8	734,5 11 720,3 8	730,37 1 717,29 8	745,75 14 728,13 21	737,7 14 722,2 8	746,01 27 731,52 7	752,70 11 734,70 8	744,2 14 726,9 8	717,90 17 701,60 8	728,5 11 701,3 7
Mai .	731,5 11,12 716,3 30	736,5 12 722,1 30	733,42 12 718,17 30	748,27 12 731,16 30	740,9 11 724,8 30	750,97 12 732,90 30	753,80 12 733,66 30	746,9 12 728,7 30	722,50 11 705,00 30	725,3 23 700,0 30
Juni	729,1 22 719,3 26	732,7 23 723,6 26	723,59 1 719,08 26	735,30 2 734,22 10	737,0 22 726,7 26	747,17 2 735,80 20	749,90 7,23 740,00 26	742,0 2 732,7 26	718,10 2 709,00 26	720,1 2 710,3 26
Juli . . .	731,4 38 714,4 9	735,4 28 719,1 9	732,39 28 714,94 9	747,59 28 728,09 9	739,7 26 721,9 9	749,55 28 733,00 25	752,90 28 736,20 9	—	719,80 28 701,80 23	723,5 27 705,2 23
August . .	732,3 17 716,3 5, 6	735,5 17 720,8 6	—	747,28 17 731,37 6	740,3 17 724,2 5, 6	751,00 17 734,59 5	752,90 17 736,70 5	746,0 17, 24 729,0 5	721,60 17 705,20 5	723,5 24 704,0 6
September .	732,9 17, 25 715,7 29	735,8 25 720,6 29	—	748,98 25 735,02 22	741,2 25 723,5 29	751,78 28 732,64 29	756,00 25 737,80 29	746,5 17 731,0 22	720,90 25 704,70 30	723,0 24 705,0 29

Monat	Oslawan	Sprowitz	Hosterlitz des Hosteiu	Raitz	Schön- berg	Brünn	Gross- bach	Zwanse	Schöll- schitz	Iglau
Oktober höchster Stand	731.0	738.2	—	719.51	742.2	753.18	756.30	—	720.30	725.8
	7	7		7	7	7	7		8	7
tiefster Stand	703.9	710.5		717.86	710.9	721.20	724.10		691.1	692.8
	13	13		13	13	11	14		11	14
November	731.2	735.0		717.21	739.4	750.19	753.80		717.20	722.2
	16	16		16	16	16	16		17	16
	701.7	710.5		714.96	712.0	722.27	726.10		695.0	692.7
	11	11		11	11	11	11		8, 29	11
Dezember	732.1	738.1	—	729.31	746.7	754.97	756.30		721.50	723.0
	23	30		30	30	24	24		24	28
	707.9	711.5		727.15	716.5	726.30	729.28		696.9	700.0
	5	5		4	5	5	5		4	4
Jahr . . . höchster Stand	735.0	741.2	—	733.57	745.5	758.98	761.61	752.3	725.00	728.1
	9. Jänner	9. Jänner		28. Jänner	28. Jänner	28. Jänner	28. Jänner	28. Jänner	31. Jänner	31. Jänner
tiefster Stand	703.5	705.5	—	714.96	710.9	721.20	724.10		691.10	692.7
	13. Okt.	13. Okt.		11. Nov.	23. Okt.	11. Okt.	14. Okt.		11. Okt.	11. Nov.

In Brünn war während 27 Jahren der

höchste Barometer-Stand über dem Jahresmittel . . . . 20.80mm. am 9. Jänner 1859,

tiefste Barometer-Stand unter dem Jahresmittel . . . . 27.51mm. am 26. Dezember 1856,

während in diesem Jahre (1875) in Brünn betrug:

der höchste Barometer-Stand über dem Jahresmittel . . . 17.02mm. am 28. Jänner,

der tiefste Barometer-Stand unter dem Jahresmittel . . . 20.76mm. am 11. Oktober.

Luftwärme

Monat	Beobachtungs-Zeit und Monats-Mittel	Graz	Graz-alt	Gleich. Karlau-witz	Spielach	Nieder-Windisch-feistritz	Bürgel-stein Hochrib	Pettau	Kin-schau
Jänner	Morgens		2,91	− 5,15	− 2,2	1,08	− 2,18	3,06	3,26
	Nachmittags		− 0,34	− 1,15	+ 1,5	0,19	− 0,77	0,79	0,72
	Abends		2,24	− 4,15	− 2,2	1,41	− 2,50	2,76	− 2,93
	Monats-Mittel	3,51	− 1,81	− 3,49	− 1,0	+ 1,00	− 1,95	2,22	2,32
Februar	Morgens		11,28	− 13,02	− 8,9	− 8,30	9,54	9,20	9,37
	Nachmittags		− 5,97	− 3,91	1,4	2,05	− 5,11	− 3,99	1,76
	Abends		9,77	− 12,33	− 7,9	7,30	8,73	7,18	7,93
	Monats-Mittel	6,70	− 9,01	− 9,44	7,1	− 6,14	− 7,78	6,65	7,35
März	Morgens		6,41	− 6,82	1,5	− 3,11	− 4,76	3,47	3,96
	Nachmittags		− 0,73	2,24	+ 0,9	3,11	0,44	1,88	0,90
	Abends		1,09	5,50	− 2,3	3,91	− 2,89	1,39	− 2,01
	Monats-Mittel	− 3,80	3,74	− 3,37	− 1,9	− 0,31	− 2,40	0,99	1,69
April	Morgens		0,79	2,90	3,6	4,16	3,88	4,52	3,82
	Nachmittags		6,94	9,56	10,6	11,79	9,59	10,8	11,03
	Abends		2,29	2,42	5,8	6,23	3,99	6,13	5,51
	Monats-Mittel	2,10	3,33	4,50	+ 6,6	7,33	6,08	7,25	6,78
Mai	Morgens		7,47	9,12	10,7	11,18	11,54	12,37	11,16
	Nachmittags		15,82	19,51	17,6	20,55	17,50	19,15	19,25
	Abends		9,58	8,96	12,6	13,24	11,65	13,04	11,89
	Monats-Mittel	9,80	10,95	12,53	13,6	14,91	13,48	14,83	14,10
Juni	Morgens		15,67	16,11	16,5	11,81	18,27	19,04	17,87
	Nachmittags		23,49	23,72	23,6	23,52	23,83	23,65	23,56
	Abends		16,21	14,88	18,1	14,74	18,05	18,93	17,55
	Monats-Mittel	17,80	18,46	19,01	19,4	17,68	20,06	21,04	20,16
Juli	Morgens		13,17	11,16	15,9	16,18	16,63	16,99	16,65
	Nachmittags		19,79	22,35	21,9	23,68	21,54	22,81	23,79
	Abends		11,24	13,61	16,7	17,70	16,32	17,38	16,26
	Monats-Mittel	15,04	15,73	16,70	17,9	19,19	18,15	19,06	18,90
August	Morgens		12,50	13,25	15,5	16,21	16,42	16,63	15,73
	Nachmittags		21,94	24,66	23,1	25,19	23,68	24,66	26,56
	Abends		14,66	13,58	17,1	17,53	16,50	18,11	16,59
	Monats-Mittel	15,50	16,39	17,08	18,5	19,55	18,90	19,84	19,26
Septemb.	Morgens		7,32	7,56	9,2	10,32	9,78	9,85	9,01
	Nachmittags		11,71	13,95	16,3	18,11	15,95	18,41	17,16
	Abends		8,53	8,46	11,7	12,50	10,46	12,31	10,26
	Monats-Mittel	9,60	10,22	10,64	12,5	13,75	12,07	13,53	12,14
Oktober	Morgens		1,53	3,31	5,1	6,28	5,37	5,26	5,03
	Nachmittags		8,62	8,46	8,6	9,26	8,30	9,19	9,12
	Abends		4,92	4,57	6,6	7,28	6,01	6,66	5,94
	Monats-Mittel	5,10	6,65	5,40	6,6	7,61	6,66	7,01	6,69
Novemb.	Morgens		− 0,17	1,27	0,23	1,39	0,01	0,57	0,83
	Nachmittags		1,79	3,02	2,8	1,99	2,40	3,07	3,08
	Abends		0,27	0,11	1,1	1,91	0,72	1,29	1,02
	Monats-Mittel	0,33	0,62	0,64	1,5	2,54	1,04	1,95	1,64
Dezemb.	Morgens		− 6,49	7,92	− 5,8	1,08	3,26	5,30	5,13
	Nachmittags		− 3,54	3,54	3,4	1,15	3,85	3,49	2,98
	Abends		5,87	− 6,51	− 5,4	1,30	5,32	− 4,92	4,85
	Monats-Mittel	5,30	5,49	5,80	− 4,7	3,70	5,49	4,34	4,42
Jahr	Morgens		2,87	1,88	4,6	5,20	4,94	5,04	4,82
	Nachmittags		8,55	10,55	10,0	11,55	9,15	10,02	10,61
	Abends		4,07	3,54	6,2	6,55	5,42	6,53	5,64
	Mittel	4,49	5,16	5,22	6,9	7,63	6,66	7,50	7,02

nach **Celsius.**

Komotau (nach Reaumur)	Godrus	Barz-dorf	Schön-borg	Brüna	Zweite Verwa..dsdorf	Grane laufen	Rositz	Zwittn	Schella Lau	Iglau
							— 5.00	— 1.9		
							— 1.58	— 1.5		
							— 1.64	— 1.2		
— 2.45	— 2.27	0.25	2.76	— 1.81	— 2.80	— 1.50	**— 3.74**	0.53	— 2.71	— 1.84
							— 11.00	7.1		
						— 2.71	**3.12**			— 4.11
						— 6.48	**10.28**			— 8.12
7.47	— 6.15	— 6.93	7.35	5.22	8.50	5.67	**— 8.23**	— 5.37	7.67	**7.15**
					5.47 — 2.24	— 6.70	— 2.7	— 5.03	**3.80**	
					0.46	2.29	0.57	— 2.7		**0.25**
						— 1.02	— 1.82	— 1.3		2.97
— 1.65	— 0.69	— 1.24	2.15	— 0.18	3.19	— 0.35	— 3.65	— 0.43	— 3.42	2.18
					2.55	**5.33**	**2.25**	**5.3**	**2.72**	**1.03**
10.31	11.02	10.51	9.77	11.18	8.00	12.70	9.21	12.2	8.05	5.50
5.13	6.01	5.28	5.11	6.00	3.81	7.10	2.93	6.9	5.57	1.20
6.67	7.84	6.76	6.23	7.19	**4.75**	**8.35**	**4.79**	**8.13**	4.78	5.64
	13.57	9.79	11.22	7.61	9.87	13.00	9.39	13.7	10.8	12.10
	19.30	18.31	17.93	8.32	16.05	20.30	17.05	20.3	16.5	16.50
	13.57	13.70	11.92	8.07	10.22	13.50	9.91	13.9	10.3	10.90
	15.67	13.21	13.58	8.02	12.05	15.60	12.42	15.97	12.5	13.10
18.47	18.43	15.85	18.47	16.43	17.06	19.2	14.98	18.6	16.5	18.53
24.07	26.33	23.97	24.10	26.02	21.37	26.2	22.90	25.5	23.2	22.42
18.61	19.11	17.19	17.81	19.11	16.08	20.0	15.62	19.7	15.9	16.83
20.25	21.31	19.00	20.03	20.63	**18.17**	21.80	17.83	21.27	18.5	19.10
	18.40	11.93	16.30	15.21	16.99	18.40	11.41		15.81	17.10
	25.13	22.50	24.91	21.20	20.69	23.90	21.01		23.06	23.40
	17.77	16.33	10.31	17.88	14.07	18.90	14.11	—	11.50	15.80
	19.65	18.00	18.18	19.39	16.90	20.34	16.43		17.12	17.80
	15.27	14.25	14.69	15.19	11.75	16.70	14.13	17.8	15.8	17.30
	25.22	21.50	23.56	21.95	21.86	25.70	22.10	24.9	23.5	22.40
	16.92	17.57	17.46	18.16	11.82	19.00	14.21	18.9	14.9	16.95
	19.37	19.10	18.91	19.43	17.11	20.66	16.92	20.53	17.6	18.69
	10.11	5.31	8.91	9.22	8.10	10.20	7.83	11.3	9.1	9.70
	19.42	17.58	16.23	20.28	17.25	20.04	16.22	18.6	15.7	16.22
	11.17	11.06	10.81	12.12	**8.81**	12.90	7.00	12.5	9.3	10.43
	13.57	12.08	12.01	13.87	**10.74**	14.40	10.35	14.13	11.7	**12.15**
9.15	5.18	5.01	5.90	5.47	**3.89**	5.75	2.65		**4.0**	4.62
8.30	11.48	9.35	8.74	10.97	7.50	10.62	6.75		7.0	6.93
5.89	7.05	6.18	5.72	6.85	4.06	7.24	2.95		4.6	4.36
6.81	8.06	6.85	6.36	7.58	**5.15**	7.89	4.01		**5.2**	5.25
	1.07	0.75	0.00	0.39	0.87	0.77	— 2.37		1.2	0.37
	4.58	2.95	2.58	1.67	1.41	4.23	0.33		1.3	2.11
	1.39	1.17	0.68	1.33	0.09	2.10	1.29		0.1	0.02
	2.25	1.62	1.01	2.13	0.12	2.03	1.10		0.0	0.39
	1.82	1.41	6.05	1.69	7.24	5.03	8.73		5.70	5.33
	2.93	2.72	1.10	2.84	1.17	2.63	5.01		3.67	3.40
	3.97	4.30	2.30	4.10	— 2.98	— 3.90	7.11		— 4.85	5.52
	3.77	3.81	5.17	3.76	5.90	— 3.73	7.11		— 4.73	— 4.75
5.63	**4.82**	**4.56**	**9.64**	**3.62**	**5.93**	**2.60**		**4.15**	**5.18**
11.63	10.47	9.70	10.88	8.15	11.80	8.84		8.55	8.97
6.41	6.08	5.51	6.36	4.10	7.37	3.49		4.42	4.95
7.59	**7.12**	**6.59**	**8.96**	**5.39**	**8.35**	**4.88**		**5.76**	**6.37**

238

Temperatur-Extreme

Monat	Ostrau-witz	Grosse Karlo-witz	Sportsch	Makra-Wotsen-kirchen	Blottliz am Hostern	Prerau	Korlt-schin	Rosen-tau-Elsaf-lowitz
Jänner Max.	8.9	5.8	6.7	8.8	6.4	− 6.5	6.8	5.1
	21	21	21	24	20, 21	19	20	18
Min.	20.5	24.0	−14.5	−15.0	−14.5	16.7	16.3	−15.0
	2	2	2	2, 8	2	8	8	2
Februar	2.0	3.5	1.1	5.0	1.4	2.7	3.4	1.7
	3	15	1	4	4	1	4	1
	21.8	23.4	19.2	20.0	17.4	−18.4	19.8	−17.9
	24	24	24	21	24	18	11	11
März	− 5.6	10.4	6.0	7.5	6.2	6.9	6.6	6.8
	17	16	31	29, 30	24	17	11	31
	17.6	19.5	12.5	− 8.8	−11.6	9.0	11.0	9.5
	6	25	4	4	25	1, 6, 25	25	25
April	16.7	19.7	18.5	17.5	17.7	20.6	−19.5	18.7
	21	21	21	11, 12	21	21	21	21
	9.5	6.5	5.5	1.5	2.0	1.2	2.7	2.5
	15	15	15	15	15	11, 15	15	17
Mai	25.3	28.5	25.9	26.5	23.7	26.1	28.1	
	23	23	22	31	23	23	23	
	1.9	0.9	1.7	0.8	1.4	1.8	2.6	
	2	2	2	2	2	2	2	
Juni	29.8	33.5	29.7	27.0	31.3	32.7	34.2	30.6
	21	21	25	19, 30	21	21	21	21
	1.1	10.0	11.7	8.8	11.1	12.9	13.5	15.1
	2	12	2	13	5	12	2	21
Juli	29.8	32.0	28.8	28.5	28.0	30.1	31.0	
	1	4	1	5	1	1	1	
	5.7	9.0	8.7	8.8	9.7	11.7	10.2	
	30	14	28	14	13	13	15	
August	29.0	31.6	29.6	31.5	29.6	32.0	32.2	
	19	12	30	19	20	19	12	
	7.0	8.0	11.5	10.0	11.2	11.5	10.4	
	21	21	31	21	31	31	31	
September	24.7	25.2	23.6	24.5	22.2	25.1	23.6	
	20	9	20	9	20	20	17	
	0.0	1.7	1.6	0.8	2.0	2.0	3.4	
	25	26	26	26	25	26	15	
Oktober	21.0	16.5	16.4	20.0	16.4	17.0	16.2	16.9
	5	10	10	3, 12	29	10	10	10.5
	1.5	2.8	0.8	1.2	0.8	4.3	2.2	1.4
	31	18	29	28, 30, 31	29	19	19	19
November	13.3	11.5	11.8	9.3	11.7	11.9	11.7	
	11	11	11	17	11	11	11	
	12.1	14.0	11.2	10.9	11.5	9.4	− 9.4	
	30	25	30	25	20	20	20	
Dezember	9.4	4.0	5.5	7.3	5.0	3.5	3.4	
	23	23	23	21	23	23	22	
	24.6	28.5	21.2	21.5	21.6	19.5	22.4	
	7	10	30	10	10	8	8	
Jahr	29.8 / 21. Juni	33.5 / 21. Juni	29.7 / 25. Juni	24.5 / 19. August	31.3 / 21. Juni	32.7 / 21. Juni	34.2 / 21. Juni	30.6 / 21. Juni
	24.0 / 7. Dezem.	28.5 / 10. Dezem.	−21.2 / 30. Decem.	21.5 / 10. Decem.	21.6 / 10. Decem.	19.5 / 8. Decem.	22.4 / 8. Decem.	

In Brünn sind seit 27 Jahren als
Max. + 37°37 Cels. am 8. August 1873.

für die einzelnen Monate des Jahres 1875.

		schön-berg	Brünn	Zwittan Anstitz- linhost	Gams- bach	Rohrak	Znaim	Scholle-tau	Iglau
5.4	13.0	6.7	8.75	6.8	7.1	6.2	9.7	4.6	5.4
19	21	21	19	19	21	21	21	20, 21	15
17.2	−21.2	17.5	13.5	21.0	25.0	−22.6	11.0	−15.6	17.3
2	2	8	7	8	2	8	2	8	8
2.7	1.0	1.0	4.00	1.0	1.0	1.8	5.1	0.8	2.0
3	2	1	5	2	3	3	3	3	3
14.5	−20.8	19.5	17.5	24.0	21.7	−25.1	15.0	−20.8	19.7
12	21	21	11, 21	23	11	21	21	23	23
7.1	12.6	6.9	8.25	4.8	7.1	5.2	8.0	5.1	7.8
29	9	31	29	31	30	13	31	18	9
9.8	11.3	11.1	0.75	1.0	9.2	−18.0	10.8	15.1	−14.7
6	5	6	6, 25	7	7	6	7	6	6
18.2	21.2	15.1	19.75	15.0	25.0	18.1	21.5	17.2	17.0
6	21	28	28	5	24	21	24	21	28
0.00	4.6	1.6	1.2	3.1	4.0	2.5	1.4	− 2.0	− 2 3
15	21	15	15	14	15	15	14	14	14
26.6	29.6	23.8	31.25	23.2	30.0	25.0	27.0	25.0	24.1
22	23	22	22	22	23	25	23	25	23
5.0	1.8	2.0	3.75	0.4	1.0	2.1	6.8	2.6	4.2
1	1	2	0, 29	2	5	3	2	29	1
31.0	31.8	30.6	33.26	27.1	35.8	28.4	32.5	30.2	29.5
21	21	21	30	21	15, 18	21	21	21	21
13.0	6.0	10.2	8.50	−11.0	10.9	11.2	13.9	7.5	13.5
13	9	9	13	1	14	21	13	13	27
30.0	32.1	25.5	31.50	27.2	33.0	28.2		29.8	26.6
22, 5	1	1	2	1	1	1, 2		2	1
12.0	6.3	10.3	7.50	8.0	7.1	9.0		6.1	9.9
15	14	15	14	15	14	14		14	13
31.2	31.5	29.0	32.87	30.2	34.8	28.0	31.8	28.8	29.7
20	20	12	20	19	20	19	20	20	19
13.0	8.3	9.8	8.85	8.7	7.8	7.1	13.0	9.0	11.1
31	21	31	21	21	21	3	21	2	2
25.0	27.1	23.2	25.50	23.0	27.8	23.2	24.5	22.2	24.0
12	20	20	12	20	12	12	15	12	20
2.0	0.8	0.8	1.00	− 2.1	1.3	0.2	3.1	1.2	1.0
25	25	25, 26	25	25	26	27	25, 26	25	25
19.0	30.2	16.5	19.00	16.8	18.8	14.2		16.1	15.9
5	10	1	5	6	4	8		6	6
2.0	2.0	0.2	2.50	2.0	1.0	1.3		2.0	2.5
19	31	30	19	30	19	28		19, 31	30
12.0	16.8	10.3	12.87	12.9	13.5	9.2		10.6	11.6
11	11	11	11	11	11	11		11	11
5.0	13.6	6.7	10.12	10.0	9.6	12.3		11.4	−11.2
25	30	29	25	25	25	25		25	25
1.0	3.2	4.0	7.50	5.2	5.9	5.0		4.6	4.8
22, 25	22	21	24	21	22	22		23	23
22.0	25.2	21.5	21.25	−25.0	29.2	23.0		−22.7	−23.4
9	6	10	8	10	8, 10	10		10	7

31.0	31.8	30.6	33.25	30.2	35.8	28.2	32.5	30.2	29.7
21. Juni	21. Juni	31. Juni	21. Juni	29. August	21. Juni	12. August	21. Juni	21. Juni	12. August
−22.0	25.2	−24.5	21.25	−29.0	25.2	− 33.0	...	22.7	23.4
2. Dezem.	6. Dezem.	10. Dezem.	8. Dezem.	10. Dezem.	2.10 Dez.	10. Dezem.		10. Dezem.	2. Dezem.

Extreme der Temperatur zu verzeichnen:
Min. − 27°25 Cels. am 23. Jänner 1850.

Durchschnitts - Wärme
der meteorologischen Jahreszeiten.

Winter = Dezember, Jänner, Februar; — Frühling = März, April, Mai;
Sommer = Juni, Juli, August; — Herbst . September, Oktober, November.

Jahres-zeiten										
Winter .	-4.85	4.22	5.31	2.97	-2.26	3.77	4.40	3.81	3.75	5.12
Frühling	2.70	3.51	4.55	6.10	7.51	5.72	7.03	6.40	-	7.20
Sommer .	16.14	16.86	17.6	18.18	18.81	19.01	19.57	19.54		20.13
Herbst .	5.01	5.63	5.57	6.88	7.97	6.59	7.10	6.82		7.96

Jahres-zeiten								
Winter . . .	2.63	4.04	2.73	-4.79	-2.77	-5.00	2.4	1.64	4.11
Frühling . . .	6.24	5.89	5.11	4.55	7.85	4.42	7.89	4.72	5.52
Sommer . . .	18.70	19.01	19.85	17.40	20.38	17.06	-	17.71	18.53
Herbst .	7.06	6.30	7.86	5.43	8.21	4.12	-	5.63	6.01

Bewölkung

heiter = 0
trübe = 10.

Monat																		
Jänner	8.1	8.0	8.5	8.1	8.0	7.3	8.0	8.1	7.5	8.2	8.4	6.4	8.2	7.4	7.2	7.3	6.3	7.5
Februar	7.6	5.0	6.0	6.5	6.7	5.8	6.8	4.1	5.2	7.6	6.8	5.5	6.5	5.4	5.9	6.0	6.3	7.3
März	6.5	5.0	6.0	6.0	5.8	4.5	5.6	5.2	3.0	6.7	5.7	4.8	4.8	4.6	5.2	5.0	5.0	6.3
April	5.8	6.0	5.4	5.3	5.8	5.1	5.0	6.2	3.5	7.0	6.2	5.0	5.4	5.2	4.8	6.0	4.7	6.3
Mai	6.4	5.0	4.6	4.1	5.0	4.3	4.6		3.2	5.8	5.5	4.6	5.4	4.4	4.6	4.3	4.3	5.0
Juni	4.5	4.0	4.2	3.1	4.4	3.1	3.9	3.8	2.3	5.4	3.5	4.2	3.7	3.8	4.4	5.0	4.0	5.0
Juli	6.3	6.0	6.1	5.0	5.5	4.8	5.1		4.3	6.7	5.7	4.1	5.2	4.8	5.0	—	5.0	6.0
August	5.0	4.0	3.4	3.1	3.7	3.0	3.6	—	3.5	5.1	4.3	3.0	3.2	3.9	3.2	4.0	4.0	4.4
September	5.0	5.0	4.0	4.2	4.2	3.5	4.0	—	3.1	4.7	4.0	3.4	3.4	3.6	3.4	4.7		4.4
Oktober	8.1	8.0	7.6	7.7	7.9	7.6	7.6	7.9	7.1	8.2	8.2	7.0	6.8	7.0	8.2	—	7.2	8.1
November	8.6	7.0	7.0	6.0	8.2	7.2	7.0	—	6.8	8.3	8.1	7.1	7.8	7.3	8.1	—	7.0	8.0
Dezember	8.1	7.0	7.3	7.3	7.0	7.0	8.0	—	5.7	7.5	8.5	4.9	7.8	7.6	8.6	—	7.7	8.1
Jahr	6.8	5.8	6.0	5.5	6.1	5.5	5.9	—	4.9	6.8	6.2	5.3	5.8	5.4	5.8	—	—	6.4

Anzahl der heiteren und trüben Tage

in den einzelnen Monaten.

Tage mit der Bewölkung 0 bis 1 sind als heiter, jene mit 9 bis 10 als trübe angenommen.

Monat																		
Jänner heiter	2	2	1	1	–		1	1	1	1		1		2	–	–	1
Jänner trübe	24	17	19	18	16	11	16	19	14	19	23	6	19	15	12	12	7	11
Februar heiter	1	8		2	1	5	2	6	8	1	5	3	3	1	5	1	2	1
Februar trübe	16	8	10	8	19	8	10	5	11	12	9	3	10	1	8	10	9	10
März heiter	2	5	4	4	4	8	6	7	10	3	7	2	7	5	8	6	5	5
März trübe	10	8	6	6	8	5	9	9	5	12	12	1	7	5	10	7	8	13
April heiter	3	4	3	3	5	6	3	1	7	2	5	1	1	3	1	5	5	4
April trübe	3	9	7	2	6	7	7	9	2	13	11	2	6	1	6	5	2	8
Mai heiter	3	3	4	5	5	6	4	–	10	5	5	1	1	2	1	5	2	1
Mai trübe	7	1	2	1	5	2		–	3	1	7			1	1	2	2	3
Juni heiter	4	4	3	13	5	10	5	4	10	3	6	–	2	2	2	4	3	2
Juni trübe	2	3	3	2	3	2	1	3	2	6	–	1	1	1	1	1	3	4
Juli heiter	2	1	1	7	3	8	5	–	10	1	5	1	–	2	2	–	–	2
Juli trübe	8	7	7	2	1	4	6	–	4	11	8		3	4	6		2	9
August heiter	2	8	10	10	9	13	12	–	15	6	5	7	6	7	6	8	1	7
August trübe	6	3	2	1	1	2	3	–	4	5	4	1	3	2	1	3	1	4
September heiter	4	5	10	2	9	14	11	–	11	7	8	10	11	10	7	8	–	8
September trübe	10	4	1	2	3	3	5	–	2	3	2	1	2	1	1	4	–	7
Oktober heiter	4	1	1	1	2	3	3	2	2	1	3	1	2	3	2	–	1	5
Oktober trübe	23	17	15	19	19	19	18	18	12	21	22	8	17	15	20		15	21
November heiter	1	3	–	–	1	1	1	–	1	1	2	1	1	1	3	–	1	1
November trübe	20	17	18	14	16	14	17	–	16	19	20	10	11	13	20		9	17
Dezember heiter	–	3	2	1	1	3	2	–	3	3	2	–	2	4	1	–	2	1
Dezember trübe	19	15	20	16	24	18	18	–	20	18	23	19	17	19	24	–	18	16
Jahr heiter	25	47	39	49	41	77	54		89	31	52	27	47	43	44	–		39
Jahr trübe	141	120	119	81	141	95	110	–	89	133	141	55	99	94	104	–	–	126

Richtung und Stärke des Windes.

A. Richtung.

Angegeben nach den 8 Hauptrichtungen.

- Die vorherrschenden Windrichtungen für die einzelnen Monate.

Monat																	
Januar		nw.no	w	s.sw.s	sw.s	nw	sw.s	w.n	nw.so	nw.so	s	nw.so	nw.so	nw.sw	w	w	nw.w
Februar		no	no	s.sw	no	no	so.s	no	n	nw	s.w	so.nw	so.nw	w.nw	n.o	sw.so
März		so.sw	w.no	n	no	no	s.o.nw	s.o.nw	nw.n	s.so.so	n	nw	so.nw	so.nw	w.nw	nw.o	s.sw.s
April		no	w	s	no.sw	n	n	nw	s.w.so	s	nw	sw	nw	w.n	n	w
Mai		nw.so	n.w	sw	no.sw	sw	n	nw.so	so	s	nw	so	so.sa	w.s	n.nw	s.so
Juni		so.sw	no	s	no.sw	no	n	w.nw	sw.n	s	nw.so	no	so.sw	n.s.o	w.o	w
Juli		sw.so	n.no	sw.s	sw.no	so	n	so	s.w	s.s	sw	no	nw.so	w	w	nw
August		nw.no	w.n	no	so.sw	so.so	n	so	s.sw	sw	so	no	nw	w	w	n.nw
Septemb.		no	so.s	sw.nw	no.sw	n	nw.w	so	nw.sw	nw.n	so	nw	no.nw	s.w	sw.w	w.nw
Oktober		nw.so	w.so	sw.n	so	so	so	nw.o	nw	so	no	no	s.w	nw.w	so.o.s
Novemb.		nw.so	w.so	sw	no	no.s	w.n	sw.w.o	w.o	so	nw	no	n.w	n.w	nw.o
Dezemb.		sw.n	w.n	sw.n	sw	n.s	nw.n	nw.s	n.o	nw	nw.w	nw.w	n.w	n	nw.w

Die Windrichtungen nach der ganzjährigen Anzahl in Procenten.

Richtung des Windes																
SW.......		12		23	27	16	11		18		*		15			*
W.	18		33	12	10		—	11	16	24	11	12	10	34	23	21
NW......	10	35	—	17		—	*	22	20	—	22	45	21	10	18	23
N........	25		20	21	*	13	20	18		23		*		18	21	15
NO......		30	25	14	35	20	18	—	10	*			16	*	*	—
O.		*		*		—	—	—	*		11	—	*	12	15	—
SO.		—	*		—	*	—	17	*		26		14			13
S.	10	—		10	10	12	22		10	25	—	11	—	14	—	10

Der leichteren Uebersicht wegen, wurden nur jene Windrichtungen aufgenommen, für welche sich wenigstens 10 Procente ergeben, und jene, wo die Procentzahl am geringsten ist mit einem * bezeichnet.

B. Stärke des Windes.

Windstille = 0   Sturm = 10

Monat																
Jänner .	3.3	2.2	2.0	1.9	2.5	2.2	1.3	2.0	0.3	2.2	0.9	1.5	1.6	2.7	2.7	1.6 2.2
Februar .	2.8	1.6	3.4	1.2	2.6	2.3	1.1	2.4	1.5	2.3	0.4	1.2	0.8	3.0	1.3	1.5 1.8
März ...	3.5	2.6	2.6	1.8	2.3	2.5	1.6	2.4	1.3	2.7	1.2	1.6	1.0	2.8	1.2	1.6 2.0
April ...	3.4	2.0	1.7	1.6	1.9	2.1	1.3	2.3	0.9	2.1	1.1	1.3	1.0	2.4	1.2	1.1 2.1
Mai	3.0	2.0	1.6	1.3	1.7	2.2	0.8		0.9	2.3	0.9	1.9	0.9	2.1	1.2	1.2 2.1
Juni ...	3.0	2.6	1.7	2.6	2.5	3.1	1.5	1.8	1.0	2.3	1.2	1.8	1.3	2.3	0.9	1.1 2.3
Juli....	3.1	2.1	1.8	1.6	1.6	2.7	1.2		0.9	2.5	0.9	1.7	1.3	2.6	0.9	1.0 1.8
August .	3.2	2.0	1.2	1.3	1.5	2.5	0.8		0.7	2.2	0.7	1.4	1.0	2.0	0.6	0.7 1.5
September	3.2	2.0	1.3	1.7	1.6	2.5	0.8		0.5	2.3	0.8	3.2	1.1	2.8	0.8	— 2.1
Oktober .	3.2	1.8	1.7	1.4	1.9	2.3	1.0	3.1	0.6	2.1	0.5	1.3	1.2	2.4	1.1	1.1 1.7
November	3.4	2.0	2.2	2.5	2.8	3.3	1.2		1.0	2.8	0.9	1.5	1.0	2.9	1.5	1.5 1.1
Dezember	2.9	1.7	2.8	1.6	2.2	2.6	0.6		1.2	2.5	0.9	1.1	1.1	2.1	1.4	1.6 0.9
Jahr . .	3.1	2.1	2.3	1.8	2.1	2.6	1.1		1.0	2.3	0.9	1.7	1.1	2.5	1.2	— 1.8

Atmosphärischer Niederschlag

in Millimeter

Monat																		Jahr
Januer																		
Februar																		
März																		
April																		
Mai																		
Juni																		
Juli																		
August																		
September																		
October																		
November																		
December																		

Monat	Ostrau	Gross Karlowitz	Spielek	Bistrau am Hostein	Prerau	Kremsier	Komotau Wachbeschl
Jänner	10.62 6	26.4 26	13.0 5	7.15 18	12.86 6	5.8 6	10.0 6
Februar	12.60 6	28.8 6	16.0 10	8.40 9	6.51 9	6.1 9	9.3 8
März	15.21 26	11.6 19	6.0 11	3.35 11	9.21 9	8.1 9	10.1 9
April	10.30 2	12.6 19	11.5 9	7.50 9	14.48 9	5.5 9	8.5 9
Mai	14.50 30	13.5 8	17.8 8	19.85 31	13.85 8	15.6 8	—
Juni	34.10 25	40.7 25	38.5 25	21.30 6	22.30 26	20.6 6	32.2 26
Juli	25.15 18	37.3 21	37.0 19	14.85 2	23.70 21	17.5 10	39.8 21
August	42.30 13	41.4 28	20.0 13	13.40 6	13.70 6	21.0 6	
September	15.80 1	15.8 2	10.0 5	11.40 6	14.00 27	14.8 28	—
Oktober	18.10 21	17.7 15	14.0 22	13.50 23	13.00 12	25.6 13	30.0 12
November	23.70 18	16.5 18	12.0 10	9.80 21	11.80 21	20.0 11	
Dezember	15.20 26	12.4 26	14.0 4	3.85 27	9.20 3	8.5 27	
Jahr	42.60 13. Aug.	41.4 28. Aug.	38.5 25. Juni	21.30 6. Juni	23.70 21. Juli	25.6 13. Okt.	—

Das Maximum des 24stündigen Niederschlages war in Brünn

Niederschlag

In Millimetern.

19.8	31.8	70.00	64.73	56.6	30.5	18.2		51.4	37.2
13. Okt.	7. Aug.	21. Juni	19. Nov.	25. Nov.	13 Okt.	3. Juli		21. Mai	13. Okt.

während 25 Jahren am 7. August 1857 mit 95.69 Mm.

Zahl der Tage mit Niederschlägen

in Form von Regen, Hagel oder Schnee,

darunter stehend die Zahl der Tage mit Niederschlägen, welche mit elektrischen
Entladungen verbunden waren.

Monat																		
Jänner . . .	19	21 1	17	10	22	15	9	12	5	15	13	18	11	2	9	15	9 8	21
Februar . .	14	17	12	12	22	15	9	7	2	12	11	11	12	2	8	9	11 5	19
März	18	19	15	10	19	13	10	12 1	5	12 1	15	11	11	1	10	15	9 8	19
April . . .	12	11	13 1	10	15	16	13	10	1	11	12	12	7	5	4	9	4 5	16
Mai	20	16 2	14 3	11 2	9 1	16 2	12 1	12 1		13 1	17 1	13 1	13 1	6 3	11 —	11	10 2	12 2	12
Juni . . .	16	12 1	14 11	12 10	11 7	11 8	10 4	11 10	6	13 —	11 11	10 10	16 7	6 2	12	15	10 10	11 4	12
Juli	13	16 8	15 12	14 11	11 11	20 9	16 8	13 9	4	14 3	17 8	16 7	12 6	8 3	15	13	11 10	11 4	18
August . .	15	16 7	11 5	11 5	9 4	10 4	9 4	7 3		10 7	11 3	10 4	9 3	6 2	13	9	9 5	7 2	13
September .	14	18 2	14 2	11 1	12 4	11 2	8 2	10 2		10 1	15	11	9	7 1	9	13	10	6	14
Oktober . .	15	20	15	9	13	18	10	14	14	15	19	17	15	6	15	16	11	24
November .	19	18 1	17 1	10 1	14	19	12	11		19	16	16	18	3	15	13	7	18
Dezember .	25	21	20	7	11	18	14	10		14	19	15	18	2	15	11	5	18
Jahr . .	204	207 24	180 38	127 30	173 28	188 25	132 19	129 25	—	161 5	181 28	166 21	154 19	57 19	137 7	152	96 12	204

*) Für die Stationen Baracy, Komorau, Kožinka und Iglau wurde die Zahl der Gewitter
nicht angegeben.

Summarische Niederschlags- und Verdunstungs-Messungen

im Monate August 1875 durch Station Gr.-Karlowitz (Beobachter Ad. Jahnen) vorgenommen zum Vergleiche: im „Freien" und in „Waldbeständen".

Der Waldbestände			Niederschlagsmenge in Millimeter			Verdunstung in Procenten		
Beschreibung	Meereshöhe in Metern	Ab-dachung	im Bestand	im Freien	in Procenten	im Bestand	im Freien	in Procenten
Im 20jährigen, nicht durchgeforsteten „Fich-tenbestand"	620	Westlich	52.1	130.0	40	23.5	56.0	42
Im 50—60jährigen, durchgeforsteten ge-mischten „Fichten- und Tannenbestand" Mischung 2:1	711	Südwest	61.4	130.0	52	33.0	—	63
Im 60—80jährigen, gereinigten, gemischten „Fichten-, Tannen- und Buchenbestand" Mischung 1:2:1	833	Nordost	71.4	135.5	61	31.0	—	55
Im über 100jährigen, gereinigten „Buchen-bestand"	890	Südost	93.2	130.8	75	39.0	—	70

Dunstdruck

Mittlerer

Monat	Schönberg				Brünn				Gross...	
	7 Uhr	2 Uhr	9 Uhr	Mittel	7 Uhr	2 Uhr	9 Uhr	Mittel	7 Uhr	2 Uhr
Jänner	3.27	3.59	3.41	3.42	3.61	3.56	3.24	3.37	3.4	3.5
Februar . . .	2.03	3.28	2.37	2.56	2.27	2.75	2.59	2.53	2.3	2.9
März	2.93	4.16	3.47	3.52	3.08	3.42	3.41	3.30	3.5	3.9
April	4.49	4.85	4.85	4.73	4.68	5.28	5.06	5.01	4.8	5.5
Mai	7.38	7.22	7.71	7.45	10.45	20.53*)	12.79	(14.62	7.5	7.8
Juni . . ' . .	11.37	11.64	11.39	11.47	10.72	12.04	11.94	11.57	12.4	13.1
Juli	9.27	8.59	9.59	9.15	10.58	11.45	11.11	11.06	12.4	12.9
August	11.03	9.92	11.03	10.66	9.95	10.29	10.86	10.37	12.5	14.1
September . .	7.71	8.14	7.71	7.87	6.85	7.98	7.64	7.49	7.6	7.4
Oktober . . .	5.67	6.27	5.89	5.94	5.81	6.58	6.28	6.26	6.3	6.8
November . .	4.20	4.28	4.16	4.21	3.97	4.40	4.20	4.18	4.3	4.8
Dezember . .	2.89	3.25	2.89	3.01	2.97	3.36	3.18	3.18	3.2	3.5
Jahr . . .	6.02	6.27	6.21	6.17	6.22	(7.65	6.90	6.92	6.58	7.20

*) Diese Angabe beruht jedenfalls auf einem Versehen, da das Maximum des Dunst-
druckes im ganzen Jahre nicht 14 Mm. erreichte.

In Brünn wurde
der grösste Dunstdruck verzeichnet mit 19.74 Mm. am 6. Juni 1849,

in Millimetern.

Extreme

bach		Iglau				Grösster			Kleinster		
0 Uhr	Mittel	8 Uhr	2 Uhr	9 Uhr	Mittel	Brünn	Gross-bach	Iglau	Brünn	Gross-bach	Iglau
3.7	3.7	3.52	3.76	3.47	3.61	4.89 17	6.5 25	6.3 20	1.38 2	0.6 2	1.0 8
2.5	2.6	2.13	2.63	1.80	2.22	3.76 2.3	4.5 3	4.0 1	1.74 21	0.8 11	0.8 12
3.8	3.7	3.14	3.45	3.30	3.30	4.53 31	4.9 28	7.2 9	2.25 21	2.2 6	1.4 6
5.4	5.2	4.86	4.71	4.79	4.78	6.62 8	7.0 6	6.6 7.8	3.32 14	2.7 21	2.0 21
7.6	7.6	7.56	7.90	7.38	7.30	11.75 31	11.9 31	11.2 6	3.90 3	4.1 2	2.2 2
13.7	13.1	10.86	10.31	11.04	10.71	13.87 19	16.4 28	14.6 29	8.37 13	9.8 2	4.8 12
12.8	12.7	10.75	9.62	10.53	10.20	13.53 1	16.2 5	11.5 4	7.44 13	9.0 27	5.7 27
13.3	13.3	11.10	9.89	10.49	10.49	11.89 18	16.2 19	11.7 12	5.25 20	9.0 31	5.7 21
8.4	7.7	7.95	8.29	7.58	7.67	9.10 22	10.4 5	13.6 20	4.47 28	4.4 25	2.6 25
6.8	6.6	6.04	6.57	5.71	6.04	10.22 15	10.6 15	10.6 6	3.92 19	4.3 30	3.2 30
4.6	4.6	4.05	4.42	3.35	4.13	6.24 14	7.4 14	7.6 10	2.44 30	2.6 30	1.7 25
3.7	3.5	3.14	3.29	3.04	3.15	5.09 23	5.2 23	6.2 23	1.05 10	0.6 10	0.6 7.8
7.17	7.02	6.19	6.18	6.09	6.13	13.87 19. Juni	16.2 19. Aug.	11.7 12. Aug	1.05 10. Dez.	0.6 2. Jänn. 10. Dez.	0.6 7. und 8. Dezemb.

während 27 Jahren
der kleinste Dunstdruck mit 0.38 Mm. am 6. Februar 1870.

Feuchtigkeit der Luft

Mittlere

Monat	Schönberg				Brünn				Gross	
	7 Uhr	2 Uhr	9 Uhr	Mittel	7 Uhr	2 Uhr	9 Uhr	Mittel	7 Uhr	9 Uhr
Jänner	98	86	97	94	80	73	79	80	85	81
Februar . . .	97	100	96	98	89	71	86	82	86	77
März	94	89	92	89	84	59	80	74	89	75
April .	75	55	75	68	76	47	70	64	74	56
Mai	74	49	75	66	78	46	70	65	66	44
Juni	74	53	75	67	78	50	70	66	74	58
Juli	67	45	70	61	78	48	72	66	79	57
August	82	47	76	68	79	44	70	64	88	58
September	91	59	84	77	77	45	71	64	80	44
Oktober . . .	86	75	87	83	86	70	80	79	90	72
November . . .	93	80	88	87	84	73	82	80	88	76
Dezember . . .	100	98	96	98	89	82	86	86	92	89
Jahr . . .	85.9	69.1	84.0	79.7	82.3	59.0	76.5	72.5	82.3	61.6

Die geringste Luftfeuchtigkeit, welche in Brünn während 27

in Procenten des Maximums.

			Mittlere			Grösste		Kleinste	
bach			Iglau			Brünn	Grussbach	Brünn	Grussbach
9 Uhr	Mittel	8 Uhr	2 Uhr	9 Uhr	Mittel				
87	84	90	81	88	86	97 4	99 6	71 25	**62** **21**
87	83	81	91	78	84	88 15	98 9,16	71 4	**50** **2**
87	84	87	73	86	82	90 8	94 25	66 25	**64** **10**
71	64	77	66	71	69	89 9	82 9	41 24	11 24
66	59	72	55	71	66	76 31	81 31	43 2	44 17
77	68	69	54	77	67	88 6	92 27	53 14	55 2
78	72	73	54	78	68	86 19	87 12	50 20	**28**
80	75	65	50	78	67	81 11	92 6	54 20	62 30
72	65	80	61	79	73	81 30	88 7	55 19	51 15
87	83	92	83	89	88	86 15	98 15	62 25	**71** **7**
81	83	88	82	85	85	93 18	98 23	56 2	65 **9**
92	91	91	88	90	90	94 16		73 26	
80,6	75,8	81,1	68,8	81,0	77,0	97 1. Jänner	99 6. Jänner	41 24. April	41 24. April

Jahren beobachtet wurde, betrug 17.5 Proc. am 20. April 1852.

Verdunstung
in Millimeter.

Station	Jänner	Februar	März	April	Mai	Juni	Juli	August	September	Oktober	November	Dezember	Jahresmittel für sämmtliche Monat	Jahres-Summe
Gross-Karlowitz	21.4	25.2	35.5	35.0	45.2	64.0	47.0	58.0	32.4	25.6	19.3	13.1	35.15	422.0
Grusbach			6.6			108.8	73.5	88.5	58.1	55.6	25.5	7.2		
Prerau				33.6	71.5				66.3	40.7				

Ozon-Gehalt der Luft
nach der Scala von Schoenbein.

Station	Jänner	Februar	März	April	Mai	Juni	Juli	August	September	Oktober	November	Dezember	Jahresmittel
Brünn	3.03	3.55	4.06	3.40	3.25	3.41	3.36	4.25	3.06	2.84	1.56	2.68	3.11

Zehntägige Mittel der Temperatur des Bodens

in Tiefen von 0.25, 0.5 und 1.0 Meter,

sowie des Teiches nach den Beobachtungen des Herrn Dr H. Briem in Grussbach *).

Gemessen um 2 Uhr.

Datum	Temperatur des Bodens (Cels.) in Tiefe:			Temperatur des Teiches (Cels.)
	0.25 M.	0.5 M.	1.0 M.	
Jänner . . . . 1—10	0.90	2.12	4.01	
11—20	0.93	1.63	3.44	
21—31	1.50	2.07	3.10	gefroren
Februar . . . . 1—10	0.92	1.58	2.71	
11—20	1.01	0.63	2.12	
21—28	2.21	—0.18	1.45	
März . . . . . 1—10	0.69	0.44	1.18	
11—20	0.81	0.24	1.17	
21—31	0.80	0.58	1.40	—
April . . . . . 1—10	5.78	4.66	3.70	8.25
11—20	7.62	7.08	6.29	10.84
21—30	9.29	8.70	7.73	12.22
Mai . . . . . . 1—10	11.74	11.11	9.23	13.52
11—20	15.77	14.48	12.92	17.91
21—31	18.28	17.20	14.93	21.10
Juni . . . . 1—10	20.10	18.87	16.33	23.54
11—20	22.55	20.94	18.33	24.35
21—30	22.98	22.16	20.05	25.61
Juli . . . . 1—10	23.54	23.43	20.79	27.00
11—20	20.24	20.53	19.80	22.10
21—31	20.98	20.52	19.64	23.27
August . . . . 1—10	19.88	19.32	19.28	21.30
11—20	22.56	21.36	20.13	26.70
21—31	22.54	22.06	20.80	22.23
September . . 1—10	17.92	19.20	19.36	18.95
11—20	17.52	18.50	18.54	18.55
21—30	15.31	16.58	16.39	14.65
Oktober . . . . 1—10	12.79	14.57	15.57	13.35
11—20	10.80	12.17	13.64	10.20
21—31	7.05	8.84	11.00	5.91
November . . . 1—10	4.57	6.22	8.52	3.55
11—20	6.38	6.93	8.18	4.85
21—30	3.36	5.53	6.94	2.05
Dezember . . . 1—31	1.25	2.40	4.15	gefroren
Jahres-Mittel	9.87	10.49	10.55	—

*) Ueber die Lage und Beschaffenheit des betreffenden Terrains findet man das Nöthige in den Verhandl. d. naturf. Vereines in Brünn XIII. Bd., Abh. S. 90.

Messungen der Bodenfeuchtigkeit

in 0.1 Meter Tiefe,

vorgenommen in **Grussbach** *) von Herrn Dr. H. Briem

(Die Procente beziehen sich auf 100 Gew.-Theile des Bodens.)

Datum	Feuchtig-keit in Proc.	Datum	Feuchtig-keit in Proc.	Datum	Feuchtig-keit in Proc.
Jänner	—	Mai 20	7.6	September . 2	5.0
		25	5.0	7	4.3
Februar . . 5	14.9			12	3.8
10	16.1	Juni 14	6.2	20	3.5
15	16.1	18	5.2		
20	16.2	24	3.5	Oktober . . 1	10.3
25	16.4	25	9.0	9	8.2
		26	12.4	13	15.5
Marz 3	19.6			16	14.4
10	22.8	Juli 3	11.0	21	15.3
21	20.5	8	10.1		
31	13.3	20	10.8	November . 6	11.7
		24	14.3	16	10.4
April 1	13.3	31	10.3		
4	9.3			December . 1	11.0
9	16.1	August . 1	10.8	16	23.0
17	11.3	6	11.0		
27	8.8	9	10.1		
		12	8.0		
Mai 4	11.6	17	7.6		
11	13.0	19	5.0		
14	10.4	26	4.5		

Der Boden wurde am 2. April geackert.

Am 9. April, 4. und 11. Mai, 25. und 26. Juni wurde unmittelbar nach Regen gemessen.

*) Man beachte die Notiz auf Seite 255.

A n h a n g.

Uebersicht der in Prerau vom März bis Dezember 1874 angestellten meteorologischen Beobachtungen,

mitgetheilt von Herrn I. Jehle.

Monat	Temperatur in Cels.			Maximum		Minimum		Bewölkung			Wind		Niederschlag				Tage	
	7 Uhr	2 Uhr	9 Uhr	Mittel	Tag	Cels.	Tag	Cels.	über b.	0 b. 10	Tage heiter trüb	vorherrschende Richtung	Stärke	Summe	Masse 1874		Niederschl. Tage 1874	Gewitter hiervon
März												W						
April												S						
Mai												W						
Juni												S						
Juli												S						
August												SW						
September												S						
Oktober												S						
November												S						
Dezember												S						
Summen	—										—			182.33			180	11

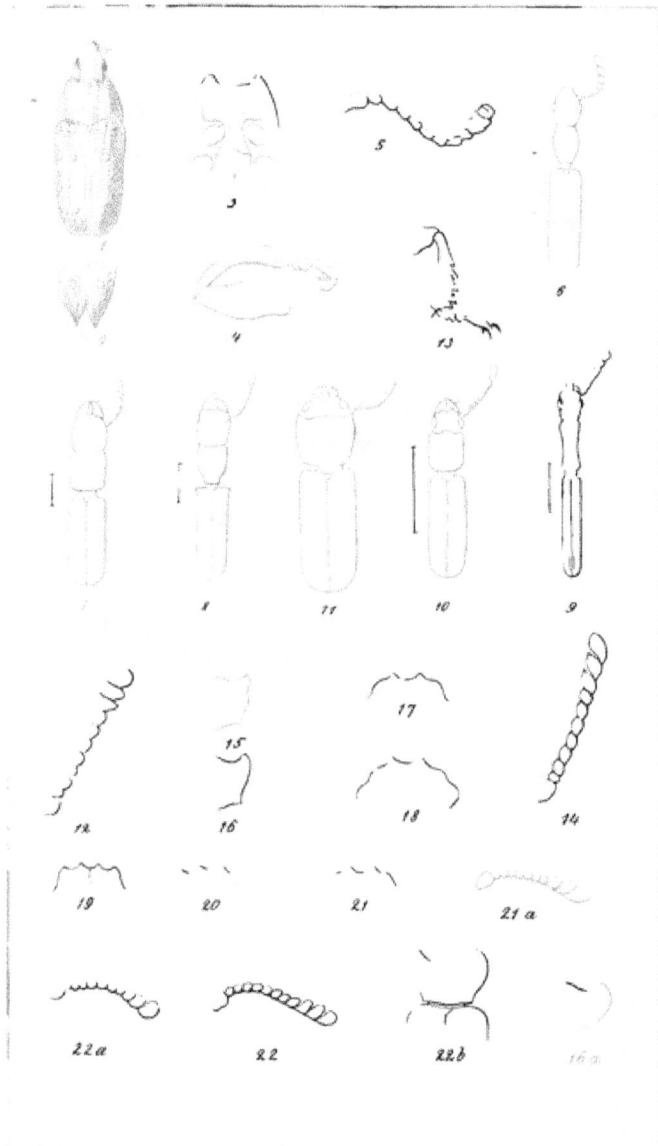

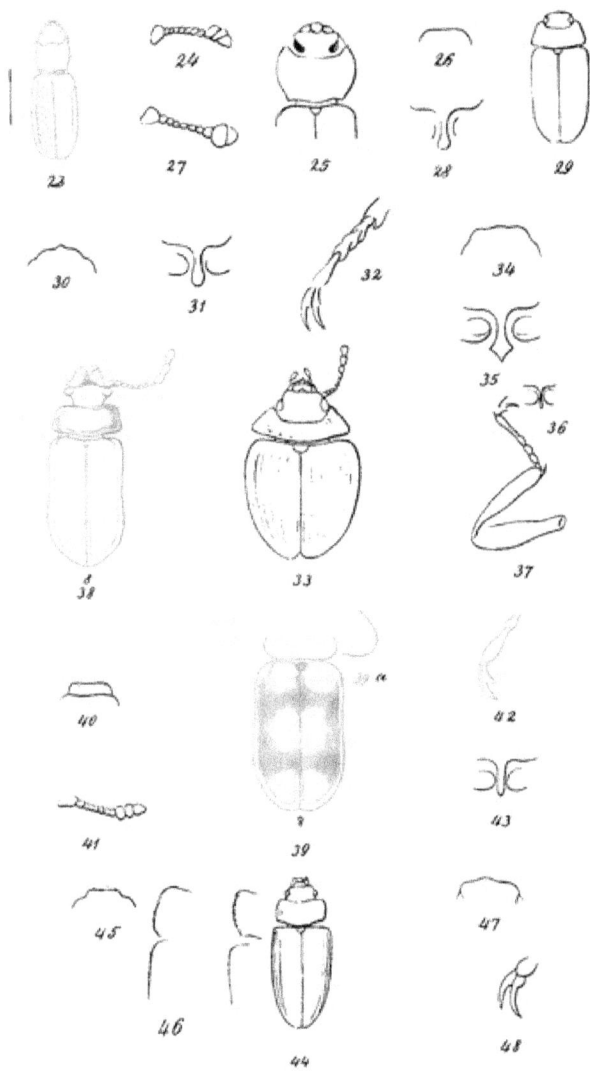

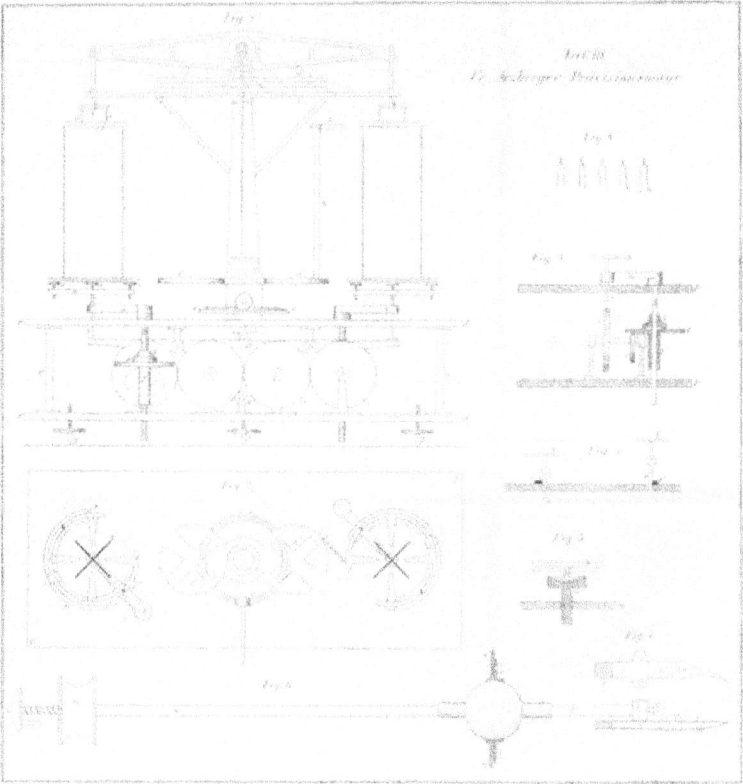

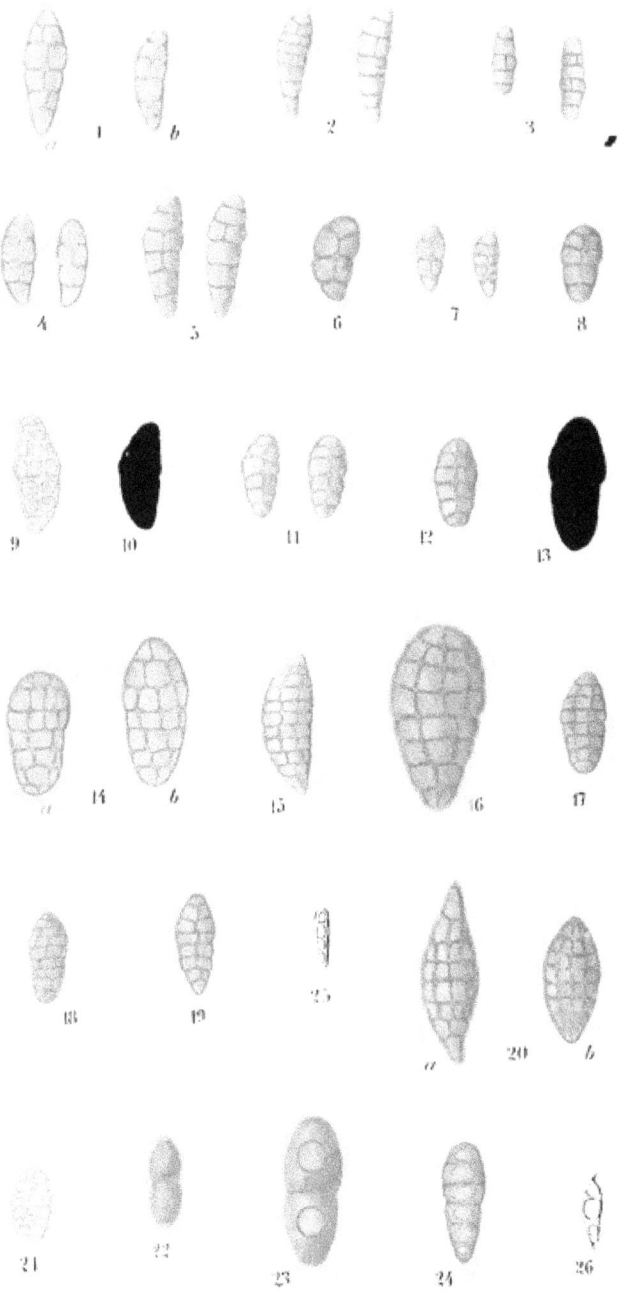

www.ingramcontent.com/pod-product-compliance
Lightning Source LLC
Chambersburg PA
CBHW021401210326
41599CB00011B/960